학교에서 어떤 통계를 배워야 하지?

Statistical Literacy at School: Growth and Goals

Statistical Literacy at School: Growth and Goals

학교에서 어떤 통계를 배워야 하지?

통계적 소양의 성장과 목표

제인 M. 왓슨 지음
박영희 옮김

KM 경문사

옮긴이 머리말

통계는 수학처럼 그 자체의 논리적 체계에 따라 발전되어 온 것이 아니라 생물학, 농학 등의 주변 분야에서 연구의 실마리를 얻고 현실 문제를 해결하기 위한 응용으로 발전되어 왔습니다. 또한 지금도 텔레비전 및 신문의 기사에서 통계적 주장이 하루라도 포함이 안 된 날이 없을 정도로 통계는 현실과 밀접한 관련을 맺고 있습니다. 따라서 학생들이 학교에 다닐 때나 학교를 졸업했을 때나 그러한 통계적 주장의 근거를 적절히 판단하고 본인의 중요한 의사결정에 반영할 수 있는 능력이 필요합니다. 하지만 우리 교육과정이 본래의 통계 교육적 가치를 제대로 살리는지는 의문이 들 때가 많습니다. 수학 속에서 수학적 관련성에만 치우쳐 있지 않는지 반성해야 할 것 같습니다.

수학만의 통계가 아니라 생활 속의 통계를 위한 통계교육의 방향을 모색하면서 통계교육에 관심을 갖고 통계교육에 관한 여러 연구를 해 오다가 참고자료로 이 책을 구하여 읽고서 번역을 결심하게 되었습니다. 이 책을 통하여 호주의 통계교육 전문가인 제인 M. 왓슨 교수는 학생들이 고등학교를 마칠 때까지 알아야 할 통계적 소양이 무엇인지 알려주고 그 목표까지 단계적인 세부 목표를 제시하였습니다. 이 책은 학생들이 사회에 나가서도 필요한 통계적 이해와 지식을 갖추는 기준을 제시하고 있습니다. 표본추출, 그래프, 대푯값, 확률의 직관적 개념인 우연, 추론의 기초, 변이라는 주제 각각에 대하여 학생들이 갖고 있는 이해 수준을 분류할 수 있는 과제를 제시합니다. 그 과제에 대한 학생들의 응답에서 학생들의 이해 수준을 알아보고 우리가 수업을 계획하고 교육과정을 개선할 때 더 필요한 것이 무엇인지를 생각해 보게 합니다. 또한 제시된 과제 그 자체는 학교의 통계 수업에서 학생들이 흥미 있게 참여할 수 있는 좋은 참고 자료가 된다고 생각합니다.

이전에 다른 분들과 같이 번역한 책이 몇 권 있지만, 혼자서 번역을 한 첫 책이라 이 책이 더 애정이 가는 것이 사실입니다. 그런데 이 책을 번역하면서 통계교육과 관련된 많은 용어들이 학계에서 논의를 거쳐 정립되면 좋겠다는 생각을 많이 하였습니다. 끝으로 이 책이 우리나라 통계교육의 발전에 도움이 되고 그 결과가 우리 학생들이 통계적 소양을 갖추어 장차 사회에 나가서 정보의 통계적 판단과 의사결정에 보탬이 되기를 희망합니다.

박영희

차례

서문

통계적 사고는 읽고 쓰는 능력만큼 시민으로서 갖추어야 할 것이다. (H. G. Wells)[1]

목표

1990년대 초기부터 학교 수학의 교육과정에서 확률과 통계가 중요하게 다뤄지며 교육과정의 일부로 편입되었기에 교육자들에게 두 가지 새로운 목표를 설정하도록 하였다.[2] 그 두 가지 목표란 자료에 근거한 의사 결정에 모든 학생이 참여하도록 하는 것과 형식화된 통계를 더 공부하는 데에 일부 학생이 참여하도록 하는 것이다. 이 책은 통계적 소양에 관련된 전자의 목표를 위한 것이며 형식화된 통계의 목적을 의미 있게 하는 후자의 경로에 따라 학생들이 공부하도록 하기 위한 토대를 제공하기도 한다. 초·중학교에서 확률과 자료에 관한 직관과 이해가 발달하게 된다. 이 책의 기본 전제는 그런 발달이, 다음에 기초하여 학생들을 교육할 때에 가장 잘 될 수 있다고 본다.

- 통계적 소양이라는 목표는 전반적인 학교 교육과정 및 그보다 더 넓은 맥락에서 나타나는 내용을 포괄하는 것이다.
- 지속적인 강화를 필요로 하는 통계적 소양과 관련된 아이디어들 사이에 중요한 연결이 많이 있다.
- 발전을 위한 통로를 제시하는 구조적 형식 안에서 이해 발달이 관찰 가능하며, 적절한 과제 및 활동을 통하여 현재의 이해 수준을 진단하고 더 높은 수준으로 학생들이 나아가도록 도와줄 수 있다.

이 책의 내용에서 초점은 이후의 이론적인 통계학을 공부하기에 필수적인 표본수집, 재표현, 요약, 확률, 추론, 변이라는 기본적 아이디어들에 있다. 이론적 공부를 하기 전의 학생들에게 이런 개념들은 사회에서 자료에 기반한 주장과 함께 제시될 때 의사결정이나 질문에서 기초가 된다. 학교를 졸업한 모든 학생들이 통계 시험을 통과할 필요는 없지만 모든 학생들은 합리적 정당화가 없는 통계적 주장에 대하여 의문을 제기할 수 있어야 한다.

이 책의 첫 번째 목적은 특정한 학교 교육과정 및 자료, 확률 취급 아이디어들이 적용되는 문맥의 폭넓은 평가의 양쪽 연결에 관한 통계적 소양을 위한 전반적 틀을 세우는 것이다. 문맥의 이러한 가치는 확률 및 통계학에서 도입적 정의들이 교재들에서 제시될 때 종종 소홀하게 된다.

두 번째 목적은 특정한 아이디어들과 구조들 사이에 많은 연결이 있음을 그 틀 안에서 보여주는 것이다. 이러한 연결은 각 장의 앞쪽에 주어진 그림들에서

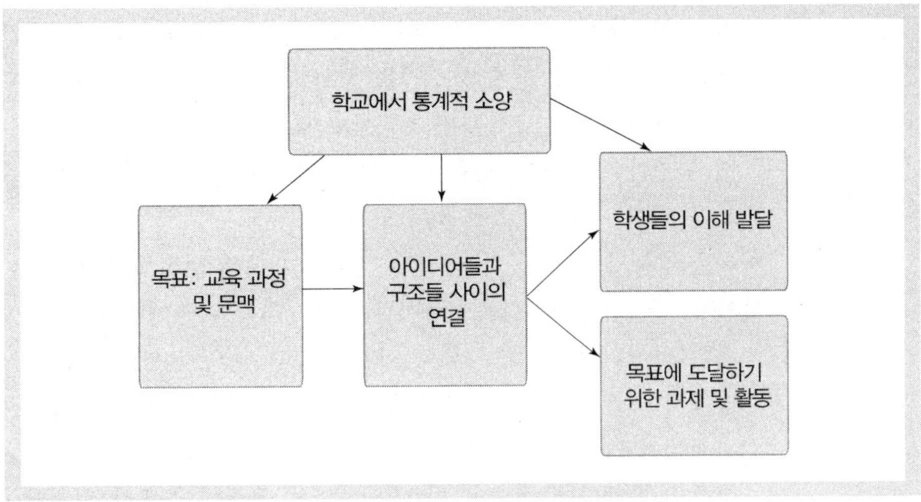

강조된다. 한 번에 한 과제를 갖고 완전한 통계적 탐구 절차를 가르치거나 평가하기가 가능하지 않지만, 일관되게 연결성을 강조하는 것이 중요하다.

시간에 따른 학생들의 이해 발달을 따라가기 위하여 발달이 측정될 수 있는 구조 및 목표에 적합한 과제 모두를 가지는 것이 중요하며, 학생들이 다양한 이해 수준을 보일 수 있도록 하는 것이 필수적이다. 따라서 이 책의 세 번째 목적은 통계적 소양의 목표에 적합한 교실 및 평가 사용에 적절한 과제를 제공하는 것이다. 네 번째 목적은 성취 체계를 설명하면서, 통계적 소양의 목표를 충족하기 및 얻은 것을 검토하기를 돕기 위하여 과제들에 대한 학생들의 수행의 예들을 광범위하게 제공하는 것이다.

독자

이 책에 흥미를 가질 사람은 누구인가?

- 실제에서 또는 수업에서 개입을 위한 과제를 제안할 때 또는 수업 경험에서 인지 발달에 흥미를 가진 교육 연구자들 — 제공된 출발점은 전통적인 교육 과정의 문제들 및 폭넓은 문맥적 상황, 즉 학교 밖에서 사용될 수 있는 기술을 만들기에 중요한 더욱 전체적인 과제들을 포함한다.
- 이론적인 통계 기교를 사용함이 없이 통계적 소양에 포함된 개념에 초점을

맞추기를 원하는 교사들—이 교사들은 수학교사로서 전문가일 수 있지만 교육과정 전반에 통계적 소양을 통합할 필요가 있다고 보는 일반적인 교사일 수도 있다. 이 교사들은 초등학교 또는 중학교 수준에서 가르칠 가능성이 더 높지만 고등학교, 대학교 또는 성인 교육을 포함한 임의의 수준에서 "사회를 위한 수학"을 가르칠 수도 있다.

- 이론적 통계 공부를 하기 전의 학생들의 이해 발달에 흥미를 가진 통계학자들—확률 및 통계학을 공부하는 것이 대학 이후여야 하고 그에 따라 부정확한 아이디어들이 습득되지 않는다고 믿는 일부 통계학자들이 있다.[3] 학교 밖에서 많은 직관들이 형성되고 교실 활동은 오류를 바로잡을 수 있다는 관점에서 그런 이후 단계는 훨씬 더 나쁘다는 것이 이 책의 전제이다. 대학 수준의 통계학에 절대로 이르지 못하는 학생에게 또한 엄청난 불이익일 것이다.

서양 대부분의 나라에서 학교 교육과정의 초점이 되는 확률 및 자료 측면에서 이 책은 구성되었다. 그것은 이 책이 교육과정 문서 및 교재 시리즈에 보완적 역할을 하고자 했기 때문이다. 이 책은 전미수학교사협의회(NCTM)의 개혁 합의사항에서 지지된 규준 및 표준과 일치한다. 또한 이 책은 학생들의 결과에 관하여 관찰될 수 있는 것을 나타내기 위하여, 그리고 교육과정 전반의 연결을 강화하기 위하여 과제를 위한 부가적인 아이디어들을 제공하고자 한다. 과제 및 관찰된 결과가 폭넓게 제시되지만, 당연히 한 권으로 설명할 수 없는 측면이 있다. 두 개의 뚜렷한 생략은 실제 자료 수집 및 테크놀로지의 사용이다. 표본 크기, 표본수집 방법, 표본수집에서의 편의를 포함하여 표본수집이 상세히 다루어지지만, 학생들이 표본수집을 설계할 때 및 학생 자신의 자료를 수집하는 것에 관한 과제들에 대하여 논의가 실제로 빠져 있다. 이에 대한 한 가지 부분적인 예외는 학생들에게 여러 주사위 중에 어느 것이 공정한지를 결정할 수 있는지를 질문하였고 학생들이 주사위를 던져 봄으로써 선택할 수 있을 때이다.

테크놀로지의 사용은 몇 가지 이유 때문에 이 책에 제시되지 않았다. 테크놀로지는 계산을 할 때 분석에 필요한 시각적 재표현을 준비할 때에 시간을 절약하도록 도와주는 도구라고 저자가 생각했기 때문이다. 형식 통계학을 배우기 전인 중학교에서 필요한 기술적 이해의 수준에서, 대부분의 탐구는 기본 계산기와 그래프 종이를 더 넘는 복잡함을 갖지 않는다. 사실 일부 통계 패키지는 초보자가 해석하기 불가능한 재표현을 제공한다. 초보자를 위한 소프트웨어의 개발이 현재 이루어지고 있으며 중학교 수준에 적합한 새로운 패키지를 팔고 있다.[5] 그러나 관련된 문제는 교실에서 테크놀로지의 사용 가능성이다. 교사에게 적절한 소프트웨어가 있어야 할 뿐만 아니라 교실의 요구를 만족할 수 있는 컴퓨터가 있어야 한다. 불행하게도 많은 교실에서 여전히 그런 환경을 갖추고 있지 않고, 확률 및 자료에 관한 의미 있는 이해를 발전시킬 수 있도록 기다리는 것이 불필요하다. 비록 통계 패키지가 저자의 연구 프로젝트에서 몇 가지 경우에 사용되었지만, 시뮬레이션을 설명하기 위하여 필요한 공간이 있어야 했으며 교사 또는 연구자가 상업적 문제로 사용이 어렵기 때문에 그것을 이용한 연습은 일반화 되기 어렵다. 소프트웨어를 이용 가능한, 친숙한 교사 및 연구자들은 패키지를 포함해서 여기에 제시한 과제를 각색할 수 있을 것이다. 그렇지만 그들은 직관을 개발하기 위하여 "손으로 그린" 스케치와 "수 놀이"를 지속적으로 포함하는 것의 중요함을 잊지 말아야 한다.

내용 개관

학생과 관련하여 이 책에서는 그들에게 제기된 과제에 관하여 학생들에게서 관찰된 이해 수준에 초점을 맞춘다. 그런 관찰에 기초하여 교실 개입을 위한 제안이 주어졌지만 그 개입은 연구 기반의 시도는 아니다. 그 개입들은 저자의 경험 또는 교실에서 교사에 의하여 제공된 일화적 증거에 기초한다. 많은 제안들이 전문성 개발 세미나에서 교사들과 함께 내가 시도했던 것이며 교사들이 자신의 교실에서 사용하고 나에게 피드백을 주었던 것들이다. 조사를 통하여 나타난 평균 수행이 교실 개입에 의하여 더 나아질 수 있다고 관련 연구에서 발표되었지만 모든 학생들이 모든 과제에 가장 높은 수준의 수행(아니면 거의 그것에 가까움)을 하도록 돕는 것은 가능하지 않다.[6] 학교와 사회 현실에서 그런 목표를 이루는 것이 오래 걸린다고 보며, 학생들이 어떤 특정한 수준에서 교실에 들어올 때를 출발점으로 교사 및 교육 계획자들이 모든 수준의 이해에 대하여 준비할 필요가 여전히 있다고 본다. 그런 관점에서 이 책의 목표는 현실적인 기대가 무엇이어야 하는지에 관한 풍부한 설명을 제시한다.

1장에서 서론의 처음에서 주목한 네 가지 측면, 즉 역사적 및 학교 교육과정에서 통계적 소양의 자리 잡음, 학교 교육과정 내에서 중요한 연결, 학생 이해의 체계를 논의하기 위하여 사용된 이론적 틀, 그리고 이 책에 제시된 소재를 위한 과제 및 자료수집의 배경에 초점을 맞추면서 이 책의 목적과 기초를 설정한다. 또한 변이에 특히 초점을 맞추어 서술한 절이 있는데 확률 및 통계학에서 변이가 중요함에도 불구하고 교육과정 문서와 교재에서 소홀히 됨에 관하여 얘기한다.

그 다음 여섯 장들에서 확률 및 자료 교육과정의 특별한 주제들을 다룬다. 각 장은 주제와 교육과정의 다른 관련된 특징들 사이의 연결이 설정된 그림으로 시작한다. 각 장들의 선형적 제시때문에 통계적 탐구가 장별로 진행된다고 봐서는 안된다. 모든 통계적 탐구에 대한 근거로서 변이를 다루면서, 7장에서 이전의 장들에서 제시된 아이디어들을 모두 복습하고 모두 묶기를 의도하고 있다. 2장에서 표본 수집에 관한 문제를 다루면서 표본수집에 대한 학생들의 이해에 대해 알아본 것을 갖고 시작한다. 그런 후에 문맥, 표본 크기, 방법, 공정성, 편의, 그리고 무작위 아이디어에 대하여 논의한다. 3장에서 다양한 그래프 재표현 및 학생들이 보인 이해 수준을 다룬다. 그림 도표, 관련성을 보기 위한 그래프, 막대그래프, 원그래프, 점쌓기도표와 같은 그래프를 만들기와 해석하기 모두를 고려한다. 4장에서 평균과 관련된 아이디어들을 다룬다. 평균은 이론 통계학을 다루기 전에 제시되는 중요한 요약 통계이기 때문에 특히 일상 생활의 아이디어와의 연결에 관한 학생들의 이해를 알아보기에 좋다. 또한 4장에서는 편의, 문제해결, 평균 측정에 관련된 추론도 다룬다. 5장에서 확률의 다양한 측면을 조망한다. 5장에서 확률과 관련된 용어의 사용, 전통적인 확률 개념에 근거한 확률 계산, 운, 편의, 위험과 관련된 주제도 다룬다. 추론을 시작하기는 6장의 초점이다. 이론적인 통계적 검정이 다뤄지지 않지만, 예측, 가설 세우기, 자료 집단들을 비교하기, 연관성을 고려하기, 그리고 추론에 대한 질문하기와 같은 주제를 다룬다. 추론 분야에서 직관을 형성하기는 이후에 배울 추측 통계학의 기초가 될 수 있다. 7장에서 학생들의 변이 이해에 대한 탐구와 이전 장에서 다룬 개념들을 통합하는 네 가지 사례 연구를 통하여 변이에 대한 기초적인 특징을 다룬다.

마지막으로 8장에서 통계적 소양이라는 목표에 비추어 학생들의 재학 기간 동안에 형성되는 발달적 위계를 제시하기 위하여 조사한 것을 분석하여 요약한다. 개인적 특유함에서부터 비판적 수학까지 정교하게 6단계가 설명된다. 그 단계들은 학생들이 학교를 졸업하거나 이론 통계 과정에 입문할 때 학생들에게 기대할 것을 반영한다. 그 목적은 교육학자들이 바라는 목표와 관련하여 학생들의 성취에서 관찰된 정도를 알 수 있도록 함이다.

더 많은 공부와 연구를 위한 출발점을 제공하기 위하여 각 장의 말미에 나오는 '참고'에 소개된 문헌 목록과 더불어, '더 읽기'라는 제목 밑에 많은 참고문헌이 제시된다.

감사 인사

이 책은 학생들의 통계 개념에 대한 이해를 10년 동안 연구한 것의 결과물이다. 그 연구를 위하여 여러 선행 연구와 많은 공헌자들이 있었다. 저자로서, 나는 내 개인적 역사를 설명하고, 여러 해 동안 나와 함께 일해 온 분들에게 감사를 드리고자 한다.

확률 및 통계에 관한 나의 연구는 실험적 시도보다는 미적분에 더 치우친 학부 및 석사과정의 이론적 공부를 거치면서 시작되었다. 나는 비슷한 경향으로 13년 동안 태즈매이니아(Tasmania) 대학의 수학과에서 과학 및 공학 전공의 학생들에게 확률 및 통계학 입문 과정을 가르쳤으며 조건부 확률을 포함한 대중매체 기사를 조사하는데 우연히 흥미를 갖게 되었다. 이후에 교육학부로 옮겼고 거기에서 처음에는 예비 초등교사에게 수학을 가르쳤다. *National Statement on Mathematics for Australian Schools*라는 저널을 창간할 때에 나는 고등학교 수준을 위한 교육과정의 자료 및 측정 분야에서 자문을 하였고, 그 저널이 나왔을 때에 새 교육과정에서 확률 및 자료 분야를 교사들이 가르치기 위한 전문성 발달 소재를 제공하는 팀의 책임자이었다. 단언컨데, 학생 및 교사들의 이해와 교실 기반의 개입에 관한 연구는 부족했다. 따라서 호주연구재단에서 제공한 10년 간의 연구 자금으로 확률 및 자료에 관한 학습의 다양한 측면에 대하여 연구하였다. 동시에 Jeff Baxter가 주도하는 호주 수학교사협의회와 협력하여 '정보 기술을 이용한 원격 부진아 지도'(LUDDITE)라는 거대한 세 개의 정부 지원의 전문성 발달 프로젝트가 진행되었다. 그 프로젝트는 일부 교사의 필요와 함께 위성 텔레비전, 전국적인 화상 회의, CD를 이용한 전문성 발달 과정, 신문과 결합한 웹 사이트를 포함한 정보 기술을 명확히 하였다.

그 연구는 1.5절에서 설명된 과제들에 3, 6, 9학년 학생들의 반응을 분석하기 위하여 인지 발달(1.4절 참고)에 대한 Kevin Collis의 모델을 이용하는 것에 대해 그의 허락을 얻어서 1993년에 지원을 받아 열심히 시작되었다. 연구지원이 계속 이어져서 다음과 같은 연구를 하였다. 1995년부터 1997년 사이에 학생들이 그룹으로 활동할 때에 더 높은 순서 통계적 함수를 고려하였고 1996년에 교육과정에 대한 교사들의 이해를 정리하였다. 1993년부터 1995년까지의 종단적인 자료를 1997년에 수집하였으며 1998년부터 2000년까지 통계적 이해에 관한 인지적 갈등의 영향을 검토하였다. 1999년에는 집단 활동 상황에서 도움에 대한 준비를 고려하였으며 2000년부터 2002년까지 변이에 관한 학생 이해를 탐구하였고 변이에 관한 강조에서 확률 및 자료의 지도를 시도하였고 2001년에 라쉬(Rasch) 방법을 사용하여 통계적 소양을 탐구하였다. 2002년부터 2004년까지 모든 자료 및 자원을 사용하여 통계적 소양의 모델을 통합하였다. 모든 이런 연구들은 학생들의 이해 발달과 관련하여 이 책에 제시한 결과들에 일정 부분 기여하였다. 다른 연구 대상들과 관련된 결과들은 국제적으로 유용한 저널에 발표하였으며 여기서 자세히 소개하지는 않는다.

Kevin Collis는 그가 1995년에 은퇴하기 전까지 팀으로 함께 일하면서 연구가 시작되도록 도왔고, 비평과 이론 모두를 제공하였다. Jonathan Moritz는 첫 프로젝트에서 연구 조수로 시작하여 이후의 각 연구에서 일정 부분 기여하였고 자신의 박사 연구를 시작하였다. Sharyn Lidster는 Helen Chick의 일을 훌륭하게 이어 받아서 나와 함께 협력적 연구에 관하여 일하기 시작하였다. Rosemary Callingham는 평균에 대한 교사들의 이해에 관한 연구 프로젝트로 석사 학위를 받았으며, 그룹 연구에 초기부터 참여하였고 이후에 통계적 소양에 관한 라쉬 분석에 참여하였다. Rob Torok은 교육 학사 논문을 위하여 변이 연구를 시작하였고 Ben Kelly는 그 프로젝트의 나머지에 대한 연구 조교로 참여하였다. Annaliese Caney는 통계적 소양의 항목들을 코딩하기를 도왔으며 "무작위" 자료를 해석하는 것을 도왔다. Tasmania의 많은 학교 교사들은 조사 관리를 위한 조직부터 활동의 단위들을 가르치기 또는 시험적인 과제들에 학생들을 참여시키기와 같은 다양한 방식으로 연구에 참여하였다. 원 그래프를 가르치기와 관련하여 Sharyn Lidster에게, 표본수집 및 고등학교 학생들에 대한 "병원 문제"와 관련하여 Neville Windsor에게, 변이 프로젝트에서 모든 수업을 위한 기본적 수준에서 프로젝트 교사이었던 Pat Jeffery에게 특별한 감사를 전한다. Idol Gal과 Cliff Konold와의 연락을 통하여 국제적 협력이 시작되었고 Tasmania를 두 번 방문하였던 Lionel Pereira-Mendoza는 많은 연구 과제를 제안하였다. David Green, Cliff Konold, Mike Shaunessy가 Tasmania를 방문하였으며 특히 Shaunessy는 두 번 방문하였다. 자료 및 확률 교육과정과 변이에 대한 학생들의 이해에서 변이의 위치에 대한 흥미를 나누면서 Mike는 2000년부터 2002년까지의 프로젝트에서 핵심적인 협력자였다.

이러한 모든 사람들의 열정과 팀의 일원으로 일하면서 보여준 인내에 감사를 전한다. 특히 오랜 시간 동안에 때로는 발전된 방향으로 나아간 열띤 논의에 대하여, Jonathan, Helen, Rosemary, Ben과 Mike에게 감사를 표한다. Ben의 교정 및 색인화와 관련된 도움에 감사를 전한다. 후반에 무한한 결정과 인내를 갖고 나의 손글씨를 읽기 쉽게 타이프라이트로 쳐 주고 편집 기준을 맞추어 일해 준 Judith Deans이 있다. 원고에 관하여 많은 일을 한 Erlbaum Associates의 편집부원들에게 감사를 전하며 이 책을 그의 시리즈인 '수학적 사고와 학습에 관한 연구(Studies in Mathematical Thinking and Learning)'에 포함시켜준 Alan Schoenfeld에게도 감사를 전한다. 마지막으로 항상 나의 연구와 저술에 대한 지원을 아끼지 않은 Gerald Johnston에게 감사를 드린다.

참고문헌

1. Huff (1991). facing contents page. The original of this quote cannot be traced but Wells is quoted as saying something similar in Walker (1931), and Wells (1994) said, "A certain elementary training in statistical method is becoming as necessary for anyone living in this world of today as reading and writing" (p. 141)
2. Australian Education Council (1991); Ministry of Education (1992); National Council of Teachers of Mathematics (1989).
3. This must remain as "anecdotal" evidence, as although many colleagues have repeated such claims to me, none can provide a published reference or person willing to put the claim in writing.
4. Kilpatrick, Martin, & Schifter (2003); National council of Teachers of Mathematics (2000).
5. Konold & Miller (2005).
6. Watson & Kelly (2002a, 2002c, 2002e).
7. Watson (1991).
8. watson (1978, 1980).

9. Australian Education Council (1991).
10. Watson (1994b).
11. Watson (1996, 1997b, 1998c, 1998d); Watson & Baxter (1997); Watson, Baxter, Olssen, & Lovitt (1996). The Web site is now called 'Numeracy in the News' and is easily accessed through an internet search engine.

CHAPTER 01

목적과 기초

생선을 엄청 좋아하는 사람을 조심하라

생선을 많이 먹는 사람은 야망이 크고 성공하려는 욕구가 크다고 영국의 어떤 연구자가 다음과 같이 주장하였다. 캔에 들어 있는 참치, 정어리, 연어, 고등어, 청어를 즐겨 먹는 사람의 열 명 중에 일곱은 야망이 크고 그런 사람의 절반은 스스로를 다른 사람보다 더 성공했다고 생각한다. 이 연구는 존 웨스트 식품회사가 의뢰해서 시작되었는데, 생선을 먹는 사람 중에서 5퍼센트에 해당하는 얇은 피부를 가진 사람들은 생선을 안 먹는 사람의 1/4과 비교할 때 타인의 비판에 잘 대처한다는 결과를 제시하였다.[1]

여학생들은 흡연자이며 술꾼이다.

호주의 11살, 12살 여학생 중에 1/4이상은 담배를 핀다고 한다. 이는 국립 건강 및 보건 연구원이 어제 발표한 연구결과이다. 이는 마약 퇴치 운동이 여학생들에게 마약과 관련된 위험 요소를 제대로 알리지 못함을 의미한다. 그 조사에서 밝혀진 주요 요소는 친구의 특성, 교양 수준, 부모로서 본보기 등이다.

흡연을 하는 친구를 가진 여학생은 흡연할 가능성이 7배 이상이 되고 부모가 흡연한다면 2.3배 이상이다. 그리고 낮은 교양 수준을 가진 여학생은 높은 교양 수준을 가진 여학생보다 지난달에 흡연을 했을 가능성이 5배 이상이라고 그 연구는 제시하였다. 그 연구는 86개의 초등학교에서 1400명의 여학생을 조사하였다. 조사 대상의 26퍼센트는 자신의 일생 중에 어떤 시기에 흡연을 했다고 하고, 6퍼센트는 지난달에 흡연하였다고 응답하였다.[2]

1.1
동기와 목적

앞의 두 신문 기사가 바로 이 책을 집필하게 한 동기를 주었다. 그런 기사를 학생들이 비판적으로 읽을 수 있고, 예리한 질문을 하고, 그 기사의 진실성을 판단하도록 하기위한 목표가 필요하다. 그 신문 기사는 "연구들"에 관하여 보도한다. "연구들"의 내용은 학교의 통계 및 확률 교육과정의 내용과 관련되지만 그것을 벗어나는 통계적 소양을 필요로 하는 내용을 담고 있다.

"생선을 엄청 좋아하는 사람을 조심하라"는 독자로 하여금 다음과 같은 의문이 생기게 한다. 생선을 자주 먹는 것이 더 야망을 품도록 만드는가? 생선을 파는 회사가 왜 그런 조사를 하도록 하였는가? 얼마나 많은 사람을 조사하였고 어떻게 뽑았는가? 어떤 질문을 하였는가? 생선을 먹는다는 것의 범주는 몇 가지인가? 남자와 함께 여자들도 조사했는가? 각 범주에 얼마나 많은 사람이 있는가? 어떤 질문이 주어졌는가? 생선을 먹는 것의 범주의 수는 얼마인가? "캔에 들어있는 참치, 정어리, 연어, 고등어, 청어를 즐겨 먹는 사람 열 명 중에 일곱은 야망이 크다"는 주장이 맞다는 것을 뒷받침하기 위하여 자료가 어떻게 제시되고 요약되었는가? 그렇게 많은 세부 사항이 빠져 있기 때문에 통계적으로 소양이 있는 독자는 껄껄하고 그 모든 주장을 웃어넘길 것이다.[3]

"생선을 엄청 좋아하는 사람을 조심하라"와 비교하면 "여학생들은 흡연자이다"는 비판적으로 질문을 해도 답이 될 수 있는 많은 통계적 정보를 제공한다. 많은 의문을 던질 수 있지만 어쨌든 표본크기와 대푯값이 표시되어 있다. 흡연자의 관측된 비율, 백분율이 계산된 조건이 제시되어 있다. 상대적 경향값을 보여주기 위하여 곱셈과 조건부 확률을 이용한다. 예를 들면, P(흡연하는 여학생 | 흡연하는 부모) = 2.3 × P(흡연하는 여학생 | 흡연하지 않는 부모). 부모와 친구의 영향을 비교하는 것도 위와 같은 방식으로 가능하다. 그러나 의문이 남는다. 예를 들어 소양 수준의 관점에서 부분 집단들의 수준끼리 비교하기 위하여 전체 집단의 전반적 수준을 아는 것이 중요할 것이다. 또한 요약된 그래프들은 측정된 변수들에 대한 관점을 세우는 데에 유용할 것이다. "생선을 엄청 좋아하는 사람"의 경우처럼 표본을 분할하기 위하여 다양한 범주가 사용되지만 이번에는 인생의 어떤 시기에 흡연을 했다는 364명과 지난 달에 흡연하였다는 84명이라는 격

차 크기에 대한 감을 잡는 것이 최소한 가능하였다. 흡연에 영향을 주는 요인에 대한 주장을 하기 위하여 기사에 사용된 자료가 적절한지를 판단하는 것은 여전히 독자의 몫이지만 그런 판단을 위한 많은 정보가 제시되었다.

학생들이 정보를 활용할 수 있는 통계적 비판적 소양 수준에 도달하도록 하기 위한 계획을 세울 때, 이 책의 기반이 되는 네 가지의 서로 연관된 전제를 고려해야 한다. 그 첫 번째로 적절한 이해를 형성하는 것은 학교 교육과정, 즉 거의 수학 교육과정과 관련하여 그 안에서 이루어져야 한다. 이는 1990년대 초반에 확률 및 통계의 주제들을 포함하기 위하여 수학교육과정을 확장한 결과에 따른다.[4] 이런 맥락에서 학생들의 학습을 보완하고 향상시키기 위하여 교육과정 안에서 통계의 역사와 함께 그 관련성을 다루는 것이 중요하다. 자료와 확률이 문맥과 함께 적용될 수 있도록 그 관련성을 찾는 것과 마찬가지로, 통계적 아이디어들 및 수학적 개념들 사이에서 그 관련성을 찾을 수 있다.

두 번째 전제는 통계적 소양이다. 이는 현재 학교 교육과정에서 다루는 개념에 기초하면서 그것을 넘어서 소양적 기술, 비판적 사고, 문맥에 대한 이해, 의사결정에 참여하게 하는 동기 부여로 엮인 복잡한 구조를 알도록 한다. 바로 최근까지 어른의 세상에 들어가기 위해 필요한 양적 소양 기술의 주요한 일부로서 통계적 소양을 인정하는 것에 대한 논의가 이 책의 목표를 위한 일부 기초를 세우는데 도움을 주었다.

세 번째 전제는 통계적 소양에 따른 이해의 발달이 상당한 시간에 걸쳐 발생한다는 것인데, 적절한 통계적 사고에 대한 복잡한 필요성의 증가 및 개념 발달의 구조적 복잡함에 대한 인지에 의하여 그 중요성이 인정된다. 수업을 계획할 때에 학생들이 현재 어떤 이해 정도에 있는지와 학생들이 수업이 끝날 때에 어떤 정도에 있기를 기대하는지를 아는 것이 중요하다.

네 번째 전제는 적절한 과제와 활동이 학교 교육과정에서 자료와 확률 개념과 관련된, 통계적 소양의 폭넓은 문맥적 목표와 관련된, 비판적 사고의 목표에 도달하기 위해 필요한 증가된 지적 소양과 구조적 복잡성과 관련된 이해를 하기 위하여 필요하다는 것이다. 이 책 전체에 걸쳐서 여러 연구 설정에서 사용되어 왔고 학생들의 현재 이해 수준을 측정하면서 더 높은 이해 수준으로 올라가는 것을 도와주는 과제들에 기초한 논의가 제시된다.

1장의 다음 네 가지 절들은 이후의 7개 장에 제시되는 것을 준비하기 위한 위의 네 가지 전제들을 둘러싼 아이디어와 역사를 소개한다. 1장의 마지막에서는 확률 및 통계 전반에서 기초가 되는 기본 개념인 변이성에 관하여 논의된다.

1.2

학교 교육과정에서 통계학의 역사와 연결성

이 절에서는 학교 교육과정의 자료 및 확률 항목을 만들게 된 역사와 영향에 대한 개요를 소개한다. 이런 항목들은 통계적 소양을 위한 기본 소재이기 때문에 그것의 윤곽을 그리는 것이 중요하다. 이 절은 이런 항목들 사이 및 수학교육과정의 안과 밖에서 주요 아이디어들과의 연결성을 만드는 것이 중요함을 보여주는 것으로 마무리한다.

가중 평균에 대한 문제는 한 세기 동안 산술 또는 대수 교육과정의 일부로 사용되었지만 그것의 통계적 탐구 과정과 관련된 아이디어는 20세기 말 무렵에서야 수학 교육과정에서 공식적인 조명을 받았다.[5,6] 중등학교 교육과정에서 통계를 포함하기 위하여 인도의 유명한 통계학자인 라다크리쉬나 라오(Radhakrishna Rao)에 의하여 1975년에 제시된 기준으로부터의 다음 추출은 통계학계의 관점을 반영한다. 일찍 시작함에 따라, 거의 한 세기 전의 그의 주제들 사이의 연결성 그리고 그것이 제시하는 것들이 모두의 이익을 위하여 더 자연스럽게 확립되기를 그는 희망하였다.

> 통계학의 과목 주제는 정보 수집과 정보 처리로 폭넓게 정의될 수 있다. 그런 식으로 테크놀로지와 실생활에 자연 지식의 진보와 의사결정을 위한 모든 과학 추론에 기본이 된다. 통계학은 어떤 실제 문제와 관련되지 않으면 의미를 갖는 것이 끝난다. 통계학으로 해결하려고 하는 순수한 통계 문제는 없다. 의사 결정과 관련된 과목은 통계학이 아니다. 그것은 식물학 또는 생태학 또는 지질학 등이다. 통계학은 그것이 요구되는 환경에서만 융성하고 다른 과목 안에서 문제를 해결하려고 애쓸 때에 발전할 수 있다.[7]

어떤 경우에 이론적 관점에서 확률은 학교 교육과정에서 순수 수학의 일부로서 특히 순열과 조합의 계산과 같은 수치적 기교와 연관되어 우선적인 관심을 받았다.[8] 1980년에 피터 홀름즈(Peter Holmes)는 주요 교육과정 문서에서 학교 통계 교육과정의 구조의 기초가 되는 틀을 정리하였다.[9] 그는 잠재적인 관심 질문에 기반을 둔 통계적 탐구의 단계들을 구성하는 다섯 개의 성분들을 고려하였다.

- 전수조사 자료 형태, 표본 추출, 자료를 얻기를 포함하는 자료 수집
- 표 및 그림을 포함한 자료를 표로 변환하거나 표현하기
- 위치 측도, 산포 측도, 기타 요약 통계량, 회귀분석 및 상관관계를 포함한 자료 축약
- 확률 정하기, 확률 조절하기, 모델링 및 확률분포를 포함한 확률
- 표와 그림으로부터 추정하기, 경향과 투영, 자료 비교, 매개변수 추정, 변이 추정, 검정 통계, 1종 및 2종 오류를 포함한 해석과 추정[10]

이런 틀은 영국과 웨일즈 지방에서 5년 의무 교육의 통계 교육과정의 기초가 되었다.

통계 분석의 일부로서 확률을 보는 것은 일부 논란을 촉발했지만 대부분의 교육과정에서 확률은 중요하게 여겨진다.[11] 기본 모델을 명료하게 하기위해 제시된 개념 지도는 사람들이 필수적으로 연관된 개념들을 포함하고자 하면서 지속적으로 복잡해졌다. 그림 1.1은 노스캐롤라이나 대학에서 교사를 위한 프로젝트를 하면서 제시한 통계 분석 모델이다.[12] 그림 1.1.은 아주 상세하지만 피터 홀름즈가 했던 것과 완전히 같은 주요 구성 요소를 담지는 않았다. 예를 들어 어떤 질문을 제기하기를 포함하여 같은 구성 요소가 그림의 어딘가에 제시된다. 그림 1.1에서 확률을 놓을 주요 위치가 빠져 있음은 학교 수준에서 확률에 기초한 형식적 추론 과정을 사용하기와 관련된 딜레마를 반영한다. 이제 그림 1.1에서 확률은 자료 수집에 관한 표본추출과 연관되지만 그 결과를 해석하기와는 연관되지 않는다. 이것은 고등학교 3학년 이전에 적절한 모델이며 분석을 시작하기 위하여 제기된 질문이 우연 상황에 기초한 것은 아주 당연하다. 그러나 주관적 및 빈도적 관점의 직관으로부터 만들어진 확률의 기본 개념들은 이후의 추측통계에서 확률의 더 형식적인 사용을 위한 기본으로서 학교 교육과정 내에 포함될 필요가 있다.

통계학자들이 통계적 절차를 사용하여 문제를 어떻게 해결하는지의 관점에서 연구하면서 크리스 와일드(Chris Wild)와 맥신 판쿠흐(Maxine Pfannkuch)는 통계적 분석을 위한 복잡한 4차원 모델을 제시하였는데, 그 모델은 이전에 주목된 아이디어와 가장 더 일반적인 것들을 포함한다.[13] 그 4차원은 조사 주기, 필요한 사고 유형, 탐구 주기, 필요한 조작과 관련된다. 이 네 가지는 형식적인 통계 분석 내에서 확대된다. 조사 주기는 자료 및 우연과 관련된 확률 교육과정에서 보이는 것과 유사하지만 다른 세 가지는 수학 교육과정의 더 넓은 목표 안에서 유사한 측면을 갖고 있다.

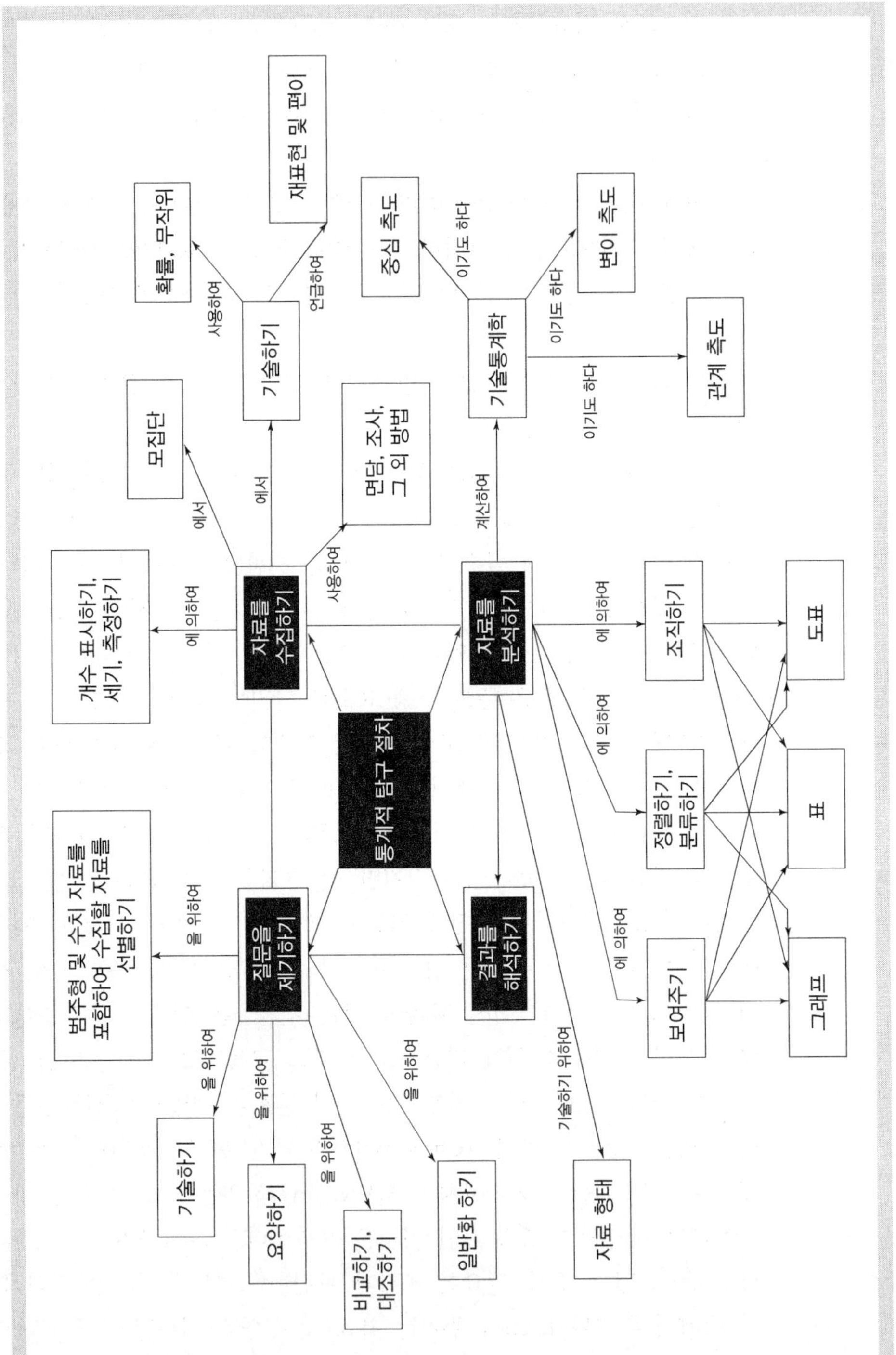

그림 1.1 통계적 탐구의 절차에 대한 개념 지도

조사 주기에는 문제를 정의하기, 필요한 것을 계획하기, 자료를 수집하고 다루기, 분석을 실행하기, 해석하고 결론을 소통하기가 있다. 이런 주요 요소들은 그림 1.1.의 검은 상자에 제시되어 있다. 그 모델의 두 번째 차원은 통계 분석에 포함된 사고 유형에서 확장된다. 제시된 일반적인 사고 유형은 수학 교육과정에서 전략적으로(계획하기, 예측하기), 설명을 찾기, 모델링, 기법을 적용하기와 관련된다. 통계 분석에 기본이 되는 특정한 형태의 사고는 자료의 필요성에 대한 인식, 자료변환(표현을 바꾸기), 변이성을 고려하기, 통계 모델을 갖고 추론하기, 통계와 문맥을 결합하기이다. 이런 형태의 메타적 사고를 정확하게 하기는 중요하다. 그림 1.1에서는 그에 대하여 특정한 언급이 없다.

탐구 주기가 통계 분석과 관련하여 다시 제시되지만 일반적으로 그것은 통계적 소양의 영역과 관계가 있다. 그것은 다섯 개의 요소를 갖고 있다. 즉 1) 계획 산출, 모델링, 2) 내부 및 외부의 정보를 찾기, 3) 봐서 해석하기, 변환하기, 비교하고 연결하기, 4) 참고할 것들을 검토해서 비판하기, 5) 의사결정 안에서 판단하기이다. 이 요소들은 사회에서 기관 등에 의하여 만들어진 보고서를 평가할 때 제기된 주장에 대하여 탐구하기 위하여 필요한 것들이다. 회의론, 상상, 호기심과 깨달음, 개방성, 더 깊은 의미를 찾는 경향, 논리적인 것, 약속, 인내와 같은 기질에 관한 네 번째 차원은 탐구 주기와 관련된다. 때로는 당연하게 그런 기질의 특성이 교실 안과 밖에서 모두 중요하다.

그런 모델과 비슷한 전제를 갖고 연구하면서 미국수학교사협의회는 21세기 초기에 '학교 수학 규준'에서 다음과 같은 자료 분석 및 확률 규준을 제안하였다.

유치원 이전 단계로부터 12학년까지의 교육 프로그램은 모든 학생들이

- 자료를 이용하여 대답할 수 있는 질문을 만들고, 그 대답을 위하여 자료를 수집하고, 조직하고 표현하기
- 자료를 분석하기 위하여 적절한 통계 방법을 선택하고 사용하기
- 자료에 근거하여 추정 및 예측을 발전시키고 평가하기
- 확률의 기본 개념들을 이해하고 적용하기[14]

이런 사항은 피터 홀름즈의 주요 범주를 정확하게 포함하며 이 책의 2장부터 6장까지에서 반영되었다.

1980년대에 통계학자와 수학교육학자들간의 협력은 일련의 양적 소양들을 만들어냈었고, 그 소양들은 1989년의 처음 NCTM 규준의 예측에서 고교 수준을

위한 교육과정 소재를 제공하였다.[15] 그 일련의 소양들은 탐구, 조사와 표본[16]으로부터 출발하며, 확률에 근거한 분석에 기반을 둔 피터 홀름즈 및 다른 사람들의 목표를 반영하였다.[17] 그것은 또한 실제로 조작하는 시뮬레이션 실험[18]을 도입하는 것으로 나아갔고 이후에 수학 교육과정의 측정 분야에로 연관성을 발전시키게 되었다.[19] 이것들은 1990년대에 발전된 많은 교육과정 소재들과 21세기로 전환할 시점에 수학에서 더욱 일반적으로 취해질 "양적 소양"이란 말을 사용하는 것의 전초가 되었다.[20]

초등 수준에서 위와 비슷하게 '사용된 수들(Used Numbers)' 시리즈 책들은 유치원 나이 무렵의 학생들에게 적절한 초기 통계적 아이디어를 도입하려는 의도를 가졌다. 제시된 아이디어들은 때때로 수학 교육과정의 다른 분야와 연관되게 도입되었다. '교실에서 실제 자료'의 사용을 강조하면서, 유아 및 초등학생 때의 초점은 자료를 세기,[21] 자료를 정렬하기,[22] 자료를 측정하기,[23] 자료의 모양을 검토하기,[24] 자료를 요약하기,[25] 자료로부터 추측하기[26]까지 광범위하다. 적절한 통계 아이디어들이 해마다 만들어지고 있기 때문에, 피터 홀름즈에 의하여 제안된 통계적 측면은 성공적으로 포함되었다. 그런 소재들은 수학 교육과정 속에서 더욱 친숙하게 계속하여 교육과정 소재로 통합되었으며, 교육과정 속에서 연관된 것들을 통합할 때에 상당한 영향을 주어왔다.[27] 비슷한 목표를 가진 다른 소재들이 특히 맥락을 담고서, 통계적 소양을 위한 기법을 이끌어 내는 사회적 주제를 가지면서 교실 밖까지 연관되면서 개발되어 왔다.[28]

자료 및 우연이 1990년[29] 무렵까지 학교 수학교육과정에서 주목할만한 위치를 갖지 못하였기 때문에, 많은 교육청, 학교의 수학과, 모든 수준의 교사들은 그 주제가 수학교육과정의 다른 전통적인 주제들만큼 학생들에게 중요하다고는 생각하지 않았다. 학교를 마칠 무렵에, 즉 학생들과 교사들이 지쳐있고 진도를 마칠 쯤에 활동으로 시간을 채우기 위하여, 혹은 대수학 또는 삼각함수와 같은 다른 주제들에 더 시간이 필요할 때에 불필요하다고 제외할 수 있기 때문에 시간표에 자료와 확률 단원이 배치되어 있는 것이 이상한 것이 아니다. 이런 관점에서 놓친 것은 학생들이 학교를 마친 후에 자료와 우연에 대한 이해가 공적 혹은 사적 의사 결정에서 적용된다는 것을 인식하는 것이다.[30] 많은 학생들에게 통계적 이해는 일상 생활에서 대수학이나 삼각함수보다 더 필수적인 것이 될 것이다. 학교에서 상당한 비율의 학생들이 대학 수학 및 그에 필수적인 주제들을 공부하기 위하여 학교 수학을 사용하는 것은 아니다. 그러나 모든 학생들은 매일 불확실함 속에서 자료에 근거하여 판단을 하고 이를 주장하는 사회에 잠재적으로 참여한다.[31] 만일 학교 교육과정에서 학생들이 그런 세계를 준비하도록 의도되었다면 통계적 사고의 중요함에 대해 인정해야 할 것이다. 비록 그런 것이 학교 교육과정 전반에 걸쳐서 일어날 수 있고 그래야 하지만, 수학 교육과정은 이해를 위한 자연스러운 출발점이 되는 논리적 기초와 구조를 제공한다. 협력이 발생한다면 맥락은 수학 교실 내에서 그리고 많은 다른 과목들에 걸쳐서 부가될 수 있다.[32]

학교 교육과정의 다른 영역과 통계적 사고의 연결성이 과학 실험을 통하여 명백할 수 있을지라도, 사회 과학에서 집단을 조사하는 것, 혹은 건강의 위험을 고려하는 것, 수학 교육과정의 다른 주제들과 자료와 우연을 많이 연결하기가 때로는 무시되고 완전히 생략된다. 예를 들어, 비율적 사고는 중학교 수학 교육과정에서[33] 기본적인 주제인데, 그것은 일반적으로 부분—전체 아이디어가 깔려있는 표본, 확률 및 평균과 함께 다루는 것이 필수적이다. 그 연결성은 한 방향뿐이 아닌데 그 이유는 자료와 우연에서의 그런 주제들이 이론적 개념의 유용함과 적용성의 훌륭한 예를 제공하기 때문이다. 자신의 틀에 갇힌 교재는 그런 연결성을 탐구하는 것을 회피할 수 있지만 이 책은 수학 교육과정의 전반에서 주제들의 강화가 어떻게 일어나는지를 더 깊게 알도록 하는 많은 예를 제공한다. 각 장은 그 장의 통계적 주제와 관련된 연결들을 제시하는 개념 지도의 형태로 시작한다. 이를 통해 일반적으로 수학뿐만 아니라 자료와 우연에서 여러 주제와 함께 교육과정에서 중요한 주제 및 논의를 포함하는데 이는 의사 결정 기법에서 필요하기 때문이다.

두 가지 관점이 학교 교육과정을 위한 자료와 우연의 중요성에 비추어 이 책에서 제시된다. 한 관점은 모든 학생들이 학교를 떠나서 지식인으로서 사회에 참여하기 시작할 때에 유용하도록 폭넓게 기초를 갖춘 수학 교육과정을 제공하는 것이 필수적이라는 것이다. 이것의 중요한 점은 통계적으로 소양을 가졌다는 것이다. 다른 한 관점은 고등학교 또는 대학 수준에서 심화 과목을 선택한 학생들의 형식적 통계 이해의 발달을 위한 기초를 제공하는 것이 또한 필요하다는 것이다. 통계 과목이 메마르고 식으로 가득 차 있다고 가끔씩 불평을 듣는데 학생들이 예를 들면 변이에 관한 적절한 직관, 자료에 근거한 의사 결정이 무엇인지에 관한 인식을 갖고 그런 과목을 듣는다면 그런 불평은 사라질 것이다. "필수적 학습" 또는 "새로운 기본"에 관하여 강조하는 것이 보통의 교육과정 범주를 흐리게 하거나, 어떤 주제들이 생략될 위기에 있는 환경에서 특히 위의 두 관점은 중요하다.[34]

1.3

통계적 소양의 위치

일반적 의미에서 학교 통계 교육과정부터 통계적 소양까지 연결하려고 한 것이 1990년대 초기의 개정 수학 교육과정의 도입에서 바로 시작되었다. 뉴질랜드[35]와 같은 다른 나라에서는 학교 밖의 맥락 속에서 작성된 통계 보고서의 맥락에 이해를 적용할 필요에 관하여 수학 교육과정 문서에서 특별히 언급되었다. "통계 보고서를 해석하기"는 뉴질랜드 수학 교육과정의 통계 분야에서 세 가지 주제 중의 하나인데, 다른 두 가지는 "통계적 조사"와 "확률을 탐구하기"이다. 제안된 학습 경험 중에서 "대중 매체 등에서 통계 정보가 제시된 방식을 조사하기와 잘못된 그래프와 그에 관한 설명에서 현혹의 원천을 인식하고 구별하기"가 있다.[36]

캐서린 월맨(Katherine Wallman)이 미국 통계학회에서 1992년에 회장으로서 한 연설에서 통계적 소양의 그런 주제를 선택하였다. 그녀의 간단한 정의적 요약에서 통계학의 창조자이기보다 사용자로서 사람들이 학교를 다니는 동안에 발달되는 형태의 이해를 적용하는 데 초점을 두었다.

> 통계적 사고가 공적 및 사적, 직업적 및 개인적 결정에서 작용하는 기여를 인식하는 능력과 비교하여 생각할 때, '통계적 소양'은 우리의 일상생활에 스며있는 통계적 결과를 이해하고 비판적으로 평가하는 능력이다.[37]

최근에 성인의 통계적 소양에 관하여 이해의 현재 상태를 요약하면서 갈(Gal)은 그것을 위하여 다음의 두 가지 요소가 필요하다고 제시하였다.

(a) 다양한 맥락에서 접할 수 있는 통계 정보, 자료와 관련된 주장, 혹은 확률적 현상을 해석하고 비판적으로 평가하는 능력
(b) 정보의 의미에 관한 의견, 주어진 결론을 인정할 것인지에 관한 관심과 같은, 통계 정보에 관련된 반응을 논의하고 소통하는 능력[38]

통계적 소양에 관한 목표는 1990년대에 여러 영어권 국가들에서 정의되었던

성인이 갖춰야할 소양의 더 넓은 목표와 겹친다. 미국, 캐나다, 호주가 성인 시민들의 소양을 평가하는 것을 설정할 때, 산문 소양, 문서 소양, 양적 소양을 평가하기 위한 틀이 제시되었다.[39] 비록 통계적 소양의 모든 요소를 담는 것은 가능하지 않지만, 특히 문서 소양 내에 그래프와 표의 해석이 있고, 양적 소양 내에 비율과 평균의 사용과 함께 그래프와 표의 더 많은 사용이 있는 것처럼 통계와 관련된 많은 예들이 그 안에 확실히 있다. 통계적 소양으로부터 학교 밖의 성인 소양까지 그 연결 관계가 있음을 보이는 것은 학교 교육과정 내에 소양 간의 연결 관계를 보이는 데에 도움이 된다.

통계적 소양으로부터 더 넓은 의미의 소양까지의 또 다른 연결은 더 일반적으로 양적 소양과 관련된 최근의 관심과 논란에서 발견된다. 2002년에 미국에서 양적 소양은 100명의 과학자, 수학자, 교육학자, 정책 입안자들의 국립 연구 협회의 학회에서 관심의 초점이 되었다.[40] 강조된 주제들 중에는 부유층 뿐만이 아니라 빈민층에도, 소년 뿐만 아니라 소녀에게도, 엘리트 뿐만 아니라 평민에게도 유용하도록 만들기와 같이 수학의 민주화를 위하여 양적 소양을 갖추기도 포함되었다. 만일 학교가 두 개의 다른 경로, 즉 대학 진학을 위한 엘리트를 위한 대수, 삼각함수와 함께 미적분으로 구성된 첫 번째와, 빈민층과 소수자가 대부분인 다른 사람들을 위한 양적 소양으로 구성된 두 번째 경로를 만든다면 어떻게 이것이 행해질 수 있는가가 또 다른 딜레마가 된다. 그런 시스템은 미적분에 한정된 학생들, 즉 수학의 좁은 기초만 받을 것이기에 외면 받을 것이라고 그 학회에서 제기되었다. 그러나 만일 수학을 알고리즘을 완전히 익히는 것보다 추론을 위하여 가르친다면 수학과 양적 소양 사이를 구별할 필요가 거의 없을 것이다.[41]

수학의 기호적 측면에 익숙한 학생들일지라도 맥락 속에서 통계를 만날 때 필요한 소양, 즉 앞 절의 인용에서 통계학의 존재 이유가 되는 표현에 내재된 바로 그 맥락이라고 주장하는 것에서 약할 수 있다.[42] 여러 해 동안에 흥미가 감소한 후에 맥락의 중요성은 대학 및 학교 수준 모두에서 인식되고 있다.[43] 정규 교육과정 내에서 맥락의 연결성은 통계적 추론이 교실 밖에서 적용되어야 하고 관찰자가 처음부터 조사에 참여했던 것이 아닌 상황에 관하여 설명을 위하여 개발된 통계적 이해를 사용하는 방향으로의 한 걸음이다. 이것은 성인에게 촛점을 맞춘 이도 갈(Iddo Gal)같은 사람들이,[44] 학생들이 학교를 떠날 때까지 작용되기를 원하는 것이다.

학교 교육과정에서 통계학의 상대적으로 짧은 역사와 관련하여, 학교 수준에서 통계적 소양에 대한 관심이 최근에야 생겨났다. 이 책은 교육과정의 모든 분야에서 연결성을 강조하면서 교수 및 교육과정 설계자 앞에 그런 논제를 보이기 위한 노력의 하나이다. 수학과 수량적 사고 능력은 학교 교육과정의[45] 상보적 분야들이라는 관점과 비슷하게, 통계학과 통계적 소양은 수학 교육과정에서 상보적이고 핵심적 측면이어야 한다.

자료와 우연 교육과정이 통계학자가 하는 것을 반영하면서, 통계적 조사를 세밀하게 수행하는 전반적 절차를 포함하지만, 문서화는 개별적인 조절 가능한 요소들에 초점을 맞춘다. 이 책은 일반적인 통계적 조사 단계라고 간주되는 것에 다섯 개의 장을 할애하면서 비슷한 형식을 따른다. 그렇게 하는 것이 학생들이 절차에서 중요한 점을 이해하는 것을 발전시키고 특별히 어려운 아이디어에 집중하도록 하기 위하여 필요하다. 또한 포함된 관련성을 이해하기에 매우 중요한 연결성을 기록하기에 도움이 된다. 그러나 이것을 한 후에 학생들이 학교를 떠날 때를 예상하면서 더 일반적인 통계적 소양을 고려하는 것이 필요하다. 이것은 양적 소양의 중요한 요소를 구성하기로 간주되므로 많은 사람들에게 양적 소양의 더 넓은 의미를 담는 것으로 생각될 수 있다.[46]

통계적 소양은 자료와 우연에 관한 교육과정 및 연습되지 않은 맥락과 통계적 도구를 적용하는 능력, 일반적인 맥락적 지식, 비판적 소양 기법에 기반한 즉각적 의사결정을 포함하는 일상과의 접목점이다. 어떤 교육과정 문서는 사회적 맥락에서[47] 통계적 이해를 적용하는 것과 관련된 목표를 참조할지라도, 출판된 교실 소재들이 최근의 예들을 제공하는 것은 어렵다. 따라서 교사들은 이 영역에서 학생들이 비판적 기법 개발에 도전하도록 최근의 사건들을 사용할 책임을 떠안게 된다. 수학뿐만 아니라 모든 교육과정에서 교사들은 이 책임을 나눠 안는다. 비판적 사고와 질문 기법을 발전시킬 수 있도록 이 책 전체에 걸쳐서 특별한 통계적 주제를, 대중매체에 나타나는 예들과 연결하는 많은 예가 제시된다. 8장에서 학생들의 다양한 과제 수행들이 발달의 위계성을 제시하기 위하여 검토된다. 이 발달에서 교육과정, 과제의 맥락, 특정 과제에 필요한 비판적 사고부터 의미 있는 질문까지의 기법을 함께 짜 넣는다.

1.4

이해의 발달 — 이론적 틀

자료와 우연이 학교와 수학 교육과정에서 필수 요소라는 전제 하에, 자료와 우연과 연관된 주제에 대한 학생들의 이해를 기록하는 것이 중요하다. 비록 그것이 관심을 가진 주제의 올바른 구성을 제시하는 수업을 계획하고 학생들이 그런 구성을 받아들이거나 그것을 자신의 힘으로 재구성하도록 돕기 위하여 수학 교수에서 긍정적인 측면이라고 간주될 수 있지만, 그런 관점은 수학교육과정 속에서 너무 순진한 것일 수 있다고 연구를 통해 밝혀졌다. 어린 학생들의 산술 조작[48]에 대한 기초 이해를 광범위하게 알기 위한 연구부터 고학년 학생들의 수학 교육과정의[49] 다른 영역에 대한 이해를 알기 위한 연구까지 정리해 보면 오개념을 제거하기가 어려우며 어떤 학생들은 수학에 대한 학교 밖에서 믿음과 충돌하는 학교 안에서의 믿음을 갖고 있다는 것이다.[50] 특히 우연과 연관된 영역에서, 운 및 기억된 개인적 경험에 연관하여 서로 충돌하는 관점들은 학생이 배우고 나서 오랜 시간이 지나도 남아 있으며 확률을 계산하는 식은 대체로 잊어버리는 경향이 있다. 이런 관점들은 교사에서 노출되지 않지만 만일 이론적 수학 과제를 완성하는 것을 피할 수 있다면 의사결정에는 영향을 줄 수 있다.

비록 많은 수학 교육학자들이 교사가 학생들의 모습을 "현재" 이해한 것에서 교실 활동을 시작해야 한다고 어느 기간동안 옹호해 왔지만, 성취도 검사의 결과에 따른 최근의 흐름에서 학생들의 시작점을 철저하게 탐구하지 못한 채로 교사들을 앞으로만 내 몬다는 의구심이 있다. 이것은 단기간의 성공을 가져올 수 있지만 장기간으로 보면 어떤 학생들에게는 이롭지 못할 수 있다.[51]

이 책에서 학생들의 이해 발달을 논의 할 때 관찰된 결과를 범주화 하고 학생들이 한 수행 수준에서 다음 수준으로 올라가는 것을 돕기 위하여 추론된 단계를 가진 체계를 설정하는 것이 목표이다. 이 체계적인 발달은 개인적으로 완성된 과제 및 일반적으로 통계적 소양에 적합한 기법을 전체적으로 결합할 때에 모두 보인다. 비록 많은 요인들이 가정 환경, 사회적 및 경제적 상황, 동료와의 관계, 수업 전략, 내재된 동기를 포함하여 학생들의 이해에 영향을 주지만, 그것은 교육과정의 내용 문서에 따른, 관측되고 측정된 결과에 대한 인식이다. 시민들이 그것들을 가져서 그로 인하여 측정하고자 하는 의지를 정부가 갖기를 원한 결과가 바로 그것이다. 측정 주제를 옆에 놔 두고 이 책의 전반적인 목적은 교육과정의 목표가 충족되는지와 성취도가 달성되는지를 알기를 원하는 교육자들의 목적과 일치한다. 그 목적을 달성할 때, 어디에서 학생들이 출발하였고 어떻게 그들이 향상되었는지에 대한 설명이 주어져야한다고 이 책에서 강조한다.

이 책에서 보고된 학생들의 반응들을 분석할 때에 사용된 두 가지 틀에서 하나는 제시된 구조와 관련되고 다른 하나는 답의 통계적 적절성과 관련된다. 두 가지 틀 모두는 체계적이고 어떤 상황에서는 서로에게 보완적이다.

장 피마제의 업적인 인지 발달의 단계 이론에 대한 많은 변형들이 교육심리학 분야에서 나타났다.[52] 1980년대와 1990년대에 존 빅스와 케빈 콜리스에 의해 만들어지고 변형된, 관측된 학습 결과의 구조(SOLO)가 이 책에서 보고된 자료 중 많은 것을 분석하는 데에 도움이 되었다.[53] 그것은 관측자가 학생에 대하여 생각한 것이 아니라 분석해야 할 학생의 반응에서 관측된 것을 강조하기 때문에 유용한 모델이다. 그런 접근은 학생들을 높거나 낮다고 평가하는 것이 아니라 적절한 때에 특정한 상황에서 관측된 반응을 평가하는 것이다. 다양한 시간에 다양한 반응이 관측될 수 있다고 언제나 인정되어 왔다. 반응들은 학생들의 더 나은 발전을 지원하기 위하여 어떤 활동들이 제시될 수 있는지를 결정할 때에 유용할 수 있는 스냅 사진으로 간주된다.

또다른 모델의 유용한 측면은 반응의 수준들을 정의할 때에 사용된 의미 있는 용어, 주어진 반응의 구조를 자연스럽게 반영하는 용어라는 것이다. 피마제의 단계와 유사하게, 발달의 여러 모델들 내에서 관찰된 학습 결과들에서 발달의 세 가지 수준을 그 모델에서 정해 놓았다. 첫 수준에서 '단일 구조'라고 이름 붙인 반응들은 과제 집합에 연관된 단일 요소들과 관련된다. 만일 어떤 과제가 성공을 위하여 한 가지 이상의 요소를 필요로 한다면 성공이 이루어지기는 어렵다. 이 수준에서 한 가지 단일 요소 이상이 채택되는 것도 또한 가능한데, 이것은 서로에게 모순될 것이고 그 모순은 인식되지 않을 것이다. 한 예로서, 초등학생들이 "모든 주사위는 공정하다"라고 하면서도 "나에게 1이 더 많이 나타난다"고 얘기하는 것은 이상하지 않다. 각각은 과제의 맥락에 관한 단일 언급이지만 그 아이는 그 둘이 일관되지 않음에 대한 어떤 반응도 보이지 않는다.

'다중 구조'라는 두 번째 수준에서 반응들은 과제 집합에 관련된 두 가지 또는 그 이상의 요소를 나타낸다. 또한 과제의 요구들은 이 수준에서 성공이 가능한지를 결정한다. 성공의 한 예는 같은 크기의 두 개의 작은 수치적 자료 집합을 그 값들을 합해서 비교하는 것이다. 처음 집합의 값들을 합하는 것이 두 번째 집합에서 반복되고 어떤 합이 더 큰지를 알아보기 위하여 비교된다. 이 수준에서 모순이 발생하면 그것이 인식되지만 고쳐지지는 않는다. 예를 들어 만일 개수가 다른 두 수치 집합을 비교할 때, 어떤 학생은 그 합들을 비교하는 것이 공정하지 않지만 다른 전략을 사용하지는 못한다.

'관계적'이라는 세 번째 수준은 과제 집합의 기대에 관하여 끝장을 보기 위하여 과제의 다양한 요소를 결합하는 반응을 포함한다. 과제를 완수하는 동안에 어떤 모순이 나타나면, 그것을 해결하는 경향이 있다. 때때로 문제에 수치적인 대답을 하면서 절차를 관계적으로 이해하는 반응을 보이지만 다른 때에는 그 수준을 결정하는 설명이 그런 구조이다. 예를 들어 "표본"이라는 용어의 정의를 물어봤을 때 학생들은 "작은 조각" 또는 "맛보기"라는 단일구조적 경향으로 답하기도 한다. 그들은 "전체의 일부" 또는 "조각, 맛보는 것"이라는 다중 구조적 반응을 보여주면서 두 요소를 같이 놓기도 한다. 최종적으로 그들은 관계적 반응으로 간주되는 "그것이 무엇인지를 보여주는 어떤 작은 조각"이라고 하면서 표본을 취하는 목적을 보여주기 위하여 요소들을 결합하기도 한다.

관찰된 반응들을 판단할 때의 문제들 중의 하나는 학생들이 약간 낮은 수준 정도에서 열심히 노력할 동기를 갖지 못할 수 있기 때문에 학생들이 보여주거나 기능한 반응들이 최적인지, 가장 좋은 것인지를 말하기가 어렵다는 것이다. 표본이라는 용어를 정의하는 앞의 예에서 학생들에게 반응이 완결되었다고 말할 정도로 최종적인 답이 없기 때문에, 그들은 그것이 적절한 답이라고 "맛보기 식으로" 생각하면서 멈출 수 있다. 전수조사에서 이것은 얘기의 종결일 수 있지만, 면담에서 더 세밀하게 알아 보거나 학생들이 반응을 확장할 수 있는지를 아는 것도 가능하다. 그러나 관찰된 반응들은 학생들이 말했어야 했다고 할 만한 것이 아니라 학생들과 후속 면담을 할지를 결정하기 위한 기초이다.

구체적인 기호 양식은 학생들의 학교에서 일어나는 대부분의 학습을 포괄한다고 이 모델에서 설명한 양식이다. 기호적 학습은 숫자 및 언어와 관련되는데 때로는 구체적인 물건들을 사용하면서 형성된다. 형식적 양식에서 추상적 아이디어들이 단일구조적, 다중구조적, 혹은 관계적 방식으로 다루기 위한 과제 요소가 되는데, 형식적 양식은 이론적 통계학이 도입되는 때인 고등학교 2학년에서 역할이 주어진다. 그러나 이 책에 서술된 대부분의 반응들은 구체적 기호 양식에 속한다. 그 이유는 그들이 자료, 그래프, 주사위와 같이 다룰 수 있는 구체적 참조물에 기반을 두고 있기 때문이다. SOLO 모델은 단일구조적 — 다중구조적 — 관계적 과정이 작용의 각 양식 내에서 일어난다고 설명하며 어떤 점에서 관계적 수준으로부터 즉 구체적 기호적 수준으로부터 다음, 즉 형식적 양식의 단일구조적 수준으로 나아가는 기회가 있다고 제시한다. 학생들이 학교에 있는 시간 길이와 교육과정에서 구체적 기호 개념의 복잡성은 두 개 혹은 더 많은 단일구조적—다중구조적 관계 사이클은, 아이디어들이 형성되고, 굳어지고 다른 맥락에서 응용됨에 따라 구체적 기호 양식에서 나타날 수 있도록 한다. 이런 현상의 한 예는 평균의 발달 및 응용이다. 평균의 사고 발달에서 첫 사이클은 "정상적인" "총합 또는 알고리즘"이라고 한 후에 "자료 집합을 표현하는 어떤 값을 산출하는 알고리즘"이라고 하면서 발생할 수 있다. 일단 그 아이디어가 도구로 굳어지면, 더 복잡한 맥락 즉 두 개 이상의 자료 집합들의 차이를 결정할 때에 한 요소로 사용될 수 있다. 그러면 그것은 다른 사이클, 즉 과제의 특성으로 인하여 구체적 기호 양식 내에 있는 일부가 된다. 이 책 전체에서 학생들이 제시한 아이디어를 설명할 때에 반응의 수준이 제시된다. 때로는 단일구조적, 다중구조적 그리고 반응들의 관계적 특성을 쉽게 구별하기가 가능한 데, 만일 그렇지 않다 해도 반응들을 주의있게 관찰하면서 추론할 수 있는 내포된 체계가 언제나 존재한다. 장의 마지막에 제시된 참고 목록에서, 관련된 연구 논문에서 이와 관련된 자세한 설명이 제시되었다. 여러 과제에서 나타난 반응들의 분석에서 출발점은 서로에게 다른 관련이 있기도 하다는 것이다. 따라서 반응들의 다중구조적 수준이 한 과제에서 관찰되었다면 모든 과제들에서 항상 반드시 기대되어야 한다고 주장하는 것은 가능한 일이 아니다. 과제들에 대하여 반응 수준 사이에 관련성이 8장에서 설명된다.

학생들이 구조적으로 복잡하지만 과제 집합에는 부적절한 반응을 나타내는 것이 당연히 가능하다. 때로는 모순이 나타나기도 하고 SOLO 모델의 다중구조적 수준에 대하여 설명한 것처럼 그것이 해결이 안되기도 한다. 학교 교육과정의 목표와 성인에게 요구되는 통계적 소양의 체계에 비추어 볼 때, 보완적인 통계 소양 체계가 통계적 맥락에서 학생들의 이해를 계획하고 평가할 때에 사용하기 위하여 발달되어 왔다.[54] 그 체계는 구조적 모델의 수준 및 양식과 구별하기 위하여 층으로 설명된다.

통계적 소양의 첫 층은 통계적 결정을 위하여 사용되는 적절한 용어의 발달을 포함한다. 확률 및 통계 용어들이 맥락과 함께 사용된다면 그에 대한 기초적 이해가 필수적이다. 이전에 언급하였듯이 평균과 같은 용어에 대한 이해의 발달은 단계별로 이루어지며 공식을 기억하는 것만큼 쉽지는 않다. 더하고 나누는 알고리즘을 앵무새처럼 반복하는 학생들은 마지막 결과의 숫자가 자료 집합에서 무엇을 나타내는지에 대한 아이디어가 거의 없을 수 있음이 발견되었다.[55] 통계적 소양 체계의 1층 내에서 교사들이 평균 및 표본과 같은 용어에 대한 적절한 의미를 만들어가는, 점차적으로 복잡한 반응들의 SOLO같은 사이클을 관찰할 수 있을 것이다.

통계적 소양의 첫 층에 포함된 용어의 다른 예로서 평균, 중앙값, 최빈값과 같은 특별한 대표값들, 범위 및 이상치와 같은 산포와 관련된 용어, 사건, 독립성 및 조건부와 같이 확률과 관련된 용어, 막대그래프, 원그래프, 줄기잎그림 및 상자그림과 같은 그래프 종류의 용어가 있다. 용어의 발달을 위하여 단어 이상의 것이 확실히 필요하다. 통계학에서 많은 용어들의 시각적 측면이 매우 중요하지만 교실 상황에서 중요하다고 여겨지지 않는 경우가 많다. 1층의 발달 단계에서 활동을 계획할 때, 교사들은 맥락을 포함한 예들과 함께 학생들의 동기를 자극할 필요가 있음을 알아야 한다. 이렇게 함으로써 체계 내에 두 번째 층 즉 확률 및 통계적 언어와 개념이 더 폭넓은 사회적 논의 속에 포함되어 있을 때에 그것을 이해하는 것의 목표에 자연스럽게 도달한다. 통계적 언어를 포함하는 문장 및 절의 의미를 파헤칠 필요때문에 소양적 기법과 확실하게 중첩된다. 과제들이 수학 교육과정의 전통적 계산 및 기호적 풍조로부터 많이 차이가 난다고 많은 학생들이 생각하는 사실이 교사에게는 도전이다. 그렇지만 학생들이 비기호적 맥락에서 수학을 읽고, 해석하고, 쓰는 것은 학교를 떠났을 때를 대비한 훈련의 일부이다. 위험에 관한 문장을 이해하는 것은 위험한 행동을 둘러싼 중요한 점이며 가능도에 관한 언급은 반 전체 논의를 위한 기초를 제공한다. 맥락 내에서 용어를 해석하기 위한 능력을 개발함은 점차 복잡해지는 SOLO같은 단계에서 일어나기 쉽고, 일반적인 추론 기법은 2층 정도에서 발달한다.

맥락에 대한 그런 개입의 궁극적 목표, 즉 통계 소양 체계의 세 번째 층은 학생들이 적절한 통계적 기초 없이도 문제에 직면하여 그에 도전할 수 있는 능력과 자신감을 가지도록 하는 것이다. 예를 들어, 어떤 의심이나 주의를 표현하지 않고 신문이나 텔레비전에 나오는 기사를 사실로 받아들이는 것이 보통이다. 때때로 그런 사실은 정당화되지 않기 때문에 학생들은 그 기사를 정당화하는 증거가 제시될 때까지 모든 주장을 의심하도록 하는 발견적인 기술을 개발할 필요가 있다. 부정확한 백분율이나 평균처럼 기본적인 수학을 잘못 사용하는 것을 발견하는 것은 잘 모르는 사이에 잘못이 일어나는 것을 학생들이 알도록 하는 것에 대한 출발점이다. 자발적인 조사 혹은 크기에 대한 설명 없이 표본을 이용하는 더 미묘한 기사는 추가 연구 및 분석에서 더 집중할 필요가 있다. 대중매체 기사의 정체를 아는 것은 권위에 도전하는 것을 즐기는 십대들에게 의욕을 불러일으키는 일이 될 수 있다.

통계 소양 체계가 맥락을 갖고 개입하는 정교한 체계이기는 하지만 다음의 목표를 알기 전에 현재 수준을 완벽히 성취하는 것이 필요하지 않다. 사실 3수준에 해당하는 시나리오에 도전하기로 시작하여 사용된 용어의 적절한 통계적 의미를 찾기(1수준에 해당) 및 제시된 맥락을 이해하기(2수준에 해당)를 흥미있게 만들 수 있다. 주장을 이해하고 그에 대해 도전하기가 검토될 수 있다. 예를 들어 그림 1.2의 신문기사를 생각해 보자.[56] 인용한 것이 교묘하지만, 표본 및 모집단과 관련된 주제가 매우 중요하므로 학생들이 겉으로는 직접적인 기사에 대하여 그 이면에 대한 의문을 품을 필요가 있음을 깨닫도록 하는데 사용될 수 있다.

통계 소양의 처음 두 층들과 관련된 발달 수준을 관찰하는 것이 가능한 것처럼, 어떤 주장에 의문을 가짐에 포함된 주제들을 학생들이 점차 알게 되면서 세 번째 층에서도 마찬가지이다. 단일구조적 수준에서 일반적 형태의 단일 아이디어가 다음처럼 표현되기도 한다. "어떻게 그것이 사실일 수 있을까?" 또는 "사람들은 거짓말을 한 것인가?" 다중구조적 수준에서 방법에 관한 의문이 나타난다. "표본 크기는 얼마이고 어떤 사람이 표본이 되었는가?" 관계적 수준에서는 관련성에 관한 질문이 가능해진다. "맥주가 범죄[57]를 유발하는 것이 진짜로 사실인지 아니면 이 두 요소와 관련된 다른 잠재 변수가 있을 수 있는가?"

이제 반응들의 체계적 범주들을 결정하는 구조적 복잡성 및 통계적 적절성의 상호작용이 이 책 속에서 보고된다.[58] 반응들의 구조적 수준들과 통계 소양 체계에 따른 그들의 통계적 적절성의 관계는 제시된 과제 특성에 따라 달라진다. 최

> **악단은 사업 기술을 배워야 한다.**
>
> 저자: Jody Scott
>
> 작년에 미국에서 데뷔 앨범을 발매한 악단 중에 단지 21팀만 이익을 남겼다. 25명이 번개를 맞은 것과 비교해 보자.
> 이런 통계는 얼마나 음악 산업에서 성공이 어려운지를 알리기 위하여 Phil Tripp이라는 호주의 출판사 겸 음악 산업 자료회사에 의하여 100명 이상의 젊은 음악가들에게 배포되었다.

그림 1.2 통계 소양에 대한 필요성을 설명하는 기사

고 수준 또는 반응들의 범주는 구조와 함께 적절성에 따라 달라진다. 대중매체 기사의 분석을 요구하는 과제에 대한 반응은 그 기사의 문맥을 언급하는 복잡한 반응이라는 결과를 보일 수도 있지만 잘못된 주장과 관련된 주제에 직접적으로 초점을 맞춘 더 단순한 특성을 가진 반응보다는 낮은 수준에 있을 수 있다.

반응의 범주들과 결합하여 증가되는 복잡성은 교사가 자신의 학생들이 더 높은 수준에서 수행하도록 도와주기 위하여 그들이 현재 어디에 있는지를 아는 것을 더 중요하게 만든다. 다음 장에 주어진 반응들의 예들은 질문받은 주제가 "수업에서 배우지" 못했다고 하는 정도의 학생들에게서 얻은 것이다. 이것은 일부 독자들이 교육과정이 구현해야 하는 것과 관련되지 않은 것으로써 학생들이 반응한 것이라고 생각할 수 있지만 그런 관점을 취하는 것은 위험하다. 제시된 많은 주제들에 최소한으로 제한되게 노출된 9학년 학생들은 많은 자연스러운 관점을 제시하였다. 교사들이 교실 안의 모든 학생이 처음 또는 두 번째라도 교사에 의해 주어진 지식을 흡수하지는 못함을 알게 되기 때문이다. 교사들은 이 책에 제시된 과제들 일부가 수업 후의 평가에 사용되었어도 자신의 학생들이 수행할 때의 다양함에 놀라게 될 것이다.[59]

1.5 과제와 자료 수집

발달 체계 속에서 학생들이 향상되도록 돕기 위한 주제들 중의 하나는 어떤 과제가 다양한 목적에 적합한지를 정하는 것이다. 과제들은 출발점이자 도착점을 둘 다 평가하기 위한 것이다. 어떤 과제들은 이해를 형성하는 데에 적합하다. 또 일부 과제는 부적절한 믿음과 직관을 제거할 수 있도록 인지적 충돌을 잠재적으로 제공한다. 어떤 과제들은 정신적 훈련과 문서화된 서술만이 필요한 것처럼 보이지만, 장시간의 교실 토론과 논의의 기초 혹은 실험과 가설 형성 및 추론을 이끌어 냄을 포함하는 실제 활동의 기초가 될 수도 있다. 이 책에 제시된 거의 모든 과제들은 연구자와 교사 혹은 교육과정 개발자의 의도에 따라 다양한 목적을 위하여 변형될 수 있다.

전통적인 교과서 기반의 문제들로부터 열린 과제로 이동함은 수학 교육과정의 어떤 다른 분야보다 자료와 확률의 이해 발달에 더 중요하다.[60] 어떻게 과제가 교실에서 사용될 수 있는지에 관하여 이 책에서 제시되었다. 기회를 잡기 위하여 교사가 해야 할 큰일은 위험을 인정하고 반복된 대답을 넘어서 실제 활동과 교실 토론으로 나아가는 것이다. "그 문제를 어떻게 해결하였지?"로부터 "그 실험 결과가 왜 적절하다고 믿지?"로 나아가는 것이 일부교사에게 도전적인 문제일 수 있다.

연구에서 학생들의 이해를 탐색하기 위하여 선택된 과제들은 변이성 및 비판적 사고 기술의 중요함뿐만 아니라 Peter Holmes가 개요를 제시한 학교 통계학 및 확률의 다섯 가지 요소를 반영하였다.[61,62,63] 그 과제들은 미국 및 다른 나라들의 국가 교육과정 문서에서 제시된 규준과 또한 일치한다.[64] 설문 조사, 개별 면담 혹은 세 명으로 구성된 그룹에 대한 협력적인 방식과 같은 세 가지 방식이 그 과제에서 사용되었다. 다음 장부터 그런 과제에 대한 학생들의 결과 및 제시된 이해 발달에 초점을 맞추었다. 과제 설명으로부터 그것이 설문 혹은 면담에서 제시된 것인지를 확실히 알 수 있는데 문맥의 흐름을 방해하지 않기 위하여 그 구별을 거의 하지 않았다.

9학년 학생들 각자가 다 하는데 45분이 걸리도록 두 설문이 처음에 만들어졌다.[65] 한 설문은 이전 연구자들[66] 및 교육과정과 특별히 관련되도록 20개의 항목으로 구성되었다. 항목들은 다중 선택일 수도 있고 설명이 필요하기도 하고 자연스러운 단순 응답을 필요로 하였다. 3학년 학생에게 읽는 것이 적고, 덜 복잡한 아이디어를 포함한 10개의 기본 항목만이 사용되었다. 두 번째 설문에서 신문에서 뽑은 것을 기초로 하는 10개의 항목을 사용하였고 해석을 요구하며, 이상한 점을 찾고, 한 항목에서는 그래프를 그리도록 하였다. 6학년보다 아래 학년의 학생들에게 이 설문은 사용되지 않았고 6학년 학생들에게 9학년 학생들보다 더 적은 항목들이 사용되었다. 이후에 세 번째 설문이 개발되었는데 앞의 두 설문에 사용된 일부 항목을 사용하였고 자료 집합에[67] 변이성과 관련된 측면을 평가하기 위하여 다른 항목이 사용되었다. 앞의 설문들처럼 5, 7, 9학년의 각 학생들에게 3학년 학생들보다 더 많은 항목이 사용되었다.

종단적인 자료들이 처음 두 설문에 대해 2년 및 4년 후에 수집되었고 세 번째 설문에 대해서 2년 후에 수집되었으며, 다양한 연도 및 학년들에 포함된 학생 수는 표 1.1에 제시하였다. 이후의 몇 년(1995, 1997, 2002) 동안에 같은 학교에 다니는 일부 학생들에 대해 설문이 사용되었지만 1993 또는 2000년에는 설문이 사

표 1.1

연도	학년 3	5	6	7	8	9	10	11
조사 1: 자료 및 우연교육과정								
1993	322		312			393		
1995	305	465	340		377	371		249
1997	237	231	237	318	187	105	299	52
조사 2: 대중매체 기사 항목								
1993			312			393		
1995			340		377	371		249
1997			237		187	105	299	52
조사 3: 조사 1 및 조사 2의 일부와 변이								
2000	175	183		187		193		
2002		180		241		88		61

용되지 않았다. 표 1.1에 제시된 자료 수에서 이후의 어떤 해에 수집된 새로운 자료를 종단적인 자료와 구별하도록 나타내지 않았다. 그 이유는 그 자료 수가 2장 및 8장의 논의와 관련되지 않기 때문이다.[68]

1993년에 3, 6, 9학년의 62명의 학생들에게, 1994년에 3, 5, 7, 9학년의 30명의 학생들에게 약 45분간의 개별 면담이 이루어졌다. 그 면담은 통계 도표를 만들고 해석하며 막대그래프를 조작하고 해석하며, 주사위의 공정성을 결정하고, 두 개 이상의 주사위에 대한 결과의 상대적 확률을 제시하며, 두 자료 집합을 비교하고, 표본을 논의하고, 평균을 논의하고, 무작위 사건을 고려하고, 조건부 확률을 고려하기에 기초한 아홉 개의 프로토콜로 구성되어 있었다. 다시 이런 프로토콜들은 원래의 성분들뿐만 아니라 이전의 연구자들에[69] 의하여 사용된 주제들과 관련된 과제들로부터 변형되었다. 시간제한 및 주제에 대하여 학생들, 특히 어린 학생들의 인식에 관한 면담자의 결정에 따라 모든 프로토콜들이 모든 학생들에게 사용된 것은 아니었다.[70] 이전에 면담을 했던 42명의 학생들을, 1997년에 같은 프로토콜을 사용하여 다시 면담하였다.[71] 2000년에 3, 6, 9학년의 60명의 새로운 학생들에게 그들이 제안한 것과 관련하여 이전의 학생들의 인지적 충돌을 보였던 반응을 보여주는 비디오를 포함한 동일한 프로토콜을 사용하여 면담이 시행되었다.[72] 또한 2000년에 3, 5, 7, 9학년의 66명의 또다른 학생들에게 네 개의 프로토콜 및 이전의 면담에서의 두 자료집합을 비교하는 프로토콜을 사용한 면담이 시행되었다. 다른 네 개의 프로토콜이 확률 표본 상황에서의 변이, 기후에서 변이, 회전판 결과에서 변이, 변이와 관련된 정의들에 초점을 맞추었다.[73] 1학년 이전의 7명의 6살 아이들에게 통계 도표, 막대그래프 확률표본 및 기후에 관한 프로토콜을 사용한 면담이 이루어졌다.[74]

1994년과 1997년 사이에 3, 5, 6, 9학년의 다양한 그룹의 학생들이 자료 및 확률 교육과정과 관련된 확장된 문제 해결 과제를, 세 명으로 이루어진 그룹에서 협력 활동을 하거나 혼자 하거나 반 전체가 같이 하였다. 과제들 중의 하나는 여러 변수에 관한 정보를 담은 16장의 자료 카드를 이용하여 학생들이 가설을 만들고, 맞다는 증거를 가진 포스터를 만들도록 요구하는 것이었다.[75] 이 프로젝트에 관한 결과는 여러 장에 걸쳐 적절한 때에 논의할 것이다.

1.6 변이의 위치

변이가 존재하지 않으면 통계가 필요없다. 변이 때문에 수학 교육과정의 대부분에서 다른 분야와 통계학을 구별할 수 있다. 정확한 수치적 답을 계산할 때의 결정론과 충돌을 발생시키는 것이 통계적 변이와 관련된 불확실성이다. 결정된 이론적 결과와 관련되어 어떤 결과가 나올지를 모를 때에 확률 실험 계획의 불확실성때문에 많은 교사들이 수업 전날 밤에 모든 가능한 답을 생각해 봐야 될 것 같은 두려움을 갖는다.

역사적으로 그랜트(John Graunt), 골턴(Francis Galton), 피어슨(Karl Pearson), 피셔(P. A. Fisher)[76]는 측정가능한 사회적 및 과학적 현상에서 관측된 변이를 설명하고자 하였고, 현대 통계학의 기초를 닦았다. 자료를 수집하고 그래프를 그리고 평균을 계산하는 이유는 변이를 다루며, 변화하는 현상에 대한 의문과 관련된 결론을 이끌어 내기 위함이다. 놀라운 것은 변이가 통계 및 통계적 사고에 근본적인 것인데도 불구하고 이전에 교육과정 문서 및 Peter Holmes와 North Carolina 프로젝트와 같은 교육과정 모델에서 그것을 소홀히 다루었다는 것이다. 그에 대한 한 가지 설명은 매우 뚜렷하게 변이가 관측되므로 그것을 특별히 언급할 필요가 없었다는 것이다. 만일 그렇다면, 인지적 발달이 아직 진행 중인 유아기에 정확한 연결을 형성시킬 필요가 있는데 그렇지 못한 것은 불행한 일이다. 또다른 설명은 변이가 발생하는 문맥에서 이를 추출하는 것이 어렵기 때문이다. 신발 크기 또는 기후에서 변이라는 말은 문맥에서 변이에 대한 이미지를 즉각적으로 재빨리 떠오르게 한다. 주사위를 던질 때에 나타나는 무작위 변이는 상상하기 쉽다. 교육과정에서는 "변이"라고 소제목을 붙이고서 예를 제시하기 위하여 다른 교육과정의 요소를 필요로 한다. 탐구의 기초로 사용되는 질문에서 어떤 변이가 일어날지를 가정하거나 아예 요구되지 않는다. 자료수집에서 변이가 나타난다. 그래프로 변이를 보여준다. 평균은 변이를 줄이고 산포도는 변이의 특성을 나타낸다. 확률론은 변이의 무작위적 측면을 설명한다. 이전의 많은 단계에서 설명한 것처럼 변이에 비추어서 결론을 이끌어낸다. 따라서 변이에 "소제목 같은" 접근을 취하는 것은 적절하지 않을 것이다. 그러나 안타까운 것은 통계적 탐구 과정의 각 단계에서 변이의 요소로 이루어지는 것이 거의 없다는 것이다. 교사들, 특히 통계에 대한 정상적인 경험이 거의 없는 교사들은 자료 및 확률에 관한 수업을 할 때마다 변이와의 관련성을 상기하는 것이 도움이 될 것이다.

학생들이 더 특정한 경향으로 변이를 이해하는 것을 탐구할 필요성이 1990년대[77] 동안에 제기되었고 이 책의 기초가 되는 이후의 연구들에서 일부 과제를 개발하게 되었다. 그 십년[78] 동안에 통계적 사고 영역에서의 연구를 통하여 통계적 탐구와 관련된 검토에서 변이가 필수적임을 알게 되었다. 무어(David Moore)는 수적 사고 능력의 새 접근에 관한 책을 편집하였는데 그 책은 "불확실함"에 관한 논의에서 변이의 중요성을 부각시키는, 상당히 의미 있는 기여를 하였다.[79] 상당히 긴 발췌문이 다음에 제시되는데 왜냐하면 그것은 연구자, 교사 교육과정 설계자에게 매우 의미가 있기 때문이다.

> 우리는 다음과 같이 통계적 사고의 핵심 요소를 요약할 수 있다.
>
> 1. 절차들에서 변이가 온통 존재함. 개체가 변수들이다. 동일한 개체에 측정을 반복한 것도 변수이다. 자연 및 인간사에서 엄밀한 결정론의 영역은 아주 한정되어 있다.
> 2. 절차들에 관한 자료의 필요성. 통계학은 이론적이기보다 확고하게 경험적이다. 자료가 가장 처음 우선이다.
> 3. 변이를 고려하여 자료 산출을 설계함. 조절되지 않은 변이의 원천에 주의하여, 자기 선출식의 표본을 피하고 실험 연구에서 비교를 주장한다.

그리고 무작위성을 이용하여 자료 산출에 계획된 변이를 도입한다.
4. 변이의 양화. 무작위 변이는 수학적으로 확률론을 이용하여 설명된다.
5. 변이의 설명. 통계적 분석은 개체 및 측정의 무작위 변이 뒤에 있는 조직적인 변이를 찾는다.

> 통계적 사고는 난해하지 않으며 일상 생활의 경험에서 떨어져 있지 않다. 그렇지만 그것이 교육과정에 있지 않다면 아이들에게서 발달하지 못할 것이다. 철자법과 곱셈으로 교육을 받기 시작한 학생들은 세계가 결정되어 있는 것처럼 여길 것이다. 학생들은 최소한 수치적 형태로 답을 할 때, 한 가지 답이 맞고 다른 것들은 틀렸음을 재빨리 배울 것이다. 변이는 기대되지 않으며 불편한 것이 된다……. 변이와 불확실함을 지능적으로 다루는 능력은 자료와 확률에 관한 수업의 목표이다.[80]

이 책의 2장부터 6장까지 교육과정 문서에서 제시된 모델을 따르지만, 각 장의 처음에 주어진 그림에서 바닥에 변이의 기본적 중요성을 반영하였고 가운데 직사각형에 주제를 담았다. 마찬가지로 7장에서 학생들의 변이에 대한 인식 및 앞의 장들과 관련되면서 학생들이 주어진 과제에서 나타난 변이에 어떻게 대처하는지를 나타내는, 변이를 정확하게 숙고한 네 개의 사례 연구에 초점을 맞추었다.

1.7 끝내는 말

학교 교육과정이 더 높은 수준으로 확률 및 통계학을 공부하기를 원하는 학생들에게 필요한 기초를 제공할 책임이 있음이 당연하지만, 학교 교육과정은 또한 학생들이 더 넓은 사회적 맥락에서 만들어진 주장에 대하여 통계적으로 소양있는 소비자들이 되도록 하는 책임이 있다. 학교 교육과정을 통하여 통계적 소양의 발달을 이 책이 원한다. 그것은 높은 야망을 가진 학생에게 절대로 불리한 것이 아니다. 사실 그것은 학생들이 고등학교 수준에서 통계학을 공부하기에 도움이 되는 동기를 부여한다고 입증된다.[81]

참고문헌

1. "Beware the pushy fish-eater" (1991).
2. "Schoolgirls are smokers, drinkers" (1994).
3. Watson (1992).
4. National Council of Teachers of Mathematics (1989).
5. Capel (1885).
6. Moore (1991b); National Council of Teachers of Mathematics (1989); Thompson (1991).
7. Rao (1975, p. 152).
8. Neumann (1966).
9. Holmes (1980, 1986).
10. Holmes (1980, pp. 51-58).
11. Scheaffer, Watkins, & Landwehr (1998); Watson (1998e).
12. Friel & Bright (1998); Friel & Joyner (1997).
13. Wild & Pfannkuch (1999).
14. National Council of Teachers of Mathematics (2000, p. 48)
15. National council of Teachers of Mathematics (1989).
16. Landwehr, Swift, & Watkins (1987).
17. Newman, Obremski, & Scheaffer (1987).
18. Gnanadeskin, Scheaffer, & Swift (1987).
19. Barbella, Kepner, & Scheaffer (1994).
20. Steen (2001).
21. Stone & Russell (1990).
22. Russell & Corwin (1990).
23. Corwin & Russell (1990).
24. Russell & Corwin (1989).
25. Friel, Mokros, & Russell (1992).
26. Corwin & Friel (1990).
27. Connected Mathematics series, e.g., Lappan, Fey, Fitzgerald, Friel, & Phillips (1997a, 1997b, 1997c, 1997d, 1998a, 1998b, 1998c, 1998d).

28. Burrill & Romberg (1998).
29. Australian Education council (1991); Ministry of Education (1992); National Council of Teachers of Mathematics (1989).
30. Wallman (1993).
31. Rubin (2005); Wallman (1993).
32. Watson (2000b).
33. National Council of Teachers of Mathematics (1989, 2000)
34. Department of Education Tasmania (2002); Education Queensland (2000).
35. Ministry of Education (1992).
36. Ministry of Education (1992, p. 189)
37. Wallman (1993, p. 1)
38. Gal (2002, pp. 2-3).
39. Dossey (1997); McLennan (1997); Statistics Canada and the OECD (1996).
40. Madison & Steen (2003); Steen (2002).
41. Madison (2002).
42. Rao (1975).
43. Burrill & Romberg (1998); Meletiou-Mavrotheris & Lee (2002).
44. Gal (2002).
45. Steen (1997, 2002).
46. Steen (1997, 2001); Scheaffer (2003).
47. Ministry of Education (1992); National Council of Teachers of Mathematics (1989).
48. Carpenter & Moser (1984).
49. Hart (1981).
50. Truran (1985).
51. Pegg (2002b, p. 255)
52. Case (1988); Pegg (2002b).
53. Biggs (1992); Biggs & Collis (1982, 1991); Pegg (2002a).
54. Watson (1997a).
55. Mokros & Russell (1995).
56. Scott (1997).
57. "Beer gets blame" (1994).

58. Watson & Moritz (2000b)는 이 상호작용을 표집과 관련된 과제들에 기초하여 설명한다.
59. Pegg(2002a)는 과제 설정 및 스키마를 나타내는 주석을 제시하면서, 교사 발달의 SOLO 기법에 관하여 보고한다.
60. Burrill & Romberg(1998)는 중학생을 위한 새로운 교육과정의 주제들을 제시할 때 그런 관점을 취한다.
61. Holmes (1980).
62. Shaughnessy (1997).
63. Watson (1997a).
64. Australian Education Council (1991, 1994a); Ministry of Education (1992); National Council of Teachers of Mathematics (1989, 2000).
65. Watson (1994a).
66. Borovcnik & Bentz (1991); Fischbein & Gazit (1984); Green (1983b); Konold & Garfield (1992); Nisbett, Krantz, Jepons, & Kunda (1983); Pollatsek, Well, Konold, Hardiman, & Cobb (1987); Tversky & Kahneman (1983); Varga (1983).
67. Watson, Kelly, Callingham, & Shaughnessy (2003).
68. 종단적 자료에서 얻은 결과를 통하여 같은 해에 조사된 여러 학년의 연구 대상에서 관측된 것을 확인할 수 있다. 따라서 "발달"이란 용어는 여러 학년에 걸쳐 관측된 경향을 설명하기 위하여 일반적 의미에서 사용된다. 국가 교육 시스템, 4년 뒤의 조사 대상에서 변화가 관측되지 않음, 그리고 1993년부터 1997년까지 연구팀의 무간섭을 통하여 이 책의 설명에서 학교 생활 동안 발달의 설명에 대한 기본 가정이 합리적임을 알 수 있다. 조사 1과 조사 2를 포함한 그 조사에서 나온 결과를 요약한 보고서는 Moritz(1998, 199); Moritz & Watson (1997a, 2000); Moritz, Watson, & Collis (1996); Moritz, Watson, & Pereira-Mendoza (1996); Watson (1998a, 1998b); Watson, Collis, & Moritz (1994, 1995a, 1997); watson & Moritz (1999b, 2000b, 2002, 2003a); Watson, Moritz, & Pereira-Mendoza(1998)이다. 조사 3에서 나온 결과를 요약한 보고서는 Watson & Kelly(2002a, 2002c, 2002d, 2002e, 2003b, 2003c, 2003d, 2004c, 2005); Watson, Kelly, Callingham, & Shaughnessy (2003)이다.
69. Falk (1983a, 1983b); Fischbein & Gazit (1984); Fischbein, Nello, & Marino (1991); Gal, Rothschild, & Wagner (1990); Garfield & delMas (1991);

Konold & Garfield (1992); Pollatsek, Lima, & Welll (1981); Pollatsek, Well, Konold, Hardiman, & Cobb (1987); Tversky & Kahneman (1971, 1980)

70. 종단적 자료를 포함하지 않은 면담에 관한 보고서는 Moritz & Watson (1997b); Watson & Collis (1994); Watson, Collis, & Moritz (1995b); Watson & Kelly (2002b, 2004a); Watson & Moritz (1999a, 1999c, 2000a) 이다.
71. 종단적 이해의 특정 양상이 Watson (2001, 2004a), Watson & Caney (2005); Watson & Moritz (2000c, 2001a, 2003b)에 보고되었다.
72. 인지적 충돌과 이해의 특정 양상이 Watson (2002a, 2002b, 2004b); Watson & Caney (2005); Watson & Moritz (2001a, 2001b)에 보고되었다.
73. 이 면담에 관하여 Kelly & Watson (2002); Watson & Kelly (2003a, 2004a, in press)에 제시되었다.
74. Watson & Kelly (2002b).
75. Chick & Watson (2001, 2002); Watson & Chick (2001a, 2001b, 2005); Watson, Collis, Callingham, & Moritz (1995).
76. Bernstein (1996); Salsburg (2001).
77. Green (1993); Shaughnessy (1997).
78. Wild & Pfannkuch (1999).
79. Steen (1990).
80. Moore (1990. p. 135).
81. Madison & Steen (2003); Steen (2002).

CHAPTER 02

표본추출 - 좋은 출발

표본추출 및 표본에 기초하여 모집단에 관한 추론을 하는 것에 대한 이중적 개념은 삶의 많은 측면에서 예측 및 의사결정에 기본이 된다. 학생들은 표본추출 및 통계적 추론과 모집단 및 표본, 매개변수와 추정에 기초가 되는 원리를 이해할 수 있도록 아주 많은 경험이 필요하다.[1]

2.1 배경

1990년대 초기의 호주 교육과정 문서에서 언급한 것이 표본추출에 관한 학생들의 이해 발달을 고려하게 된 계기가 되었다. 그러나 학생들은 추론을 공부하기 훨씬 전에 표본 개념과 관련된 아이디어들을 형성하고 있다. 영어에서 sample이라는 단어는 통계적 의미 발달을 돕기도 하고 방해하기도 하는 잠재성을 갖고 일상에서 사용된다. 그 단어는 또한 수학 교육과정에서 많은 주제들이 갖고 있는 특징인 부분 및 전체 개념과 직접적인 관련이 있다. 기억할 수 있는 알고리즘적인 기초를 가짐과 직접적인 방식으로 검사할 수 있음은 표본이 갖고 있지 않은 것이다. 표본 개념의 기술적 특징때문에 일부 수학 교사들은 그것을 대충 훑어버리고 그래프 그리기와 평균 계산과 같이 통계학에서 더 테크닉을 필요로 하고 결과를 내 놓을 수 있는 것을 선호한다. 그러나 통계 탐구에서 표본추출의 중요성을 알지 못하면 나머지 절차가 완전히 쓸모없는 것이 될 수도 있다. 학생들은 자신의 통계적 탐구를 수행하기 위함 및 다른 사람들이 적절한 방법을 사용하지 않고 주장하는 것에 의문을 제기함의 둘 다를 위하여 표본추출의 중요성을 알아야 한다. 일상에서와 통계학에서 sample 용어 사용의 가장 큰 차이는 변이와 관계있다. 슈퍼마켓에서 표본의 목적은 파는 물건의 균질성을 보여주는 것이다. 통계학에서 표본의 목적은 모집단에 변이를 보여주어서 특징을 나타내거나 요약을 해 주는 것이다. 슈퍼마켓에서 만일 물건이 실제로 균질하다면, 소표본으로 그 물건의 특징을 나타낼 수 있다. 통계학에서 표본의 크기라는 주제는 측정의 효율성과 가능한 한 모집단에서 변이를 설명할 필요성 사이에 균형을 잡는데 중요하다. 따라서 학생들은 "더 큰 것이 더 좋음"이 결국에는 축소된 반환의 법칙에 따름을 배운다. 그런 주제들에 관한 직관을 얻으려면 오랜 시간이 필요하며 많은 경험을 쌓아야 한다.[2] 표본추출을 위한 교육적 목적에 관하여 D. B. Orr이 잘 표현하였다.

> 때때로 이론적, 실용적 효율을 이유로 전체 모집단보다 더 적게 (자료를 수집하기와 같이) 알아 보기가 바람직하다. 그런 경우에 표본은 모집단의 부분집합이 선택된다. 자료는 표본으로부터만 또는 표본에 관하여 수집되지만, 결

론이 더 큰 모집단에 마찬가지로 일반화되어 적용된다. 표본의 본질적 특징은 무엇인가? 한 단어로 하면 표본은 "대표한다고" 해야 한다. 이는 연구 결론에 영향을 주는 모든 측면에서 표본이 자신이 뽑혔던 모집단의 소규모 복제품이어야 한다는 것을 사실상 의미한다.[3]

그러나 아이들이 통계적 소양을 위한 기초를 세울 때 더 정확하게 알 필요가 있는 많은 아이디어들이 그러한 이해에 함축되어 있다. 표본으로부터 모집단까지를 검토하면서 사람들이 겪는 가장 큰 어려움은 아마도 대표하기 위하여 필요한 것이 무엇인지를 특징화 하는 것이다. 성인 대상의 초기 연구에서 표본을 포함한 문맥상의 상황과 함께 제시될 때, 너무 작은 표본으로부터 일반화하기를 포함하기, 정보의 부적절한 특징에 초점을 맞추기, 부적절한 방식으로 정보를 결합하기 등에서 사람들이 많은 어려움을 보였다.[4]

학교 학생들의 표본추출의 이해와 연관된 연구는 Andee Rubin과 매사추세츠의 캠브리지에 있는 TERC에 있는 그녀의 동료들 및 Iddo Gal과 펜실베이니아 대학에 있는 그의 동료들의 연구에서 시작되었다.[5] TERC 그룹은 표본 내에 변이와 대표해야 할 표본 필요성 사이에 고등학교 학생들이 어려움을 겪음을 알았다. Gal의 그룹은 아주 어린 아이들이 자료의 두 집단을 비교할 때에 학생들이 그룹들의 동질성을 가정하든지 그 안에 있는 자연스러운 변이를 인정하든지에 따라 구별할 수 있었다. Vicki Jacobs는 초등학교 상위 학년의 학생들을 대상으로 연구하였는데, 그 학생들은 자발적 참여와 같은 편의된 표본추출 방법을 선호하기도 하였는데 그 이유는 모든 사람에게 표본추출 과정에 참여할 기회를 주면서 그렇게 하라고 아무도 강요하지 않는 공평성이 있다고 보기 때문이다.[6] 비슷한 관찰 결과가 Daniel Schwartz와 Vanderbilt에 있는 인지 및 테크놀로지 그룹에 의하여 제시되었다.[7] 자신의 과학 실험을 설계하는데 참여했던 초등학생들을 면담하는 중에 Katy Metz는 표본크기에 관한 세 가지 태도를 발견하였다.[8] 많은 학생들이 적절한 표본추출의 힘을 지지하였지만, 몇 학생은 매우 작은 표본에도 보증되지 않은 신념을 보였고 많은 학생들은 모집단 안의 변이때문에 표본추출을 반대하고 모든 구성원을 측정해야 할 필요성을 제기하였다. 그런 믿음의 일부는 이 장에 설명된 과제에 대한 응답에서 발견할 수 있다.

표본 및 표본추출에 관한 이해를 위한 요소들을 그림 2.1에 나타내었고, 어떻게 그것들 사이에 연결되어 있는지를 표시하였다. 대표하는 것이라는 아이디어는 표본 및 그 목적이 무엇인지를 설명하는 것이 더 복잡해질수록 따라서 발달된다.

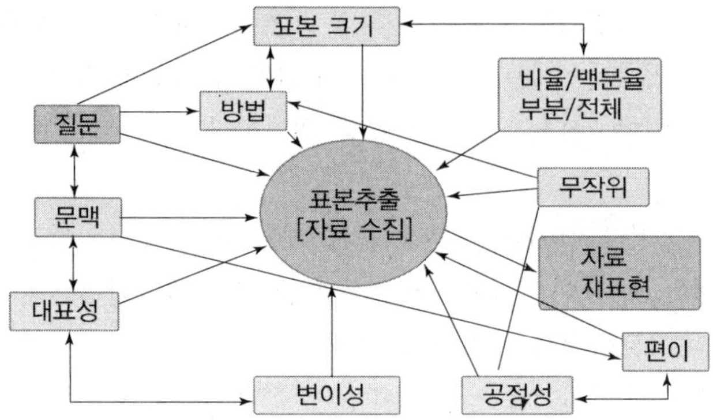

그림 2.1 표본추출과 관련된 아이디어들과 통계적 요소 사이의 연결

그런 잠재적으로 느린 발달은 2.2절에서 볼 수 있다. 대표성은 또한 문맥과 긴밀히 연결되는데, 문맥은 표본추출의 특징에 큰 영향을 준다. 이에 대하여 2.3절에서 학생 이해 발달과 함께 알아 볼 것이다. 그림 2.1의 요소들 중에서 가장 친숙한 것이 표본크기 및 방법인데 그 이유는 이론적 통계 교재에서 그것들이 나오기 때문이다. 그러나 학교 학생들에 대하여 그들의 이해 발달과 연관된 더 기본적인 주제들이 있다. 일반적으로 부분 — 전체 관계들 및 사회적 환경에서 표본 — 모집단 관계의 위치라는 주제들은 발달하는데 시간이 필요하며, 표본크기를 알기 시작할 때에 비율 및 백분율의 아이디어를 응용하는 것도 마찬가지이다. 그런 연결들이 대표성과 방법과의 긴밀한 연관과 함께 2.4절에 제시되었다. 2.5절에서 공정성 및 표본추출 사이의 연관들과, 어떻게 사회적 상호작용으로부터 교실로 가져오게 된 학생들의 공정성에 대한 믿음이 표본추출의 통계적 공정성의 아이디어와 어떻게 상충되는지에 대하여 언급되었다. 그런 믿음으로 인하여 다른 사람들이 제시한 방법들에서 편의를 발견하는 데 어려움을 겪을 수도 있다. 이것은 대중매체에서 잠재적으로 제시되는, 사회적 문맥에 근거한 상황에서 특별히 사실이다. 2.6절에서는 두 개의 신문 기사를 갖고 논의를 하며, 학교 밖의 표본들을 분석하기에 필요한 연결들의 복잡한 특징을 설명한다. 그림 2.1의 아이디어들의 모든 짝 사이에 연결 화살표를 그리는 것이 가능하다고 생각될 수 있지만, 2.6절에서 설명하듯이, 중요한 연결들이 강조되었다. 표본추출에서 변이에 의하여 영향을 받는 부분은 아이의 관점으로 보면 아주 미묘할 수 있지만 변이에 대한 선천적 인식은 거의 언제나 존재하며 이것은 적절하게 설명될 것이다.

다음 절들에서 표본추출에 관한 과제들에 대한 학생 반응들의 사례가 재학 중에 나타나는 이해 발달을 강조하기 위하여 제시된다. 마찬가지로 오해로 인해 당황하지 않도록 어디에 주의해야 하는지에 대하여 위험 요소들을 지적한다. 마지막 절은 1장에서 소개된 통계적 소양 체계의 이해 발달과 관련되고, 9학년 수업에서 얻은 표본추출에 관한 어떤 통찰이 제시된다.

2.2
표본: 그것은 무엇인가?

그림 2.1에서 제시된 연결들을 탐구하기 위한 출발점은 표본이라는 단어 그 자체의 의미이다. 학교 재학 동안에 아이들에게 "만일 '표본(sample)'1)이 주어졌다면 무엇을 갖고 있는 것인가?"라는 설문 조사의 질문 또는 "이전에 '표본'이라는 단어를 들어 본 적이 있는가? 어디에서 들어 봤는가? 그리고 그것은 무엇을 의미하는가?"와 같은 면담 질문들이 주어졌을 때에 금방 떠오르는 것이 무엇인가? 서술이 복잡해질수록 발달적 단계에 따라 답이 달라지며 또한 대체로 학년이 올라가면서 답이 달라진다.[9]

표본추출 게임을 접하지 않았던 학생들이 흥미를 가졌던 것은 학생들이 만든 연결들이며 때로는 발음이 비슷한 다른 단어들이었다.

- 너는 편지에 샘플을 넣는다.
- 너무 뜨거운 어떤 것

그 용어를 아이디어로 설명할 수 없는 학생들 중에 상당수가 다음 예를 제시하였다.

- 커피 샘플
- 립스틱 또는 향수 샘플일거야.

---

1) 역자주: sample은 통계용어에서 표본을 의미하지만 견본을 의미하는 일상용어로 많이 사용된다.

- 혈액 샘플
- 작업 본보기(sample)

이런 응답들은 아이들의 교실 밖의 경험을 반영하기도 한다.

개념 그 자체에 기반한 아이디어들의 처음 단계로, 한 측면만을 반영하는 단일 단어 혹은 절을 제시한다.

- 약간 조금
- 조그마한 일부분
- 시험
- 다른 어떤 것과 같은 어떤 것

이런 응답들은 어떤 것이 무엇과 같은지를 알아내기 위한 표본추출의 목적인 시도하는 것 혹은 시험적인 것의 전체적 혹은 고립된 아이디어와의 연관이 없는 일부만의 아이디어를 제시한다. 그런 응답들은 정확하거나 애매하거나 표본 및 모집단에 내재된 부분—전체 관련성을 인지하는 학생들에 의하여 구조적으로 제시된다. 그렇지만 모집단이라는 용어는 학교의 상위 학년의 학생들 이전에서는 거의 나타나지 않는다.

- 어떤 것의 조금이며, 전체는 아니지만 그것의 조그만 조각
- 전체의 단지 일부
- 만일 그것이 옷이라면 나는 그 물질의 일부분을 가질 것이다.

설명에서 '의'라는 단어가 나타난 것은 존재하는 부분—전체 이해에 대한 표시일 수 있으므로 의미가 있다.

마지막으로 그 설명들은 전체를 나타내기 위한 목적과 표본의 부분—전체 특징을 통합한다. 표현된 언어는 정규 수업에 대한 학생들의 경험에 따라 달라지지만 단순한 문장들에서 보이는 인식을 아는 것이 중요하다.

- 시도하기에는 더 큰 무엇인가의 작은 일부
- 네가 더 큰 집단을 대표하는 것으로 보기 위하여 그 집단에서 취한 것
- 전체 집단을 대표하도록 더 넓은 집단으로부터 자료를 임의로 뽑은 것

■ 너의 집에서 시험해 보기 위하여 새 세탁 세제와 같이 어떤 것의 작은 양을 가질 것이다.

이제 학생들의 개인적 경험은 자신의 설명에 영향을 주며 문맥과 그림 2.1의 여러 측면의 연결을 구성하는 기초를 제공하는 경향이 있다.

여기서 제시한 응답의 전반적 진전을 통하여 1.4절에서 제시한 발달 체계를 설명한다. 전구조적 수준에서 학생들은 질문의 영역에 있지 않은 특이한 반응들을 제공한다. 단구조적 수준에서 응답들은 과제와 관련된 영역의 단일 요소만을 이용하여 한 가지 예 혹은 단일 설명만을 제시한다. 그러면 두 요소를 포함하는 다중구조적 수준의 응답이 부분—전체 관계를 아주 가끔 나타내지만 더 이상은 표현하지 못한다. 부분—전체 관계와 표본을 구하는 목적 둘 다를 나타내는 응답은 관계 수준을 나타낸다. 3학년에서 절반 정도의 학생들은 전구조적 반응들을 보이는 경향이 있다. 반면에 7학년부터 11학년까지 학생들의 절반은 다중구조적 설명을 나타낸다. 학생들의 약 4분의 1정도만이 11학년까지 완전한 설명을 제시하는 정도이다.

표본을 설명할 때 어떻게 발전하는지 아는 것은 학생들의 초기 이해 상태가 어떻든지 그로부터 학생들의 인지를 확장시키기 위하여 경험을 쌓는 것에 유용할 수 있다. 대부분의 학생들은 관계적 설명을 처음에 제시하지 못하기 때문에, 교사가 "그래서 너의 표본의 목적은 무엇이지?" 또는 "네가 주장하는 것을 위하여 어떻게 표본을 이용하지?"와 같은 발문을 계속하는 것이 중요하다. 교실 내에서 경험을 쌓는 것이 매우 유용할 수 있다. 어떤 학생은 혈액 검사 혹은 소변 표본에 관한 경험이 있을 수 있고 논의를 통하여 진단의 목적에 초점을 맞출 수 있다. 때때로 도시에 사는 학생들은 슈퍼마켓이나 약국에서 샘플을 받아 본 적이 있는데 생산자가 소비자에게 샘플을 제공하면서 연결을 만들어 보려는 의도때문이다. 반면 시골에 사는 학생들은 경매 전에 울의 등급을 정하기 위하여 양에서 울을 표본추출하는 것과 같은 문맥에서 상세한 이해를 보일 수 있다. 그런 설명들을 비교하고 대조하기 위하여 왜 표본추출이 생활의 많은 측면에서 중요한지에 대한 폭넓은 이해를 학생들이 얻도록 돕는 연결을 제공할 수 있다.

2.3

문맥 속의 표본

이전 절에서 직접적인 질문들이 초기의 이해를 측정하는데 유효하며, 어떤 응답에서 볼 수 있듯이 직접적인 질문들은 학생들에게 친숙한 문맥에의 연결을 제공한다. 그러나 어떤 학생들에게는 문맥을 제공하기가 의미의 회상에 도움이 될 수 있다. 예를 들어서 그림 2.2에 주어진 질문들에 대한 시나리오를 검토해 보자.[10]

두 번째 질문은 처음 질문에 대한 응답을 고려하여 사용 여부가 결정되고 문맥에 대한 인지를 더 알아 보기 위하여 이용된다.

전형적인 응답들은 어린 아이들이 자신만의 설명을 구성하기보다는 부분—전체 관계의 "부분" 측면에 관하여 특별히 그런 문맥에서 표본이라는 용어를 더 쉽게 정하는 경향이 있음을 보여준다. 부분 개념이 없는 학생들은 (a)에서 검사 또는 시도의 아이디어와 관련시키는 경우가 많다.

- (a) 그들은 그들에게 혈액 검사를 했을 수도 있다.

대부분의 다른 응답들에서 표본의 부분—전체 특성이 반영되어 있다.

- (a) 단지 어떤 것을 가진 것
- (a) 그저 몇 명의 5학년 아이들

그렇지만 몇 학생들은 그림 2.2의 처음 질문에 대하여 더 복잡한 시나리오를

(a) TV의 뉴스에서 이야기한 "태즈매니아의 5학년 아이들의 몸무게에 대한 연구에서, 어떤 연구자들은 태즈매니아에 있는 5학년 아이들의 표본과 면담을 하였다."라는 이 문장에서 표본의 의미는 무엇인가?
(b) 너는 그 연구자가 태즈매니아에 있는 모든 5학년 아이들을 대신하여 5학년 아이들의 표본을 사용한 것을 어떻게 생각하지?

그림 2.2 문맥 속에서 표본추출에 관한 면담 질문들

제시하기도 하였다.

- (a) 태즈매니아의 5학년 학생들이 약 10,000명이 [있으며], 그 중에 약 50명을 선택하였다. 왜냐하면 50은 10,000의 작은 일부이기 때문이므로 그들의 몸무게만을 알아내었을 뿐이다.
- (a) 그들은 마치 절단면처럼 여기저기, 태즈매니아의 모든 곳에 있는 여러 모든 학생들을 면담하였다. 그들은 모든 단일 학생을 사용하지 않았고 단지 그들을 임의로 뽑았다.

두 번째 질문에 대한 응답들은 거의 언제나 실용성을 반영한다. 그 실용성은 표본수집이 일어나는 사회적 환경을 알고 있음을 나타내는 것인데 몇 학생은 그 과제를 제대로 알지 못하였다.

- (a) 왜냐하면 그들 모두가 저울 위에 올라가지는 못하기 때문이다.
- (a) 왜냐하면 그들은 충분한 시간을 갖지 못했기 때문이다.
- (a) 그들은 그들 모두를 실제로 연구할 필요는 없다. …… 그것은 오랜 시간이 걸린다. …… 몇 명을 뽑아도 그 결과는 같기 때문이다.

그림 2.2와 같은 질문들은 열린 문제이므로 학생들이 할 수 있거나 느끼는 만큼 설명하도록 하는 것이 필요하다. (a)에 대한 응답들에서 볼 수 있듯이, 응답의 범위는, 포함시키기에 중요하다고 간주되는 요소들에 관하여 아주 넓다.

2.4 표본 크기 및 방법

앞의 절에 이어서, 제시된 시나리오에 관한 더 많은 질문들이 자발적으로 그런 정보를 제공하지 않는 학생들을 위한 문맥 속에서 표본 크기와 방법의 정확한 관련을 탐구하기 위하여 사용될 수 있다.[11] 질문 예시가 그림 2.3에 주어졌으며 모

(c) 그들이 약 10명의 아이들을 표본으로 사용하였다고 생각하는가? 왜 그렇게 생각하는가 또는 왜 그렇게 생각하지 않는가? 표본으로 몇 명을 선택해야 한다고 생각하는가? 그 이유는?

(d) 표본으로 아이들을 어떻게 선택하여야 하는가? 그 이유는?

그림 2.3 문맥 속에서 표본추출에 관한 문항(그림 2.2에서 이어짐)

든 학생들에 대한 출발점으로 사용될 수 있다. (c)에 대한 응답들이 동의에서부터 더 복잡한 것까지에 걸쳐 있지만 일반적으로 통계적으로는 소박한 제안들이다.

다음 응답들에서 알 수 있듯이, 이전의 경험이 응답에서 한 요인이 되는 경향이 있다.

- (c) 3 대 6 …… 왜냐하면 표본은 단지 좀 약간이므로.
- (c) 10을 사용했을 수도 …… 그것은 짝수이고 내가 그 수를 좋아하므로.
- (c) 더 많이 사용해야 한다. …… 태즈매니아의 대부분의 5학년 아이들. [어떤 장점이 있지?] 글쎄요. 평균을 알지 못하나요? 만일 그들이 몇 명만을 표본으로 수집한다면? 그래서 아마도 전체를 갖고 더 풍족할 것인데.
- (c) 약 100명 …… 대체로 그들은 대부분의 일과 관련하여 100명을 설문 조사한다.
- (c) 5학년 아이들 중에 얼마가 그 지역에 있는지에 따라 달라진다. 전체가 몇 명인지 모른다. 아마도 그 지역의 10% 또는 20%가 좋을 것이다.

상당한 경험을 쌓지 않고도 학생들은 자신의 표본 크기에 대한 결정에 대하여 통계적으로 적절한 정당화를 할 수 있는데, 그럴듯한 제안들에 근거한 토의를 통하여 너무 작거나 너무 큰 표본크기를 거부하기에 도달할 수 있다. 수학 교육과정의 다른 곳에서 부분—전체에 대한 이해의 연관을 발전시키기는 이런 점에서 아주 두드러진다. 이전에 언급된 응답들에서 표본과 모집단 사이의 관련성을 양적으로 표현할 필요성에 대한 인식이 증가하는 것과 관련된 점이 나타났다. 가장 낮은 수준의 응답들에서 전체에 대하여 전혀 고려하지 않고 작은 부분에 대한 작은 수만을 제시한다. 더 높은 수준의 응답들에서 전체 모집단을 볼 필요성을 인정하지만 때때로 다른 극단으로 가거나 표본을 전혀 인정하지 않기도 한다.[12] 일부 응답들에서 경험에 의존한 합리적인 표본 크기를 제시하지만 통계적 정당화는 하지 못한다. 가장 높은 수준의 응답에서 표본 및 모집단을 같이 고려하기 시작하며, 부분—전체 관련성의 수치적 측면을 고려한다. 전체 수 비교, 분수, 백분율을 사용함에 따라 수학교육과정의 다른 곳에서 가르친 측도들을 비교하고 대조할 기회를 얻는다.

방법론은 기회를 제공하지만 학생들은 표본 수집을 할 때 포함된 것이 무엇인지를 이해하는 것에 대하여 더 복잡하게 이해하였음을 보여준다. 초기에 제시된 응답에서 학생 자신의 선택 경험을 보여주었다.

- (d) 그 선생님은 그동안 잘 일했던 사람을 선택했을 것이다.
- (d) 그들을 검사하라.

무게와 같은 특별한 특성을 측정할 필요성을 이해함은 선택의 방법 속에서 편의를 도입함에 이르도록 할 수 있다.

- (d) 실제로 마른 아이들과 아주 뚱뚱한 아이들을 선택할 수 있고 그 결과로 그들이 알려고 애쓰는 것의 평균을 실제로 구할 수 있다.

누군가는 선택이 편의를 피하도록 해 준다고 한다.

- (d) 그들은 모든 여러 가지 무게 혹은 그들 전체를 측정하거나 어쨌든 서로 다르게 하여서 모든 사람에 대한 평균을 알 수 있다. …… 모든 마른 사람들만을 취하지는 않고 모든 뚱뚱한 사람들을 남겨놓지 않고서 말이다.

대표적 표본을 갖는 것을 향한 변이는 단계적으로 발생하는 경향이 있다. 범위에 대한 필요성을 처음에 인식하지만 그것을 성취하기 위한 특정 체계는 없는 것이다.

- (d) 그것이 중요하지 않다. …… 그들은 단지 여러 사람들이어야 한다 왜냐하면 모두가 똑같지는 않기 때문이다.
- (d) 기본적으로 한 학급이 좋은데 그 이유는 그들이 더 많은 범위를 가지는 방식이기 때문이다. 또한 더 작은 것과 더 큰 것, 그리고 '사이에 있는 것'을 가질 수 있기 때문이다.

임의 혹은 층화 추출과 관련된 두 아이디어가 초기에 서로 떨어져서 나타났다.

- (d) 그들은 실제 아이들을 보는 것이 아니라 아이들의 이름을 보면서 해야 하는데 한 학급의 아이들 목록 및 무엇인가로 뽑아야 한다.
- (d) 전체 이름 목록을 얻고 상자 또는 다른 것에서 그것들을 뽑아야 한다.
- (d) 그 지역에 사는 몇 명과 그 도시 주위에 사는 몇 명 …… 그들은 약간 다르게 산다.
- (d) 몇 몇 학교를 선택한다. …… 각 5학년 중에서 10명을 뽑는다. …… 한 학교로부터 모든 것을 얻지는 못한다.

더 많이 경험이 쌓이면서 언어가 더 복잡해지고 더 정당화 된다.

- (d) 단지 임의로; 너는 그들을 보기를 원하지 않는다; 너는 단지 사무실에서 컴퓨터 스크린만 보기를 원한다. [……] 만일 네가 모든 뚱뚱한 아이들을 선택하려고 한다면 평균이 증가할 것인데, 그렇지 않니? 그리고 만일 네가 공정하기를 원한다면 [……] 너는 그들을 임의로 뽑을 것이다.

임의 추출과 층화의 아이디어를 결합시키기는 쉽지 않다.

- (d) 그들은 선택할 수 있었다 …… 우선 모든 여러 장소에서 여러 사람을 선택한다. …… 왜냐하면 [지역]마다 모든 여러 장소에서 식사가 다를 수 있기 때문이다. …… 그리고 그들은 그것을 임의로 할 있으며 어떤 것을 선택한다. …… 또는 그들은 여러 많은 몸무게의 사람들을 찾아서 선택할 수 있으며 그 결과로 그들은 많은 차이를 찾아낼 수 있는데 그 이유는 많은 여러 사람들이 있기 때문이다.
- (d) 그들은 마치 절단면처럼 여기저기, 태즈매니아의 모든 곳에 있는 여러 학생들을 면담하였다. 그들은 모든 단일 학생을 사용하지 않았고 단지 그들을 임의로 뽑았다.

표본 크기와 방법에 대한 학생들의 이해를 알아보기 위한 또 다른 방법은 어떤 종류의 조사를 포함하고 정보를 필요로 하는 시나리오를 이용하는 것이다. 그림 2.4에서 제시된 시나리오는 제이콥스(Vicki Jacobs)의 연구에서 각색된 것이

영화 월드

한 학급이 황금 해변에 있는 영화 월드로 학교 여행을 가기 위한 돈을 모으려고 한다. 그들은 닌텐도 게임 시스템을 따기 위한 복권 표를 팔아서 돈을 모으고자 한다. 그렇지만 그들이 복권을 해 보려고 결정하기 전에 자신의 학교 전체에서 얼마나 많은 학생들이 표를 살 것인지를 추정하려고 하였다. 그 학교에는 1학년부터 6학년까지 각 학년에 100명의 학생이 있어서 모두 600명의 학생이 있다.

얼마나 많은 학생을 조사해야 하고 어떻게 그들을 선택할 것인가? 그 이유는?

학교의 다섯 명의 학생이 조사를 수행하였다.

(a) 석호는 학교에 있는 600명의 학생 이름을 구해서 모자에 그것을 넣고 그 중에 60개를 뽑았다. 석호의 조사에 대해서 어떻게 생각하는가?
☐ 좋음 ☐ 나쁨 ☐ 모름 그 이유는?

(b) 준수는 컴퓨터 게임 클럽의 방과후 모임에서 10명에게 물어 보았다. 준수의 조사에 대해서 어떻게 생각하는가?
☐ 좋음 ☐ 나쁨 ☐ 모름 그 이유는?

(c) 아영이는 100명의 1학년 학생 모두에게 물었다. 아영이의 조사에 대해서 어떻게 생각하는가?
☐ 좋음 ☐ 나쁨 ☐ 모름 그 이유는?

(d) 철민이는 그의 친구 60명을 조사하였다. 철민이의 조사에 대해서 어떻게 생각하는가?
☐ 좋음 ☐ 나쁨 ☐ 모름 그 이유는?

(e) 수미는 과자 가게 밖에 노점을 세웠다. 누구나 지나가다가 멈춰서 설문 조사를 채울 수 있다. 60명의 아이가 그것을 하였을 때 수미는 조사를 그만하였다. 수미의 조사에 대해서 어떻게 생각하는가?
☐ 좋음 ☐ 나쁨 ☐ 모름 그 이유는?

그림 2.4 조사 문맥을 이용한 표본추출에 관한 질문들

고 조사 형식으로 쓰였지만 소모임 활동 또는 학급 토의에 적합하다.[13] 학생들은 그들이 어떻게 조사를 수행할지에 관한 열린 질문을 받고 판단을 하기 위한 여러 선다형 문항에 답해야 한다.

전체적으로 볼 때, 그림 2.4의 과제들을 수행하는 학생들에 대하여 (i) 과제를 평가할 수 없는 무능력, (ii) 부적절한 분석, (iii) 관련되지만 비핵심적인 아이디에 집중한 분석, (iv) 문맥 속에서 통계적으로 적절한 응답이라는 응답의 네 가지 수준이 적용될 수 있다. 이 예들은 그림 2.4에서 제시된 질문에 근거하여 차례로 검토된다.[14]

과제의 잘못된 해석의 주요 원천은 그 목적이 표를 파는 것에 관하여 학생들을 조사하기가 아니라 표를 파는 것이라는 믿음과 관련된다. 이는 일부 학생들의 소양과 다중부분 이야기를 읽는 잠재적 어려움과의 연관을 보여준다. 각 부분에서 이 수준에 전형적인 반응은 다음과 같다.

- 조사: 그들이 복권 표를 더 많이 팔수록 돈을 더 벌기 때문에 그들 모두를 선택하여라.
- 석호, 모자로부터 60: 안 좋음. 너무 사람이 많음.
- 준수, 컴퓨터 클럽에서 10: 좋음. 따라서 너는 그것을 즐길 수 있음.
- 아영, 1학년에서 100: 나쁨. 아무도 어떤 것을 사지 않는 것은 아님.
- 철민, 60명의 친구: 좋음. 그들을 위한 더 많은 돈
- 수미: 가게에서 60명의 자원봉사자: 좋음. 서비스가 가장 좋음.

다음 수준에서 학생들은 과제를 인식하고 제안들이 통계적으로 적절하지 못할지라도 이해할만한 제안을 한다.

- 조사: 내가 만난 50명의 학생들
- 조사: 너는 그들 모두를 조사했을 것이다.
- 석호, 모자로부터 60: 안 좋음. 그는 잘못된 사람을 뽑을 수 있음.
- 준수, 컴퓨터 클럽에서 10: 좋음. 하나를 사기 위하여 그들에게 힌트를 주기.
- 아영, 1학년에서 100: 좋음. 왜냐하면 공정하기 때문에
- 철민, 60명의 친구: 좋음. 왜냐하면 그들은 그의 친구들이므로
- 수미: 가게에서 60명의 자원봉사자: 좋음. 그것은 그들 자신의 선택이다.

그 다음 수준에서 조사에 대한 제안들은 임의적 절차보다는 선택의 대표성 측면에 초점을 맞춘다. 한 가지 이상의 특징들이 다섯 개의 대안 각각에서 제시되므로 어떤 학생들은 비판받아야 할 부적절한 점은 무시하면서 한 가지 선호하는 특성에만 초점을 맞춘다. 또한 어떤 학생들은 대안들이 가진 특성들에 관한 불확실성을 지적한다.

- 조사: 너는 각 학년에서 10명씩, 어린이 60명을 조사했어야 했고, 그래서 각 학년에 대한 평균을 알 수 있을 것이다.

- 석호, 모자로부터 60: 안 좋음. 많은 사람이 있기 때문에.
- 준수, 컴퓨터 클럽에서 10: 나쁨. 충분히 폭넓지 않음.
- 준수, 컴퓨터 클럽에서 10: 확실하지 않음. 많지 않은 사람들이 거기에 갔었기 때문.
- 아영, 1학년에서 100: 나쁨. 너무 많은 사람들.
- 아영, 1학년에서 100: 확실하지 않음. 왜냐하면 그것은 단지 한 반이기 때문인데 그래도 그는 대부분의 사람들을 조사하였다.
- 철민, 60명의 친구: 좋음. 너는 많은 대답을 얻었다.
- 철민, 60명의 친구: 확실하지 않음. 그것은 얼마나 많은 그의 친구들이 여러 의견들을 가지느냐에 따라 달라진다.
- 수미: 가게에서 60명의 자원봉사자: 좋음. 너는 충분히 많이 가졌다.
- 수미: 가게에서 60명의 자원봉사자: 확실하지 않음. 그것이 안 좋은 아이디어라고 생각한 사람들은 자원하지 않았을 것이다.

학생들이 더 복잡한 과제를 다루기 위하여 더 복잡한 구조적 추론을 취할 때에 충돌하는 아이디어들을 알고는 있지만 그것을 해결하는 능력이 부족한 것은 학교 학생들에게 특별한 것이 아니다.

마지막으로 가장 높은 수준에서 학생들은 적절한 방법들을 제시할 수 있고 다른 방법들에서 편의를 찾아낼 수 있다. 학생들이 재학 기간 동안에 경험을 더 많이 얻으면서 전체 과제들에 걸친 대답들의 일관성도 증가하는 경향이 있다.

- 조사: 600명의 학생들 이름을 모자에 넣고 그 중에 65개의 이름을 뽑아냄.
- 조사: 각 학년에서 10명을 뽑는데 5명의 소년과 5명의 소녀를 임의로 뽑음.
- 석호, 모자로부터 60: 좋음. 그것은 조사를 위한 임의적인 좋은 방법이므로.
- 준수, 컴퓨터 클럽에서 10: 나쁨. 사람이 충분히 많지가 않고 선택적으로 뽑았으므로.
- 아영, 1학년에서 100: 나쁨. 여러 나이 집단에서 골고루 나오지 않음.
- 철민, 60명의 친구: 나쁨. 그들은 아마도 같은 말을 했을 것이다.
- 수미: 가게에서 60명의 자원봉사자: 나쁨. 어떤 아이들은 두 번 갔을 것이다.

전체적으로 다섯 가지 대안과 관련하여 토의를 위한 꽤 많은 여러 가지 가능성들이 있다.

윤미 어머니가 새 차를 사려고 하는데 [종류 1] 또는 [종류 2] 중에 하나를 사려고 한다. 윤미 어머니는 최소한으로 고장날 차를 원한다. 우선 윤미 어머니는 각 종류의 400대에 대한 소비자 보고서를 조사하여 [종류 2]가 [종류 1]보다 더 고장나는 것을 알았다. 그러고 나서 윤미 어머니는 세 친구와 얘기했는데 그 중에 두 명은 중대한 고장이 없었던 [종류 2]의 주인이었다. 다른 한 명은 [종류 1]을 소유했던 적이 있는데 그것은 많은 고장이 있었기 때문에 팔았다고 하였다. 그 친구는 다시는 [종류 1]을 사지 않을 것이라고 하였다.
윤미 어머니는 어떤 차를 사야 할까?

□ (종류 2) 윤미 어머니는 [종류 2]를 사야 한다. 왜냐하면 친구 한 명이 [종류 1]때문에 어려움을 겪었지만, [종류 2]를 소유한 다른 친구들은 전혀 그렇지 않았기 때문이다.

□ (종류 1) 윤미 어머니는 [종류 1]을 사야한다. 왜냐하면 소비자 보고서에 제시된 고장에 관한 정보는 한 가지 또는 두 가지 사례만이 아니라 많은 사례에 근거하기 때문이다.

□ (=) 어떤 차를 사든지 상관없다. 어떤 차를 사든지 그녀는 운이 없기 때문에 잔 고장이 많은 차를 가질 것이다.

그림 2.5 새 차를 사는 것에 관한 문항

그림 2.4의 (a)부터 (e)까지의 다섯 가지 제안은 학생들이 분석하기에 똑같이 어려운 것은 아니다. 중학교 학생들은 컴퓨터 클럽에서 10명이라는 준수의 제안을 제외시키기가 가장 쉽다고 보는 경향이 있다. 이것은 그의 아이디에 두 가지 어려운 점이 있기 때문이다. 그것은 표본 크기가 너무 작고 한 쪽에 치우친 집단일 수 있다는 것이다. 그 다음으로 비판하기가 쉬운 것은 아영의 모든 1학년 학생을 뽑는다는 제안이다. 학생들에게 가장 비판이 어려운 제안은 자원봉사자를 사용하는 수미의 아이디어인데, 20명 중에 약 1명 정도만이 그 제안을 비판하였다. 교사들은 학생들이 수미의 대안을 고려할 때 공정함에 관한 학생들의 개념의 미묘함을 알 필요가 있다.[15]

표본 크기와 방법을 연결하는 주제들을 고려함에 대한 덜 복잡한 시나리오가 그림 2.5에서 다중 선택 문항과 함께 제시되었다.[16] 문맥은 대부분의 학생들에게 친숙한 것이어야 하며 어른에게 흔히 딜레마로 인식되는 것이어야 한다. (종류 1) 응답은 맞는 것이지만 어쨌든 세 가지 선택들은 주제들의 평가 체계를 위한 것이다.

세 친구들의 경험에 근거하여 사는 (종류 2) 항목은 소표본이고 친구에게 물어서 편의가 있기 때문에 낮은 수준의 응답이라고 할 수 있다. 어떤 차를 사더라도 구입자가 운이 없다는 (=) 항목은 가능성이 얼마일지에 대한 양적인 고려를 하지 않고 "무엇이라도 일어날 수 있음"이라고 확률 문맥에서 가끔 관찰되는, 애매한 관점을 나타낸다. 이 항목에 대한 응답은 두 선택 사이에서 나타나는 딜레마를 인정하지만 그것을 해결하지는 못함을 보여준다. 800가지 사례에 근거하여 차를 사는 (종류 1)은 신뢰성 높게 모집단을 대표하기 위한 많은 사례의 장점을 가진, 통계적으로 적절한 항목이다.

고등학교에서 대부분의 학생들은 (=)을 선택하며, 약 사분의 일의 학생들만이 통계적으로 적절한 항목을 선택할 것이다. 이 질문은 표본 크기, 방법 그리고 잠재적 편의에 관한 토의를 시작하기 위하여 사용되기에 좋다. 왜냐하면 그것은 친구 또는 친척으로부터 크기 1인 표본의 정보에 근거하여 가족이 차를 구입한 경험을 가진 반의 학생에게서 얘기를 듣는 것 같기 때문이다. 이런 얘기의 일부는 긍정적 결과와 균형이 되도록 부정적 결과를 가져서 작은 표본의 낮은 신뢰성을 지적할 수 있도록 하기에 유용하다.

그림 2.6에서 제시된 문제 형태는 상위 학년의 학생들에게[17] 여러 해 동안 사용되었던 것들이며 자료가 수집될 때 표본 크기와 관련되지 않는다는 변이에 관한 믿음에 대한 민감성을 알아본다. 학생들이 이 문제에 포함된 애매함에 대한 인지를 거의 하지 못함이 분명하다. 그림 2.6에 제시된 문제는 두 개의 서로 다른

연구자들이 두 학교, 즉 시내 중심에 있는 한 학교와 시골에 있는 한 학교를 방문하였다. 각 학교는 절반이 남자이고 절반이 여자이다. 연구자들은 각 학교에서 임의 표본을 뽑았다.
도시 학교에서 50명의 아이들, 시골 학교에서 20명의 아이들
이러한 표본 중의 하나는 특이하다. 그것은 80%이상이 남자이기 때문이다.
다음과 같은 경우 중에서 그런 일이 잘 나타나는 것은

□ 시내 학교로부터 50명의 큰 표본

□ 시골 학교로부터 20명의 작은 표본

□ 두 표본 모두 비정상적인 표본이었을 듯 하다. 그 이유는?

그림 2.6 변이를 고려하여 크기가 다른 표본 중에 선택하기

크기의 병원에서 어떤 해의 각 날의 출생 수에 관하여 묻는 고전적인 "병원" 문제로써 변이와 관련된 것이다.[18] 두 학교의 학생 표본을 모으는 문맥 속에서 표본을 뽑을 때 비복원 때문에 더 복잡한 이론적 모델을 발생시킨다. 그러나 이것은 기술적으로 두 가지 결과의 상대적인 가능성에 영향을 주지는 않으며 고등학교 상위 수준에서 형식적 확률론을 배우지 않았던 학생들이 고려하는 것이 아니다.[19]

시각적으로 인정되는 분포 혹은 수행할 실험 없이 학생들이 그림 2.6의 문제에서 제시된 정보를 판독하기는 어렵다. 학생들은 80%의 남아를 가진 표본을 상상하며 답을 제공할 수 없는 과제와 절반은 남아이고 절반은 여아인 학교에 관한 정보를 구별해 내기가 어려울 수 있다. 정당화할 때 외부 정보를 부적절하게 사용하기는 기술적으로 정확한 응답에서까지도 많이 나타난다.

- 작은 표본이 80%를 더 가질 것 같다. 왜냐하면 그 지역에 사는 소년들이 더 많기 때문이다.
- 큰 표본이 80%를 더 가질 것 같다. 왜냐하면 그 도시에 사는 더 많은 사람들이 살기 때문이다.

두 번째 반응에서, 80%는 더 큰 표본에서 더 쉽게 이루어진다고 보는데 그 이유는 백분율이 큰 값이기 때문이다. 똑같다고 보는 선택은 크기 상관없이 모든 표본들은 모집단을 공평하게 잘 나타낸다는 믿음, 백분율이 구체적인 수와 관련되지 않는 추상적 아이디어라는 믿음과 아마도 관련될 것이다.

- 두 표본들이 똑같이 그럴 것 같다. 왜냐하면 임의적 절차이므로.
- 두 표본들이 똑같이 그럴 것 같다. 왜냐하면 백분율은 명확한 수가 아니며 각각에 대하여 같을 것이기 때문이다.

매우 특이한 응답은 표본 크기와 결과에 있는 잠재적 변이와의 관련성을 인식함을 나타낸다.

- 내 생각에 [80% 또는 그 이상의 남자가 있는 표본]을 시골 학교로부터 얻기가 더 쉬울 것 같은데 그 이유는 거기에 훨씬 아이들이 덜 있어서 네가 몇 명을 더 조사해 본다면 [시내 학교]의 표본보다 백분율이 더 빨리 증가할 것이기 때문이다.

표본추출, 표본 크기, 그리고 그림 2.6의 문제처럼 맥락 속의 변이에 관하여 직관이 발달되는 것은 시뮬레이션을 해 볼 때부터인데 특히 소프트웨어 패키지로 빠르게 해 보는 것이 더 좋다.[20]

2.5 표본추출과 공정함

이전 절에서 제시된 여러 응답을 살펴 볼 때, 공정함의 아이디어는 표본추출 방법을 비판하거나 지지하기 위하여 사용되었다. 일부 학생들에게 공정함의 통계적 아이디어는, 임의적 절차에 의하여 선택될 때에 모든 사람이 똑같은 확률을 가지는 것으로 받아들여진다. 또 어떤 학생들은 그런 절차에서 일부 사람들이 빠지거나 참여하지 않기를 원하는 사람들이 선택되는 사실로 인하여 불공정하다고 생각하기도 한다. 이로 인하여 두 가지 형태의 결정이 이루어진다. 그 한 가지 경우에서 학생들은 그림 2.4에서 수미가 제안한 것과 같은 자발적인 조사 방식을 선호한다. 이는 중학교 수준에서 흔히 볼 수 있는 오개념이며 공정함의 정의에 관하여 수학 수업에서 적용되는 것과 학교 밖에서 적용되는 것을 중첩하여 사용하지 않도록 할 필요가 있다.

공정함의 아이디어는 이 책의 여러 문맥에서 주기적으로 나타나는데, 5.12절의 공정한 주사위를 생각해 보기가 그 한 예이다. 새로운 개념이 나타날 때 그것에 기존 개념과의 연결을 강화시킬 기회를 갖는 것이 중요하다. 예를 들어 반에서 작은 임의 표본을 반복적으로 추출할 때에, 모든 사람들이 골고루 선택되기 전에 어떤 한 사람이 두 번 선택될 수도 있다. 어떤 사람들은 이것이 불공정하다고 생각할 수 있으며 중요한 토의 주제가 될 수 있다.

2.6

표본 편의의 원인들

표본추출에서 편의라는 주제는 비판적 통계적 소양의 발달 및 그림 2.1의 주요 요소로서 필수적이다. 작은 표본 크기 또는 부적절한 표본추출 방법에 따른 편의의 발생은 2.4절에서 다루어졌으며 일부 학생들은 표본추출 방법을 생각하면서 동시에 그런 문제점을 알아 차린다. 또는 그림 2.4에 제시된 학교 학생들을 조사하는 여러 방식을 검토하면서 어느 정도 알게 된다. 어떤 권위있는 주장이 외부의 "전문가들"에 의하여 공개적으로 만들어진 상황에서 표본추출에서 편의를 이해하고 의문을 가지도록 변화하기가 매우 중요하다. 가끔 학교 단위에서 표본추출을 다룰 때에 2장에서 지금까지 다룬 예들과 토의까지 공부하더라도 편의에 대하여 의문을 가질 수 있는, 권위있는 사회적 기반의 문맥을 고려하기까지 진행되지는 않는다. 일반적으로 사회에서 대중매체라는 권위적 배경을 가지고 만들어진 발표에 대하여 적극적으로 의문을 갖지는 않는다. 이러한 사실은 학생뿐만 아니라 교사도 마찬가지이다. 그런 점에서 1.4절에 도입한 통계 소양 체계의 세 번째 수준이 의미가 있으며 필요하다. 위험이 있는 환경에 적응하도록 그런 주제에 관한 활동적 토의가 표본추출과 관련된 활동의 절정에서 이루어지도록 할 필요가 있다.[21]

학생들이 표본추출에서 편의를 이해한 것을 사회적 문맥에도 전이되도록 하기가 어렵다. 그 어려움은 조사 결과를 보고하는 두 개의 신문 기사에 관한 질문에 학생들이 응답한 것을 보면 알 수 있다. 그림 2.7과 2.8의 기사를 조사와 면담을 포함하여 다양한 형태로 학생들에게 제시할 수 있다. 또한 소집단 활동이나 학급 토의에도 적합하다. 그 기사에 다양한 수준으로 개입을 한 설명은 학생들의 토의,

> 미국 고등학교 학생들 열 명 중 약 여섯 명은 원한다면 권총을 구할 수 있으며 그 중의 삼분의 일은 한 시간 내에 구할 수 있다고 한 조사에서 보고하였다. 시카고의 2508명의 중학교 및 고등학교 학생들에 대한 조사에서도 15%가 지난 30일 이내에 권총을 갖고 있었으며 4%는 학교에 권총을 갖고 왔었다고 한다.

그림 2.7 비대표적인 표본에 근거하여 모집단에 대한 주장을 하는 신문 기사

논쟁, 그리고 인지 발달에 출발점이 된다.[22]

그림 2.7에서 시카고의 총에 관한 기사에서 표본 또는 모집단이라는 단어가 사용되지 않지만 시카고 고등학교 학생들이라는 표본에 근거한 주장을 할 때에 미국 고등학교 학생들이라는 모집단을 잠재적으로 언급하기 때문에, 그 내용 중의 어떤 점을 특별히 언급하지 않고도 기사에서 이상한 점이 있는지를 학생들에게 물어 볼 수 있다. 그 기사에 여러 가지 수 및 주장이 있기 때문에 학생들의 탐구활동에 좋은 소재가 된다. "이 기사에 나오는 주장에 대하여 어떤 비판을 할 수 있는가?"와 같은 일반적인 질문은 좋은 시작이 된다. 만일 한 동안의 노력 후에도 진전이 거의 없으면, 직설적이지 않게 "여러분이 고등학교 교사라고 할 때, 이 기사를 보고서 미국 어딘가에서 교사 일을 하기를 거부할 것인가?"와 같은 보충 질문을 통하여 표본 대 모집단에 관하여 관심을 끄는 것에 도움이 될 것이다.

많은 학생들은 기사의 감정적인 특징에 영향을 받기 때문에 제시된 통계적 주제에 몰입하지 않고 통계적 적절성에 관하여 전구조적이라고 간주된다. 이전 절에 나온 질문에 대한 그런 비판 및 언급은 다음을 포함한다.

- 그들은 총을 가지지 말았어야 했다.
- 무비판적 — 그들은 자신을 보호하기 위하여 그렇게 한다.
- 나는 그 일을 할 것이다. 왜냐하면 내가 미국에 산다면 나도 총을 가질 것이기 때문이다.

표본추출 주제에 관하여 생각할 때, 단일 아이디어들은 문맥 속에서 가끔 주요한 것으로 간주되지만 제기된 주장에 비판적이지 못하다. 한편 다음은 자료의 타당성을 얘기하고 있다.

- 그들이 거짓말을 하지 않고 있다는 것을 어떻게 아는가?
- 그들은 사람들에게 강한 인상을 주기 위하여 거짓말을 할 수 있다.

다른 한편으로, 다음에서 미국 모집단의 균일함에 대한 믿음을 보여준다.

- 아니다. 왜냐하면 미국 전체는 정확하게 같기 때문이다.

표본 주제를 다룰 때에 인식은 하지만 분석은 하지 않고 시작하기도 한다.

- 만일 그들이 자신의 사실을 올바로 알기를 원한다면 그들은 미국의 모든 학교를 조사해야 한다.

위의 의견은 학교의 모든 학생들을 조사해야 한다고 제시된, 2.4절의 한 방식과 비슷하다. 어떤 학생들은 표본 대표성보다는 나라가 크기 때문에 표본 크기를 어떻게 해야 할지 고민한다.

- 그렇다. 왜냐하면 단지 2508명의 학생을 조사하였기 때문이다. 미국 인구는 매우 많다. 더 많은 학생들을 조사했어야 했다.

경험이 없기 때문에 표본 크기에만 초점을 맞출 수도 있다. 그렇지만 어떤 학생들은 나라를 대표한다는 측면도 함께 고려하는 것 같다.

- 단지 2508명의 학생들만 조사하였기 때문에 그 주장은 정확할 수 없다. 그 조사는 정확성을 위하여 국가적으로 실시되어야 한다.

그러나 어떤 학생들은 정의된 모집단을 대표하기 위한 표본의 필요성을 깨달았다.

- 그렇다. 그들은 시카고만을 조사했지만 미국 전체로 일반화 하고 있다.
- 그 조사는 한 지역만을 조사한 것이지만 미국 전체와 관련된다. 다른 어디에서는 그렇지 않을 수도 있다. 이것은 마치 누군가에게 질문을 하고서 학교의 학생 전체도 그런 식으로 대답한다고 하는 것과 같다.

좋은 응답인데, 중학교 및 고등학교 학생들의 약 삼분의 일 정도만 그렇게 응답하였다.

그림 2.8[23]에서 대마초의 합법화에 관한 기사는 시카고에 관한 이전 기사보다 학생들이 해석하기에 더 쉽다. 그것은 아마도 최근에 대중매체에서 논의된 많은 자발적인 조사가 있으며 학급에서 그 주제를 토의할만하기 때문이다. "여기에 보고된 표본은 대마초의 비범죄화에 대한 공공의 지지를 발견하는 신뢰할만한 방

마약 사용을 비범죄화 하기

젊은이 대상의 Triple J라는 라디오 프로그램에 전화를 건 사람 중에 96%가 호주에서 대마초 사용을 비범죄화 해야 한다고 말하였다. 어제 마감한 청취자 대상의 전화 여론 조사에서 10000여 명의 응모자 중에 9924명이 비범죄화에 찬성했다고 그 프로그램에서 밝혔다. 단지 389명만이 마약 소유는 계속 범죄 행위로 유지되어야 한다고 믿었다. 많은 응모자들은 자신이 대마초를 피우지는 않았지만 여전히 그 사용을 비범죄화 하는 것에 찬성한다고 Triple J 프로그램이 말하였다.

그림 2.8 자발적인 조사에 근거한 신문 기사

식인가? 왜 그런가 또는 왜 그렇지 않은가?"라는 질문은 여전히 고등학교 학생들로부터 광범위한 응답을 끌어낸다.

그 주제는 다시 감정적인 것이기 때문에, 일부 학생들은 비범죄화에 관한 여론조사라는 주제보다 비범죄화라는 그 자체의 주제에 더 초점을 맞춘다.

- 아니다. 새 과학적 증거에 의하여 그 마약은 사용되어서는 안되기 때문이다.
- 그렇다. 대부분의 사람들이 경찰 몰래 그것을 사용하기 때문에 그것을 합법화 시켜야 한다.

과제의 특성을 인식한 학생들 중에서 어떤 학생들은 관련은 되지만 중요한 난점이 아닌 특성에 초점을 맞춘다.

- 그렇다. 그것은 정확한 수와 정보를 담고 있다.
- 그렇다. 왜냐하면 모든 사람이 전화를 할 수 있었고 자신의 말을 할 수 있었다.
- 그렇다. 왜냐하면 그것은 익명으로 하였기 때문이다.

10000명이라는 표본크기가 적절한지에 대한 딜레마는 여전히 남아 있는데 일부 학생들은 그것만을 고려하였다.

- 그 표본은 신뢰할만 하지 않은데 왜냐하면 또 다른 10000명을 조사한다면 다른 의견을 보일 수도 있기 때문이다. 결론을 내리기 전에 전체 모집단을

조사해야 한다.

- 그 크기는 조사로서 아주 크지만 아주 정확할 만큼 큰 것은 아니다.
- 그렇다. 그들은 찬성 및 반대를 적절하게 보여 줄 만큼 표본으로 많은 사람을 선택하였다.

임의라는 용어를 잘못 해석한 것이 가끔 발견된다.

- 그렇다. 그것은 호주 전체에서 10000명을 임의로 선택한 것이고 그 표본의 96%가 비범죄화에 찬성하면 누군가는 그에 대하여 무엇인가를 해야 한다.

어떤 학생들은 제시된 정보에서 충돌을 인지하지만 그것을 해소하기에는 어려움을 느낀다.

- 나도 그렇게 생각한다. 왜냐하면 10000여명의 응모자는 큰 수이며 대마초의 비범죄화에 대한 공적인 지지 비율이 아주 높기 때문이다. 대체로 십대가 Triple J를 청취하므로 그것은 약간 편의되었을 것 같다.

자발적 조사에 관한 여러 문제들이 있기 때문에 학생들은 한 가지 이유에 만족하거나 통합된 정보를 함께 모으기도 한다.

- 아니다. 그에 관하여 기꺼이 전화를 건 사람들에 대한 조사이다.
- 아니다. 왜냐하면 Triple J를 청취하지 않는 사람들도 많으며 그 사람들 대부분은 십대가 아니다.
- 나는 그것을 전적으로 신뢰한다고 보지 않는다. 왜냐하면 대마초를 사용하는 사람들 모두가 찬성쪽을 높이기 위하여 두 번 이상 전화했을 수도 있기 때문이다.
- 아니다. 왜냐하면 대마초를 피는 모든 사람들이 전화를 걸고 비범죄화에 찬성이라고 말했을 수도 있으며 모든 성실한 사람들은 Triple J라는 저속한 프로그램을 청취하지 않아서 자신의 의견을 보이기 위하여 전화까지 하지는 않았을 것이기 때문이다. 또한 누군가는 대마초를 피우는 친구를 위하여 전화를 걸었을 수도 있다.

이 두 기사는 학생들의 삶과 밀접하게 관련된 주제들을 다루고 있으며 어떻게 정보가 모아졌고 보고되었는지를 판단할만큼 잠시 그 주제에서 떨어져 있도록 배우는 것이 중요하다. 일단 그들이 신뢰도 및 존재하는 것의 잠재적 편의에 관하여 판단할 수 있다면, 그들은 보고된 관점에서 주제에 관하여 토론하거나 그 주제에 관한 더 많은 자료를 요구할 수 있다. 시민들이 매일 대중매체 속에서 대면하는 여러 종류의 판단들이 있다. 8학년 수준의 약 40%의 학생들은 그 두 기사의 과제들을 해결하는 데 어려움을 갖는 경향이 있지만 11학년에서는 이것이 약 10%까지 떨어진다. 또 다른 극단적인 소수의 8학년 학생들은 두 기사에 대하여 최고 수준을 보이는데 11학년에서 그 비율이 약 20%까지 높아진다.

교사들은 수업에서 그림 2.7 및 2.8의 기사와 같은 것을 사용하는 데 불편함을 느낄 수 있다. 그러나 그것은 학생들이 대중매체에서 부적절하게 제시된 주장에 의문을 갖는 것의 비판적 기술을 개발할 필요가 있다. 검증된 예를 통하여 학생들의 비판적 기술 개발에 커다란 잠재적 영향을 줄 수 있다.

2.7 표본 및 임의

표본이라는 용어와 비슷하게 임의라는 용어는 학생들이 친숙하게 느끼는 일상생활의 의미를 갖고 있는데 우연과 같은 아이디어와 관련된다. 그 용어의 정의를 질문받을 때, 많은 학생들은 뽑기 즉 어떤 것을 뽑을지 또는 선택할지를 알지못하는 뽑기와 같은 아이디어에 초점을 맞춘다. "임의적 표본추출"처럼 임의가 형용사로 사용되면서 임의라는 아이디어가 의미하는 바는 모집단의 모든 회원 각자가 선택될 확률이 같다는 것인데 정확하게 배우기 전까지 알기 어렵다. 쳐다보지 않고 모자에서 이름을 뽑기는 어떤 학생들이 표현한 가장 복잡한 아이디어이고 후에 필요한 적절한 직관을 포함한다.[24]

학생들에게 표본을 정의하도록 요구할 때 2.2절에 제시된 것처럼 (거기에서 한 예에서 보듯이) 그것은 드물기는 하지만 임의라는 용어를 분류 기준으로 도입하는 것이 가능하다. 그렇지만 조사에 사용된 임의에 대한 오개념을 가진 학생들이 많이 있다. 2.6절에 주어진 예는 그림 2.8에 도입한 라디오 조사가 임의였다고 주장하면서 우연이라는 해석을 그 문맥에 전이하고 있다. 우연과 임의에 대해 표본추출에서 통계적으로 적절한 해석을 위한 구별을 강화하는 토의가 많이 필요하다. 임의라는 용어는 확률과 관련하여 5장에서 다시 다룰 것이다.

2.8 얽힘과 추천

표본추출이 통계 조사의 출발이지만 이전 절에서 제시한 연결에서 분석 절차의 나머지와 얽혀 있으면서 그 자체로 복잡한 절차임을 보여준다. 설명적인 문장 또는 15분 정도의 토의로 표본추출을 안다고 하는 것은 학생들이 학교에서 배운 정의와 관련된 많은 대안적인 개념을 비도전적으로 남겨 놓는 것과 같다. 부적절한 직관들, 즉 공정함 또는 임의 또는 표본의 동질성과 연관된 것은 후에 통계적 추론을 이끌어냄과 충돌할 수도 있다.

통계적 소양과 관련된 모든 문맥에서 표본추출을 이해함과 관련된 중요한 이득은 1장에 도입된 세 가지 수준에 비추어서 설명될 수 있다. 1수준은 용어의 정의에 관련된다. 2.2절에서 학생들의 응답은 더 많은 특성이 포함되고 함께 연결될수록 구조적 복잡성이 증가한다는 것을 보여준다. 부분—전체 개념의 중요함은 수학 교육과정의 다른 성분들과의 연결성을 만들어낸다. 표본이란 단어와 아이들이 경험한 표본 사례와의 밀접한 연관은 그 체계에서 2수준에서 만들어진 연결로 자연스럽게 이어진다.

2 수준은 표본의 아이디어를 적용하는 것과 문맥 속에서 표본추출을 적용하는 것에 초점을 맞춘다. 연관성을 형성하기 위한 통계적 문맥을 제공할 기회가 많고 다양하다. 2.3 및 2.4절에서 보았듯이, 학생들은 친숙한 측정 및 문맥 조사에서 문맥, 표본 크기, 방법에 대한 인식의 증가를 보여준다. 확률 상황의 반복된 시행에서 표본추출과 관련된 문맥들이 또한 중요하다. 그 이유는 설명을 필요로 하는 많은 외부 요인 없이도 변이와 같은 주제들이 고려될 수 있기 때문이다. 표본을 만드는 여러 자료 수집 형태를 구별할 기회를 만들고자 할 때에 문맥이 특히 중요하다. 어떤 집단의 사람들의 무게를 측정하고 기록하는 것은 사람들이 복권 표

를 살지를 알아보기 위하여 조사하는 것과 자료 집합을 매우 다르게 보도록 한다. 이런 과제들은 다시 어떤 비율로 빨간 공이 들어 있는 주머니에서 공을 뽑기 또는 주사위를 반복해서 굴리고 연속적인 결과를 기록하기와 다르다. 많은 학생들이 그런 결과 모두를 표본을 산출하기로 보는 것과 이것을 슈퍼마켓에서 얻은 치즈 견본의 아이디어와 연결시키기가 어려울 수 있다. 여러 문맥에 대한 다양한 표본추출 방법의 많은 연관성을 구축하여 중요한 문맥에서 판단을 위한 기초를 쌓을 수 있다. 그러나 표본추출 방법이 의문시되는 상황을 접하기 전에 모든 것을 알 필요는 없다.

체계의 3수준에서 적절한 통계적 정당화 없이 만들어진 주장에 대하여 질문하기와 같은 목적이 있다. 2.6절에서 제시된 예들은 편의를 명백하게 보여주고 제시된 문맥이 탐구를 자극한다. 학생들이 보여주는 인지는 표본크기와 방법의 여러 단계를 통하여 문맥적 주제를 고려함으로부터 복잡한 비평까지 여러 단계에 걸쳐있다. 이해와 관련된 3수준의 중요 목적은 1수준 및 2수준의 목적과 연관되며, 학생들이 정확한 연결을 형성하기를 요구한다. 여기에 제시된 것과 같은 감정적이고 복잡한 문맥을 사용하는 것이 필요하다.

때로는 크기 하나인 잘 선택된 표본으로 대중매체에서 원인이라고 소개된다. 읽기를 가르치는 특별한 방법에 반응하지 않는 소년 또는 사회 복지 수급권을 결정하는 어떤 방식에 불이익을 받은 부모의 사례가 그런 것이다. 이런 사례는 학급 토의의 주제가 되어야 한다. 학생들은 단 하나의 표본은 그런 표본이 갖는 놀랄만한 특성에도 불구하고 대표성을 결여함을 생각해내야 한다.

표본 및 그것과 변이와의 연관성에서 대표성에 관한 정밀한 토의는 대단히 중요하고 적절한 연결이 통계적 소양 체계의 세 가지 수준 각각과 관련하여 이루어져야 한다. 부분—전체 아이디어는 그 부분이 무엇을 나타내는지를 알기 위하여 주의 깊게 모집단을 정의할 필요가 있음을 아는 데 도움이 된다. 표본 생산품이 어떤 생산품의 생산 라인을 대표할 때 역할을 하는지에 관한 토의는 생산품의 동질을 가정하는 것에 초점을 맞출 수 있다. "좋은" 표본과 동질성 없이, 그 생산품을 판매하기가 어려울 것이다. 이런 상황의 표본추출의 목적은 모집단에서 이질성이 있는 상황의 표본추출과 다르다. 또 다른 제조 문맥을 도입하기, 예를 들어 신발 생산이라고 하면 소비자의 관점에서 주의 깊게 모집단을 정의하는 것과 생산해야 할 필요가 있는 각 크기에 대한 수를 예측하기 위한 대표적 경향으로서 표본을 뽑는 것이라는 둘 다에 대한 필요성을 학생들이 알도록 해야 한다. 변이성을 포함하는 생산 과정으로부터 동질적인 생산품을 생산하기 위한 품질관리 분야에서 표본추출까지의 주제는 학생들이 기본 아이디어를 숙달한 후에 사용할 수 있는, 중요하고 흥미있는 확장이다.

정부 기관 또는 확률표본에서 나올 수 있는 대량의 자료 집합으로부터 임의 표본추출을 모의실험하는 소프트웨어의 유용함은 큰 상자에서 손으로 자료 카드를 꺼내거나 수천 번 주사위를 던지는 것보다 더 빠르고 의미 있는 방식 안에서 표본 크기를 고려할 기회를 제공한다.[25] 그러나 대부분의 학생들, 특히 어린 학생들은 손으로 하는 활동부터 시작하기가 필수적이며 그 결과로 그들은 그 문맥의 가치와 어떻게 표본추출이 이루어지는지를 인정하게 된다. 어떻게 절차가 컴퓨터로 옮겨졌는지를 매우 주위 깊게 설명하는 것이 또한 필수적이다. 처음에 "느린" 방식으로 표본 수집을 보여 주는 것은 개별 선택과 결과의 시각적 분포의 증가 사이에 연결을 만들도록 도와준다. 적절한 연결이 형성되도록 학생들은 관찰한 절차에 관하여 지속적으로 질문을 받아야 한다. 보고서 또는 저널 도입부에 이후 과정에 대한 요약문을 쓰는 것은 중요하며 예를 들어 표본크기가 커짐에 따라 무엇이 일어나는지에 관하여 결론과 함께 과정을 서술해야 한다.

9학년 교실에서[26] 믿을만한 일화는 표본크기 및 방법에 대한 아이디어를 강화하도록 도울 수 있다. 예비교사에 의하여 덜 동기화된 평균 수준의 수학 수업에서 준비된 표본추출 활동이 그것이다.[27] 그 교실에서 학생들이 색종이 10 조각을 담은 종이 주머니와 짝을 이루어서 활동하는데, 보지 않고 두 개의 표본을 잡기, 결과를 기록하기, 두 조각을 돌려놓기, 그 과정을 10번 반복하기로써 표본을 취하도록 한다. 10개의 표본에 대한 결과로부터 학생들은 주머니에 있는 각 색의 종이쪽지의 수를 예측할 수 있다.

OY
OR
RR
OO
YY
RY
RR
OO
OG
OO

그림 2.9 주머니에서 뽑은 표본크기 2인 표본들

발생된 기록 형태는 그림 2.9에 나타나 있다. 이를 위하여 두 소년은 자신의 결과를 정리하기 위하여 각 색의 처음 글자를 사용하였다. 그림 2.9의 결과에 근거하여 그 학생들은 4개의 오렌지색, 3개의 빨간색, 2개의 노란색, 그리고 1개의 초록 종이가 주머니에 있다고 예측하였다. 자신들의 예측 방법을 설명하도록 요청받은 두 소년은 둘로 나뉜 각 색의 전체 수를 이용하여 대략 추정했다고 말하였다. 어떤 표본들이 같은 색의 두 조각을 포함하였다는 사실을 고려했는지는 명확하지 않았지만, 그들의 예측은 그 정보를 알아내기에 일관성이 있었다. 그 소년들의 예측이 아주 정확한 것은 아니었지만 비슷하게 맞추었다. 실제 그 색의 비율은 오렌지 3 : 노랑 3 : 초록 1이었다.

그 결과를 놓고 학급 전체 토의가 있었으며 학생들은 각 시도에서 얻은 표본의 조각 수를 어떻게 이용하여 예측하였는지에 관하여 심사숙고하도록 요청받았다. 학생들은 그런 후에 10개의 종이 조각이 담긴 또 다른 알쏭달쏭 주머니를 받았고 추측하기 위하여 네 번의 표본크기 10인 표본을 사용하도록 허용되었다. 그러나 그 질문에서 두 소년은 교사의 지시를 주의 깊게 듣지 않았고 다시 표본크기 2인 표본을 10번 뽑았다. 그들의 결과는 청색, 보라색, 회색으로 그림 2.10에 나타나 있다.

그들이 예측을 할 때에 교사는 지나가다가 그들이 무엇을 하는지를 질문하였다. 그런 후에 그들은 크기 4인 표본보다 크기 2인 표본을 취해왔음을 발견하였다. 열정적인 표본추출자이 아닌 그들은 이미 수집하였던 자료를 낭비하지 않기를 원하였고 속임수를 쓴다고 느끼면서도 크기가 2인 10개의 표본을 더 취하는 식으로 진행하였다. 그림 2.11에 제시된 이전의 결과에 따라 그들은 기록하였다.

BB
GP
GB
BG
BG
GB
GB
GB
GG
GB

그림 2.10 두 번째 주머니에서 뽑은 표본 크기 2인 표본들

BB	BB
GP	PG
GB	GG
BG	BP
BG	PB
GB	GG
GB	BG
GB	BB
GG	BG
GB	BB

그림 2.11 두 표본크기 2인 표본들을 첨가하여 표본크기 4인 표본을 만들기

내가 그 두 사람에게 다가가서 어떻게 되어 가는지를 요청한 것이 바로 그 점이다. 그들은 주의 깊게 그들이 했던 것과 4개로 나뉜 방식에서 어떻게 각 색의 개수에 근거하여 어떻게 예측했는지를 설명하였다. 그들은 종이 위에 적힌 4개의 결과에 대한 목록에서 어떤 색의 개수를 고려했는지를 질문받았다. 이 점에서 그 소년들 사이에 불일치가 나타났다. 한 명은 마치 그가 이전에 놓쳤던 무엇인가를 깨달았다는 듯이 놀라움을 보이고 네 개의 B들을 가리켰고 예측에 그것을 고려하기 시작하였다. 그러나 다른 한 명은 그가 멈추도록 했고 그것을 그들이 할 수 없다고 말하였는데 그 이유는 네 개가 아니라 두 개를 동시에 취했기 때문이라고 하였다. 그들이 사용한 절차의 의미를 설명하도록 했을 때 그들은 각 색의 최소수의 정확한 예측 값을 절대로 얻지 못했음을 깨달았다. {B, B} + {B, B}는 {B, B, B, B}를 의미하지 않으며 따라서 주머니에 있는 네 개의 파란 조각의 최소수를 구할 수 없다. 왜냐하면 같은 파란 조각들은 각 시행에서 뽑힌 것이 아니기 때문이다. 이제서야 처음에 네 개를 선택함의 장점이 보였으며 그 소년들은 급하게 표본 크기가 4인 표본 추출을 10번 해서 그림 2.12와 같은 결과를 얻었다. 그 결과로부터 그들은 주머니에 있는 색의 수를 5 파랑, 4 회색, 1 보라와 같이 예측하기에 성공하였다.

교사로부터 "수업에서 주의 깊게 듣기" 범주에 대한 평가점수는 얻을 수 없었지만 나는 그렇게 해야 하는 이유를 생각하지 못하고 지시만 따랐던 다른 학생들보다 그 두 소년이 표본 크기의 중요성을 더 깊이 인식했을 것이라고 생각한다. 이런 경우에 상대적으로 경험이 적은 그 교사는 그 두 소년이 반 전체에게 자신들의 발견을 설명하도록 할 기회를 놓쳤다. 이런 사례는 너무 가볍게 취급되면

BGPB
BBBG
BBBP
PGGG
PBGG
BGPB
GBPG
GBBG
GGBB
BGBB

그림 2.12 두 번째 주머니에서 뽑은 표본크기 4인 표본들

안 되는데 그 이유는 내가 본 어느 두 명의 고등학교 교사도 전문성 발달 세션에서 이와 같은 실수를 하는 것을 보았기 때문이다.

참고문헌

1. Australian Education Council (1991, p. 164).
2. Moore (1991a).
3. Orr (1995, p. 72).
4. Kahneman & Tversky (1972); Tversky & Kahneman (1971, 1974).
5. Gal & Wagner (1992); Rubin, bruce, & Tenney (1991); Wanger & Gal (1991).
6. Jacobs (1997, 1999).
7. Schwartz, Goldman, Vye, Barron, & The Cognition and Technology Group at Vanderbilt (1998).
8. Metz (1999).
9. Watson (2004a); Watson, Collis, & Moritz (1995b); Watson Moritz (2000a, 2000b).

10. Watson (2004a); Watson & Moritz (2000a).
11. Watson (2004a); Watson & Moritz (2000a).
12. Metz (1999)도 자신의 과학 실험을 설계하였던 초등학생들에게서 그런 경향을 발견하였다.
13. Jacobs (1999).
14. Watson, Kelly, Callingham, & Shaughnessy (2003).
15. Watson & Kelly (2005); Jacobs (1997), also discusses this issue.
16. Fong, Krantz, & Nisbett (1986); Konold & Garfield (1992); Watson & Moritz (2000b). 차 이름이 그림 2.5에서 생략되었다. Watson & Moritz (2000b)의 연구에서 학생들에게 친숙한 차 이름이 사용되었다.
17. Kahneman & Tversky (1972); Watson (2000a).
18. Kahneman & Tversky (1972).
19. Watson (2004a); Watson & Moritz (2000a).
20. Watson (2000a).
21. Gigerenzer (2002), offers an excellent discussion of issues associated with risk taking and the importance of reporting on the reference set when risks are discussed numerically.
22. Watson, Collis, & Moritz (1995b); Watson & Moritz (2000b); "That's life" (1993).
23. Watson, Collis, & Moritz (1995b); "Decriminalise drug use: poll" (1992).
24. Watson & Moritz (2000a).
25. *Fathom* (2002).
26. Watson (2002d).
27. Lovitt & Lowe (1993, pp. 400-407)

CHAPTER 03

그래프
- 자료를 어떻게 가장 잘 나타낼까?

많은 사람들이 통계 그래프를 생각할 때에 가장 먼저 생각하는 첫 단어는 "거짓말"이다. 사실 일부 그래프는 자료를 왜곡하여서 그것을 보는 사람이 진실을 보는 것을 방해한다. 그렇지만 그래프가 그런 단어가 나타내는 관점에서 완전히 벗어날 수 있는 것은 아니다. 그 이유는 의사소통의 어떤 수단이라도 속이기 위하여 사용될 수 있기 때문이다. 그래프가 속이기 위한 도구로써 특별히 취약한 것이라고 볼 이유는 없다. 사실 대부분의 사람들은 속임수에 빠지지 않고 정확히 볼 수 있어는 아주 훌륭한 그래프 속임수 탐지기이기 때문에 그래프의 거짓말을 알아챌 수 있다.[1]

3.1
배경

속이기 위한 잠재적 도구라고 생각되면서 의사소통의 도구라는 투푸트(Edward Tufte)의 그래프에 대한 평가는 자료 및 확률 교육과정에서 자료 변형의 위치를 고려할 때에 중요한 논의 주제이다. 대부분의 사람들은 "아주 훌륭한 그래프 속임수 탐지기"라는 그의 관점은 학교 수준에서 증명되지 않는다. 통계적으로 소양 있는 성인으로서 요구되는 속임수 탐지기라는 그런 기술을 얻기 위하여 의식적인 노력이 필요하다.

표본추출과 대비하여, 자료를 그래프로 나타내는 것은 자료 및 확률 교육과정에서 확고하고 명확한 위치를 갖고 있다. 수학 교육과정에서 일반적으로 자료 다루기를 포함하였을 때, 많은 교재에서 히스토그램에 대한 예를 제시하고 그래프에 관한 연습문제를 포함하였다. 대수적 그래프와 통계 그래프는 둘 다 좌표체계를 사용하지만, 둘 사이의 연결이 극히 희미한 것이 흥미롭다. 지난 세기의 초기에 일부 해석 기하 교재가 "경험적 곡선"[2]의 아이디어를 도입하였지만, 아주 최근에야 자료 집합의 그래프와 그래프를 더 형식적으로 표현하는 방정식의 그래프 간의 의미 있는 연결이 다시 교육과정 소재로 채택되었다.[3] 마찬가지로 아주 최근에야 교육과정에서 자료 다루기와 다른 분야와의 연결이 교육과정 문서에서 강화되었다. "그래프"는 자료 다루기의 처음이자 끝이라고 여러 해 동안 고착된 직관이 빨리 사라져야 한다.

때때로 유용하기도 한 그래프 변형의 넓은 범위 때문에 교사가 그래프를 다 가르치기에 시간이 모자랄 때와 중요한 그래프 형태만을 다루려고 할 때에 교사들이 좌절을 느꼈다. 또한 가끔씩 교재 저자들과 교육과정 개발자들 사이에 세부적인 그래프 작성에 관하여 논쟁이 벌어진다. 언제 막대그래프가 히스토그램이 되는가? 막대들 간에 간격을 남기는 것이 언제인가? 언제 점들을 선으로 이을 것인가? 상자 수염 그래프에서 수염을 만드는 규칙은 무엇인가? 그런 주제들은 여기서 다뤄지지 않으며 모든 가능한 그래프 변형을 심도 있게 포함하지 않았다. 특정한 교육과정 문서에서 그에 대한 지침을 제시한다.[4] 이 장에서 중요하게 강조된 것은 그래프는 자료를 말하여야 한다는 얘기이다. 어떻게 그래프가 말하도록 만들어지며 일단 만든 후에 어떻게 해석되는지에 대한 것이다.

그런데 한 가지 형식의 그래프는 이후의 절에서 소개되는 과제들 중 일부에 사용되기 때문에 특별히 주목할 만하다. 일부 교육과정 문서와 소재에서 그것은 "선 도표(line plot)"[5]라고 소개되며 척도가 표시된 기본 선 위에 점들 혹은 X들이 자료 값을 표시하기 위하여 쌓아진 모양이다. 그것은 직선이 점들을 연결하는 꺾은선그래프(line graph)와 혼동될 수 있기 때문에 여기서는 점쌓기 도표(stacked dot plot)라는 용어로 얘기할 것이다.[6] 그것은 학생들이 다른 형태의 그래프, 특히 꺾은선그래프와 구별할 수 있도록 하기 위한 더 시각적 표현이다.

다양한 종류의 그래프를 알아보기는 수학교육과정에서 오랫동안 포함되었기 때문에, 학생들의 그에 대한 이해를 알아 본 연구도 상당히 많다. 대수와 통계에서 요구되는 능력이 다르다고 보지만, 좌표에서 나타낸 그래프에 대한 인지적 능력이 통계적 변형과 마찬가지로 대수적 함수를 그래프로 나타낼 때에 필요하다고 일반적으로 인정된다. Gaea Leinhardt와 그녀의 동료들은 1990년에 일반적 분야에서 훌륭한 결과를 제시하였는데,[7] 반면에 Fran Cursio는 자료를 그래프로 나타내기에 대한 단계를 설정하였고[8] 다시 Susan Friel 및 Greorge Bright[9]와 함께 그에 대한 배경 정보를 더 발전시켰다. 통계적 변형에 관한 더 많은 연구들이 그래프를 만들고 해석하기에 필요한 목적에 초점을 맞추었다. 때로는 그 연구가 과학교육자들의 관심과 겹치기도 하고[10] 때로는 더 일반적으로 심리학자들의 관심과 겹치기도 하였다.[11] Lionel Pereira-Mendoza와 그의 동료들은 어떻게 어린 아이들이 그림그래프와 막대그래프를 다루는지를 알아보는 연구를 하였으며,[12] John Ross와 Bradley Cousins는 결합 및 상관관계에 대한 그래프를 고등학생들이 공부할 때 겪는 어려움을 연구하였다.[13] 대중매체에 제시된 그래프를 학생들이 해석하는 것에 초점을 맞춘 연구는 거의 없었는데 Cliff Konold와 그의 동료들은 학생들의 점쌓기 도표를 이용한 활동을 연구하였고 그런 변형이 자료 집합에서 변이를 논의할 때에 어떤 도움이 되는지를 알아보았다.[14]

특정 형태의 그래프에 대한 용어 및 세부 사항을 논의하기보다는 자료 변형을 이해하기 위한 주요 연결 관계가 그림 3.1에 제시되었다. 대개 여러 형태의 변형이 연결 또는 연결들을 설명하기 위하여 사용될 수 있었다. 1장에서 제시된 교육과정 모델(그림 1.1 참고)을 기억한다면, 자료 변형은 그림 3.1에 제시된 것처럼, 자료 수집 사이의 연결처럼, 때로는 표본추출, 자료 요약 중심경향 및 산포의 분석을 통하여 볼 수 있다. 그러나 자료 수집으로 이끈 처음 질문은 채택한 자료 변형의 형태에 여전히 영향을 줄 수도 있으며, 그에 따라 연결이 갖춰진다. 그림 3.1의 두 가지 주요 성분은 "작성"과 "해석"인데 이는 학교 교육과정에서 학생들

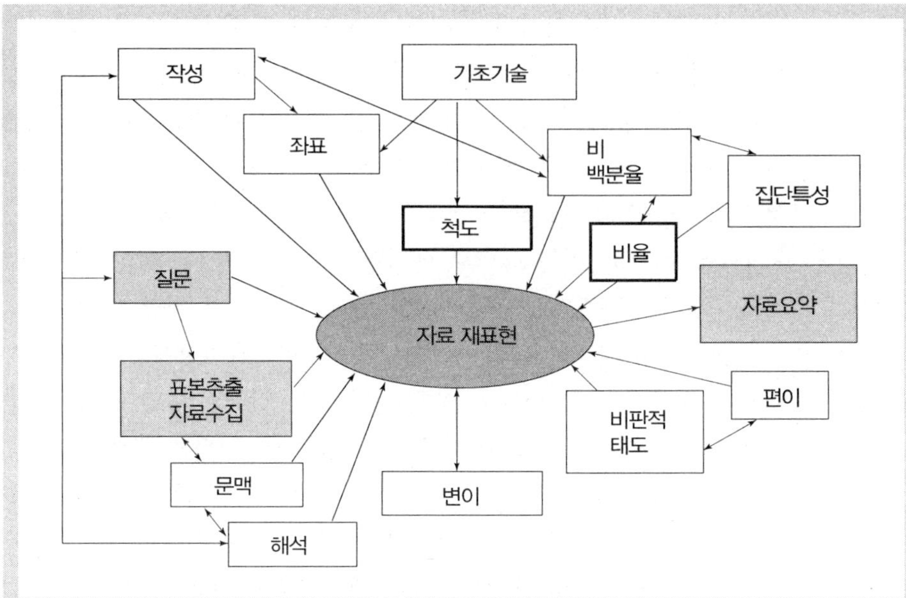

그림 3.1 자료 변형과 관련된 아이디어 및 통계적 요소들과의 연결

이 배워야 할 그래프 기술의 요구와 사람들이 다른 사람에 의하여 만들어진 그래프를 해석할 수 있는 통계적 소양의 요구를 반영한다. 두 성분 모두는 자료 변형과 마찬가지로 제시된 질문과 연결된다.

3.2절에서 자료 변형의 작성과 연관된 연결들이 그림그래프를 사용한 작은 자료 집합에 대하여, 3.3절에서 여러 변수를 포함한 특정한 작은 자료 집합에 대하여, 3.4절에서 특정 자료값 없이 요구된 관련성에 대하여 설명된다. 자료 변형에 연결되고 일부 학생들에게 어렵게 생각되는 기본적 기술에 초점을 맞추어 주제들이 제시되었다. 이런 예로서 척도, 비, 백분율, 집단 특성, 좌표 체계에 대한 인식이 있다. 3.5절에서 소개되겠지만, 그런 요소들은 그래프 해석에 영향을 줄 수 있지만 그래프 작성에 더 영향을 줄 수 있다. 3.2절에서 자료 변형의 해석과 연관된 연결들이 학생 스스로에 의하여 작성된 그림그래프의 문맥에 대하여, 3.6절에서 여러 형태의 막대그래프에 대하여, 3.7절에서 원그래프에 대하여, 그리고 3.8절에서 점쌓기 도표에 대하여 설명된다. 이 절들에서 제시된 예시 및 응답들은 문맥에, 편의의 인식에, 오류 인식에서 비판적 기술에, 변이의 주요 영향에 중요한 연결들을 보여준다. 3.9절에서 편의에 관한 특정 언급이 만들어졌고 반면에 7장에서 분포의 그래프가 논의된다.

다음 절에서 자료 변형에 관한 과제에 대하여 학생들의 응답 예가 그림 3.1의 다양한 요소들 간에 형성된 연결로서 발생하는 발달을 설명하기 위하여 사용된다. 일부는 그 방식과 달리 교실 활동을 위하여 제시된다. 마지막 절은 1장에서 도입한 통계 소양 체계에 대한 이전의 논의와 관련되며 논의를 위하여 대중매체에서 도입한 그래프에 관한 아이디어와 전형적인 그래프 얘기로 마무리한다.

3.2 그래프 작성과 해석: 그림그래프의 경우

그래프 변형에 관한 다양한 이야기를 할 때에 학생들에게 무엇이 중요했는지를 알아보기 위하여, 미리 정해놓지 않고 질문을 하는 것은 매우 유용할 수 있다. 많은 빈종이 또는 책상 그리고 학생 이름이 쓰인 카드들과 책들이 주어졌을 때, 학생들은 각자 얼마나 많은 책을 읽었는지를 말하는 것에 부담감이 없다. 무엇이 중요한 것이고 어떤 사람이 교실로 들어와서 재표현을 본다면 뭐라고 말할까? 아이들을 나타내는 카드(85mm × 45mm)와 책들(40mm × 45mm)을 사용하여 선미는 4권을, 동호는 1권, 소미는 6권, 경수는 3권을 읽었다는 것을 보여주도록 학생들에게 요청하였을 때에 다양한 수준의 인식을 보여준다.[15]

세는 것이 가능한 학생들은 모두 과제에 대한 이해를 나타내면서, 다대일 대응으로 각 아이에게 적당한 수의 책을 연결시킨다. 초보자 수준이라고 생각되는 어린 학생들의 전형은 책들을 다시 뽑아서 얼마나 많은 책을 읽었는지를 알기 위하여 세는 방식으로 사람들 옆 또는 위에 책을 쌓았다. 단일 구조 수준에서, 학생들은 각 책이 읽혀졌는지를 알 필요가 있음을 인식하는 것 같은데, 각 책들은 그것

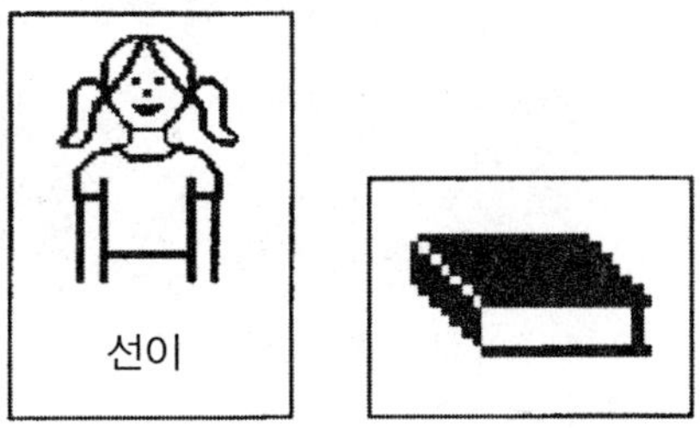

그림 3.2 변형을 위한 재료로 사용된 카드 표본

을 읽은 사람 주위에 체계적이지 않게 흩어져서 표시되는 식으로 나타내며 그것들은 세어야 한다. 학생들은 아이들로 구성된 기본 선을 이용하며, 이것은 각 아이가 읽은 권수를 더 쉽게 비교할 수 있도록 하는 시스템을 다중 구조 수준에서 나타낸다. 기본선은 공간의 왼쪽에 있는 한 세로선 또는 공간의 위 또는 아래쪽에 있는 한 수평선이다. 기본 선의 순서는 포함된 빈도와 관계없이 정보가 읽힌 순서를 나타낸다. 가장 복잡한 관계 수준에서, 과제와 관련하여, 학생들은 최솟값과 최댓값을 이용하여 아이들이 읽은 책 수에 따라, 기본 선에 따라 아이들을 순서대로 나타내는, 더 나은 단계로 나아갔다. 각 수준에서 응답들은 그래프를 갖고 이야기를 할 때에, 또한 마지막에 다양한 아이들에 대한 정보와 관련지어서 중요한 더 많은 상황을 고려한다. 점차 복잡하게 되는 네 가지 수준의 변형이 그림 3.3에 제시되었다.

창조로부터 해석으로 옮기는 것은 이와 같은 환경에서 자연스럽다. 그 이유는 바로 지금 교실에 들어온 누군가가 그래프를 보고서 무엇을 말할지를 학생들에게 물을 수 있기 때문이다. 다른 사람이 생각한 것을 상상하기 위하여 만든 그래프에서 떨어져서 생각해 보기는 발전을 계획할 때 유용하다. "누가 가장 읽기를 좋아하는가?" 또는 "누가 크리스마스 선물로 책을 가장 원할까?"와 같은 질문은 그 문맥에 대한 학생들의 인식 및 학생들이 그래프를 작성할 때에 명확하게 말한 것에 대하여 알 수 있도록 해 준다. 또한 학생들은 자신들의 그래프를 해석할 때

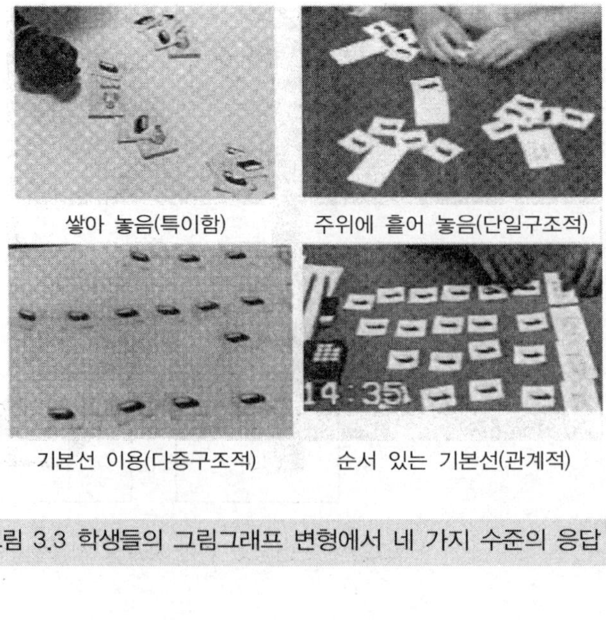

그림 3.3 학생들의 그림그래프 변형에서 네 가지 수준의 응답

에 점차 복잡함이 증가하는 네 가지 수준을 보여주기도 한다.

어떤 학생들, 때로는 어린 학생들은 개인적 지식과 상상을 통하여 이야기를 만들도록 하거나 때로는 그들의 변형을 변화시키도록 유도하기 위하여 제시한 정보를 무시하기도 한다.[16]

> [새로 온 사람이 뭐라고 말할까?] 그들은 동호가 덜 가졌다고 말할 것이다. [……] 그것은 그에게 공정하지 않으므로 나는 2개를 더 거기에 놓을 것이다. […… 도서관에서 책을 가져와 더 놓은 후에] 그들은 책을 읽었고 그는 아마 좋은 교육을 받았을 것이라고 말할 것이다. [……] [누가 읽기를 가장 좋아하지?] 네, 저는 선미라고 하고 싶은데요, 왜냐하면 선미는 4권을 [……] 가졌고 지금은 5권을 가지고 있어요. 선미는 아마 책을 사랑하는 것 같고 소미도 그런 것 같아요. [……]

단일 구조적 수준에서 학생들은 사실에 직접적으로 초점을 맞추고, 대개 개별적으로 검토하며, 어떤 방식의 과장도 없이 그래프를 나타내었다.

> [새로 온 사람이 뭐라고 말할까?] 경수가 3권을 가졌고 동호는 1권을 가졌다 [……] [한 책을 더한 후에] 거기의 많은 사람들이 많은 책을 읽었다. [누가 읽기를 가장 좋아하지?] 소미인데 그 이유는 소미가 주위에 책을 가장 많이 갖고 있기 때문이다.

학생들은 다중 구조 수준에서 자료의 한계를 인정하기 시작하고 때로는 "아마도"와 같은 수식어를 붙이면서 그들의 해석 일부에서 불확실함을 포함한다.

> [누가 읽기를 가장 좋아하지?] 소미. [……] 왜냐하면 소미는 책을 7권 읽었기 때문이다. [누가 크리스마스 선물로 책을 가장 원할까?] 아마 소미 또는 인호. [……] 소미인데 그 애는 책을 많이 읽었으며 다른 사람도 읽기를 원할 것이다. 인호도 그럴 것 같은데 그 이유는 인호가 많은 책을 얻지는 못했지만 그도 하나를 원할 것 같다.

이제 자료 사이의 관계와 문맥 내에 해석에 대한 한계를 인정하면서 일관되게 신중한 학생들이 있다.

[새로 온 사람이 뭐라고 말할까?] 그들은 아마 선미가 4권으로 할 일이 있다고 생각할 것입니다. [……] 그들이 그것을 다 반드시 읽지는 않았을 것입니다. [누가 가장 읽기를 좋아할까?] 누가 가장 많이 읽었냐고 물었지요? 그러면 소미입니다. 소미가 가장 책을 많이 갖고 있는 것은 아닙니다. 소미가 그것을 읽었는지 또는 그것을 가장 좋아하는지를 알지는 못합니다. [누가 크리스마스 선물로 책을 원할까를 말해 줄래?] 그에 대해서는 인호인데 왜냐하면 인호는 책을 많이 갖고 있지 못하므로 책을 원할 것 같아요. 또는 소미일 것 같은데 왜냐하면 소미는 책을 읽기를 가장 좋아하기 때문에 다른 책도 더 원할 수 있지요. 그렇지만 실제로 그렇다고 하기는 어렵네요.

이러한 응답은 다른 사람의 그래프를 해석할 때 사회적 상황 속에서 적용할 수 있도록 발달한 관찰 및 숙고의 특징을 보여준다.

전반적으로 이와 같은 과제들은 그래프에 관하여 선입견을 거의 갖지 않은 어린 학생들에게 특히 유용하다. 통상적인 그래프에 더 익숙한, 나이가 더 많은 학생들은 최적의 응답보다는 기능적인 응답을 할 수 있다. 그 이유는 그들이 그 과제를 본질적으로 별 것 없는 것으로 보기 때문이다. 그러나 성인들의 대중 매체에서 그림그래프가 제시되기 때문에, 재학 기간 중에 그림그래프 과제를 재도입하는 것이 때때로 중요하다. 임의의 학년 수준에서, 학생의 반응들에서 인식의 여러 수준이 나타남에 따라 생생한 토론의 기회가 제공될 수 있다.

3.3

그래프 작성: (자료와) 결합 사례

그림그래프를 갖고 이야기를 말하는 것과 같은 과제들은 학생들로 하여금 재표현을 발전시키는 것에 상당한 자유를 가지도록 해 줄 수 있지만, 그 과제들은 제공된 소재에 제한을 받는다. 학생들이 주어진 자료 집합에 기반을 두고 형성된 가설을 지지하기 위한 자신의 재표현을 산출하도록 하는 것은 다른 자유도를 부가되게 한다. 교실에서 개인 또는 집단을 위한 같은 자료 집합을 사용하는 것은 결과를 비교하고 대조할 수 있도록 해 준다. 그런 과제들은 학생들이 그래프에 대하여 가졌던 이전의 경험에 전적으로 의존한다. 그렇지만 학생들은 자신의 재표현에서 아주 창의적일 수 있으며 관례적으로 평가되는 방식 보다는 자료의 이야기를 말하는 것을 잘해야 한다. 그런 활동을 통하여 또한 학생들이 그림 3.1의 아이디어들 사이에 형성되었거나 형성되고 있는 연관성을 보여줄 기회를 갖게 된다.

일정 시간 동안에 초등 상위 학년 또는 중학교 학생들이 산점도 또는 상관관계 계산을 배우지 않을 때 변수들 간의 결합을 포함한 과제까지 할 필요는 없다고 인정되지만,[17] 변수들 간의 결합은 그 학년의 학생들이 이해할 만하고 흥미를 가지는 전제 위에 가르쳐야 한다. 이것은 이제 대부분의 교육과정 문서에서 받아들여졌다.[18] 학생들에게 열린 활동을 제공하여, 결합을 볼 때 포함된 주제들을 이해하는 것의 복잡함을 알도록 해야 한다. 이것은 학급 토론을 통하여 이루어질 수 있고 덜 열린 활동 과제를 적절한 수준에서 투입할 수 있다.

16개의 자료 카드에 이용한 5학년 이상의 학생들 대상의 적절한 과제를 생각해 보자. 각 자료 카드에 8살부터 18살까지의 각 사람에 대한 이름, 나이, 좋아하는 활동, 눈의 색, 몸무게(kg), 그리고 일주일 동안 간이 식품 섭취 횟수를 나타낸다.[19] 자료에 제시된 결합으로서 몸무게와 나이 사이의 관련성, 몸무게와 간이 식품 섭취 횟수간의 관련성, 나이와 간이 식품 섭취 횟수간의 관련성, 좋아하는 활동과 간이 식품 섭취 횟수간의 관련성을 생각하도록 한다. 모든 결합들은 변이를 포함하며 어떤 것도 비현실적으로 극단적이지는 않다(그 자료 집합은 3장의 부록에 제시되어 있다). 자료 변형과 문맥 사이의 연결은 이와 같은 과제에 중요한 동기 유발 요인이다.

이런 문맥에서 그리고 자료 집합에 존재한다고 믿는 관련성에 대한 그래프 증거를 제공할 과제의 열린 특성을 갖고서, 학생들은 가끔 집단으로 활동하면서 특히 여러 변수가 포함되었을 때 가설로 설정한 결합을 그래프 형태로 바꾸는 능력에서 상당한 차이를 나타내기도 한다. 단일 학급에서 결과가 매우 다양하게 나타나는데, 일부 소박한 그래프적 직관을 갖고 보여주는 정교함을 보면 놀라움과 함께 학생들의 처리 능력을 알 수 있다.

과제를 수행하는 모든 학생들은 간이 음식을 알고 있고 "원인들"을 생각할 수 있지만, 한 변수를 수치적인 방식으로 표현하지 못하는 몇 학생이 대체로 존재한다. 그런 어떤 학생에 의한 전구조적 재표현이 그림 3.4(a)의 첫 번째 그래프로 나타나 있으며 그것은 과제의 문맥상의 특징을 인식했다는 것을 보여주지 못한

(a) 과제에 대한 인식이 거의 안됨

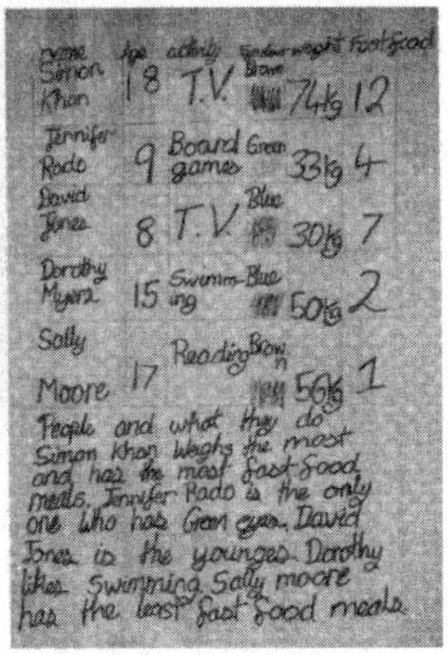

(b) 학생자신에게 흥미있는 자료를 나타낸 표

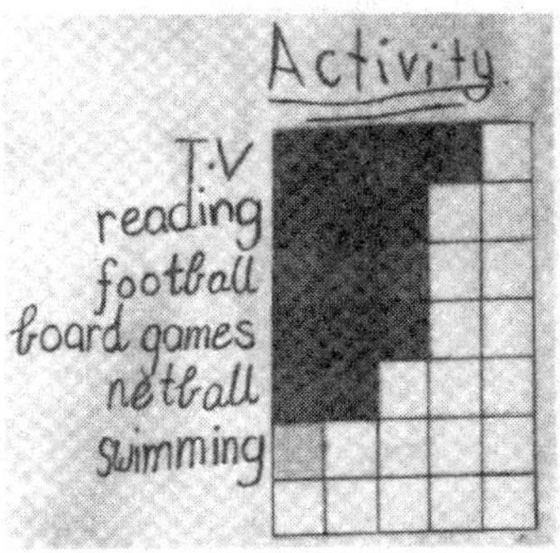

(b)

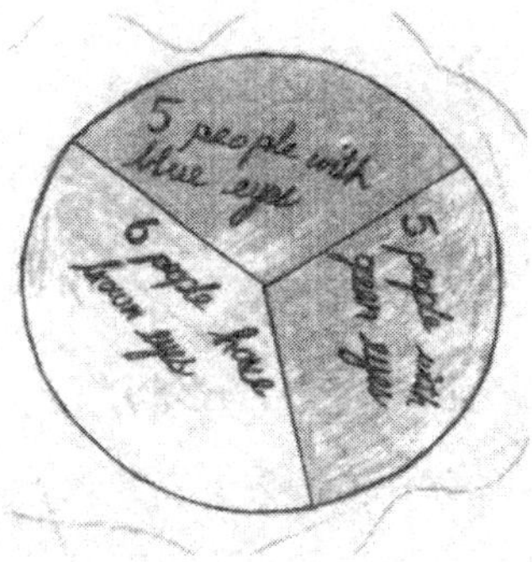

(c)

그림 3.4 자료들의 결합을 나타내는 변형의 초기 수준

다. 단일구조 수준의 학생들은 자료 집합 또는 의미 있는 일부 자료의 개별적인 형태를 나타낼 필요를 알 수 있다. 대개 이것은 경향 또는 관련성을 나타낼 필요를 느끼지 못하기 때문에 그런 정도의 표로 나타낸다. 그런 표 중에 하나가 그림 3.4(b)로 나타난 변형이다. 그래프로 나타내기의 첫 번째 단계는 단일 변수에 대한 빈도 그래프를 작성하는 것이다. 그런 그래프는 학생들의 이전 경험에 따른 막대그래프인 경우가 대부분인데, 하지만 때로는 원그래프 또는 꺾은선그래프가 제시되기도 한다. 처음에 여러 변수를 가진 실제적 문맥을 접하는 학생들은 새로운 것을 만들거나 교사가 제시한 것을 받아들이기 보다는 이전에 배웠던 것에 의

존하는 경향이 많은 특징이 있다. 그림 3.4(c)와 (d)는 좋아하는 활동과 눈의 색에 대한 각 사람 수를 나타내는 다중구조적 그래프들이다.

가장 정교하면서 관계적 변형을 나타내는 것은 둘 이상의 변수 사이의 관계를 나타내려고 하는 그래프이다. 많은 학생들은 여러 변수들 간의 결합, 예를 들면 몸무게, 나이, 그리고 간이 음식 또는 성별, 나이, 간이 음식 간의 결합이 있을 수 있음을 알고 있다. 그러나 그에 대한 변형을 나타내기는 상위 수준의 그래프 기술을 가진 학생들에게도 어려운 일이다. 그림 3.5는 5, 6학년 학생들에 의한 여러 시도를 나타내는 데, 그 그래프의 첫 번째는 좋아하는 활동(실내 또는 야외 스포츠), 나이, 간이 음식에 관한 이야기를 하려는 것이다. 산점도 및 이야기를 하려

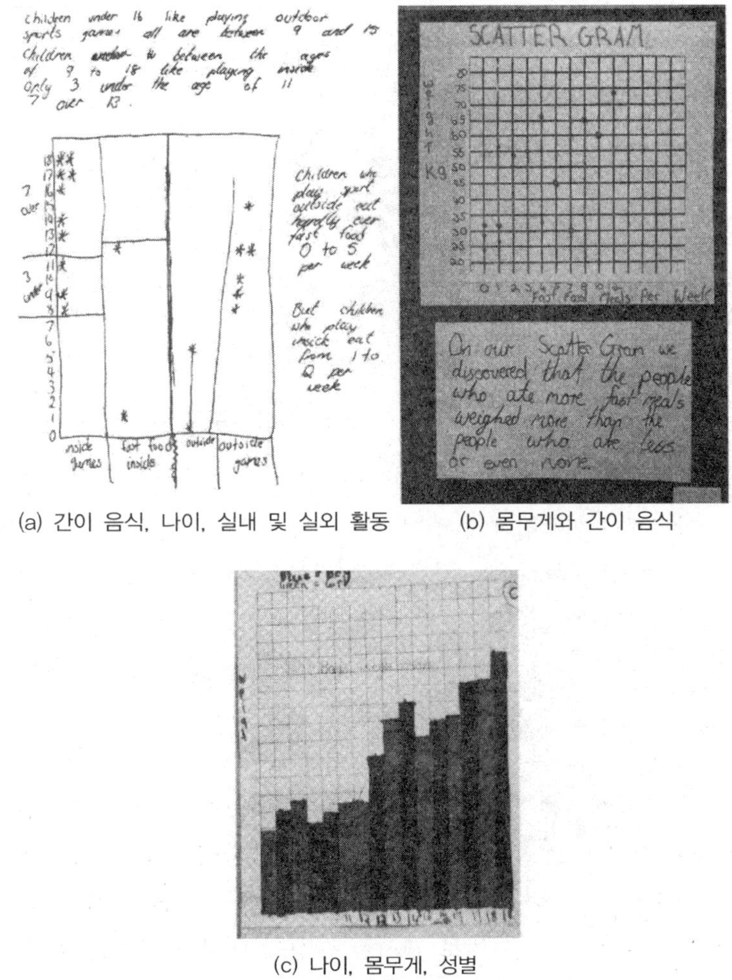

(a) 간이 음식, 나이, 실내 및 실외 활동

(b) 몸무게와 간이 음식

(c) 나이, 몸무게, 성별

그림 3.5 작은 자료 집합 안의 결합들을 보여주는 변형들

는 동기에 관한 어떤 힌트를 갖고서 많은 학생들은 그림 3.5(b)와 같은 그래프를 만든다. 그것은 몸무게와 간이 음식 소비에 관한 결합을 보여주는 아주 전형적인 그래프이다. 대부분의 학생들에게 친숙한 막대그래프로부터 산점도로 옮겨서도 막대를 그대로 이용하고자 해서 그림 3.5(c)의 그래프에서 볼 수 있듯이, 나이와 몸무게 사이의 결합과 남자와 여자 사이의 차이를 둘 다 보여주기 위하여 막대의 높이를 이용한다.

자료 카드를 이용한 이와 같은 과제에서 매력적인 것은 이야기를 하고자 하는 많은 학생들이 보여준 창의성이다. 때때로 그런 시도들은 학생들의 배경을 고려할 때 아주 정교하며, 학생들이 통계학자를 만족시키지는 못할지라도 뛰어난 직관력을 보여준다. 산술 평균을 잘 아는 몇 학생은 재표현을 만들 때에 정보를 요약하기 위하여 산술 평균을 사용하기도 한다. 그런 예가 4.6절에서 나타난다. 자료 카드 과제가 주어졌을 때, 그와 같은 방식으로 각 나이 집단에 대하여 간이 음식의 수를 평균하여서 그래프에서 각 나이에 대한 그래프에 한 값만 나타낸다.[20]

3.4 그래프 작성: 결합 사례 (자료가 제시되지 않을 때)

학교에서 학생들에게 주어지는 그래프에 관한 대부분의 과제는 이전의 두 절에서 설명한 것과 같은 실제 자료 집합을 이용하거나 탐구의 일부로서 학생들 자신의 자료를 수집하는 과제이다. 그러나 학교 밖에서 사람들은 자료 집합을 제시하는 것이 드물다. 대신에 사람들은 말로 설명된 자료 집합에서 차이, 경향, 결합에 관하여 듣거나 읽는다. 설정된 주장을 해석하는 과제에는 제시된 관련성이 무엇과 같은지를 상상하는 것이다. 이제 통계적 소양을 위하여 요구되는 기술들 중의 하나는 질문에 맞도록 결합의 문장을 해석하기 위한 재표현 형태로 바꾸는 것이다. 학교에서 그런 기술에 대한 실제를 학생들에게 주는 것은, 그것이 쉬운 과제가 아니기 때문에 중요한 일이다. 그래프를 만들 때에 실제 자료 집합을 갖는 것에 의존하는 것은 말로 제시된 주장에 대하여 무엇을 할지, 예를 들어 사용하기 위한 적절한 형태의 그래프, 문맥에서 적절한 값에 대한 척도, 주장과 결합해야 집의 자동차가 우리를 죽이고 있다고 서울의 한 연구자가 보고한다.

민수는 20년 동안의 연구를 통하여 자동차가 건강에 위험물이라고 확신하였다. 민수는 심장마비의 증가와 자동차 사용의 증가 사이에 거의 완벽한 관련성을 아주 극적으로 보여주는 그래프를 제시한다. 폐암, 백혈병, 당뇨병 사이에도 비슷한 관련성이 있다고 한다.

그림 3.6 결합을 주장하는 신문 기사

하는 실제 형태와 같은 상상을 어렵게 만들 수 있다.

그림 3.6에 제시된 신문 기사는 "심장마비의 증가와 자동차 사용의 증가 사이의 거의 완벽한 관련성"이라고 주장된 결합에 기초한 그래프의 작성을 위한 매우 좋은 기회를 제공한다.[21] 그 발췌문을 해석하기를 더 어렵게 만들려고 네 개의 변수가 더 첨가될 수 있다. 읽는 사람은 제목에서 주어진 주장에서 가장 중요한 특징이 무엇인지에 초점을 맞출 필요가 있다. 교실에서 이 기사를 사용할 때에 생기는 두 가지 가능성은 그래프 형식에서 주당된 관련성을 표현하기 위한 실질적 능력 및 제시된 주장의 근거가 무엇인지에 의문을 갖는 것이다. 그 두 번째 가능성은 6장에서 다룬다.

"민수의 그래프 중의 하나가 어떤 모습일지를 그리고 설명을 붙이기"라는 과제가 주어졌을 때 일부 학생들은 그런 형태의 과제에 대한 경험이 없었음을 보여주었다.

- 거기에 숫자가 없기 때문에 그래프를 그릴 수 없어요.

숫자 없이 그래프는 없다는 믿음은 가능한 일찍 잘못되었음을 알도록 할 필요가 있으며 대중매체로부터 나온 사례들은 그것을 위한 출발점이 된다. 비슷한 믿음을 가졌지만 그것을 나타내지 않는 다른 학생들은 대신에 그림 3.7에 나타난

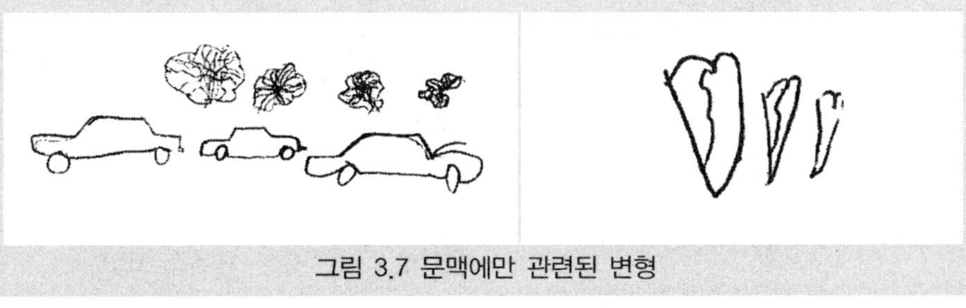

그림 3.7 문맥에만 관련된 변형

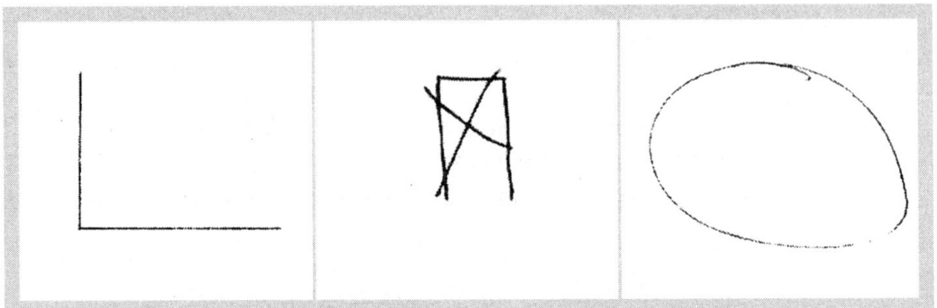

그림 3.8 내용이 전혀 없이 그래프의 윤곽만 보임

그런 그림들을 그리기도 한다. 그 학생들이 어떻게 그래프를 그려야 할지를 알지 못하는 학생들인지 아니면 적절한 그림을 그릴 수 있는 학생들인지는 알 수 없지만 그 학생들은 읽을 수 있고 문맥속 상황을 이해할 수 있는 것 같다. 다른 학생들은 그 과제가 그림 3.8과 같은 어떤 종류의 기본 틀을 이용하여 그래프를 그리는 것임을 알고 있음을 보여준다. 그러나 그 학생들은 그림 3.7의 재표현을 그린 학생들처럼 문맥을 이해하지는 못하고 있다. 1장에 제시한 통계적 소양 체계와 관련하여 그 학생들은 기본 방식으로 그래프를 다루는 1단계의 능력을 갖고 있다고 보이지 않는다.

중학교 수준의 아주 많은 학생들은 적극적으로 과제를 해결하고자 하고 그들이 배운 꺾은선그래프, 막대그래프, 원그래프와 같은 그래프를 나타낸다. 그림 3.9는 문맥에 대한 어떤 설명도 없는 기초적 그래프 또는 기초적 경향을 나타낸다. 그 그래프들은 첫 번째 단계의 통계적 소양 이해로부터 두 번째 단계로 옮기는 것이 얼마나 어려운지를 나타낸다.

학생들의 시도가 더 큰 정교함을 보여주기 때문에 문맥(예를 들어 그래프에 표식을 붙임) 및 어떤 종류의 관련성(예를 들어 오른쪽으로 증가함)을 보여줄 필요

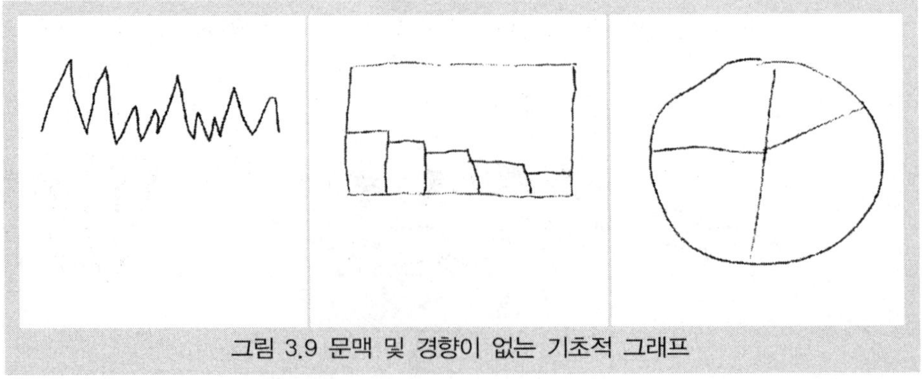

그림 3.9 문맥 및 경향이 없는 기초적 그래프

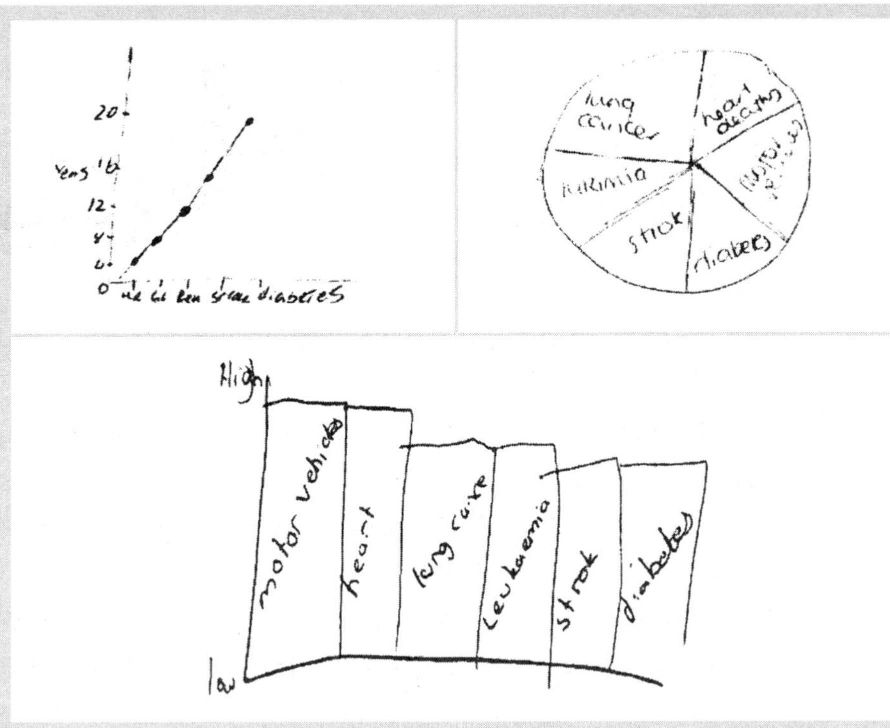

그림 3.10 모든 변수를 나타내지만 제시된 주장과의 관련은 없는 꺾은선, 원, 막대그래프.

에 대한 인식의 증가를 나타낸다. 그림 3.10의 그래프를 그린 학생들은 그 기사에서 제시한 많은 변수들의 중요도를 순서대로 나타내는 것의 어려움을 갖고 있는 것 같다. 변수들을 나타낼 필요에 대한 그런 단일 인식은 의미 있는 관계를 보여주는 것을 무시한다. 한 그래프가 증가하는 기울기를 가진 선을 타나내지만 그것은 표식에 관하여 의미 있는 것이 아니다.

증가하는 관계를 보여줄 필요를 인식한 학생들의 반응은 다중 구조적 수준에 해당하지만 한 가지 변수와 시간에 대처하기만 할 수 있을 뿐이다. 그림 3.11과 같은

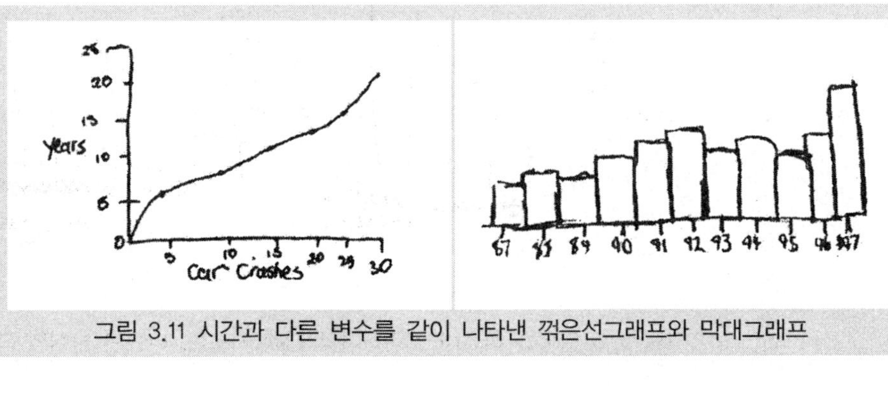

그림 3.11 시간과 다른 변수를 같이 나타낸 꺾은선그래프와 막대그래프

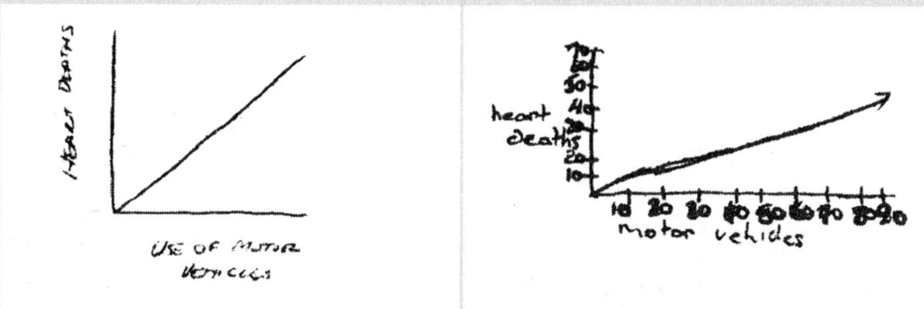

그림 3.12 기사에서 주장된 것과 같이 양(+)적인 관련성을 보여주는 그래프

그래프를 작성한 학생들은 기사에 제시된 문맥을 거의 다 이해하고 재표현하였다.

관계적 수준에서 응답들은 시간이 이런 과제에서 의미 있음을 안정한다. 왜냐하면 그 응답은 두 변수, 즉 심장마비와 자동차 사용이라는 두 변수를 함께 묶기 때문이다. 이를 깨달은 학생들이 요구된 그래프를 그리는 방식은 여러 가지이다. 통계학자라면 연속적인 연도 수에 대한 두 축 위에 그려진 심장마비와 자동차 사용의 산점도를 제안할 것이다. 물론 어떤 학생들도 이런 방식을 사용하며 그러한

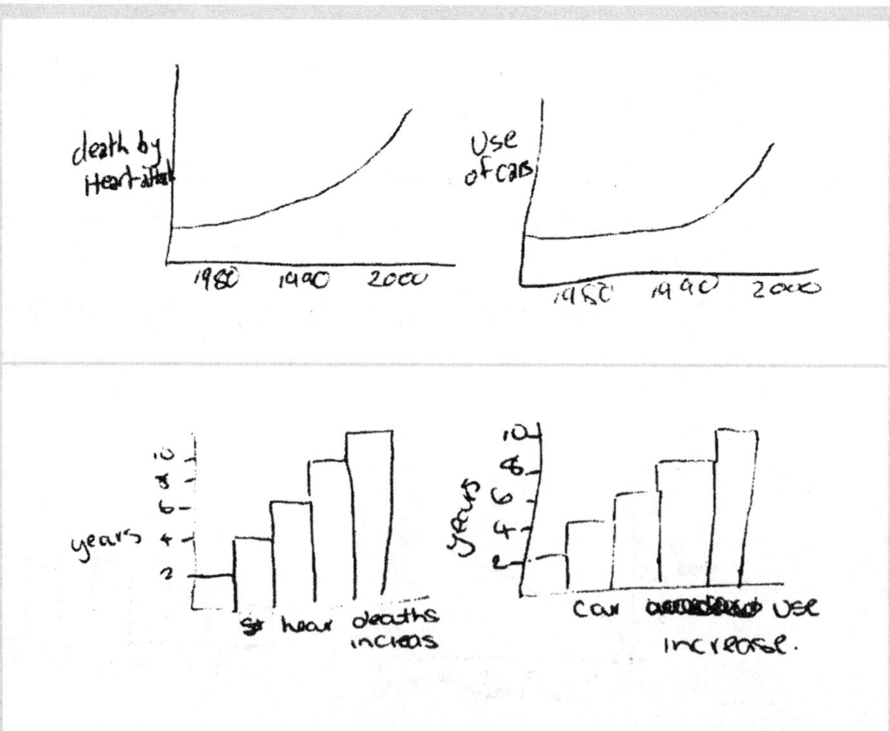

그림 3.13 결합을 나타내기 위하여 시간에 기초한, 나란한 방식의 그래프

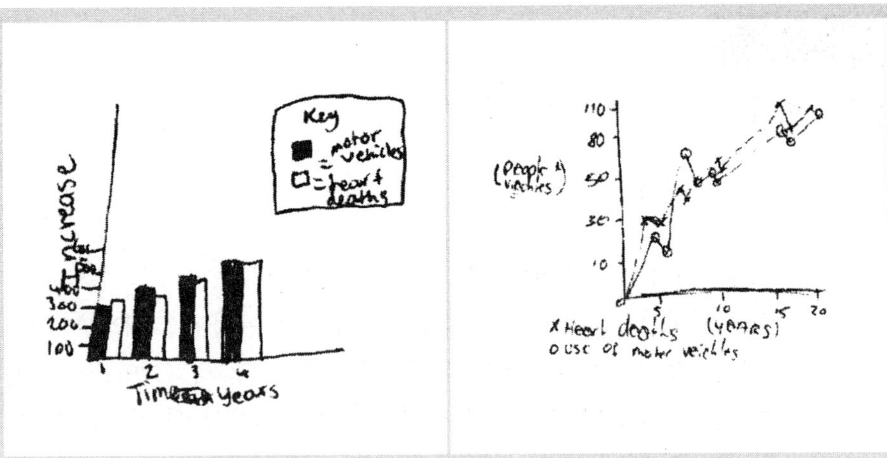

그림 3.14 결합을 나타내기 위한 나란한 막대들 또는 "평행한" 선들

그래프가 척도를 상세히 또는 덜 상세히 나타내면서 그림 3.12와 같이 그렸다. 극히 일부 학생들은 추세선을 따라 놓인 점들을 나타내었다. 그런 그래프에서 시간을 언급하지 않기 때문에 그렇게 그린 학생들은 시간의 역할을 알지 못한다고 추측할 수밖에 없다. 그렇지만 정확하게 시간을 보여 주는 관련성에 대하여 학생들이 표현하는 다른 방법이 있다. 그림 3.13의 두 그래프가 그런 방식인데, 한 그래프에서 심장마비와 자동차 사용의 각각에 대하여 시간에 대한 그래프를 그리며 대개 수평축에 시간을 나타낸다. 어떤 학생들은 산점도를 조금 배웠을 때, 이를 이용하여 시간 척도가 동간격인, 학생들의 독창적인 방식으로 자신의 그래프를 나타낸다. 과제에 대하여 꺾은선그래프와 마찬가지로 이전의 경험 때문에 막대그래프를 사용하기도 한다. 그런 종류의 방식으로 나타낸 그래프가 그림 3.14에 있다. 그 그래프에서 비슷한 경향을 나타내는 두 변수에 대한 나란히 서 있는 막대들 또는 두 변수에 대한 두 꺾은선이 나타나 있다. 많은 그래프들이 "그래프의 스케치"처럼 무엇인가 빠졌거나 비현실적인 표현 때문에 비판을 받을 수 있지만, 통계적 소양 체계의 두 번째 수준의 목적으로 기대할만한, 문맥 속에서 주장된 관련성을 꽤 정교하게 이해하는 것을 보여준다. 6학년 학생들의 10명 중에 약 1명 정도, 9학년 학생들의 10명 중에 4명 이상은 그런 형태의 그래프를 그릴 수 있는 것으로 보인다.

3.5 척도, 좌표, 백분율, 원 특성, 축

그래프에서 척도를 포함 변형을 작성하기 위하여 연결된 주제들은 앞의 두 절에서 다루어졌다. 제공되거나 수집된 자료를 이용하여 그래프를 작성할 때, 학생들은 실제로 척도를 기입하기를 거의 잊지 않는다. 정확함이 중요하기 때문에 척도는 필수적이다. 정확한 자료 없이 그래프를 작성할 때 이름표와 척도는 학생들에게 덜 중요한 것 같다. 애매한 변수에 대한 척도를 만들기는 어렵기 때문이기도 하지만 그렇게 하지 않음에 대한 구실도 있기 때문인 것 같다. 그림 3.14에 제시된 상황에서 같은 축에 나타낸 두 변수의 척도가 다를 수 있음을 알고 있는지는 명확하지 않다. 기록된 변수의 축에 이름을 붙이기를 기억하는 것조차도 일부 학생들에게 생각할 주제이며 3.2절에 사용된 신호인 '교실에 방금 들어 온 어떤 사람이 너의 그래프를 보고 찾아낸 것이 무엇일까?'와 비슷하게 조언이 주어질 필요가 있다.

비율과 백분율에 대한 이해와 그래프가 연결되기 위하여 과제의 문맥에서 좀 더 확장되어야 한다. 3.3절에 제시된 과제를 다룰 때에 일부 학생들은 막대그래프로 눈의 색과 같은 교실 자료를 나타내지만, 다른 학생들은 원그래프를 나타낸다. 약간만 다른 값을 가진 자료에 대한 원그래프를 작성하고 조정할 때, 부분—전체 관련성부터 백분율과 원 조각까지 이어져 일을 완성하기가 까다로울 수 있다. 예를 들어 만일 세 명으로 구성된 한 집단이 3.3절의 16개의 자료 카드의 자료에 자신의 자료를 첨가하기를 원한다면 "한 사람의 백분율은 얼마일까?"와 "31%에 해당하는 사람 수는 [16명 이상 중에서] 얼마인가?"와 같은 질문이 제기될 수 있는데 백분율을 방금 배운 사람이 쉽게 대답하기 힘들 수 있다. 16명에서 19명으로 "전체" 원을 바꾸는 것과 백분율 값의 결과적인 변화는 첫 눈에 직관적이지 못하다.[22] 그렇지만 그와 같은 과제를 통한 연습은 수학교육과정에서 폭넓은 이해를 견고하게 하는 "아하"와 같은 경험을 하는데 도움이 된다.

학생들이 두 변수의 결합 및 산점도의 작성에서 느끼는 어려움 중에 중요한 것은 그래프에서 나타나는 한 점이 두 축을 따라 나타나는 두 점과의 관련성이다. 점들이 어디에 있든지 단일 개체를 나타내는 것으로 간주되기도 한다. 사실은 이것은 산점도에서 맞지만 많은 개체의 경향이 중요한 상황에서 그 위치를 결정할 특징이 두 가지 있다. 아주 어린 아이들에 대하여 결합을 보여주는 특징에 따라 정렬하여서 빈도를 나타내기 위한 "사람 그래프"는 상위 학년의 학생들도 두 변수와 그래프에 나타난 점과의 관련성을 인식하는 데 매우 도움이 될 수 있다.[23] 마루 또는 운동장 위에 원점을 갖는 수직축을 세우고, 학생들은 원점을 향해서 한 점 위에 서서, 산점도에서 어디에 서 있는지를 정하는 각 축 위의 측정값을 나타내기 위하여 직각으로 팔을 편다. 이것이 매우 유용한 방식임을 보여주는 사례가 있다.

3.6

그래프 해석: 막대그래프에 대한 사례

그림그래프에서 파생되어 나온 막대그래프는 초등학교에서 학생들에게 가장 많이 친숙한 그래프이다. 그러므로 특히 어린 학생들에 대한 수학교육과정의 다른 기본 주제들과 연관된다. 예를 들어 일대일 대응, 덧셈 및 뺄셈은 막대그래프의 기본 해석과 연관되며 현명한 질문하기도 원시적 통계 직관의 확립과 연관된 주제들에 관한 토의에 중점을 둘 수 있다. 예를 들어 학급 아이들이 어떻게 학교에 오는지에 대한 그림 3.15의 막대그래프를 생각해 보자. 이 특별한 막대그래프는 그런 주제의 기초가 되며 기본 선에서 구멍 속으로 사라지는 움직일 수 있는 막대를 갖고 있다.[24]

학생들에게 그래프에 대하여 무엇을 말할 수 있는지 물어 보면서 그래프 해석에 대한 자연스런 출발점이 되도록 할 수 있다. 일부 학생들, 특히 어린 학생들은 이야기를 하기 위하여 그래프 속의 정보보다는 주제와 연관된 자신의 개인적 경험과 상상을 사용한다.

- 차는 시간이 오래 걸리고, 자전거는 훨씬 더 오래 걸린다. 버스는 네가 생각하는 만큼 오래 걸리지는 않는다. 그리고 걷기도 오래 걸린다.

때때로 그래프로부터 읽기 위한 신호, 예를 들어 얼마나 많은 학생이 차로 학

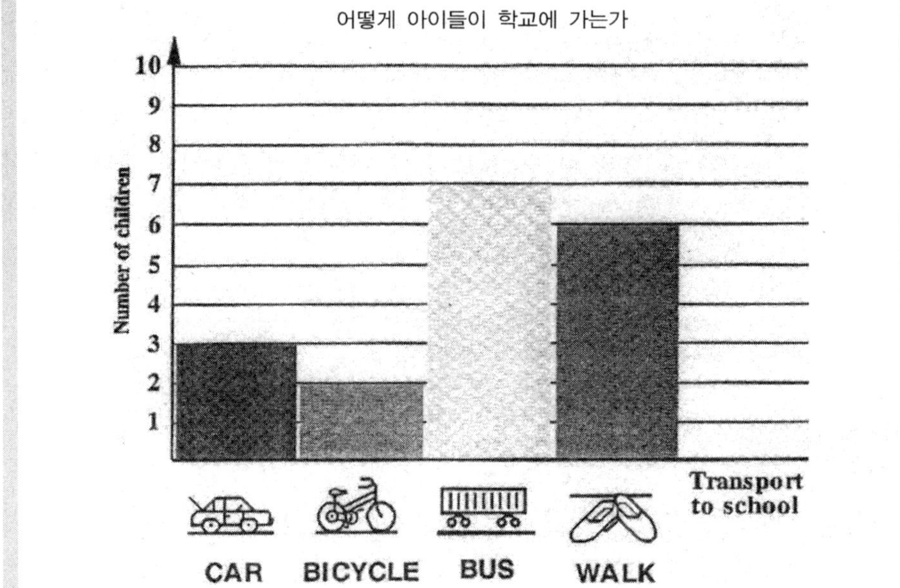

그림 3.15 아이들이 어떻게 학교에 가는지에 대한 막대그래프

교에 오는지는 주목을 끌기에 성공적이지 못하다.

- 네 저는 그렇게 생각해요. 제 생각에 네 사람이 한 차로 학교를 가는 데 적합하고 한 사람은 자전거로 열 명은 버스로 그리고 한 사람은 걸어서 학교에 갈 것 같아요.

다른 학생들은 그래프에서 왼쪽에 제시된 척도를 특별이 주목하지 않고 그래프의 모양에서 상대적인 정보를 얻는다.

- 대부분의 아이들은 학교에 버스를 타고 오며 대부분 그렇게 많이 무엇인가를 타고 오지 않는다. 대부분의 아이들은 다른 것 대신에 버스를 탄다. 만일 버스가 다 차 있으면 걸을 것이고 만일 걷는 것이 너무 힘들면 자동차 또는 자전거를 탈 것이다. 많지 않은 학생들이 자전거를 탄다.

몇 명이 자동차로 오는지, 자전거보다 걷는 학생이 몇 명 더 많은지, 그리고 반에 몇 명이 있는지에 관한 특정 질문을 받았을 때, 척도를 사용하는 것이 필수적이다. 마찬가지로, 문맥에 응용하기 위하여 기본적 수학 기법을 아는 것이 필요하다. 3학년까지 대부분의 학생들은 덧셈이 반에서 총 몇 명인지를 알아야 할 때 유용하고, 뺄셈은 "몇 명 더"라는 질문에 유용함을 알고 있어서, 그런 질문에 대답할 수 있다. 그렇지만 항상 정확한 것은 아니고, 문제들의 개념화와 구별하여 판단되어야 한다. 일부 학생들은 자신의 경험을 사용하는 기회로서 "반에 몇 명"과 같은 질문을 해석하며 자기 반의 학생 수에 근거하여 "추측해서" 36이라는 수를 제시한다. 이것은 그림 3.1에서 문맥 연결의 중요함을 강화하면서 외부의 문맥적 지식과 그래프에서 정확하게 제공된 정보를 구별하는 중요한 점이다. 그림 3.15에서 보았듯이 변화 가능성을 지닌 그래프들은 예언과 초기 추론에 또한 사용될 수 있으며, 6장에서 이를 다룰 것이다.

어린 아이들과 막대그래프를 해석하기 위한 과제를 시작하는 것은 대중매체에서 제시된 것에 기초하여 상위 학년 학생들과 과제를 하는 것 및 오류를 찾기도 하는 비판적 해석이라는 목표에 이르게 한다. 이런 관점에서 고전적인 예들은 작은 차이를 강조하기 위하여 수직척도를 절단하는 것과 연관되어 있다. 또한 다른 형태의 오류가 발생하고 그것은 학생들의 그래프 해석의 비판적 기법을 발전시키기 위하여 도움이 될 수 있다.

소형배의 관한 죽음의 지역 자료에서 나온 그림 3.16에 사용한 그래프는 그런 기회를 제공한다.[25] 그런 도전은 "이 그래프에서 어떤 오류를 찾을 수 있는가?"와 같이 지나치게 앞서가지 않는 과제를 위한 질문을 만드는 것이다. 특히 학생들이 변형과 함께 문맥을 고려하는 것을 인식하기 시작할 때, 열린 질문을 하는 것이 중요하다. 아주 많은 학생들이 대중매체에 나온 것을 의심스럽다고 생각하지 못하며 생산적인 학급 토의의 기초를 형성할 수 있는 다른 주제들에 초점을 맞추지 못한다. 어떤 교사들에게 함정이 되는 것은 그래프를 비평하는 것에 정답이 있다

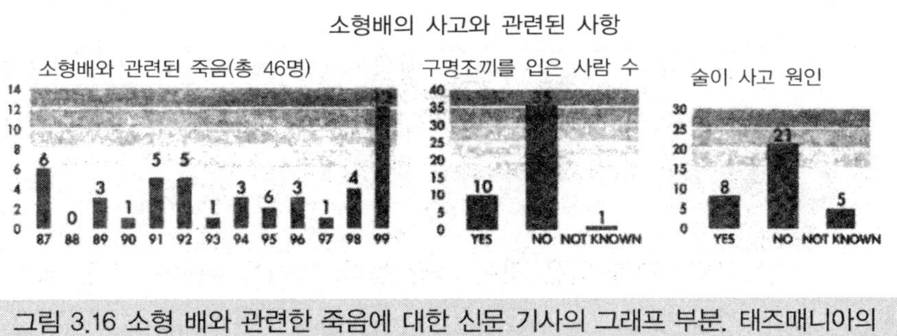

그림 3.16 소형 배와 관련한 죽음에 대한 신문 기사의 그래프 부분. 태즈매니아의 호바트의 Mercury 신문사의 허락을 얻어 사용함.

고 믿는 것이며(예를 들어 “그래프에 나오는 수들의 합은 제목에 나타난 46이 아니라 50이다”) 그것을 찾은 후에 다음 과제로 옮겨가야 한다고 믿는 것이다. 이것은 그래프에 해석해야 할 많은 상황이 있으며 토의는 폭넓은 근거를 가져야 한다는 점을 놓친다. “그래프의 이상한 점에 대한 지적”과 같은 과제에 대한 학생 응답들의 범위를 통하여 얼마나 느끼는 것이 다양할 수 있는지를 보여준다.

그래프에서 이상한 점이 없다고 하는 학생들이 일부 있다.

- 그것은 나에게 전부 괜찮아 보인다.

다른 학생들은 해석하기 어려운 지적을 한다.

- 그것은 모두 막대이다.

두 번째 문장은 이상한 점에 대한 어떤 믿음이거나 제시된 것에 대한 관찰일 뿐이다. 어떤 학생들은 문맥을 고려하지만 그 과제가 소형 배에 탄 사람들을 위한 전달문을 해석하는 것이라고 믿는 것 같다.

- 그들은 구명조끼를 입을 필요가 있다.

더 나아가서, 일반 상식 수준에서 최소한 이상하지는 않다고 보면서, 이상한 점을 지적하지 않고 그래프에 대하여 직접적인 해석을 하는 수도 있다.

- 소형 배에 관한 죽음은 누군가가 구명조끼를 입지 않았거나 술을 마셨기 때문이다.
- 구명조끼를 입지 않은 사람들은 익사할 확률이 높다.

그림 3.16의 그래프에 많은 정보가 담겨져 있으며 어떤 학생들은 두드러진 특징을 정리하여서 그래프적인 측면에서 특별하지 않은 점들 또는 변형이 잘못된 점들을 찾아내는 것이 어려울 수 있다.

- 구명조끼를 입은 것이 가장 높다. 놀이를 위하여 소형 배를 타다 죽은 것이 가장 낮다.

학생들은 특정한 그래프 특징의 이상한 점을 찾기 위한 것으로 이 과제를 받아들이기도 한다.

- 예, 아니오, 모름 사이에 틈이 있다.

일부 이런 형태의 언급은 학교 경험과 규준을 반영하기도 한다.

- 막대 위에 숫자가 붙어 있다. Y와 X축에 이름이 붙어 있지 않다.
- 막대 위에 숫자들은 그것을 더 쉽게 만든다. 옆에 있는 숫자들은 2와 5까지 올라간다.

이것은 또한 그래프에 있는 높은 값을 반복하기에 이른다.

- 12명이 1999년에 죽었다. 35명은 구명조끼를 입지 않았다.

그러나 문맥에서 높은 값들을 해석하려는 시도는 여러 그래프에서 제시된 정보의 관련성에 관한 혼란에 빠질 수 있다.

- 가장 큰 실패는 놀이를 위한 소형 배와 관련된 죽음이었다. 두 번째는 구명조끼를 입지 않은 것이었다.

많은 학생들은 그래프에서 적절하게 전달문을 알아 볼 수 있으며 이상하다고 생각될 수 있는 하나 이상의 문맥적 특징을 찾아 낼 수 있다.

- 이유를 알 수 없는 죽음이 있다. 99년까지 그것이 증가하였다.
- 죽음의 총합은 지난 12년 내에 가장 큰 총합이다. 대다수는 구명조끼를 입지 않았다.
- 1988년에 죽은 사람이 없고 1999년에 12명이 죽었다. 술 때문에 많이 죽은 것은 아니다.

문맥과 그래프 설명을 결합하기는 과제를 진지하게 받아들이지만 숨은 오류를 찾지 못한 학생들에게 또한 많이 나타난다.

- 1988년에 아무도 죽지 않았다. 그래프 2와 3에서 수평축 아래에 연도가 없다.
- 모든 수들은 혼란스럽다. 그리고 어떤 것들은 알려지지 않았다는 사실.

문맥과 그래프 특징을 생각한 학생들 중에 일부는 그래프의 열에 나타난 변이에 기초한 특징들을 비교한다. 그래프에서 얼마나 많은 요소가 설명을 위하여 사용되었는가에서 보이는 복잡함의 증가가 있다. 일부 학생들은 단지 한 열에 초점을 맞춘다.

- 내 생각에 35는 구명조끼를 입지 않은 것에 대해 좀 너무 크다고 본다. 술은 더 큰 값을 가져야 한다.
- 사고에서 8명만 술을 먹었다. 10명만 구명조끼를 입었다.

어떤 학생들은 한 번에 두 열을 비교한다.

- 갑자기 1987년에 6명이 죽었고 1988년에는 아무것도 없었다.
- 술에서 "예"는 "아니오"보다 낮다. 구명조끼를 입은 사람에 대하여 "아니오"는 "예"보다 높다.

어떤 학생들은 가장 많이 발생한 열에 설명을 붙여서 모든 열을 은연중에 언급한다.

- 다른 어떤 해보다 1999년에 죽음이 가장 많다. 그들 대부분은 구명조끼를 입지 않았다.

변이에 대한 인식이 자료의 경향과 관련한 설명에서 또한 나타난다.

- 사람들이 구명조끼를 입기를 좋아하지 않는 것이 보인다. 소형 배에 관한 죽음은 과거보다 최근에 더 많이 발생하였다.

몇 학생은 전달된 의미와 숨어 있는 이상한 경향 또는 변화를 알아 차렸음을 보여주면서, 그래프에 변이적 측면을 정확하게 이야기한다.

- 어떤 해에 상당히 높았다가 없는 것으로 떨어졌다. 그들 대부분은 구명조끼를 입지 않았다.
- 단지 11년(88-99) 동안에 더 많은 죽음이 있었다.
- 첫 번째 그래프가 변화하는 모습이 이상하다고 생각한다. 두 번째의 두 그래프들을 왜 결합되어 나타내지 않았는지 이상하게 생각된다.

제시된 모든 자료를 고려한 후에 그런 응답들에서 부족한 점은 단지 실수를 찾는 것이 아니라 학급 토의를 위한 출발점이 된다.

흥미롭게도 어떤 학생들은 분석하는 것의 일부로서 오류를 찾아내기도 한다.

- 1999년의 죽음은 두 번째보다 두 배가 많다. 95년에 6이 표시되어 있지만 막대그래프는 단지 2까지만 가 있다.
- 축들에 이름이 붙어 있지 않다. 처음 두 그래프는 둘 다 46개의 정보(사람)를 갖고 있다. 세 번째 그래프는 34만 갖고 있다.
- 처음 그래프는 총합이 46이라고 나타냈지만 50명이 표시되어 있다.

이런 학생들은 그것을 보여주기 위한 그래프를 선택할 이유이었던 특징을 찾고 논의하지만, 다른 응답은 그래프 해석에 대한 증가된 복잡한 이해를 설명하며, 특히 그래프에 나타난 변이의 특징을 보여준다. 많은 교실 토의는 어떤 학생에게 중요한 것이 다른 학생에게는 중요하지 않다고 보이는 실제적 주제들에 기반을 둘 수 있다. 학급 토의는 유용한 연습일 수 있다.

자료 변형을 수학 교육과정의 다른 분야에 더 형식적으로 연결하는 그래프는 그림 3.17에서 볼 수 있다.[26] 그것은 전화 통화의 여러 시간들에 대하여 전화 통화에서 얻을 수 있는 할인에 관한 정보를 보여주는 매우 복잡한 그림—막대그래프이다. 그 그래프에는 불균등한 수직 및 수평축의 척도, 절단된 수직축, 높이에 따라 줄어드는 값들, 마지막(오른쪽) 전화기의 실제 백분율 할인보다 네 배 큰 직선 높이의 줄어듦을 포함한 특이하고 잠재적으로 잘못된 점들이 있다. 다양한 길이의 통화의 실제 가격을 계산하기 위하여 그래프에 대한 반복된 해석이 필요하고 백분율에 관한 계산을 신중하게 할 필요가 있다. 그러나 변형을 설명하기는 복잡한 과제 그 자체이다. 통계적 소양에 관한 시험으로서 이 그래프의 해석은 학생들이 학교 마칠 때에 마주치는 가장 복잡한 것 중의 하나이다. 두 가지 형태의 과제가 그림 3.17에 있는 그래프에 대한 학생들의 해석을 탐구하기 위하여 사국제 전화를 오래 할수록, 요금이 더 싸다.

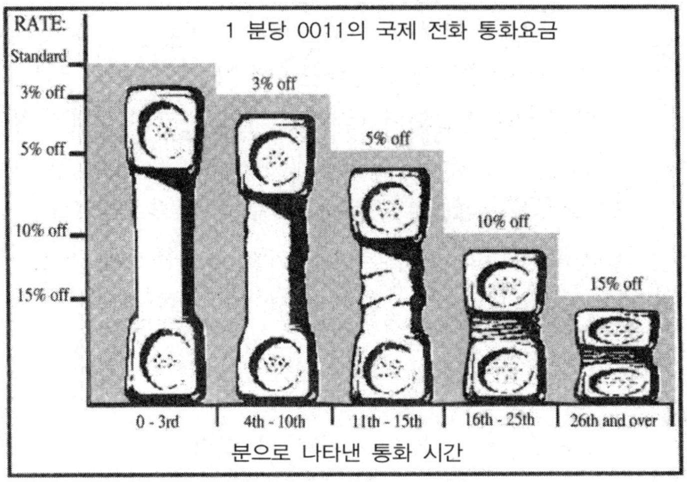

(a) 그래프의 의미를 설명하여라.
(b) 그에 관하여 이상한 점이 있는가?
표준 요금은 1분 당 1,00달러라고 하자.
(c) 이미 30분 동안 통화하였다. 10분 더 통화한 것에 대한 요금은 얼마인가?
(d) 처음 30분 동안 통화한 것의 요금은 얼마인가?

그림 3.17 전화 통화의 여러 시간들에 대하여 전화 통화 가격에 관한 그림–막대그래프. 태즈매니아의 호바트의 Mercury 신문의 허락을 얻어 사용함.

용될 수 있다. 한 과제는 (a)와 (b)에 제시되었듯이, 문맥에서 그 의미와 그에 관한 이상한 점이 있는지에 초점을 맞춘다. 두 번째 과제는 여러 통화 시간에 대한 가격 계산을 질문한다. 이것은 학생들을 돕기 위한 두 단계에서 비계를 설정할 수 있으며 이해 수준들을 정리할 수 있도록 돕는다. 예를 들어, 만일 표준 비율이 1분에 1달러이고 어떤 사람이 이미 30분을 통화하였다면, (c)에서 "다음 10분간의 통화에 대한 가격은 얼마인가?"라고 묻는다. 그리고 (d)에서 "처음 30분 동안의 통화 가격은 얼마인가?"라고 묻는다.

일반적인 과제 해석에서, 제목에서 의미를 찾았다고 그 속에 담긴 것을 반드시 이해하였다고 볼 수는 없다. 바꿔서 설명하는 통상적 시도는 실제로 발생한 것에 미치지 못한다.

■ 네가 전화를 오래 할수록, 너는 돈을 덜 내게 된다.

학생들은 "일분 마다"라는 몇 가지 단어를 제거하는 효과를 알지 못하기도 한다. 다른 해석은 그래프가 무엇에 관한 것인지를 아는 정도의 변화를 보여준다.

- 그것은 네가 얼마나 전화를 많이 하였는지를 알려준다.
- 그것은 네가 언제 전화를 하였는지를 보여주는데 예를 들어 10월 4일부터 10일까지의 전화에서 정상 가격의 3%를 할인받았다.

축의 이름표에 집중하지 못함은 통상 일어나는 오류이며 "번 째"와 수들의 결합으로 인하여 어떤 달의 날짜라는 척도로 읽히기도 한다.

그래프의 해석에서 다음 수준의 혼란은 할인이 전화 통화의 마지막 시간에 또는 통화가 이루어지는 여러 시간 구간에 적용되는지를 결정할 때 일어난다.

- 외국에 있는 사람에게 전화로 이야기 하는 시간이 많을수록 전화 통화료는 더 싸진다. 예를 들어 네가 26분 동안 통화하였다면 그 통화료의 15%를 할인받는다.
- 시간이 흐를수록 표준 통화료는 더 싸진다. 처음 3분 동안 통화료가 표준 요금이라면 다음 1에서 6분은 표준보다 3% 싸고, 다음 1에서 5분은 표준보다 5% 싸고, 다음 1에서 10분은 표준보다 10% 싸다.

그림 3.17의 그래프에 대한 비판에는 여러 가능성이 있지만, 그래프에 제시된 문맥의 인식으로부터 그 표현의 비판적 분석까지 옮겨 가면서, 어떤 학생들은 그래프의 이상한 표현을 발견한다.

- 그들은 꺾은선그래프 대신에 전화기 그림을 사용하였다.
- 너는 전화기로 그렇게 할 수 없다. 마지막 전화기에서 네가 그 전화기로 이야기 하고 있을 때 전화기의 귀 부분에 닿을 수 없을 것이다.

어떤 학생들에게 그래프에 나타난 줄어드는 막대들과 시간에 따라 예상되는 비용의 증가의 충돌이 해결하기에 너무 어렵다. 비율 개념이 충분히 이해되지 않고 대신에 가격 총합과 연관된다.

- 그렇다. 전화를 더 오래 할수록 통화에 추가 요금이 붙는다. 왜 그것이 더 싸

게 될까?

- 이야기를 더 할수록 가격이 더 올라가지만 거기에서는 그렇지 않다. 그리고 만일 어마어마하게 오랫동안 통화를 하면 그것은 100% 할인으로 끝날 것이다.

그렇지만 어떤 학생들은 비율의 사용에 대하여 이해하였고, 그래프의 숨은 오류점을 지적하였다.

- 그렇다. 첫 눈에 거기에 하루 종일 그리하고 있고 전혀 돈을 내지 않을 것이라고 생각하지만 실제로는 그럴 수 없다.
- 제시한 것은 (전화기가) 약간 우습다. 훈련되지 않은 시각으로 보면 그 통화가 실제로 더 싼 것처럼 보인다.

수직축에 있는 척도를 보통의 그래프에 익숙한 일부 학생들이 주목하였다.

- 가장 높은 할인율은 바닥에 있다. 처음에는 높았는데 그래프에서 오른쪽으로 갈수록 점차 줄어든다.
- 그것은 척도에 맞춰 그린 것이 아니다. 큰 전화기는 큰 절약을 나타낸다고 생각하기 쉽다.

한 단계 더 나아가서 백분율 할인의 주장 및 제시된 막대의 비율에 관하여 그래프의 시각적 표현에 대하여 인식한 것이 있다.

- 그래프에서, 15%라는 표시는 원래 가격의 대략 $\frac{1}{4}$이다. 일단 26분의 통화 시간에 도달하면 요금은 고정된다.
- 전화기의 크기는 몇 퍼센트를 할인받았는지에 관하여 변형한 것이 아니다
- 가격만 조금 내려가며, 많이는 아닌데, 대부분의 사람들은 많이 내려간다고 생각할 것이다.

마지막으로 몇 학생들은 이상하고 균등하지 않은 척도 사용을 알아차린다. 전반적으로 이 그래프는 수학 교육과정의 다른 분야, 즉 백분율, 비례, 분수와 같이 연결될 기회를 많이 제공한다. 그런 점에서 그 연결은 언어 및 개념 강화에도 집

중할 수 있다.

더 나아가서 장거리 국제 전화 통화료를 계산하기는 여러 가지 수치적 기법이 필요한 구조적으로 복잡한 과제가 된다. 두 가지 질문을 하기는 학생들이 과제 전반을 따라 갈 수 없을지라도 학생들이 그래프 의미를 부분적으로 이해하는 것을 보여줄 수 있다. 그렇지만 이러한 비계설정이 모든 학생에게 도움이 되는 것은 아니다. 어떤 학생은 그래프의 정보를 무시하기도 하고 "다음 10분"이라는 질문에 대하여 10달러라고 대답(또는 부주의하게 읽고서 40달러라고 대답한다)하고 "처음 30분"이라는 질문에 대하여 30달러라고 대답하기도 한다.

(c)의 "다음 10분"이라는 질문에 대하여 많은 학생들은 3%(그래프를 제대로 안 읽어서 생김), 15%, 85%(1분에 대한 가격), 또는 1.50달러(할인되지 않은 가격)이라는 불완전한 응답을 한다. 적절한 응답에 대하여 요구되는 절차로서 처음에 10달러에서 1.50달러를 빼서 8.50달러라는 결과가 나오는 85%와 함께 하든지 또는 중학교에서 백분율에 대하여 요구되는 기본 계산을 설명한다.

그래프에서 요구된 정보를 찾기는 과제를 더 복잡하게 만드는 것이 확실하지만, 이것은 자신의 전화 요금을 이해하기를 원하는 통계적으로 소양있는 성인에게 요구되는 것이다.

1분 동안에 1.00달러이라는 표준 요금에 기초하여 30분 동안의 통화에 대한 요금 계산은 위와 같은 형태의 반복된 단계, 요금이 적용되는 여러 시간 간격을 알기, 그리고 중간 대답을 위한 정확한 덧셈을 필요로 하는 과제이다. 과제에서 요구되는 것을 이해하는 학생들조차 계산 오류는 일상적이다. 한 가지 어려움은 정확한 값보다 1분 더 적은 모든 시간 구간을 산출함에 따른 뺄셈에 의한 구간 길이의 체계적인 잘못 읽음이다. 그로 인하여 27.79달러라는 정확한 가격보다 30분의 통화에 대한 23.12달러의 가격이라는 결과가 나타난다. 특별한 수업 없이도 고등학교 후반까지 10%의 학생들이 작은 기술적 오류를 가진 그런 과제를 해결하리라고 기대할 수 있다. 대중매체에 나타난 권위있는 과제는 수학교육과정을 뛰어 넘는 수치적 기법을 이용하지 않고도 학생들의 비판적 소양 기술에 뛰어난 도전을 제공한다. 그것은 그림 3.1에 나타난 많은 연결을 설명한다.

3.7

그래프 해석: 원그래프에 대한 사례

원그래프는 전체에 대한 부분을 쉽게 비교할 수 있게 해주기 때문에 대중매체에서 흔히 사용된다. 수학교육과정의 분수 및 백분율에서 부분 — 전체의 이해까지 원그래프 이해를 연결시키기는 3.5절에서 논의할 것이다. 비율, 백분율 그리고 원에서 360°에 기초한 계산과 관련된 어려운 요구조건 때문에 어떤 학기에 원그래프를 작성하라는 권고가 줄어들었지만, 대중매체에서 원그래프가 계속 제시되기 때문에 그것을 작성하는 기술적 방법은 기억하지 못하여도 그것을 해석하는 것은 반드시 필요하다. 이를 위하여 부분 — 전체와 백분율을 이해하여야 한다.

그림 3.18에 제시된 원그래프는 학생들이 백분율의 부분 — 전체를 이해한 것과 문맥에서 원그래프를 해석하기 위하여 그것을 어떻게 적용하는지를 알아보기에 좋다.[27] 1장에 설명된 통계 소양 체계에 관하여, 첫 번째 과제는 그래프에서 전달하는 문맥을 인식하는 것이다. 두 번째 과제는 그래프 구성에 대하여 의문을 갖는 것인데, 사실 그 그래프는 야채 가게 점유율이 전체 128.5%라고 나타내고 있다.

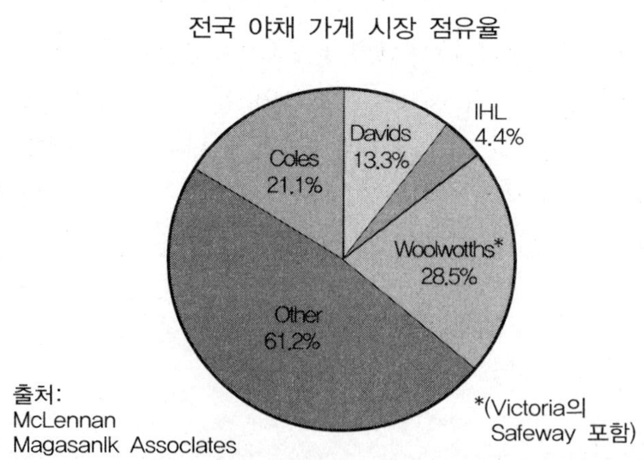

그림 3.18 대중매체에서 나온 권위있는 원그래프

원그래프가 무엇인지에 대한 해석 수준은 문맥에 대한 인지력 향상을 나타내는 학생들의 구조적 복잡함의 범위에 관한 것이다. 원그래프의 의미를 질문하면 그에 관하여 생각하는 것을 시작할 수 없는 학생들도 있다.

- 모르겠어요.
- 학교에서 원그래프를 배울 때에 결석했어요.

몇 학생은 그 그래프의 제목으로부터 그것이 무엇에 관한 것인지를 알 수 있다고 한다.

- 그것은 전국 야채 가게 시장점유율을 보여준다.

그러나 더 논의를 하지 않고서, 학생들이 제시된 나머지 정보와 제목을 더 결합할 수 있는지를 알기는 어렵다. 많은 학생들은 그 의미를 설명할 때 그래프의 한 단면만을 본다.

- 내 생각에 그것은 나눈 것을 들고 간 모든 사람들에 관한 것이다.
- 그것은 몇 명이 거기에 갔는지를 의미한다.
- 얼마나 많은 돈이 만들어지고 있는지에 대한 것이다.

이 응답들은 문맥과의 처음 연결이 그래프를 해석할 때 얼마나 중요한지를 보여준다. 처음 응답은 시장점유율(share)이라는 단어를 잘못 해석한 것이다. 두 번째 응답은 손님 수에 관한 시장점유율을 이야기하고 있으며 백분율을 수("몇 명이")로 바꾸어 본 것 같다. 세 번째 응답은 문맥 전체를 봤지만 백분율보다 양을 강조하고 여러 집단에 관한 상대적인 정보를 고려하는 것까지는 가지 못하였다. 또 다른 응답은 상세히 나타내지 않았지만 더 많이 알아냈음을 보여준다.

- 그것은 그 가게들이 얼마나 잘 팔고 있는지를 보여준다.
- 그것은 그 가게들이 몇 %를 팔았는지를 알려준다.

다음과 같이 단계적인 방식으로 자세히 나타내기도 한다.

- Coles는 21.1%를 얻었고, Davids는 13.3%를 얻었다.

또는 다음과 같이 결합된 방식으로 나타낸다.

- 그것은 다섯 가게가 야채 시장의 대부분을 점유하고 있음을 보여준다.

그래프에서 이상한 점을 찾을 때, 학생 응답들에서 인식의 여러 수준들이 나타났다. 어떤 학생들은 전달문의 통계적 특징에 초점을 맞추지 못하지만 그들이 무엇을 알아냈는지를 상세히 나타내기도 하며 그래서 무엇이 중요한지를 결정하는 문맥안에서 교실 토의를 위한 것들에 주목한다.

- 모든 여러 가지 모양들이 삽입되었다.
- “다른” 가게들이 무엇인지를 알려주지 않는다.
- 그것은 모두 21.2, 13.3, 28.5, 61.2와 같은 소수들이다.
- 검은 부분.
- 왜 Woolworths만 별을 갖고 있고 다른 것들은 안 갖고 있는지를 알 수 없다.

이 다양한 응답들은 관련 없는 주제들과 중요한 것을 구별하는 기법을 개발할 필요성을 보여줄 뿐만 아니라 학생들이 자신의 그래프 작성에서 사소한 오류를 어떻게 피해야 하는지를 알려준다. 통계적 전달문에 초점을 맞추지만 중요한 것은 빠뜨리는 응답들이 더 높은 수준에 있다.

- Coles는 가장 작은 시장점유율을 가진 가게 중의 하나이다.
- 제목이 적절하지 않다.
- 어떤 것은 다른 것들보다 더 크다.

마지막 응답은 이런 형태에서 가장 많이 제시되는 것이다. 통계적으로 부적절하면서 그래프에서 이상한 점을 학생들이 두 가지 방식으로 알아낸다.

- 그것에서 기타가 61.2%를 차지하며 원에서 그 영역의 백분율은 50%보다 작다.
- 백분율이 합해서 128.5나 된다. 그것은 100과 같아야 한다!

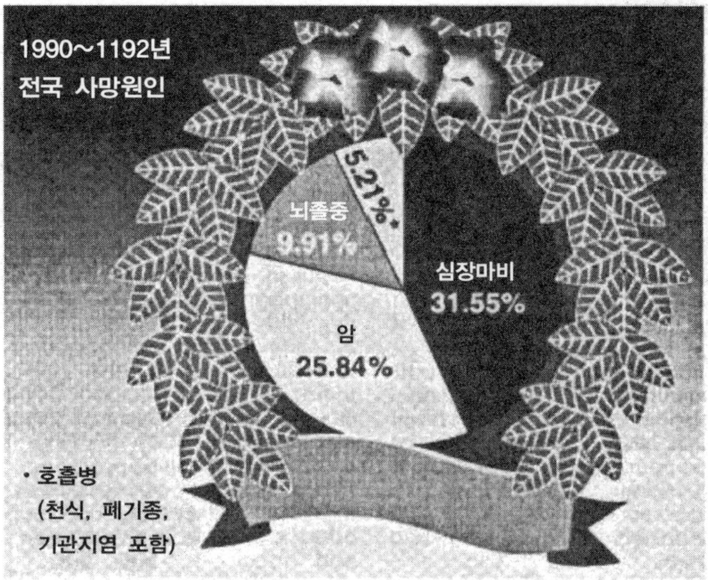

그림 3.19 대중매체에서 제시된 권위있는 원그래프. Melbourne의 The Age 신문사의 허락을 얻어 사용.

위에서 처음 응답은 백분율의 부분 — 전체 특징 및 원그래프의 시각적 모습과 잘 연결되며 두 번째 응답은 전체가 100%이어야 하는 것을 직접적으로 주목한다. 이 그래프에서 오류는 대부분의 수학 교사들에게 놀랄만한 것이지만 그래프 전체에 대한 해석이라는 과제는 "옳음 — 틀림" 평가라는 덧셈 문제 이상이다. 여기서 보여주듯이, 많은 주제들이 학급 토의를 위하여 제시되었다.

대중매체의 원그래프의 대부분의 오류들은 "높은" 쪽으로 나타나지만, 때때로 그림 3.19처럼 100%보다 작게 나타난 예들이 제시되기도 한다. 그림 3.19에서는 죽음의 원인들이 다 합해서 72.51%만 된다.[28] 최근에 원그래프를 어떻게 그리는지를 배우고 그 과정을 설명할 수 있는 학생들조차 대중매체의 문맥의 경험을 하지 않은 채로 단지 $\frac{1}{3}$만 그 그래프에서 오류를 찾아낸다.[29] 원그래프가 교실에서 자료를 나타내기 위한 기법으로 소개되자마자 원그래프를 사회적 문맥 및 대중매체에 나타난 예들과 연결하도록 하는 것이 필수적이다.

3.8

그래프 해석: 점쌓기 도표

대중매체에 나타난 그래프를 비판적으로 해석하는 것이 학생들이 학교를 마칠 때 가져야 할 통계적 소양의 목표라면, 포함된 주제를 알도록 하기 위한 출발점은 무엇인가? 한 가지 접근은 상대적으로 이해하기 쉬운 그래프를 이용하여 시작하고 직접 작성해 보는 것이다. 그런 한 가지 예가 점쌓기 도표인데 최근 몇 년 동안에 많은 교육과정 소재 및 문서에서 도입되었다.[30] 그림그래프와 막대그래프 또는 히스토그램, 점들 또는 X들의 쌓기, 수평축에서 관찰된 각 값에 대한 그래프 간의 변화는 수직축에 대한 필요성을 없앤다. 따라서 학생들은 자료 집단과 연관된 빈도 분포의 시각적 효과를 가진 수평축의 척도에 주목할 수 있다.

학생들이 점쌓기 도표를 해석하게끔 도와주는 과제들은 그래프의 표준 형태를 고려할 뿐만 아니라 적절한 변형을 판단할 때 비판적 기술들이 나타나도록 도울 수 있다. 그림 3.20의 점쌓기 도표는 한 학급 안의 학생들의 가족들이 그들의 도시에서 살아온 연도 수에 관하여 보고한다.[31] 그래프를 학생들이 해석할 때 이런 관찰된 여러 수준의 복잡함이 있는데 예를 들면 잘못 이해함, 특정 값을 읽도록 하기, 값들을 대조하기, 자료 사이의 전체 관련성을 관찰하기와 같은 것들이다. 그림 3.21의 점쌓기 도표는 그림 3.20의 그래프를 변형한 것이다. 그리고 수평축은 자료 집단에서 실제로 나타나는 값들만을 포함한다. 모든 값들을 포함할지라도 분포의 시각적 모양이 아주 다르다. 학생들이 두 그래프를 비교하고 대조하면서 이후에 편의에 관한 더 난해한 모양을 가진 그래프에 적용할 수 있는 비판적 사고를 위한 기초를 닦을 수 있다.[32]

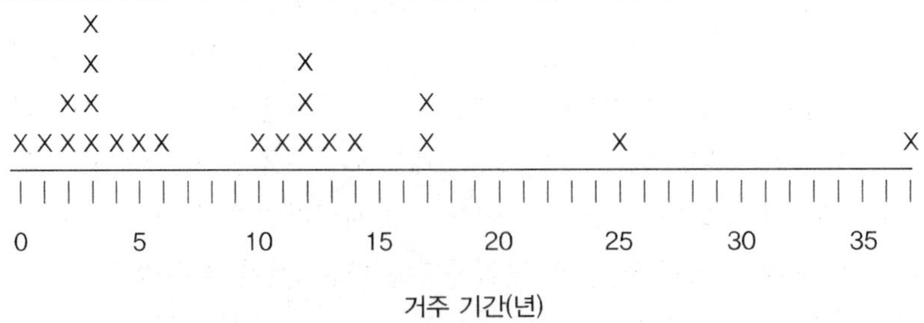

그림 3.20 학급 학생들의 가족이 그 도시에서 몇 년 동안 살았는지에 관한 척도화 된 점그래프

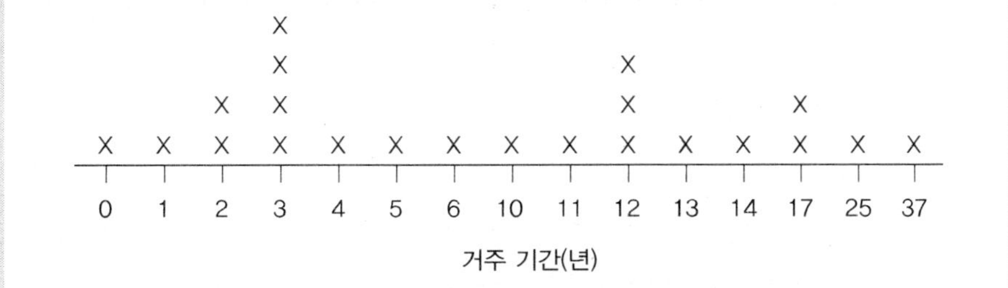

그림 3.21 학급 학생들의 가족이 그 도시에서 몇 년 동안 살았는지에 관한 척도화 되지 않은 점그래프

두 그래프를 보면서 학생들이 말하도록 할 때, 두 그래프에 대하여 학생들이 하는 응답에서 매우 큰 차이가 있는 것은 아니다. X들로 나타낸 빈도가 수평축에 나타난 수들과 혼동되기 때문에 또는 이름표가 무시되기 때문에 전달문을 잘못 해석하는 학생들이 있다.

- 3이 가장 큰 가족이다. [그림 3.21]
- 그 가족이 가장 크지만 시간이 흐르면서 그들은 줄어들었다. [그림 3.20]
- 대부분의 사람들은 1년 동안 여기서 살았다. [그림 3.21]

다음 수준에서 많은 학생들은 X들의 개별적으로 쌓인 것들에 표현된 자료의 최소 한 가지 모양에 대하여 정확하게 보고할 수 있다.

- 한 사람은 1년 이상 그 도시에 살지 않았다. [그림 3.21]
- 어떤 사람은 10년 동안 거기에 머물렀다. 그리고 어떤 사람은 1년 동안 거기에 머물렀다. [그림 3.20]
- 12년은 3년보다 하나 적게 가졌다. [그림 3.21]

위의 세 번째 응답은 X들과 이름표를 정확하게 읽었지만 그 도시에 살고 있는 가족들에 관한 문맥까지 정보를 연결시키지 못하였다. 이것은 그래프를 해석할 때 토의를 위하여 중요한 점이다.

X들의 쌓인 것 이상으로 정보를 요약하기는 가장 큰 빈도 또는 가장 극단값에 초점을 맞출 수도 있다.

- 많은 사람들이 여기서 3년 동안 있었다. [그림 3.21]

- 많은 사람들이 여기서 오랫동안 있었던 것은 아니다. [그림 3.20]

요약하기는 많은 값들과 분포의 모양을 설명할 수도 있다.

- 더 많은 가족들이 약 $\frac{5}{4}$년 정도 그 도시에 살았다. 그렇지만 10에서 15년이 아주 일반적이다. [그림 3.20]
- 대부분의 인구가 0-6년 동안 그 도시에 살았다. [그림 3.20]
- 많은 사람들이 지난 몇 년 동안에 이사 왔다. [그림 3.20]
- 대부분의 사람들은 13년 보다 적게 거기에 거주하였다. [그림 3.21]

덩어리 또는 경향을 고려한 요약문들이 또한 문맥과 관련된 사색을 더 포함하기도 한다.

요약하기는 많은 값들과 분포의 모양을 설명할 수도 있다.

- 그들은 두 집단으로 왔다. 그것은 살기에 큰 도시라고 누군가가 말하였을 때일 것이다. [그림 3.20]
- 아마도 인구의 "유행"이다. 짧은 시간 동안에 극적으로 인구가 늘었으며 그리고 정체되었다. [그림 3.20]
- 단지 두 사람만이 거기에서 20년 넘게 살았기 때문에 대부분의 사람들에게 그것은 아주 새로운 도시라고 말할 수 있다. [그림 3.20]

두 그래프에 대한 해석이 비슷하지만, 더 많은 학생들이 적절하게 척도화 된 그래프를 설명할 때 집단에 관한 언급을 하는 경향이 있다. 그래프의 시각적 모양이 주어졌기 때문에 이것은 놀라운 결과는 아니지만, 교실 토의의 특징이어야 한다. 만일 학생들이 자료 집단에 관한 이야기를 하기 원한다면 적절한 척도화는 필요하다.

학생들이 두 그래프 사이의 차이를 설명하도록 하여도 많은 학생들은 같은 자료가 각각에서 나타내어졌음을 알지 못하였다.

- [그림 3.20]에서 자신의 도시에 사는 사람들이 [그림 3.21]의 그런 사람들보다 더 적다.

- [그림 3.21]은 2년 후의 미래까지 더 보여준다.

아주 많은 학생들이 정당화 없이 일반적인 미적 모양 또는 개인적 선호도에만 주목한다.

- [그림 3.20]은 [그림 3.21]보다 읽기가 훨씬 어렵다.
- [그림 3.20]은 집단들 안에 있다. [그림 3.21]은 퍼져 있다.

어떤 학생들은 배치에 관하여 더 정확하게 이야기 한다.

- [그림 3.20]은 5씩 올라갔다. [그림 3.21]은 사이에 있는 수들을 빠뜨렸다.
- [그림 3.20]은 5씩마다 표시되어 있기 때문에 대다수가 그 도시에 얼마 동안 살았는지를 말하기가 더 쉬운데, 그 대다수는 0년에서 5년까지 살았다.

몇 학생은 그 자료가 척도만 다르고 다 똑같음을 알았다.

- [그림 3.20]은 표시가 빈 곳이 있지만 [그림 3.21]은 그렇지 않은 것만 빼고는 차이가 없다.
- [그림 3.21]은 사용되고 있지 않은 연도들을 생략한다. 두 그래프 모두 같은 정보를 보여준다. (차이 없음.)

어떤 그래프가 이야기를 더 잘 전하는지를 학생들에게 물어 보면, 학생들은 대체로 네 가지 수준의 응답들을 나타낸다. 많은 학생들은 그들의 생각을 구성할 수 없거나 특이한 이유를 제시한다. 대략 같은 비율의 학생들이 어떤 그래프가 더 좋다고 하면서 읽기에 "더 쉽다"고 하거나 그래프를 잘못 읽어서 어떤 이유를 제시한다. 이렇게 변환하는 경우에 그림 3.21은 그림 3.20을 선택하는 것보다 통계적으로 적절하지 못하다. 적은 수의 학생들이 통계적으로 적절한 이유를 제시하면서 그림 3.20을 선택하였다.

- [그림 3.20]이다. 왜냐하면 그것은 더 시각적이고 각 가족이 거기에 얼마나 살았는지에 관하여 더 정확하게 그 시간 차이를 알 수 있도록 해 준다.

학급 토의에서 학생들은 그림 3.21의 그래프가 "틀렸다"고 인정하기를 주저하는 것 같다. "옳음"과 "틀림"이 여기의 중요 주제는 아니고 그림 3.21이 대체로 거의 같은 정보를 전달한다. "그것이 이야기를 얼마나 잘 전하는지"에 관한 주제는 통계학이 무엇인지와 관련되며, 이를 통하여 그림 3.20의 그래프가 이야기를 더 잘 전하기 때문에 통계적으로 적절함을 학생들이 인식하는 데 도움이 될 수 있고, 그것은 결국 이런 종류의 과제를 수행할 때의 목표이다. 중학교에서 그래프에 관한 일반적인 경험은 학생들이 척도가 나타난 그래프를 처음으로 공부할 때에 그것을 인식하는 것에 도움이 될 것 같다.[33]

3.9 자료 재표현과 편의

그래프에서 편의는 그래프 해석에 관한 절에서 이미 말하였다. 학교 교육과정의 목표가 학생들이 자신의 변형을 편의되지 않은 모습으로 제시할 뿐만 아니라 충분히 비판적인 사고를 통하여 다른 사람의 그래프에서 편의를 찾을 수 있도록 하는 것이라는 점에서 자연스럽게 이미 다루어졌다. 그런데 편의가 학생 활동의 일부로서 발생하였다면 반에서 편의를 토의할 기회를 가질 수 있다. 특히 한정된 이전 경험을 가진 학생들에게 재표현을 하라고 할 때, 편의가 무심코 나타날 수 있다. 그런 상황은 3.3절에 도입된 16개의 자료 카드에 기초한 활동과 같은 과제가 사용될 때 발생할 수 있다.

발견되었거나 여러 변수들 사이에 존재한다고 믿는 결합을 표현하려고 할 때, 어떤 자료 집합을 가장 큰 값으로 표현하면서 그것을 단순화 하는 것이 편리할 수 있다. 이것은 그림 3.22의 막대그래프에서 이후에 할 절차이다. 주어진 자료 집합(3장의 부록 참고)에서 학생 16명의 좋아하는 활동 각각에 대하여 일주일 동안에 먹는 간이음식 섭취의 최대 횟수를 그림 3.22에 나타내었다.[34] 그런데 그래프에 첨부된 설명은 각 집단에 대하여 어떻게 표현된 값들이 선택되었는지를 표시하지 않고 대신에 "TV를 시청하는 사람들은 다른 사람들보다 더 많이 먹고 스포츠를 하는 사람들도 그 보다는 못하지만 간이 음식을 많이 먹는다."라는 주장

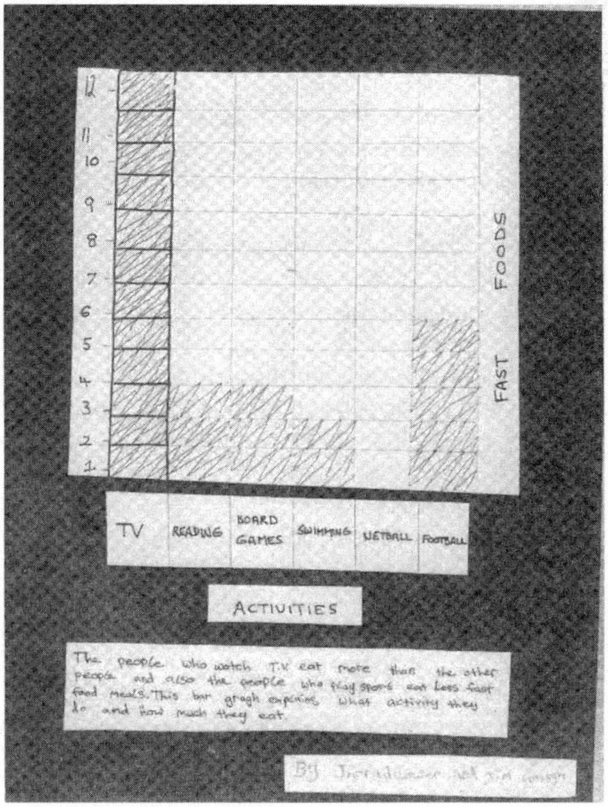

그림 3.22 간이 음식 섭취와 좋아하는 활동에 대하여 작성된 편의된 막대그래프

을 한다. 초등학교 상위 수준에서도 학생들은 그런 변형에 잠재된 어려움을 논의할 수 있어야 하며 대안을 제시할 수 있어야 한다. 그런 사건들은 실수로 하든 고의로 하든 부정확한 재표현이 일상 사회 환경에서 통상 있는 것임을 학생들이 알도록 하기 위한 대중매체의 사례로 관심을 옮기기 위한 기회 및 동기부여를 또한 제공한다.

3.10

포함된 의미와 권고사항

자료 재표현은 통계 탐구의 필수적 요소 중의 하나이다. 그것이 시작점은 아니지만 적절한 자료 수집 및 표본추출에 기초를 둔다. 그리고 그것은 탐구의 자료 절감 단계로 안내한다. 이런 방향으로의 움직임을 밀집 및 산포를 주목하는 것처럼 그래프에 관하여 요약문이 만들어지기 시작할 때 나타난다. 그림 3.1에 나타난 다른 많은 연결들은 그래프로 나타내기가 수학교육과정의 많은 다른 기법을 사용하고 강화하는 것 둘 다임을 나타낸다. 작성 및 해석의 이원적 역할은 필수적이며 둘 다를 강화하는 방식으로 개발 될 수 있다. 그래프를 작성하는 것은 학생들이 해석한 그래프에서 관찰한 요소를 학생들이 알도록 만드는 것이다. 다른 사람들의 그래프를 비판적으로 판단하는 것은 학생들 자신의 의미 있는 재표현을 작성하는 배경지식으로 작용하여야 한다. 자료 재표현이 발생하고 편의가 자연스럽게 나타나는 문맥을 마음속에 간직하는 것은 얻은 결과의 품질에 영향을 주어야 한다. 이 장의 시초에 언급한 것으로 돌아가면 "훌륭한 그래프 속임수 탐지기"는 통계 교육과정의 목표이다.[35]

자료 재표현이 통계적 소양 형성이라는 전체 목표에 공헌하는 바는 1장에 소개된 삼 단계의 통계 소양 체계를 참고하여 알아 볼 수 있다. 그래프를 작성하는 것과 관련된 첫 번째 수준의 기법의 초기 형성은 많은 해 동안의 학교생활 속에서 발생하며 이 장의 앞 절에서 봤듯이 수학교육과정의 많은 다른 주제들을 이용한다. 그림그래프에서 점쌓기 도표 및 히스토그램, 두 변수의 산점도로 옮아갈 때, 구조적 복잡성이 증가하기 때문에 교사의 많은 준비와 교실에서 많은 논의가 요구된다. 그림그래프 또는 점쌓기 도표에서 빈도들은 "셀 수 있다." 히스토그램에서 척도는 빈도를 읽기 위하여 필요하다. 원그래프에서 전체의 일부들은 백분율 또는 분수 형태로 대개 이야기를 전달한다. 시계열 그래프들은 일변수에서 이변수 재표현으로 변환된다. 학생들이 두 좌표를 가진 한 점의 연결을 만들 필요가 있을 때 산점도가 가장 어려운 많은 방식으로, 두 변수를 나타내는 두 좌표들이 한 점으로 나타내지는 단일 개체로 표시된다. 통계 소양의 두 번째 및 세 번째 수준을 도입하기 전에 그래프의 모든 부분을 통달하기는 가능하지 않음이 확실하다. 필요한 것은 문맥에 놓일 그래프 형식을 정하는 것이다.

그래프 기법을 발달시킬 때 또 다른 중요한 특징은 엄격한 규칙 없이 학생들 자신의 그래프를 작성하기 위한 기회를 학생들에게 주는 것이다. 예를 들어 연결 블록 또는 사람그래프같이 지필 상황이 아닌 출발점을 사용하는 것이 활동지의 격자에 있는 상자 안을 채우는 것보다 학생들을 위한 더 의미 있는 연결을 창조할 수 있다. 그림 3.5(a)와 (c) 그리고 그림 3.13의 그래프들은 통계학자들이 사용하는 전통적인 것을 정확하게 따라가지 않고 학생들이 의미 있는 재표현을 할 수 있음을 나타낸다. 그림 3.22에서 나타났듯이, 이따금 나타나는 편의조차도 편의의 의미 및 그것을 어떻게 피하는지를 강조하면서 그래프 작성자 및 그 반의 다른 구성원들 모두에게 유용할 수 있다. 학생들이 자체적으로 창조한 그래프의 주인이라는 자부심은 그들이 쓰거나 구두로 제시한 요약에서 대개 명백하며, 이 동기부여된 주제는 학생들이 통계 소양의 상위 수준으로 발전하도록 격려할 때 매우 중요하다.

문맥 없는 그래프들은 매우 빨리 흥미를 잃게 된다. 그림그래프의 위대한 특징 중의 하나가 그 자체의 특징에 의하여 문맥에 묶인다. 좋아하는 과일 또는 친척수와 같이 교실에서 이야기를 문서화하기 위하여 어린 시절에 그것을 도입하는 것은 학생 시절에 그래프에 대한 기대되는 목표를 달성하기 위하여 매우 도움이 된다. 그래프에 관한 기술이 문맥과 떨어져 있을 때 불행하다. 자료 취급의 모든 요소를 필요로 하는 교실 탐구에 포함되기 때문에 교육과정은 다시 문맥에 관한 연결과 필요할 때 그래프 기술의 학습을 위한 동기를 창조한다. 의미있게 전달되기 위하여 문맥과 그래프 재표현이 이해되어야만 하는 대중매체 보고서에 기초한 활동을 포함하는 것은 두 번째 수준의 기법을 만들기 위하여 필수적이다. 많은 경우에 그런 활동들은 과학적 또는 사회적 이해를 포함하여 교육과정을 넘어서 끝날 수 있다.

다시 표본추출에 관하여 통계 소양 체계의 세 번째 수준으로 움직이기는 학급동료 또는 대중매체에 의하여 제시된 주장에 의문을 가질 수 있도록 문맥 및 변형 형태에 대한 충분한 이해를 필요로 한다. 모든 그래프가 입증되기까지 의문을 갖거나 비판적으로 바라보는 발견적 사고가 목표이다. 사용자가 원하는 것을 모두 만들어내는 소프트웨어 패키지로 작업하기는 학습자가 잡동사니에서 유용한 변형을 구분하기에 도움이 될 수 있다. 그런데 그래프 패키지가 의미는 없지만 보기에 좋은 그래프를 만들기로 악명이 높기 때문에 이것은 어떤 비판적 기법을 갖고 수행되어야 한다. 소프트웨어 패키지가 더 사용자 친화적이고 아주 어린 아이들도 사용하기에 적합해지는 시대에, 경계의 목소리도 있어야 한다. 학생들은 자신의 그래프를 창조하는 경험이 여전히 필요하다. 이에 대하여 두 가지 이유가 있다. 초중등학교 시절에 학생들은 자신의 자료의 이야기를 전하기 위한 자신의 재표현을 창조하도록 격려되어야 한다. 그 일부는 틀에 얽매이지 않지만 좋은 그래프일 수 있다. 이런 초기의 시도로부터 연결들이 대체로 만들어질 수 있고 경험이 매우 의욕을 유발할 수 있다. 컴퓨터 스크린에 나타난 모양은 제한이 있다. 두 번째 이유는 그래프에 사용된 기호에 학생들이 의미를 연결하고 이름표를 붙이는 것에 그리고 척도를 (적절하게) 정하는 것에 연습이 필요하다는 것이다. 이것은 그것을 하는 것, 그래프를 만드는 것에 의하여 더 빠르게 그리고 철저하게 강화될 수 있다. 그렇다고 학생들이 항상 자신의 그래프를 그려야만 한다는 것은 아니다. 균형이 중요한 요소이며 이것은 교사에 의하여 자신의 반의 준비 정도를 판단하기 위하여 주의 깊게 관찰하여 결정되는 것이 가장 좋을 것이다.

다른 두 가지 형태의 그래프가 점차 증가하는 인기로 인하여 언급될 가치가 있다. 그 중 첫 번째는 줄기잎그림이다. 이 그래프는 이야기를 전달하기 위하여 수를 시각적으로 제시하면서, 표와 그래프 사이의 전이를 보여준다. 그것은 자릿수 체계의 이해와 긴밀하게 연결되며 그 그래프의 효과적 사용은 자료의 분포가 자료 집합에서 수들의 "자리"에 어떻게 반영되는지에 대한 판단에 좌우된다. 그 그래프의 줄기는 자료의 전체 범위에 대한 자리를 나타내며 잎은 자리에서 자세한 변이 또는 오른쪽의 자리를 나타낸다. 기본적 예는 0과 100 사이의 값을 가진 자료 집합에 기초하며, 줄기가 십의 자리 수를, 잎이 일의 자리 수를 타나낸다. 그러나 확실한 자료 집합은 그런 모델에 들어맞지 않고 분포를 적절히 나타내기 위하여 줄기를 어떻게 정의할지를 주의 깊게 계획할 필요가 있다. 도입부에서 교사들은 그런 결정을 하여야 하며 점차로 학생들은 그런 기법을 개발시킨다. 어린 아이들이 자릿값을 이해할 수 있으면 줄기잎그림이 그들에게 도입될 수 있으며 수학교육과정의 다른 곳에서 자릿값 이해를 강조한 것은 줄기잎그림 등에 중요하기 때문이다.[36]

줄기잎그림과 점쌓기 도표 사이의 연결은 가까운데, 전자는 이산적인 뭉치로 자료를 구별하는 것이고 후자는 연속적인 수직선 척도를 사용한다. 줄기잎그림을 수직으로 90° 돌려서 그 줄기가 수평축에 있도록 하는 것은 두 개의 변형을 비교하고 대조하기가 가능하도록 만든다. 이것은 두 변형의 목적을 학생들이 잘 이해하는지를 탐구하기에 좋은 연습문제이다.

인기를 얻고 있는 다른 형태의 재표현은 사실상 자료 집합의 가장 완전하고 상세한 묘사로서의 그래프로부터 자료를 한 값으로 요약하거나 줄이는 통계량까지 변화한 것이다. 상자그림은 순서가 있는 자료 집합에서 다섯 주요 요약 즉 최솟값, 최댓값 중앙값, 하위 절반의 중앙값, 상위 절반의 중앙값에 기초한다. 이런 다섯 표시는 자료 집합을 네 개의 같은 빈도를 가진 부분으로 나눈다.[37] 상자 그림의 흥미있는 특징은 전체 척도와 자료집합의 한계와 관련된 그 부분의 "모양" 이다. 그 상자는 중앙에 표시가 있으며 자료의 가운데 절반을 포함하고 수염 모양의 선이 상자의 양쪽 끝에서 나와서 자료의 양 극단값까지 연결된다.(수염의 상세한 정의는 여러 가지인데 여기서는 논의하지 않는다.) 상자의 "작은" 부분, 절반 부분은 상자의 다른 부분과 비교할 때, 그 안에 자료 점들의 더 큰 밀도를 가진다. 이런 반대되는 관계는 수학교육과정에서 학생들에게 어려운 분야와 연관된다. 이해를 강화하기 위하여 많은 경험과 토의가 필요하다. 상자그림이 그래프 변형으로부터 요약 통계량까지 변화를 나타내기 때문에, 그 다섯 요약은 자료 집합 내의 값들의 분포에 관하여 전체는 아니지만 많은 것을 전달한다. 중간에 있는 수는 중앙값인데 이것은 다음 장에서 다룰 대푯값 중의 하나이고 반면에 다른 네 수는 산포와 관련된다.

줄기잎그림과 상자그림이 학교에서 많이 다루게 되었고 특히 상자그림은 학생들의 평가 결과를 보고할 때 많이 이용되지만, 아직 대중매체에서 흔히 볼 수 있는 것은 아니다. 그것들의 통계 소양과의 연결은 그런 점에서 아직 긴밀하지 못하다. 그렇지만 시간이 흐르면 그 그래프들은 분명히 많이 사용될 것이며 학생들은 그것을 사용하는 위험도 알 필요가 있을 것이다. 그 위험이란 척도를 과장하거나 자료가 그래프 보고자의 편의에 부합하도록 줄기 및 잎을 위한 "자리"를 선택하는 것이다.

학생들과 함께 다양한 그래프 형태를 갖고 활동하는 것은 그래프와 관련된 수학적 개념과 기법 사이의 연결을 알게 해 준다. 또한 그것은 전해야 할 메시지를 잘 나타내기 위하여 어떤 그래프의 형태가 도움이 될지에 관한 인식을 개발하는 데 도움이 된다. 점쌓기 도표 또는 상자그림에 대한 경험이 거의 없는 교사와 활동한 일화에서 그 교사는 많은 그래프 기법에 관하여 주의하지 않고 점쌓기를 이용하여 자료를 시각적 형태로 직접적이고 재빠르게 바꾸는 편리성을 인정함을 알 수 있다. 그러고 나서 상자그림을 구체적으로 도입하는 한 가지 방법으로 그런 재표현을 사용하는 것은 중앙값을 찾기 위한 복잡한 식을 사용해야 함이 없이 중앙값의 아이디어를 강화하도록 돕는다. 자료의 중앙은 점쌓기 도표에서 X들을 세어서 찾을 수 있고 비슷한 방법으로 상위 또는 하위 절반의 중앙값도 세어서 찾을 수 있다. 이것은 사분위수에 대한 이산적인 접근 방식이다.

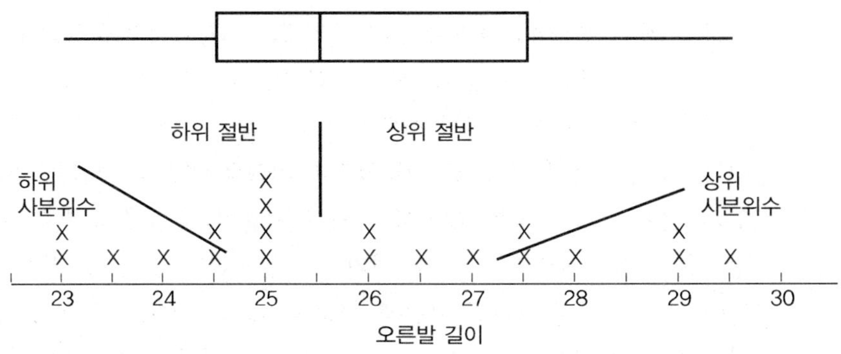

그림 3.23 점쌓기 도표 및 그것과 연관된 상자그림

그림 3.23에 제시된 자료집합의 값들은 20명의 오른발 길이를 센티미터로 나타낸 것이다. 양쪽 끝에서 10개의 값을 세면 그 자료집합의 중앙은 25와 26cm 사이에 있음을 알 수 있다. 상위 또는 하위 절반에서 양쪽 끝으로부터 다섯 번째 값이 같은데 그 이유는 자료값이 중복되기 때문이다. 따라서 자료 집합의 하위 사분위수는 24.5이고 상위 사분위수는 27.5이다. 이 자료 집합의 경우 전체적으로 또는 각 반쪽에서 짝수 개의 값들이 있고 자료집합에서 중앙값이 한 개가 아닐 때 그것을 어떻게 결정할지를 논의할 기회가 생긴다. 그림 3.23에서 보듯이 그런 값들을 위에 설명하고 또는 앞에 나온 문자를 지워서 극적으로 표시하는 것은 자료 집합의 네 개의 사분위수를 보여주는 것이며 가운데의 절반이 표시되어서 직사각형으로 그려졌다. 점쌓기 도표 위에 정확하게 상자그림을 그린 것은 그것을 만들 때 사용된 다섯 값을 강조하며 상자그림에서 여전히 유용한 원래 자료 집합의 특징들을 보여준다. 이러한 두 변형을 모두 이용하기의 주요 장점은 상자 안의 영역과 수염의 길이에 해당하는, 점쌓기 도표에서 값들의 밀도를 논의할 기회를 주는 것이다. 그 자료집합의 가운데 절반의 아이디어는 자료집합의 상위 그리고 하위 절반을 처음 고려하면서 상자가 만들어졌기 때문에 또한 중요하다. 이런 형태의 변형은 교사가 칠판 위에서 만들기에 쉽고 또한 학생들이 원한다면 다시 만들기도 쉽다.

대중매체에서 새로운 재표현들이 나타나기를 기다리는 동안에, 신문에 제시된 막대그래프를 이용하여 비판적인 통계 소양 기법을 발달시킬 기회가 여전히 많다.[38] 신문의 그래프의 아마 가장 흔한 오류는 높이의 변이를 가능한 크게 만들기 위하여 수직축을 잘라내는 것이지만,[39] 그림 3.24의 두 그래프는 초등학교 상위 학년에서 학생들과 함께 사용하기에 좋다.

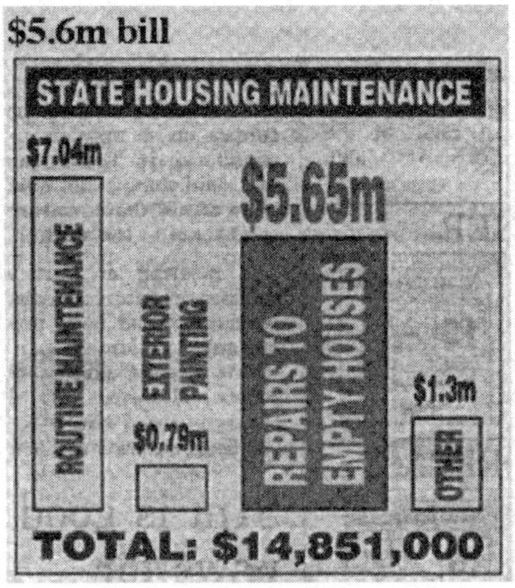

(a) 넓이 오류

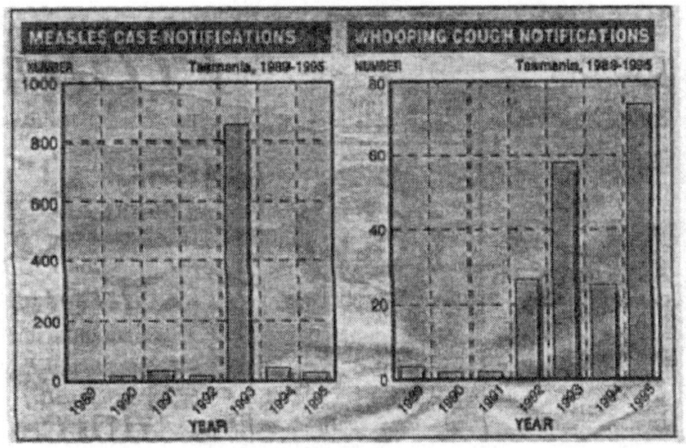

(b) 척도에 관한 이상한 비교

그림 3.24 토의를 위한 신문 그래프들. Tasmania, Hobart의 Mercury 신문사의 허락을 받아 사용함.

의미와 이상한 점에 초점을 맞추어서 그림 3.17의 전화기 그래프에 대한 처음 두 질문과 같은 질문이 사용될 수 있다. 그림 3.24(a)의 그래프[40]에서 두 배 굵기의 막대의 시각적 모양에 비공식적으로 주목하는 것 외에 직사각형의 면적을 탐구하고 그것을 더하고 그리고 포함된 돈의 일부를 가진 각 막대에 나타난 명적의 분수를 비교하면서 비율, 비례, 그리고 부분—전체 관계에 연결이 이루어질 수 있다. 이런 그래프적 통합의 주제는 상당히 자세히 그리고 Edward Tufte에 의하여 많은 예들이 다루어진다.[41] 그의 매력적인 설명을 능가하기는 어렵다. 그림 3.24(b)의 두 그래프는[42] 개개가 아주 잘 그린 것이지만 오류를 일으킬 수 있는

옆으로 나란히 놓은 그들의 위치가 문제이다. 왜 그것은 거기에 놓였는가? 왜 그것들은 그와 같이 놓였는가? 홍역 및 재채기에 관하여 그 기사는 무엇을 강조하여 전달하는가?

토론자들은 그림 3.21과 같은 그래프를 논의할 때 학생들은 매우 고무되었으며 학생들은 자신의, 신문의, 텔레비전의, 그리고 인터넷의 예들을 찾는 것에 동기 부여될 수 있다. 어떤 학년 수준이든지 학생들은 대중매체로부터 오류를 가진 그래프를 나에게 가져올 때, 나는 우리가 통계 소양 체계의 세 번째 수준 목표와 비판적 질문하기를 향한 진보를 이루었다. Edward Tufte는 거짓 탐지기가 적절한 곳에 있다고 말하였을 것이다.

부록

이름	나이	좋아하는 활동	눈의 색	몸무게 (kg)	간이음식을 일주일 동안 먹는 횟수
David Jones	8	TV	Blue	30	7
Brian Wong	9	Football	Green	26	1
John Smith	10	Football	Green	29	0
Adam Henderson	12	Football	Blue	45	5
Andrew Williams	14	TV	Blue	60	10
Peter Cooper	16	Board games	Green	54	2
Scott Williams	17	TV	Blue	65	8
Simon Khan	18	TV	Brown	74	12
Rosemary Black	8	Netball	Brown	24	0
Jennifer Rado	9	Board games	Green	33	4
Anna Smith	11	Board games	Brown	32	1
Kathy Roberts	12	Netball	Brown	32	0
Mary Minski	13	Reading	Green	55	3
Dorothy Myers	15	Swimming	Blue	50	2
Sally Moore	17	Reading	Brown	56	1
Janelle MacDonald	18	Reading	Blue	66	4

참고문헌

1. Tufte (1983, p. 53).
2. Palmer & Krathwohl (1921, Chapter X).
3. National Council of Teachers of Mathematics (2000, p. 163).
4. Australian Education council (1991, 1994a); Department for Education (England and Wales) (1995); Ministry of Education (1992); National Council of Teachers of Mathematics (1989, 2000).
5. Bereska, Bolster, Bolster, & Scheaffer (1998, 1999); National Council of Teachers of Mathematics (2000).
6. Konold & Higgins (2002); Konold, Robinson, Khalil, Pollatsck, Well, Wing, & Mayr (2002).
7. Leinhardt, Zaslavsky, & Stein (1990).
8. Curcio (1987, 1989).
9. Bright & Friel (1998); Friel, Bright, & Curcio (1997); Friel, Curcio, & Bright (2001).
10. Beichner (1994); Brasell & Rowe (1993); Roth & McGinn (1997).
11. Bryant & Somerville (1986); Wainer & Velleman (2001).
12. Pereira-Mendoza (1995); Pereira-Mendoza & Mellor (1991).
13. Ross & Cousins (1993a, 1993b).
14. Konold & Higgins (2002, 2003); Konold, Robinson, Khalial, Pollatsek, Well, Wing, & Mayr (2002).
15. Watson & Moritz (2001a).
16. 대괄호는 면담자가 제시한 질문이나 덧붙여지는 비언어적 정보를 나타낸다. [···]는 생략된 언급을 나타내며 ··· 는 학생이 잠시 가만히 있는 것을 의미한다.
17. National Council of Teachers of Mathematics, *Standards* (1989).
18. Australian Education Council (1991); National Council of Teachers of Mathematics, *Principles and Standards* (2000).
19. Chick & Watson (2001); Watson & Callingham (1997); Watson, Collis, Callingham & Moritz (1995).
20. Chick & Watson (2002).

21. Crawford (1991); Watson (2000b).
22. Chick & Watson (2002).
23. O'Keefe (1997).
24. Watson & Moritz (1999c).
25. Haley (2000); Watson & Chick (2004).
26. "The longer your overseas call" (1993); Moriz & Watson (1997a).
27. Watson (1997a); Webb, O'Meara, & Brown (1993).
28. Farouque (1994).
29. Watson (1999).
30. Bereska, Bolster, Bolster, & Scheaffer (1998, 1999); National Council of Teachers of Mathematics (2000).
31. Konold & Higgins (2002).
32. Watson & Kelly (2002d).
33. Watson & Kelly (2002d).
34. Watson & Callingham (1997).
35. Tufte (1983).
36. Dunkels (1988).
37. Dossey, Giordano, McCrone, & Weir (2002); Landwehr, Swift, & Watkins (1987).
38. *Mercury* Web site—Numeracy in the News; ink.news.com.au/mercury/mathguys/mercindx.htm
39. Rosato (2002).
40. De Cesare (1996).
41. Tufte (1983, Chapter 2).
42. Rose (1994).

CHAPTER 04

대푯값
- 그것은 우리에게 무엇을 알려주는가?

왜 통계학자들이 보통 자신의 관심을 대푯값에만 제한하고 더 깊이 있는 관점을 즐기지 않는지를 이해하기는 어렵다. 그들의 정신은 우리의 평평한 영국 땅 중의 한 곳에 사는 원주민의 정신만큼 다양한 매력에 둔감한 것 같다. 그들의 스위스에 대한 회고는 그 곳의 산이 그 곳의 호수에 던져질 수 있다면 두 개의 귀찮은 것이 즉시 없어질 것이라는 것이다.[1]

4.1

배경

골턴은 20세기의 초입에 위와 같은 관찰을 하였고 그의 비평은 한 세기에 걸쳐 많은 수학 교실에 적절한 것으로 지속되었다. 그러나 그가 예측할 수 없었던 것은 대표성에 관련된 다양한 조건을 설명하기 위하여 폭넓은 사회적 맥락에서 일반적으로 널리 사용되는 대푯값(average)2)이라는 용어의 적절함이었다.

영어에서 대푯값(average)이라는 단어는 구어체의 "평범한"이라는 것으로부터 수학 시간에 배우는 산술평균 및 기하평균에 관한 알고리즘까지 많은 함축을 갖고 있다. 대부분의 고등학교 수학 교사들에게 산술평균과 대푯값의 결합은 그들의 배경 및 교육과정에서 평균의 역사를 반영하지만 학생들의 일상과의 연결은 반영하지 않을 것 같다. 산술평균은 학교 수준에서 채택된 주요 요약 통계로서 기본이라고 자리 잡고서 가지각색의 역사를 갖고 있다. 그러한 이유로 인하여 평균은 통계 탐구 절차의 자료 절감 측면을 다룬 장에서 논의의 중심이 된다. 이것은 자료의 복잡함을 줄이기 위한 다른 아이디어들이 관련되지 않고 그런 일부만 고려됨을 의미하지 않는다.

역사적으로 산술평균은 통계학자에 의하여 사용되는 다른 아이디어 또는 도구보다 더 오래 수학교육과정과 관련되었던 것 같다. 19세기 후반에, 문제들이 가중평균을 포함하고 표준 알고리즘이 역으로 적용된 것이 학생들을 위하여 만들어졌다.[2]

이들은 전형적인 인위적으로 만든 문장제인데 몇 개의 값과 계란 가격 또는 학교의 일별 출석과 같은 문맥에 기초한다. 전 20세기에 걸쳐서 산술평균은 학교 학생들에게 산술 및 대수 책에 담긴 주제였다.[3] 최빈값과 중앙값이 학교 수학의 교육과정에 자료 처리 교육과정과 함께 도입된 것은 20세기 후반에서부터이다.[4] 이런 역사를 통하여 평균이 많은 교사들에게 여전히 관심의 초점이 되는지에 대한 이유를 알 수 있을 것이다. 왜냐하면 그것은 교사들에게 가장 친숙한 측정도구이기 때문이다. 비모수통계학으로의 움직임에도 불구하고 평균은 여전히 사회학 및 과학에서 가장 널리 사용되는 통계량이다. 최빈값은 일부 통계학자들이 중

2) '평균'이라고 할 수 있지만 이 장의 전체적인 맥락 속에서 산술평균, 중앙값, 최빈값을 포함하는 의미이므로 대푯값이라고 하였다.(역자주)

심경향값이 아니라고 주장하는데 세 가지 측정도구 중에서 논쟁의 대상이 된다.[5] 예를 들어 David Moore와 George McCabe는 그들의 잘 알려진 책인 *Introduction to the Practice of Statistics*에서 최빈값을 언급하지 않았다.[6]

자료 처리 교육과정에서 그래프 변형에 대한 이해를 제외하고 다른 주제들보다 산술 평균의 이해에 관한 연구가 더 많이 있었다. 그것은 학생들이 가중 평균 문제를 해결할 때 겪는 어려움에 흥미를 갖고 대학 수준에서 시작되었다.[7] 다양한 연구들이 고등학교 수준에서 대표성, 위치, 기댓값, 수학적 성질들(예를 들어 평균으로부터 차이의 합은 0이다), 그리고 추상적인 통계적 성질들(예를 들어 평균은 물리적 실재에서 대응되는 것이 없을 수 있다)을 고려하면서 학생들의 이해를 더 폭넓게 보기 시작하였다.[8] 초등 수준에서부터 위로 학생들이 산술평균에 대한 더 많은 방법을 갖고 있지만 열린 문제를 해결하기 위하여 그것을 사용하거나 두 집단을 비교하는 상황에서 도구로 그것을 고려하지 못한다는 연구가 있었다.[9] 중앙값 또는 최빈값에 대한 아이디어를 특정지어서 고려한 연구가 거의 없었는데 Jan Mokros와 Susan Jo Russell은 그들의 연구에서 학생들에게 평균에 관하여 더 일반적으로 물어보았을 때 이 장에서 일부 응답이 제시된 것처럼 학생들에 의하여 "가운데의" 및 "대부분의" 아이디어들이 제시됨을 발견하였다.[10]

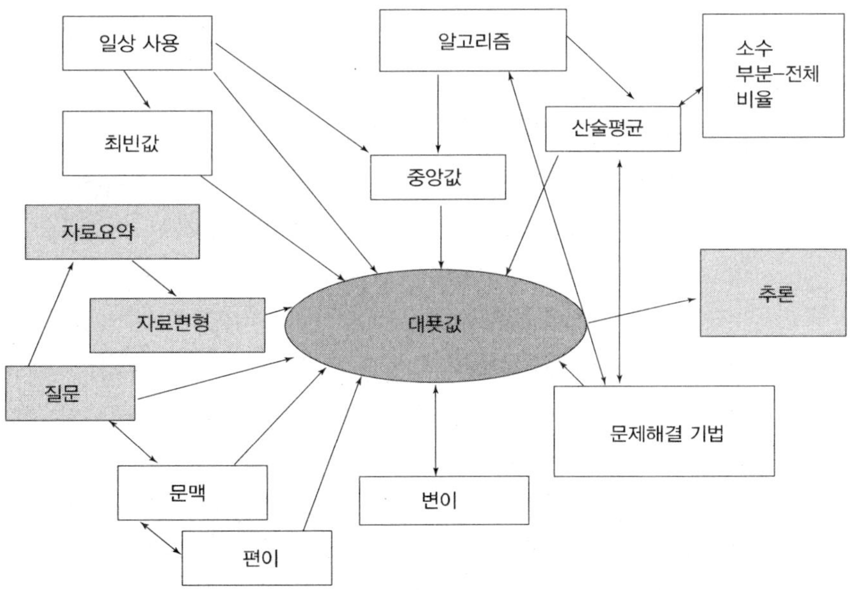

그림 4.1 대푯값과 연관된 아이디어 및 통계적 요소들의 연결

자료 처리와 통계 탐구의 전반적 상황을 포함하기 위하여 수학 교육과정이 확장되었기 때문에, 대푯값 개념은 확장되고 그림 4.1에서 보듯이 탐구 절차의 다른 관련된 요소들과 연관될 필요가 있다. 모든 "대푯값" 문제에 대한 정확한 답을 내기 위한, 산술평균 알고리즘에 관한 초점이 중앙에 대한 적절한 측정을 사용하여 자료 집합에 관한 의미 있는 요약 설명을 하기 위한 문맥에 대한 초점으로 대치될 필요가 있다. 특히, 어떻게 변하더라도 중심 경향에 대한 반영으로서 대푯값은 자료 내의 산포 및 변이와 관련될 필요가 있다. 대푯값의 아이디어에 의한 통계 소양에 기여한 정도를 따지면 평균, 중앙값, 그리고 최빈값의 세 가지 측정들이 모두 중요하다. 그렇지만 대푯값(average)이라는 용어는 때때로 어느 통계량이 측정값으로서 사용되는지를 알기 어렵게 하는 방식으로 대중매체에서 제시된다. 한편으로 산술평균이 "대푯값"으로서 작용하지 않을 때도 그렇게 가정되는 경우가 있다. 극단값에 대한 산술평균의 민감성 때문에 그것이 부적절할 수도 있는데 "대푯값(average)"이라는 용어 뒤에 숨어 있어 평균이 사용되었는지 아닌지를 알기 어렵게 한다. 다른 한 편으로 소수 두 자리 수로 대푯값을 제시하는 것은 대체로 사용된 평균이 산술평균이라는 단서가 된다.[11] 소수 두 자리 수가 문맥에서 의미 있는지 여부는 완전히 다른 문제일 수 있다. 최빈값은 중학교에서 정의되고 곧 잊혀 버리지만 백분율이 포함될 때의 전형적 특성을 설명하기 위하여 대중매체에서 자주 사용된다. 골프가 어떤 나라에서 가장 인기 있는 스포츠라는 주장은 명확하게 최빈값에 근거한다.[12] 정부 발표가 인구 구성에 관하여 제시될 때 중앙값이 대푯값으로 사용된 경우가 많다.[13] 그런 문맥은 분포 모양 및 특이값 그리고 왜 중앙값이 때로는 사용하기 적절한 통계량인지에 대한 토의의 좋은 예를 제공한다.

이 장의 다음 절들에서 학교에 다니면서 발생하는 발달과 통계적 탐구의 자료 절감 단계를 넓히도록 돕는 연결을 조명하기 위하여 대푯값을 포함한 과제들에 대한 학생들의 응답의 사례를 사용한다. 대푯값(average)은 통계학 외에서도 널리 사용되는 표본(sample)과 같은 용어이기 때문에, 교사들은 그 주제에 대한 교실 토의의 처음에 학생들이 무엇을 생각하고 있는지를 아는 것이 중요하다. 중심 경향의 모든 세 가지 측정 방식과 관련하여 일상생활에서의 사용이라는 주제는 4.2절에서 초점을 맞출 것이고 교사가 당연하다고 생각하는 아이디어가 학생들에게는 명확하지 않을 수도 있다. 이것은 4.3절에서 보듯이 소수 자릿수 이해와의 연결을 가진 통계적 탐구에 적합한 문맥에서 평균이 사용되기 시작할 때에도 그럴 수 있다. 4.4절은 편의에 대한 특별한 어려움에 초점을 맞춘다. 산술평균의 뒤로부터의 알고리즘 및 가중평균과 연관된 활동에 기초한 문제해결과 산술평균의 전통적 연결은 4.5절에서 주로 다루는데 비례 추론과의 연결에서 얻은 특징도 같이 다룬다. 대푯값을 사용하여 자료를 절감한 것에 이어서 추론은 대개 통계적 탐구에서 다음 단계이므로, 그런 연결은 4.6절에서 다룬다. 마지막 절은 1장에 소개된 통계 소양 체계에의 이해 발달과 관련되며 문맥을 개념적 이해와 연결하는 대중매체 기반의 활동을 제안한다.

4.2
대푯값: 그것은 무엇을 의미하는가?

그림 4.1의 연결과 관련된 이해 발달을 고려하기 위한 출발점은 대푯값(average)라는 단어 그 자체의 의미 안에 있다. 학생들과 그 의미를 탐구하기 위한 두 가지 방법이 있다. 한 가지는 그 단어가 의미하는 것이 무엇인지를 직접적으로 묻는 것이다.[14] 또 다른 것은 "만일 네가 '대푯값'이라고 누군가가 말하면 그것은 무엇을 의미하는가?"라고 물어서 질문을 더 아이에게 개인적으로 연관시키는 것이다.[15] 두 번째 접근은 학생들에게 자신이 용어와 친숙한 일상적 맥락을 설명하는 더 많은 자유를 허용한다. 그렇지만 그것은 다양한 맥락에서 전반적인 이해에 관하여 일부 학생으로부터 최적의 응답을 유도하지 못할 수도 있다. 어린 학생들에게 그것은 덜 겁먹게 하는 것이다. 그림 4.1의 많은 요소들 사이의 연결들은 학생들의 반응들에서 볼 수 있다.

대푯값에 관한 질문에 대한 개인화된 형태의 응답에는 세 수준이 있는 것 같다. 전 구조적 수준에서 대푯값에 대한 의미를 나타내는 어떤 표시도 있지 않다. 어떤 학생들은 대푯값이라는 용어에 대하여 비친숙함을 보이면서 다음처럼 얘기한다.

- 나는 그것에 대하여 들었지만 그것이 의미하는 바를 모른다.

어떤 학생들은 다른 의미와 혼동하고 있다.

- 너는 나에게 가장 좋은 친구는 아니다.

다른 학생들은 그 단어가 사용된 문맥은 회상하지만 더 이상 그 의미를 설명할 수 없다.

- 너는 평균 키이거나 평균 나이이다.

단일 구조 수준에서 응답들은 단일 아이디어 또는 대푯값 용어에 대한 동의어를 나타낸다. 그런 일상적 구절은 측정의 어떤 형태를 제안하지는 않으면서 본질적으로 설명적이다.

- 네가 만족한다고 한 것
- 나는 정상적이고, 평범한 사람이다.
- 보통의
- 모든 다른 사람과 같은

위의 마지막 설명은 더 큰 집단과의 관련을 제안하지만 모든 사람과 같음이라는 아이디어는 대표성 면에서 변이보다는 동질성을 나타낸다.

더 복잡한 반응들은 단일한 일반 아이디어를 넘어서 어떻게 대푯값이 학생들이 일부가 되는 자료 집합 또는 자료 집합으로부터 대푯값을 얻기 위한 방법과 관련되는지를 자세히 설명한다. 이렇게 다중구조적 특징은 세 개의 측정 방식인 최빈값, 중앙값, 평균이라는 그 자체의 단어들은 사용되지 않지만 그 중의 어느 것과 관련된 아이디어와 결합할 수 있다. 최빈값이라는 아이디어에 관하여, 다음 응답은 모든 사람 대신에 대부분의 사람이라고 나타내면서 앞 절의 마지막 응답과 다르다.

- 너는 대부분의 사람들과 같다.
- 어떤 종류의 시험에서 어떤 방식으로 가장 공통적인 결과를 얻는다.

대푯값의 최빈수 같은 측면에 초점을 맞추기보다 더 흔한 것은 가운데에 관한 것이었다. 이것은 중앙값의 선행이다.

- 실제 좋은 것도 아니고 실제로 나쁜 것도 아니다. 중간에 있다.
- 내가 어떤 것들 사이에 있었다. 예를 들어 3과 5가 있다면 나는 4이다.

어떤 학생들은 최빈값 및 중앙값과 연관된 아이디어들을 자신의 설명에 포함시킨다.

- 그것은 네가 실제로 영리하거나 공부를 매우 잘하는 것이 아님을 의미한다. 그렇지만 대부분의 사람들처럼 가운데에 있다.

소수의 학생들이 자신들에 관하여 질문을 받았을 때 산술평균을 가지고 평균적이라고 평가했는데 어떤 응답에서 최근의 교실 경험을 나타내었다.

- 그것은 만일 네가 어떤 수들을 갖고 있다면, 그들을 모두 더하고 수들의 개수로 나눈다.

학생들이 대푯값(average)이라는 것 자체에 대하여 질문을 받았을 때 대푯값을 설명하기 위하여 대표적이라는 단어를 사용하는 것은 매우 드물었는데 그러한 사용은 관계적 수준의 응답에 해당할 것이다.

많은 학생들에게 "대푯값(average)"의 의미에 관한 형식적 질문을 하여도 개인적 또는 일상적 응답의 형태를 변화시키지 못한다. 다음의 두 응답은 이전 절의 응답들과 거의 유사하다.

- 철자법에서 너는 실제로 나쁘지 않았지만 그것을 실제로 잘한 것은 아님을 의미한다. 너는 어중간하다.
- 평균은 중간의 표준과 같다. 그것은 매우 좋은 것은 아니지만 매우 나쁜 것도 아니다. 가운데와 같다. 그래서 만일 네가 어떤 텔레비전 프로그램이 평균이라고 말한다면 그것은 매우 좋지도 않고 매우 나쁘지도 않았다는 것을 의미한다.

그러나 의미에 대하여 물었을 때, 더 많은 학생들이 산술평균과 관련된 정의를 하려고 하였다.

■ 만일 네가 모든 사람들의 점수를 합한다면 그 값이 얼마인가? 그것은 반드시 가장 보통인 것은 아니다. 그 값은……. 음 어떻게 말할지 모르겠는데……. 네가 사람들의 수를 합하고 그 값으로 합한 값을 나눈다면 평균값을 구할 수 있다.

이러한 시도가 언제나 완벽하게 성공적인 것은 아니라는 것은 알고리즘이 적용되는 문맥에서 더 많은 시간이 필요함을 보여준다. "더하고 나누는 것"이 전부가 아니다.

대푯값(average)에 관한 기초 질문에 대한 학생들의 반응에 관하여 놀라운 것은 대부분 그리고 가운데가 자연스런 분류 기준이다. 산술평균은 그렇지 않다. 다중 구조적 응답을 한 학생들 중에서 대부분은 가운데라는 중앙값 개념을 나타내고 $\frac{1}{5}$은 최빈값을, 극히 적은 학생들이 평균을 나타내었다.[16] 중앙값과 최빈값이라는 두 아이디어에 관하여 중심경향 및 대표성의 기초적 토의를 하는 것은 학생들이 의미 있는 연결을 할 수 있도록 돕는 한 가지 방법인 것 같다.

4.3 대푯값: 그것이 문맥에서 무엇을 의미하는가?

더 정확하게 문맥을 고려하는 것은 그림 4.1의 연결의 중요성을 강화시킨다. 대푯값에 의미에 대한 학생들의 초기 응답들에 기반을 두어, 문맥에서 대푯값의 이해는 그림 4.2의 질문과 같은 질문들로 탐색될 수 있다.[17] 어떤 학생들, 특히 대푯값에 대한 경험이 거의 없는 어린 학생들은 (b)에 대하여 특히 어려움을 가진다.

한 연구에서 "호주의 초등학생들은 날마다 TV를 대표적(average)으로 세 시간씩 본다."
(a) 이 문장에서 "대표적"은 무엇을 의미하는가?
(b) (날마다 TV를 3시간)이라는 이 평균을 그들은 어떻게 얻었다고 생각하는가?

그림 4.2 문맥에서 대푯값에 관한 질문

응답들을 어떤 경향으로 나타내면서 자료의 복잡성을 줄이는 역할로 대푯값을 인식하게 되는 응답의 수준들이 흥미 있다.

기초적 수준에서 맥락은 의미와 방법에 관한 질문의 일상적 해석을 제공한다. 그것을 넘어서 표현된 아이디어들은 이야기하기와 통계 이전의 직관을 지나서 움직이지 않을 것이다.

- (a) 3시간 정도
- (b) 그들의 일상생활에서 누군가를 지켜보는 것으로. [한 사람 또는 많은 사람?] 그렇다. 한 사람이다.

두 번째 응답은 평균을 찾기 위하여 자료를 수집하기의 논의에 대한 훌륭한 출발자이며 때때로 대중매체에서 발견되는 한 사람의 표본에 근거한 보고서와 비교될 수 있다. 다른 어린 아이들은 필요한 자료 수집에 뒷걸음치면서 (b)의 "어떻게"에 관하여 구체적으로 초점을 맞춘다.

- (b) 아마 어떻게든 작은 뛰어난 카메라를 얻어서 그것을 한 학생 대상으로 감추어서 그 학생이 방과 후 학교 숙제를 하는 대신에 TV를 얼마나 오래 시청하는지를 다른 학생이 알아본다.
- (b) 글쎄요. 아마도 그들은 먹을 것을 가지고 있을 것이고 그것은 집에 올 때 또는 TV를 보는 도중에 변화가 있으며 그들은 차를 마시고 좀 더 TV를 시청하고 그리고서 잠자리에 든다.

이제 "표본"이라는 단어의 경우에서 문맥을 첨가하는 것은 일부 학생들이 다음 수준의 복잡성에 "대푯값" 의미를 주도록 도울 수 있다. 다음 응답들은 앞의 질문에 대하여 단어를 정의할 수 없었던 것에 비추어 볼 때 당연한 것이다.

- (a) 약, 무렵에, 3시간, 근처
- (b) 그들은 아마도 모든 아이들의 TV 시청 시간을 더하고 그것을 비교하여 분류하며 거의 3시간이라고 알아냈을 것이다.

"더하기"의 아이디어는 일반적인 직관적 아이디어인데 그 의미는 무시되어진다.

■ (b) [누가 뭐라고 할까?] 아마도 그들은 지켜보지 않았거나 3시간 이상을 지켜보고서 그것을 모두 더해서 대표적으로 3시간이라고 알았을 것이다 [그래서 어쨌는데?] 그들은 아마도 그것들을 모두 더하고 어떤 것이 다른 것들보다 더 그럴듯한지를 보았을 것이다.

최빈값의 아이디어가 어떤 의미 있는 직접적인 요약으로 이 수준에서도 나타난다.

■ (b) 글쎄 아마 대부분은 3일 것이고, 그래서 그들은 거기에서 3을 얻었을 것이다.

이와 유사하게 대푯값은 왜 그것이 적합한지에 대한 더 많은 논의 없이 제시된다.

■ (b) 대푯값을 갖고 그렇게 한다. 아, 나는 그것을 어떻게 하는지, 더하고 그 개수로 나누는 것을 잊었다.

이 과제에 가장 복잡한 반응들은 가끔 중심 경향의 두 아이디어를 연결하며 최소한 어떤 집단의 아이들을 대표하기 위한 필요성을 잠재적으로 포함한다.

■ (a) 대부분의 아이들이 TV를 하루에 3시간 동안 본다는 것을 의미한다.
(b) 우선 그들은 많은 사람들에게 무엇을 시청하는지를 물어서 그들이 적도록 했고 그것을 모두 더하여 조사한 사람 수로 나누었다.

■ (a) 글쎄, 대표적으로 말하자면 초등학교에 100,000명의 아이들이 있고 약 40%가 4시간을 보았으며 다른 60%는 … 를 보았다. 또 다른 40%는 2시간 시청하고 일부는 3시간 반을 시청하며 그리고 그들은 모든 사람들 사이에서 가운데 있는 수를 발견하였다.

자료 집합으로부터 산술평균을 계산하도록 요청하는 문제들은 값들에서 나타난 변이를 고려하도록 요구하지 않지만, 10개의 같은 수를 갖고 대푯값을 구하도록 요구하는 것은 분명히 의문을 갖게 만든다. 사실 그런 연습문제는 왜 대푯값을 구하여야 하는지에 대한 인식을 학생들이 갖고 있는지에 대하여 알아보기 위한 좋은 “파악하기” 질문이다. 그런데 대푯값의 일상적 이해를 가진 많은 학생들은 어떤 것이 “정상적”인지를 판단하기에 의지하여 배경을 추론한다. 이 절의 예에서 보았듯이, 하루에 대표적으로 3시간 TV를 시청하기를 설명할 수 있는 학생들은 변화된 자료 점들의 배경에 의지하여 그렇게 설명한다.[18] 이것은 어떤 아주 어린 학생들에게 해당된다.

- 글쎄요. 대푯값이 의미하는 것은 모든 사람이 그렇다는 것이 아니고 초등학교 학생들처럼…일부는 5시간을 시청할 수도 있지만 그것이 대푯값은 아니다…그러나 그들은 더 많은 사람들이 3시간을 시청했기 때문에 그것이 대푯값이라고 했을 것이다. 몇 명이 하루에 3시간을 그리고 몇 명이 하루에 5 그리고 2 또는 1시간 동안 시청했는지에 대하여 그래프를 그렸는지 아닌지를 의미한다.…반에 20명이 있고 그 중에 10명은 하루에 3시간을, 6명은 2시간을, 4명은 4시간을, 기타 등등과 같은 것을 의미한다.

이 최빈값과 같은 인식은 변이를 나타내는 환경에서 잘 표현된다. 상위 학년 학생들은 평균을 설명할 때 더 간결한 것 같다.

- 글쎄요. 누구는 더 많이 보고 누구는 더 적게 보는데 그것들을 모두 더하고 무엇인가 보는 사람 수로 그 값을 나누면 그것이 대표적으로 3시간이다.

범위라는 아이디어는 때때로 가운데가 고려될 때 나타난다.

- 초등학교 아이들이 대부분이 3시간, 최소 3시간을 TV 시청한다고 사람들은 생각한다. [어떻게 그들은 결정하지?] 왜냐하면 어떤 아이들은 8시간을 시청하고 어떤 아이들은 10분을 시청할 수 있어서 그것은 그 사이의 수가 된다.

대푯값이라는 단어에 기반을 둔 열린 질문은 평균보다는 가운데 또는 대부분이라는 아이디어들을 더 이끌어 낼 수 있다. 그리고 그것은 놀라운 일이 아닌데 그 이유는 자료 집합에서 모든 값들을 평균(mean)으로 균등하게 하는 아이디어는 최빈값이나 중앙값보다 더 복잡한 표현이기 때문이다. 그런데 대푯값을 소수로 나타내어 학생들에게 제시하면 산술평균의 아이디어가 소수와 자연스럽게 연결된다는 것을 알도록 하는데 도움이 될 것이다. 물론 중앙값이나 최빈값을 소수

지금 TV를 보다가 "평균적으로, 호주의 가족에 2.3명의 아이가 있다."라는 이야기를 들었다.

(a) 이 이야기로부터 무엇을 알 수 있는가?

(b) 어떻게 평균이 1, 2, 3, 또는 4와 같은 자연수가 아니라 2.3이 될 수 있는가?

그림 4.3 산술평균을 이해하는지와 관련된 질문

로 나타내기는 가능하지 않지만, 때때로 대중매체에서 대푯값으로 평균을 사용한다는 주요 단서는 관련된 자료 집합의 수들과 비교하여 그 수치적 모양이다. 그림 4.3의 질문들과 같은 질문은 학생들이 소수로 나타낸 대푯값을 이해할 수 있는지를 알아보는 데 유용하다.[19] 그 응답들을 통하여 학생들이 부분과 전체를 나타내는 것으로 소수를 이해하는지와 산술평균과 그 소수가 연결이 될 수 있는지를 알아볼 수 있다.

중간 단계의 학년에서 그림 4.3의 질문에 대하여 많은 다양한 응답들이 나타날 수 있다. 소수 혹은 대푯값 중의 하나를 잘 알지 못하는 학생들은 그 문맥이 의존해야 하는 모든 것이다.

- (a) 글쎄요. 그들은 단지 많은 아이들 또는 뭔가 그런 것을 원하기 때문에 그런 것 같아요.

어떤 학생들은 소수의 부분 — 전체 특징을 알지만 산술평균이 그 구조 안에서 어떻게 작동하는지를 이해하지는 못한다. 이것은 2.3명의 아이들에 대하여 두 개의 아주 다른 해석을 낳게 한다.

- (a) 글쎄요. 그들은 2명의 다 큰 아이와 아직 다 크지 않은 아이 하나를 갖고 있어요.
- (a) 음. 누군가는 2명의 아이를 가지고 있고 어떤 엄마는 2명의 아이 또는 뭔가를 또한 그 엄마는 임신했을 것이다.

이런 제안은 교실에서 토의를 보장한다. 왜냐하면 부분 — 전체 개념과의 의미 있는 연결을 할 기회가 생기고 소수로 그것을 어떻게 나타내는 것과 관련되기 때문이다. 가족 내의 아이 수에 관하여 현실적이지 않은 소수 부분이 결과적으로 나타나면서, 분포를 균등하게 하기 위하여 덧셈과 나눗셈으로 이런 이해를 확장하는 것은 중학교의 많은 학생들에게 도전 문제이다. 다음 응답들은 소수 부분의 시나리오를 합리화하기 위한 방식들을 제시한다.

- (a) 그것은 대부분의 호주 가족이 두 명의 나이 든 아이들과 한 명의 유아 또는 5살 미만의 아이를 가지고 있음을 말한다.
- (b) 글쎄요. 그 평균이 나이든 아이들과 같은데 그 아이들은 충분히 자랐거나 내 나이 또는 무엇인가이다. 그리고 0.3이란 것은 나이 든 아이로 자라나고 있는 아이를 얘기한다. 그래서 말하자면 그 아이는 현재 3살이며, 일단 그 애가 10살이 된다면 그 애는 1로 될 것이고 그 결과로 그들은 3명의 아이를 가지게 될 것이다.

어떤 학생들은 2.3이 어쨌든 가족 크기를 나타낸다는 사실을 인식하게 된다. 그렇지만 그들이 수에서 소수 부분을 이해하였는지는 확실하지 않다.

- (b) 글쎄요. 어떤 가족은 2명의 아이를, 다른 가족은 3명을 가진다. 2명을 가진 가족이 좀 더 많다.
- (a) 호주 가족에 관한 어떤 값 중에서 어린이에 관한 가장 보통의 값이 2.3이다.
- (b) 호주 가족을 관찰해 보면, 그들은 대개 2명과 3명 사이의 아이들 가진다. 한 사람에 대하여 0.3이라고 할 수 없으므로 2명과 3명 사이의 아이를 가져야 할 것이다.

위의 세 번째 응답에서 한 사람에 대한 0.3의 불가능성에 대한 인식을 처음으로 보여주었지만 "사이의"라는 단어를 사용하여 모순된 모습을 보인다. 소수가 산술평균을 계산하면서 나타난다고 이해하는 학생들조차도 그런 현상을 설명하기에 어려움을 겪는다.

- (b) 왜냐하면 그들은 모든 아이들을 합하는데 약간 남은 아이들이 있기 때문이다.
- (b) 평균에서, 그것은 딱 떨어지는 평균이 아니다. 따라서 소수점까지 내려써야 했다.
- (b) 대부분의 가족은 대략 2.3명의 아이를 가지고 있는데 0.3이라는 아주 작

은 아이가 있을 것 같지 않지만 그것은 모두 나누어진다. 네가 아이들의 수를 모두 합해서 가족의 수로 그것을 나누면 2.3이 나오게 되는 것과 같다.

■ (b) 모든 가족의 아이들을 같게 하면 2.3명이 된다. 0.3이라는 아이를 가질 수 없지만 어쨌든 그런 값이 나왔다. 내 고모는 아이를 4명 가졌는데 우리 가족에서는 아이가 나 혼자이다. 그러면 두 가족에서 아이가 5명이고 평균하면 2.5명이 된다.

위의 마지막 응답은 이 주제가 제시된 학급의 아이들로부터 나온 뛰어난 응답이다.

학생들이 표와 그래프를 갖고 있지 않은 상황에서도 자료 집합에서 변이를 논의하기를 시작하기 전에 평균의 알고리듬을 이해하는 것이 필수적인 것이 아니다. 평균 2.3명의 아이를 제대로 이해하지 못하는 학생들도 가족 수가 다양하다는 것을 알고 있다. 그 증거는 "대부분의 호주 가족은 ……." "어떤 가족은 2명의 아이를, 다른 가족은 3명을", "대개 2명과 3명 사이 ……." 그리고 "모든 가족의 아이들을 같게 하면 2.3명이 된다."이다.

산술평균에 대한 학생들의 이해를 빠르게 평가하는 약간 덜 열린 문제는 그림 4.4에 제시된 선다형 과제를 이용하는 것이다.[20] 거기에는 함정이 없으며 학생들의 사고를 돕기 위하여 "앞으로 나가는" 방식으로 알고리즘이 제시된다. 그렇지만 총합의 의미를 깊이 인식하기 위하여 그 알고리즘을 충분히 잘 이해해야 한다.

어떤 마을의 가족마다 아이 수에 대한 대푯값을 알기 위하여 그 마을에 있는 전체 아이 수를 어떤 교사가 모두 세었다. 그리고 그 마을의 전체 가족 수인 50으로 그 합한 값을 나누었다. 그랬더니 가족마다 아이 수에 대한 대푯값이 2.2가 되었다.
이와 관련하여 다음 중의 맞는 말에 V표를 하시오.

- □ (a) 그 마을에 있는 가족들 중에 절반은 2명 이상의 아이를 가지고 있다.
- □ (b) 그 마을에서 3명의 아이를 가지고 있는 가족 수가 2명의 아이를 가지고 있는 가족 수보다 크다.
- □ (c) 그 마을에 총 110명의 아이가 있다.
- □ (d) 그 마을에 어른 한 명당 2.2명의 아이가 있다.
- □ (e) 한 가족마다 가장 흔한 아이들 수는 2이다.
- □ (f) 위의 어느 것도 옳지 않다.

그림 4.4 산술평균의 이해 정도를 알기 위한 질문

단순 추측보다는 내용과 잘 일치하도록 선택을 한다면 그 선택과 관련한 이해 수준을 가늠할 수 있다. 가장 낮은 수준은 응답 (a)와 (b)인데 2.2라는 대푯값에 영향을 받은 것 같은 단순한 아이디어를 보여주면서 대푯값 2.2가 어떻게 중심값인지를 설명하지 못한다. 각 응답은 처음 부분은 최빈값의 아이디어를 좀 보여주지만 질문에서 핵심에 있는 대푯값 2.2의 설명과 관련하여 나머지 응답에서 일관되게 이어져 제시하지 못한다. 비율 (d) 또는 최빈값 (e)처럼 다음 수준에 있다고 판단된 선택들은 자료의 중심 또는 전형적 측정으로 대푯값을 인식할 때 잠재적으로 더 복잡하다. (f)를 선택한 응답들은 다른 답들이 학생들의 기능적 정의(예를 들어 "가운데 값"으로 대푯값의 정의를 사용하는 학생은 (f)라고 할 것이다)를 만족하지 않기 때문에 다른 답들을 거부하는데 대푯값 2.2를 산출해 내는 110/50이라는 것을 검토해서 (c)라는 선택을 하는데 실패한다.[21] (c)를 선택하는 응답들은 $110/50 = 2.2$라는 것을 확신하기 위하여 알고리즘을 검토하거나 $2.2 \times 50 = 110$이라는 곱셈에 의하여 알고리즘을 거꾸로 적용한 것들인데 이를 통하여 학생들은 그 알고리즘을 구체적 상황과 연관시킬 수 있음을 알 수 있다.

가장 낮은 수준의 선택인 (a)와 (b)는 중학생들이 거의 선택하지 않음에도 불구하고 고등학생의 대략 삼분의 일만 적절한 선택을 하였다. 알고리즘의 제시를 위한 문맥을 약간 변화시키는 것은 많은 학생들에게 상당한 어려움을 일으키며 그림 4.4와 같은 문항을 사용하는 것은 반 활동이 적절한 메시지를 전달하는데 성공하였는지를 교사가 평가할 때 도움이 될 수 있다.

대중매체의 권위 있는 보고서를 제공하는 것은 잠재적으로 의미 있는 판단을 할 기회를 주는데 동시에 얼마나 어려운 해석이 있을 수 있는지를 깨달을 기회를 준다. 예를 들어 그림 4.5에 제시된 기사 및 함께 제시된 질문을 생각해 보자.[22] 만일 '중앙값'이란 용어를 안다면, 어찌 보면 질문의 (b)는 (a)보다 대답하기가 더 쉬운데 그 이유는 (a)의 '평균적인 월급 생활자'에서 사용된 '평균값'이 애매하기 때문이다.

다른 예들의 경우처럼, 어떤 학생들은 그 문맥을 이해할 기초가 부족하여 그들이 할 수 있는 것은 대부분 용어가 나타난 구절을 반복하는 것이다.

- (a) 평균: 한국에서 평균 봉급생활자
- (a) 평균은 그것이 작으며 규모가 작은 가족에게 좋음을 의미한다.
- (b) 중앙값은 어떤 것이 발생할 때이다.

단순한 아이디어들이 또한 많이 제시되는데 그것은 전체 모집단에 지나친 일반화를 하는 단일 구조적 수준이다.

- (b) 중앙값은 정상적이라는 뜻이다.
- (a) 평균은 모든 사람 또는 모든 것과 거의 같다는 의미이다.

다중 구조적 수준의 응답들은 자료 집합의 중심 경향을 설명하기에 구조적으로 더 복잡하거나 자료 집합에서 평균을 얻기 위한 방법이다. (a)의 평균에 대하여, 특정 용어가 사용되지 않으면서 다음 세 가지 해석이 제시되었다.

- (a) 평균적인 봉급생활자를 얻기 위하여, 모든 지원이 이루어졌으며 평균적인 급료는 대부분의 근로자가 얻는 급료이다. 평균적인 집도 비슷한 의미이다.
- (a) 평균이 뜻하는 것은 대저택이지 폭탄 대피소가 아니다. 그렇지만 집은 그 중간에 있다.
- (a) 평균 = 많은 수를 더하고 처음에 거기에 있던 개수로 나눈 것이다.

문맥에서 중앙값에 대한 설명에서 의미하는 바를 인식하지만 가끔은 완전하지 않다. 예를 들면 다음 두 번째 응답도 그 의미는 알고 있다.

- (b) 그 중앙값이 의미하는 것은 범위의 중간에 해당하는 집값이 2억 원이라는 것이다.
- (b) 중앙값 — 크기 순서에서 가운데. 예를 들어 세 집의 가격이 5천만 원 + 1억원 + 1억5천만 원이면 중앙값은 1억 원이다.

관계적 수준의 응답이 평균과 중앙값 사이를 구별하면서 또한 '중앙값'과 대비하여 '평균'이란 단어 사용의 애매한 특징을 때때로 인식한다.

- (a) 가운데 수준의 급여생활자. 이 기사에서 나는 그들이 정상적인 방식, 일상적으로 그 단어를 쓰듯이 평균을 사용하는지를 믿지 못한다.

  (b) 가운데 가격의 집. 3억 원과 5억 원 짜리 집인 극단값 모두를 포함하는 평균은 아니다. 100 중에서 49와 1/2은 그 위이고 49와 1/2은 그 아래이다.

■ (a) 중앙 범위. 이 경우에 특정한 것이 아니고 높지도 않고 낮지도 않다.
(b) 가운데 가격을 의미한다. 즉 만일 모든 점수를 순서대로 나열한다면 가운데 있는 것이 1억 5천만 원이다.

권위 있는 문맥에서 통계 용어 사용의 미묘한 차이를 인식할 수 있는 것은 통계 소양 체계에서 두 번째 수준의 중요한 특성이다. 잠재적 편의에 대한 질문을 하기 위하여 그것을 계속 사용하는 것은 그 체계의 세 번째 수준으로 나아가는 것이다. 이것은 다음 절의 주택 가격 예와 함께 탐구될 것이다.

4.4 평균과 편의

극단적인, 특이값들까지 이어지는 평균 및 변이의 의미에 대하여 더욱 친숙해져서 세 가지 대푯값 중에 어떤 것이 그림 4.1에서 주요 연결인, 그런 극단값으로 인하여 편의가 되었는지를 논의하기 위한 기초를 다질 수 있다. 특히 이것은 무엇을 의도한 것인지를 독자가 판단하도록 하기 위하여 어떤 대푯값이 정확히 사용되었는지를 보고하는 것이 반드시 필요한 사회적 문맥에서 통계적 소양에 관한 주요 주제이다.

그림 4.5에 제시된 예에 이어서, 하나 또는 다른 하나를 사용하기가 왜 중요한지를 인식하기 위하여 산술평균과 중앙값의 뚜렷한 특징을 이해하는 것이 필수적이다.[23] 왜 중앙값이 집 가격을 나타내기 위하여 사용되어 왔는지에 관하여 (c)에 응답할 때, 어떤 학생들은 특별한 증거 없이 어쨌든 중앙값이 더 좋다고 얘기한다.

■ (c) 중앙값이 평균보다 더 정확하다.

어떤 학생들은 그 목적은 알지만 왜 그런지에 대한 정당화를 결여한다.
■ (c) 평균적인 한국 가족이 살만한 집의 형태를 가장 잘 대표하기 때문이다.

청주지역은 다른 지역의 집값과 다른 흐름

나라의 전반적인 흐름과 달리, 청주의 집값의 중앙값이 3월 초에 2억 원까지 올랐다. 그렇지만 한국의 평균적인 급여생활자는 거의 2년 동안의 융자 고통 후에야 평균적인 집을 살 여유를 가질 수 있다.

(a) 이 기사에서 "평균적인"이 의미하는 것은 무엇인가?
(b) 이 기사에서 "중앙값"이 의미하는 것은 무엇인가?
(c) 왜 중앙값이 사용되었는가?

그림 4.5 기사와 함께 '평균' 및 '중앙값'에 관계된 질문

몇 학생은 평균을 사용하는 것의 잠재적 편의성을 깨닫고 중앙값이 왜 사용되어야 하는지를 잘 설명한다.

- (c) 한 두 개의 큰 값으로 대푯값에서 너무 높은 값을 얻는 대신에 가운데 가격을 찾기
- (c) 왜냐하면 그것은 가격에 대하여 공정하게 대표하기 대문이다. 만일 그 대푯값이 사용된다면, 특별히 저렴한 또는 비싼 집이 공정한 대푯값을 만드는데 이용될 것이다.
- (c) 그것은 맨션과 같이 매우 크거나 매우 작은 값들로 인하여 "내던져지지"는 않는 대푯값이 되도록 한다. 이 경우에, 중앙값은 "대표적인" 집 가격을 더 잘 나타내 준다.

학생들이 고등학교를 마칠 때까지, 학생들이 적절한 측정값을 선택하는데 도움이 되는 직관을 형성하기 위하여 다양한 문맥에서 특정한 경험들이 필요하다. 그런 직관 없이, 단지 10%의 학생들만이 자체적으로 그런 연결을 형성할 것이다.

중심 경향의 세 가지 측정값들의 장단점을 잘 알기 위한 활동들은 아주 직접적일 수 있다. 예를 들어 어떤 작은 물건의 무게에 대하여 과학반의 아홉 명의 학생들이 따로 측정하여 얻은 다음 측정 자료 집합(그램 단위)이 있다.

6.3　6.0　6.0　15.3　6.1　6.3　6.2　6.15　6.3

이 자료 집합에 관하여 평균, 중앙값, 그리고 최빈값의 계산에서부터 수집된 자료에서 물체의 무게를 "가장 잘" 정하는 방식이 무엇인지까지 다양한 질문을 해 볼 수 있다.[24] 그 과제는 여러 수들을 포함하기 때문에, 학생들은 그것을 계산 문제로 보기 쉬우며 자신의 답을 설명하는데 소홀할 수 있다. 수치적 오류 가능성이 있다고 할 때, 학생들은 자신을 답을 문장으로 정당화 하도록 지도되어야 한다.

이전 절에서 자료 집합에 기초한 과제와 함께 경험한 기술적 어려움은 대푯값과 수학교육과정의 다른 요소들 간의 연결성을 보여준다. 가장 작은 값부터 가장 큰 값까지 순서대로 수들을 정렬할 때, 부주의에 따른 많은 사소한 오류가 발생하지만 가장 흔한 오류는 6.15를 6.1과 6.2 사이에 놓는 대신에 6.3 다음에 놓는 것이다. 이렇게 하면 중앙값이 달라지고 따라서 비록 수들이 정확하게 정렬되지 않았어도 무엇이 발생하는가에 대한 단서를 제공한다. 십진수에서 적절히 자릿값을 정하는 문제는 잘 알려져 있으며[25] 여기서 그 문제를 꺼내서 학생들이 의미 있는 연결을 하도록 돕기 위하여 측정 문맥에서 토의를 하기에 좋은 상황이다. 계산기의 도움을 받더라도 자료 집합의 산술 평균을 계산할 때 오류가 많이 나타난다. 9로 나누는 것을 잊는 것이 또한 매우 흔하다. 그 자료 집합에 대하여 대푯값으로서 60대의 수를 제시하는 것은 대푯값이 의미하는 바에 대한 이해가 부족함을 보여준다. 어떤 형태이든지 적절한 대푯값이 무엇인지 계산을 하기 전에 추정하는 것의 토의는 어떤 부주의한 오류를 피하기 위하여 필수적이다.

그렇지만 편의에 관하여 이런 자료 집합의 큰 주제는 15.3이라는 특이한 측정값의 존재이고 학생들이 그것을 어떻게 다루는 것인가이다. 불행하게도 이것이 관심을 끌지 못할 때 대부분의 학생들은 그것을 무시한다. 과학 반의 작은 물건의 무게를 결정하는 문맥에서, 평균을 계산할 때 사용된다면 그것은 7보다 더 큰 값을 산출하는 엄청난 편의를 나타나게 한다. 그런 직접적인 문맥과 작은 자료 집합은 편의를 탐구하면서, 세 가지 중심경향값이 어떻게 그것을 다루는지에 대한 기회를 제공한다.

"대표적인" 무게를 찾는 방법을 선택할 자유가 주어진다면, 학생들의 압도적인 대다수는 평균을 이용한다. 만일 세 가지 선택이 모두 주어졌을 때, 학생들은 혼합된 성공을 제외한다면 평균보다 다른 측정값을 더 시도하는 경향이 있다. 응답 수준들은 과제의 목적에 대한 더 큰 인식과 함께 어떤 측정값을 계산하기에 필요한 수치적 기술에 대한 수단의 증가를 반영한다. 이것들은 응답들의 더 복잡한 구조에서 반영된다. 가장 낮은 수준에서 모순이 뚜렷하게 나타난다.

- 가장 흔한 값을 선택하지만 6.3과 다른 값을 산출한다.
- 중앙값을 선택하지만 6.1, 6.2, 6.3과 다른 값을 나타낸다.
- 평균을 선택하지만 6부터 8까지의 구간의 밖에 있는 값들을 계산한다.

이 학생들은 용어를 인식하는 듯하지만 그것을 문맥에서 적용할 수 없다. 다음 수준에서 적절한 값 또는 절차에 대한 어떤 인식이 보인다.

- 가장 흔한 값을 선택하고 6.3이라는 값을 제시하는데 더 이상의 정당화는 없다.
- 중앙값을 선택하고 6.1이라는 값을 제시하는데 이것은 비순서화된 자료 집합에서 가운데 있다.
- 평균을 선택하고 6부터 8까지의 구간에 있는 부정확한 값을 나타낸다.

다음 수준의 학생들은 정확한 절차를 알고 있지만 세부적인 것을 놓치거나 수치적 오류를 보인다.

- 정확하게 최빈값을 제시하고 만일 대부분의 학생들이 동의한다면 그것이 가장 정확한 것이라고 말하면서 정당화 한다.
- 중앙값을 선택하고 자료 집합의 부정확한 순서 배열로 인하여 6.2와는 다른 값을 택한다.
- 평균을 선택하고 특이값의 존재를 무시하면서 7.18(또는 6과 8 사이의 비슷한 수)이라고 제시한다.

아주 드문 가장 높은 수준의 응답은 특이값으로 인한 편의의 특징을 인식한다.

- 중앙값을 선택하고 순서대로 배열하여 6.2라고 얻는다.
- 평균을 선택하지만 특이값을 측정 오차로서 빼 버리고 6.17이라는 값을 얻는다.

일부 학생들은 이것이 “옳은” 또는 “틀린” 것이라는 응답을 제시하기도 한다. 여기서 제시된 것과 같은 스키마를 사용한 일부 응답의 절차를 분석하는 것은 학생들의 발달 과정에서 적절한 위치를 이해하는 발판으로 교사들에게 도움이 될 수 있다.

4.5

대푯값: 문제 해결 사례

이 절에서는 역사적으로 통계와 학교 수학교육과정 사이 연결의 첫 지점이었던 산술평균을 포함한 문제해결로의 연결을 생각해 본다. 그런데 그 때에 평균의 사용은 알고리즘을 연습하는 것과 결합하여 대수적 문장제의 제시를 위한 문맥을 제공하였다. 평균이 수치적 알고리즘에 기반을 둔 어떤 수 집합의 요약이란 것을 제외하고, 그 대표성 특징이 크게 무시되었다. 사실 만일 알고리즘이 기억되고 적절히 적용되면 수 집합 안에서 어떤 정보가 포함되어 있거나 흥미 있는지를 이해할 필요가 거의 없었다. 하지만 다행히도 이런 상황이 학교 교육과정에 다른 통계 개념들이 도입되면서 변하였다. 평균의 분해는 그것이 대표하는 자료 집합 안의 변이를 고려하는 것으로 나아갈 수 있다. 가중 평균을 얻기 위하여 자료 집합을 결합하기를 왜 원하는지를 이해할 때에 평균의 대표성 특징이 고려될 수 있다. 알고리즘을 아는 것이 여전히 필요하지만, 요약 통계량을 사용하는 목적과의 그 연결성을 이해하는 것이 또한 중요하다.

두 가지 형태의 문제 예가 알고리즘의 수치적 기법을 문맥에의 적용과 결합하는데 학생들의 능력 발달을 알아보기 위하여 제시된다. 그 문제들은 이전 예들보다 구조적으로 더 복잡하지만, 응답에서 보이는 발달 상황은 교사 및 수업 계획에 도움이 된다. 이것은 모든 학생들이 달성할 것은 아닌 기술적 및 복잡한 통계적 소양의 목표에 속한다.

그림 4.6의 문제를 검토해 보자.[26] 그 문제는 한 가지 값을 제외하고 다른 값들과 평균을 정해 놓고서 빠진 값을 구하는 목표를 가진 닫힌 대수적 형태의 문제에 관한 변형이다. 이것은 4.3절에서 제시한 가족 당 2.3명의 아이가 있다는 평균의 의미를 설명하는 과제의 확장이다. 거기에 평균과 가족의 수에 의하여 부여된

10 가족의 평균 아이 수는 2.3명이라고 하자. 만일 김 씨 가족이 4명의 아이를 갖고 있고, 이 씨 가족이 1명의 아이를 가지고 있다면, 다른 8 가족은 얼마나 많은 아이를 가지고 있을지를 구하여라.

그림 4.6 평균 알고리즘을 분해할 필요가 있는 문제

제한이 있지만, 그것은 많은 가능한 답, 많은 (분포에 관하여) 통계적으로 의미 있는 응답이 있지만 단 하나의 정답이 있는 것은 아니라는 의미에서 열린 과제이다. 이 형태의 과제는 때때로 하나의 답을 갖고 그에 따라 언제 자신들이 맞았는지를 알 수 있는 수학 문제를 기대한 학생들을 당황하게 한다.

과제가 열린 문제라는 것 외에 과제의 인지적 요구는 산술평균의 알고리즘에서 "앞으로"와 "뒤로" 가는 방향 둘 다를 적용하는 철저한 지식을 포함한다. 그 알고리즘은 처음에 평균을 구하기 위한 앞으로의 방향으로 배우기 때문에, 이런 용이함이 처음에 나타나고, 그림 4.4의 과제와 함께 4.3절에서 보았듯이, 많은 학생들이 겪는 어려움인 그 절차를 반대로 하는 능력이 필요하다. 평균을 공부할 때, 어떤 학생들은 평균을 개수와 곱하는 것이 평균에 관련된 총합이 나온다는 것을 깨닫지 못한다. 그 과제를 해결하기 위하여 필요한 이해 발달은 학생들이 자신의 평균, 과제의 문맥, 그리고 그것의 열린 특성에 관한 이해를 구조화 하여 통달하는 단계에서 관찰될 수 있다.

응답의 전구조적 수준에서 학생들은 그들이 가족에 대한 크기를 구성해야 함을 깨닫는 것까지로 과제의 특징을 인식한다. 따라서 이야기를 구성하는 것까지 동반하게 된다.

- 글쎄요. 그들은 1과 4 사이의 아이를 가지고 있을 것이지만 나는 약 6명의 아이를 가진 가족을 알고 있다.
- 나는 사실 잘 모른다. 부모님들이 원하는 바로 그것, 그들이 단지 원하는 것은 많은 아이라는 것에 따라 사실 달라진다.

일반적으로 해결로의 수학적 첫 단계는 주어진 자료를 이용하여 오로지 앞으로의 방향으로 평균 알고리즘을 적용하는 것이다. 만일 학생들이 2.3이 무엇을 의미하는지와 적절한 처음 추정값이 뭔지를 이해한다면 그 절차는 크게 유용하다. 어떤 학생들은 시도는 하지만 모든 정보를 함께 이용하지 못한다.

- 거기에 8가족이 있고 이미 5명의 아이가 있으며 평균이 아이 2.3명이다. 따라서 그것을 2.3, 2.3 그리고 2.3이라고 하거나 곱할 수 있고 거기에 5명을 더해서 어떤 값을 얻는다(왜냐하면 그것은 평균이고 몇 명이 있는지를 모르기 때문이다). 그렇게 평균해서 얻는 것이다.

다음 응답의 첫 번째는 덧셈에서 오류를 갖고 있지만 전반적으로 응답들은 알고리즘과 소수점을 인식함을 보여주며 답에 대한 추정에서 만족을 나타낸다.

- 이 가족들에 대한 2를 8에 곱하면, 8 곱하기 2는 16이 되고 다른 가족에 대한 5를 거기에 더하면 20이 된다. 이를 10가족으로 나누면 약 2.3인 2가 된다.
- 그들은 2명에서 3명까지 가질 것이다. 왜냐하면 거기에 모두를 더하면……. 즉 다른 4가족은 2명을 갖고 있고 다른 3가족은 음……. 다른 4가족은 3명을 가지고 있다. 4 곱하기 3은 12이고 2 곱하기 4는 8이다. 8 더하기 12 더하기 5는 25가 된다. 10이 25에 들어가면 2.3 또는 그 비슷한 것이 된다.

다른 응답들은 여전히 앞으로의 방향으로 적용하지만, 그 소수 값을 정확하게 만들기 위하여 값들을 조정하는 것에 놀라운 기법을 보여주었다.

- 만일 다른 8가족이 2명의 아이를 가지고 있으면, 2 곱하기 8은 16이고 4를 더하면 20이 되고 다시 1을 더하면 21이 된다. 이를 10으로 나누면 2.1이 되어서 그 값을 더 크게 하기 위하여 그 가족들 중에 일부는 아이를 3명 가져야 한다. 따라서 2가족은 3명을 그리고 6가족은 2명의 아이를 가져야 한다. 나는 2.1이라고 계산했는데 0.2가 더 필요하므로 2가족이 3명의 아이를 가져야 한다고 본다.

다음 단계에서 학생들은 전체 23명의 아이를 계산하기 위하여 평균과 10 가족을 이용하면서 8 가족에 대한 값을 제공하기 위하여 뒤로 작업을 진행한다.

- (2, 4, 1, 2, 3, 3, 2, 1이라고 쓰면서) [너는 어떤 수에 관하여 어떻게 결정하였니? 너는 그것을 바꾸었니?] 글쎄요. 10가족에 대한 평균 2.3을 얻기 위하여 23명의 아이를 가져야 하는데……. 여기에 5명이 있으므로 그것을 18에 더하도록 해야 하므로 그 수를 적었을 뿐이에요.

일부 학생들은 정확한 답에 관한 종결이 필요하지 않다고 보았다.

- 10가족이 있고 2.3이 주어졌으므로 전체 23명의 아이가 있고 따라서 4와 1을 합해서 5가 되니까 5를 빼서 18이 된다. 따라서 합해서 18명이 되도록 할

때까지 그들 각자는 아이를 몇 명 가지고 있게 된다.

다른 학생들은 분포를 제시한다.

- ... 그것은 18이다. 따라서 그 나머지가 아주 공평하게 나누어진다고 본다.

몇 학생들은 개별 가족의 가능성을 고려하지 않는 것 같지만 평균은 친숙하게 생각한다.

- 좋습니다. 그래서 23명의 아이니까 다른 8가족에게 18명이 있군요. 그래서 다른 8가족은 2.25명의 아이를 각각 가지고 있을 것이다.

그 과제를 성공적으로 완수한 학생들조차도 사용한 전략에 대한 깊은 토의를 할 여지가 있다. 일부 해답을 열거하고 가족마다 평균 2.3명의 아이라는 것에 비추어 보면서 어느 것이 가장 적절한지를 논의함으로써 변이를 생각하는 것이 또한 가능하다. 또한 최종 답인 "가족마다 2.25명의 아이"가 그 질문에 적절한 답인지에 관하여 토론할 수 있다.

두 번째 형태의 문제는 고전적인 가중 평균 문제이다. 그림 4.7에 제시한 문제 형태를 생각해 보고 4.3절에 제시하였던 과제에서 탐구하였듯이 하루마다 텔레비전의 시청 시간에 대한 평균의 문맥 내에서 설명하여 보자.[27] 비율 및 비례 문제로서 이것은 수치 기법과 수학교육과정에서 추론 간의 연결을 다시금 생각하게 한다. 또한 이전 예에서처럼 그것은 두 집단의 사람들에 대하여 관찰한 텔레비전 시청의 전체 시간과 평균과의 관계를 인식하는 것과 연관된다. 문제를 해결하는 것에 대한 알고리즘을 배웠던 학생들에 대하여, 그것은 기계적인 연습문제일 수 있다. 그렇지만 알고리즘을 아직 안 배운 학생들이 제시한 추론과 알고리즘을 배

> 어떤 연구에서 다음과 같은 사실을 알아내었다.
> 25명의 시골 학생들은 평균적으로 일주일에 8시간 동안 텔레비전을 시청하였다.
> 75명의 도시 학생들은 평균적으로 일주일에 4시간 동안 텔레비전을 시청하였다.
>
> 전체 100명의 학생들의 평균 텔레비전 시청 시간을 어떻게 얻는지 보여라.

그림 4.7 학생들의 텔레비전 시청 시간이라는 문맥과 함께 제시된 가중 평균 문제

운 학생들이 문맥 속에서 그리고 비례에 관하여 답을 의미 있게 하기 위하여 사용한 확장된 추론은 특히 흥미 있다.

그림 4.7의 문제 설명에서 네 개의 수를 제시한 것에 기대한 것처럼, 경험이 거의 없는 학생들은 때때로 그 수들을 사용하기 위하여 연산들을 임의로 결합한 듯 한 시도를 하며 가끔 일부 정보를 무시한다. 일반적인 문맥을 이해하지만, 일부 학생들은 자신의 답의 정당화를 설명하는 것을 소홀히 하는 것 같다.

- ("4 ÷ 3 = 1.3이어서 8에 그 1.3을 더하여 9.3."이라고 적는다.) 나는 3으로 [4시간]을 나누었다. 왜냐하면 그것에 3배를 하고 8시간에 그것을 더하기 때문이다. 그렇지만 나는 그 이유는 잘 모르지만…….

다른 학생들은 주말마다 4와 8시간 사이의 답을 가질 필요에 대하여 이해할 수 있다.

- 아이들의 값을 모두 더하고 100을 얻는다. 그리고 그것을 텔레비전을 시청한 12시간으로 나눈다. [……] [그래서 너는 그것이 8시간 20분 정도임을 기대할 수 있겠니?] 아니오. [그것이 어떤 값 정도라고 기대하고 있지?] 저는 그것이 8시간보다 적다고 기대하는데 왜냐하면 8시간을 시청하는 시골 아이들보다 4시간을 시청하는 도시 아이들이 더 많기 때문이에요.

앞으로의 방향으로 평균 알고리즘을 적용할 수 있는 학생들은 때로는 두 자료 집합을 결합할 필요를 알기는 하지만 그렇게 하지는 못한다.

- 그것을 모두, 모든 시간을 더하고 그것을 100으로 나눈다. 왜냐하면 아이들이 많이 있기 때문이죠. [너는 전체적으로 평균을 찾기 위하여 제공된 정보를 사용할 수 있겠니?] 저는 잘 모르겠어요.

이런 경우에 그 문제를 해결하기는 불가능하다고 주장하는데 그 이유는 각 어린이가 시청한 시간의 개별 숫자는 주어지지 않기 때문이다. 그런 학생들은 최소한 더 복잡한 상황에서는 한 집단의 시청 시간에 대한 총합과 전체 사람 수를 평균과 곱한 값 사이의 연결을 만들지 못하였다.

예상한 것처럼 많은 학생들은 각 집단의 학생 수를 무시하고 두 평균값을 합하여 단순히 2로 나눈다. 때때로 "더하고 나누기"와 다른 정당화를 하지 못하며 어떤 때는 "중간적인" 답을 할 필요성에 대한 인식이 있기도 하다.

- 8과 4를 더하여 12가 되고 그것을 2로 나누어 평균을 구하면 6시간이 된다 ……. 또 다른 방식으로 중간에 있는 값을 구하면 그것이 어쨌든 6이 된다 ……. 그래서 그 평균은 학생마다 6시간이라고 할 수 있다.

위 응답은 틀렸지만, 평균을 구하기 위하여 나눌 때 이용하는 수의 의미와 그런 평균에 의하여 어떻게 한 집단이 표현되는지에 대한 토의의 출발점을 제시한다. 상위 학년 학생들 중에 주말마다 5시간이라는 즉각적인 답을 제시하면서 그 수의 의미가 무엇을 의미하는지에 대하여 더 추가적인 설명을 하지 못하고 알고리즘을 건성으로 흉내 내는 학생들이 있다. 그러나 처음에 곤란해 하다가 문맥, 비례 상황 그리고 알고리즘의 의미를 이해하면서 문제를 자신의 방식으로 해결하는 학생들은 흥미롭다.

- 그것들을 더해서 100이 되고 그 시간은 12가 될 것이어서 12로 100을 나눈다. 따라서 그 평균은…… 이 될 것이다. 이에 따라 그것은 8.33이 될 테지만 그것은 옳은 답일 수 없다. [그것이 왜 옳을 수 없지?] 왜냐하면 그것은 4와 5 사이에 어딘가에 있어야 하기 때문이지요. 저는 그것이 4에 더 가까이 있어야 한다고 계산했어요. 왜냐하면 도시에 더 많은 사람이 있고 더 많은 사람이 시청하기 때문이에요. [……] 그것은 약 5일거구요. [……] 25 곱하기 8은 200이어서 그것이 전체 시청 시간 합계입니다. 25 곱하기 4는 300이어서 그것이 전체 시청시간이구요. 그래서 전체 시청 시간은 500이고 그것을 5로 나누면 100 또는 500 나누기 100은 5입니다. 그래서 평균 시간은 5일거에요.

두 집합의 학생들에 기초하여 포함된 비율에 강력한 감각을 갖고 있으며 산술평균이 제시하는 것에 대한 인식을 가진 학생들은 알고리즘 그 자체를 사용할 필요가 없다.

- 저는 그 평균이 4.3 근처인 것으로 예상합니다. [……] 왜냐하면 8보다는 4인 사람이 더 많기 때문입니다. [……] 그 이유는 큰 것이 많지 않기 때문인데, 크지 않은 것이 많이 있기보다는 큰 것이 많지 않다는 것이죠. 그것은 아마

크지 않은 것이 많다는 쪽에 더 가깝고, 이것은 약 4점 정도인 거죠.

- 25로 이것들[25와 75]을 나누면, 그것은 1이고 또 그것은 3이어서 8 더하기 4 더하기 4 더하기 4는 20이고 그것을 4로 나눕니다. 그 이유는 4개의 표본이 거기에 있으니까요. 그래서 그것은 평균 5시간이 됩니다.

학생들의 응답은 "대수 문장제"보다 가중 평균 문제에 더 많이 접했음을 보여준다. 약간 더 복잡한 문맥에서 평균에 대한 의미를 창조하는 것과 비율과 비례의 이해와 연결하는 기회는, 자료 축소가 관심 있는 주제일 때에 이 문제들에 더 좋은 확장 활동을 만든다.

4.6 평균과 추론

그림 4.1에서 보듯이, 한 값으로 제시하여 자료 축소의 한 방식인 평균을 이용하여 통계 탐구의 추론 단계로 나아갈 수 있다. 평균을 어떻게 사용하는가는 제시된 질문에 따라 달라지며, 앞 절에서 보았듯이 학교에서 제시되는 많은 문제에서 평균을 구하는 것이 목적인 경우가 많다. 그러나 전반적인 자료 처리 교육과정과 통계 소양의 목적 중의 하나는 일정 범위의 질문이 제시되었을 때 유용한 일정 범위의 도구를 가지는 것인데 그 중에서 평균은 중요한 것이다. 그 시험은 학생들에게 자료 집합에 관한 비교 또는 판단을 묻기 위한 것이며 평균을 사용하는 것에 대한 특별한 지침 없이 제시된다. 판단을 위한 방법과 통계량을 선택하기에 관하여 자연스런 경향은 무엇인가?

추론의 주요 토의를 6장에서 다루지만, 예측을 하든지 가설을 지지하도록 요구받았을 때 학생들이 최근에 언급되지 않았던 문맥에서 평균을 제시하는지와 관하여 관찰하는 것이 흥미 있다. 직접적인 문맥 내에서 자료 축소 또는 요약을 위한 학생들의 제안을 관찰하면서 때때로 좋은 직관을 만나게 되기도 한다.

그림그래프를 만들고 해석하고 그에 근거하여 예측하기 위하여 이제 다시 3.2절에 제시된 과제를 검토해 보자.[28] 여기서 원래 자료 집합에 포함되어 있지는 않았지만 대화의 끝 무렵에 시나리오에 도입되었던 두 아이, 현철과 은혜에 관한 질문이 흥미롭다. 학생들에게 각 사람이 몇 권의 책을 읽었는지 예측하도록 질문하였다. 아주 어린 학생들은 이에 대한 유용한 정보가 없다고 생각하기 때문에 이것은 불가능한 과제라고 본다. 초등학생들은 그 문맥과 자신들의 경험으로 현철과 은혜가 책을 몇 권 읽었는지에 대한 이야기를 꾸민다.

- [현철이는?] 아마도 2권[……] 왜냐하면 현철이는 읽는 것을 좋아하지 않아서 읽는 것이 좀 지겹다고 생각할 거예요.

어떤 학생들은 추측하기만 한다.

- [현철이는?] 네 권. [왜?] 저도 몰라요. [그냥 몇 권?] 예, 그냥 아무거나요.

그 절에 제시된 정보를 사용하여 어떤 학생들은 통계적으로 예상하는 것과 반대로 흥미 있는 전략을 제시하기도 한다.

- [현철이는?] 그 애는 2권 또는 5권을 읽었을 거예요. [왜?] 왜냐하면 우리는 어쨌든 어떤 수를 잊어버리기도 하니까요.

자료에서 이렇게 결측치를 채우는 것은 수학교육과정에서 자료처리와 패턴인식 사이의 원하지 않았던 연결을 반영하는 것일 수도 있다. 이런 응답을 통하여 결측치를 예상하기 위하여 유용한 자료를 사용하는 가능성에 대하여 알고 있다고 보이지 않는다.

유용한 정보와 어떤 형태의 중심경향에 기초하여 예측할 수 있음을 아는 중학교 이상의 학생들이 있다.

- [현철이는?] 셋. [왜?] 그 이유는 모든 사람이 1부터 6까지 읽었고 그 가운데 3이 있기 때문입니다.
- [현철이는?] [……]그것은 아마도 0과 7 사이에 있을 것입니다. [은혜는?] 글쎄요. 모든 여자 애들이 남자 애들보다 더 읽은 것 같은데 새로운 그 두 명은 다른 것 같네요. [얼마라고 예상하지?][……] 선미와 민경이는 둘 다 5을 가졌고 소미는 7을 가졌어요. 그러면 은혜는 아마 5와 10 사이 값을 가졌을

거고요. 남자 애들은 1과 4 사이를 가졌고 그래서 현철이는 아마 0부터 5 사이의 값을 가졌다고 봐요.

몇 학생들은 산술평균이 예측하는 한 방법이라고 본다.

- [현철이는?] 그것의 평균 정도요. [왜?] 그것을 모두 합하고 사람 수로 나누면 되요.
- 현철이 대해서는 평균이라고 보면 되요……. 왜냐하면 남자 애들은 여자애들만큼 읽지는 않는 것 같거든요. 그래서 저는 은혜가 현철이보다 더 읽었을 것 같아요. [현철이는 얼마나?] 1과 5를 더하고……. 12[까지] 그 후에 4로 나누면 3을 얻어요.

일부 교사들은 이와 같은 문맥에서 평균 또는 "가운데"를 생각하는 학생이 별로 없음을 알고 놀랍게 생각할 수 있다. 그것은 아마도 교실에서 알고리즘을 강조했기 때문이기도 하고 평균을 공부하면서 응용을 같이 하지 못하기 때문이기도 하다. 학생들이 자료 집합을 요약할 때 평균 또는 중앙값을 언제나 생각하도록 하는 것이 목적이 아니라 궁극적으로 사용할 도구들의 레퍼토리를 갖는 것이 목적이다.

초등학교 상위 학년 학생들이 나이, 몸무게, 그리고 간이 식품 섭취에 관한 여러 변수를 포함하는 3.3절에 제시된 자료를 분석하는 사례에서 평균은 가설을 지지하기 위하여 자료를 요약하는 도구로 거의 고려되지 않았다.[29] 왜냐하면 너무 많은 변수들 때문에 의사결정의 부담이 너무 컸기 때문에 그런 것이다. 수평 축에 나이를 나타낸 그래프를 단순화하기 위하여 몇 학생들은 다른 변수, 즉 각 나이별로 몸무게 또는 간이 식품 섭취 횟수와 같은 둘 또는 세 개의 값들의 대푯값으로 평균을 사용한다. 다른 학생들은 남자 아이들과 여자 아이들을 비교하기 위한 한 가지 방법으로서 두 변수의 평균을 이용하기도 한다. 이것은 그림 4.8에서 스포츠, 평균 나이, 평균 몸무게, 그리고 간이 식품들이 남자 아이들과 여자 아이들에 대하여 비교되면서 제시된다. 자료 선택과 중간에 결론과 함께 제시된 것에 대하여 비평이 제기될 수 있지만, 이 포스터는 자료를 요약하고 결론을 유도하기에 적절한 통계량 선택에 대한 학급 토론의 훌륭한 출발점이 될 수 있다.

6장에서 고려되는 주요 사례들 중의 하나는 그래프들에 제시된 자료에 기초하여 두 학급의 수행을 학생들이 비교하도록 하는 것이다.[30] 어떤 비교에서는 두 학

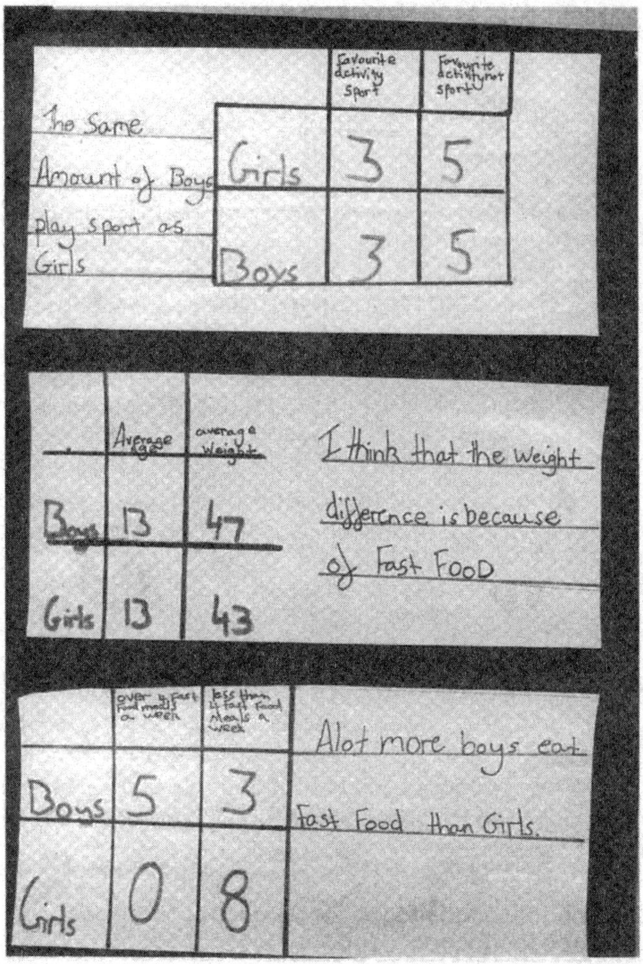

그림 4.8 가설 형성을 돕기 위하여 평균을 사용하기

급이 같은 크기이지만 한 비교에서는 그렇지 않다. 이 경우에 비교하기 위하여 두 집합의 균형을 위하여 산술평균을 사용하기를 생각해 보는 것이 자연스럽다.

4.7
함의 및 추천

평균 개념은 자료 처리 교육과정에서 중요하지만 논쟁의 여지가 있는 자리에 있다. 산술평균의 경우에 역사적 및 통계적으로 통계량으로서 알고리즘이 초등학교 상위 학년 학생들도 배울 수 있을 만큼 뛰어나다. 하지만 그래서 별 다른 설명없이 "통계량을 설명하기" 위하여 그리고 시험에서 옳음과 틀림을 표시하기 위하여 사용될 수 있기 때문에 과잉노출이 되기도 한다. 중앙값 및 최빈값은 평균과의 빈약한 관계라고 보기도 한다. 중앙값의 경우에 그것을 구하기 위하여 짝수 개와 홀수 개의 n을 가진 복잡한 식을 이용해야 하는 것처럼 커다란 불공평이 있다. 가운데와 같은 단어를 사용하여 점 쌓기 그림과 같은 그래프 및 수 세기 전략을 이용하여 아주 직접적으로 중앙값에 대한 직관을 형성할 수 있다.

강조해야 할 것은 자료 집합에서 자료에 관하여 평균에 의하여 수행된 대표적인 역할이다. 가운데와 대부분에 연관된 아이디어들은 "평균"을 학생들이 설명할 때에 매우 많이 사용된다. 산술평균에 포함된 의미 중에서 균형이라는 아이디어는 많은 학생들에게 두 번째의 성질이 아니다. 그것은 자료와 함께 하는 사려 깊은 일로부터 발전되어야 한다. 평균을 계산하는 것과 연결하여 자료의 그래프를 보는 것은 이런 점에서 도움이 될 수 있다. 평균 또는 중앙값으로 대표되는 자료 집합에 존재하는 변이를 고려하는 것은 이야기의 말하지 않은 남겨진 부분에 포함된 의미때문에 매우 중요하다. 분포의 범위, 절정, 그리고 왜도에 대한 논의를 포함하기는 표준편차의 함께하는 이후의 활동에 대한 기초를 놓는 것이며 일단 평균이 계산되면 자료 집합을 요약하는 것이 "끝났다"고 믿는 사람의 믿음을 반박할 수 있게 한다. 3.11에서 본 것처럼 다섯 숫자 요약 및 상자 그림을 도입하는 것은 그래프와 요약 통계량 사이의 전이를 제공할 뿐만 아니라 산술평균을 단지 고려하는 것으로부터 요약 통계량의 범위를 넓히기도 하는 것이다.

평균이라는 용어의 사용이 사회적으로 흔하기 때문에, 그것의 많은 측면을 이해하는 것은 통계적 소양의 필수적 요소이다. 표본이라는 용어와 마찬가지로 그것은 일상적으로 그리고 통계학적으로 많은 의미를 담고 있으며 그것을 충분히 알고서 서로 간에 연결을 지어야 한다. 통계 소양 체계의 첫 번째 수준인 용어 이해—전문 용어의 이해—는 구조적 복잡함을 세우는 중에 이런 형태의 의미 둘 다, 즉 평균을 구하는 대표적인 목적을 인식하기와 다양한 측정값들을 비교하고 대조하는 것에 관하여 둘 다를 반영한다. 표본의 경우에서처럼 이해는 단일 아이디어로부터 나와서 사회적 사용에서 이끌어져서 중앙값 또는 평균을 어떻게 구하는지에 대한 인식과 관련한 순차적 아이디어까지로 발전한다. 이러한 절차적 측면들, 때로는 교실 연습에서 초점이 되는 것들은 통계 소양의 첫째 수준에 필요한 이해의 유일한 요소이다. 그 목적은 어떻게 특정한 측정값이 자료 집합을 대표하며 그러한 대표성이 정말로 그 목표가 되는지를 인식하는 것이다.

통계 소양 체계의 두 번째 수준은 다양한 문맥, 주로 사회적 및 과학적 문맥에서 평균을 이해한 것을 적용하는 것에 초점이 있다. 평균이라는 단어의 많은 일상적 사용에 대한 사회적 기본은 처음부터 첫째 및 둘째 수준 사이의 연결을 만들 것 같다. 이것은 여러 문맥에서 사용하기 위한 관련된 정의를 정렬하는 동기를 제공할 수 있다. 의도된 것을 해석하는 것을 배우기 또는 내용이 명확하지 않을 때 질문하기는 발달을 위한 주요 특성이다. 다문화 활동 및 프로젝트의 사용은 여러 측정값들의 적절한 응용을 위한 직관을 발달시키는 자연스러운 방법이다. 학교 교육과정 전반에서 적절한 측정값들은 정당화와 함께 모형화 되어야 한다. 또한 학교 환경 밖, 특히 적절한 대푯값의 사용에 정확한 좋은 대중매체 기사로부터 도입하는 것이 중요하다. 그것은 학생들이 교사 주도의 환경을 벗어나서 판단을 스스로 해야만 할 때를 위한 학생들의 자신감과 경험을 형성하는데 도움이 될 수 있다.

통계 소양의 세 번째 수준에 관하여, 자료 축소의 고려를 위한 범위는 단순한 대푯값보다 더 넓은데 그것은 대부분 대푯값으로부터 시작될 것이다. 그 목적은 학생들이 설명 없이 그 단어에 대한 애매한 사용에 대하여 질문하고 의미가 명확할 때 적절한 사용을 평가하는 것이며, 그리고 부적절한 사용에 의문을 제기하는 것이다. 마찬가지로 학생들은 평균에 관한 기사가 자료 집합의 이야기를 충분히 전달하지 못할 수도 있음을 알 필요가 있다. 그들은 범위, 특이값, 산포, 모양에 관한 한 묶음의 질문을 가질 필요가 있다. 이것은 사용된 평균의 민감도뿐만 아니라 표준편차와 같은 다른 자료 축소 측정값과 관련된다. 그런 통계량을 계속 공부하는 학생들은 분포의 모양에 관한 직관이 중학교 재학 중에 형성되었다면 더 이해가 잘 될 것이다.

종이에 인쇄된 신문 또는 온라인 사이트를 통한 대부분의 대중매체는 평균에 기초한 많은 기사를 제시한다. 그 단어에 대한 사이트 검색은 많은 가능성을 구현하고 핵심적 어려움은 가장 적절한 것을 선택하는 시작을 갖는 것이다. 앞에서 언급하였듯이 학교의 연습문제를 기준으로 하면 최빈값은 세 가지 대푯값 중에서 가장 작은 관심을 받지만, 기사의 조사 결과에서 빈번하게 사용되므로 학생들은 그것을 자주 접할 필요가 있다. "대표적인 소비자는 40대의 여성이며 직업이 있고 결혼했거나 동반자와 살며 집에 아이와 함께 살지는 않는다."는 주장은 다음 자료에 근거하고 있다.

> 야채 상점의 주요 소비자의 70퍼센트는 여성이며,
> 응답자의 52퍼센트는 집에 아이와 함께 살지는 않으며,
> 나이별로 가장 큰 집단(29퍼센트)은 35~45살의 연령대에 있으며,
> 66퍼센트는 결혼했거나 동반자와 살고 있다.

대푯값이라는 일반적인 용어를 사용하여 세 개의 대푯값 중에서 무엇이 사용되었는지를 알 수 없지만 소수점 표시라는 단서로써 산술평균이라는 것을 알 수도 있다. "그 조사에서 고양이들이 일 년마다 4.67마리의 쥐를 잡는다고 하였으며, 그 중에 1.57은 토종이며 3.10은 외래종이다"[32]는 아마도 산술평균을 이용하는 것이다. 이와 같은 발췌문에서 평균을 사용할 뿐만 아니라 세 가지 통계량 중에서 어떤 것이 사용하기에 가장 적절한지에 대한 질문이 제기될 수 있다. 소수 두 자리까지 평균을 나타낸 것은 소수를 일반적으로 표시하는 것과 연결되며 그에 대한 이해 정도를 쥐 마리 수에서 0.67이라는 의미와 그런 수준의 정확성을 보고할 필요성을 토의하면서 점검할 수 있다. 이전 절에서 설명하였듯이 자료 집합에는 존재할 수 없는 평균에 관한 소수 형태에 의미를 부여하기와 같이 대푯값의 어떤 구체적인 사항에 관하여 대중매체 기사에 관한 토의가 진행될 수 있다. 매일 통근하는 사람들이 지나다니고 교통정체가 심각한 어떤 도시의 한 다리의 교통 상황에 관한 다음 보고를 살펴보자.

> 최근 조사에서 매일 그 다리를 건너는 60,000대의 차에 평균적으로 1.2명의 사람이 타고 있다……. 만일 그 평균을 1.5 또는 1.6으로 올린다면, 그 다리를 지나는 차의 수는 매일 15,000대로 줄일 수 있다.[33]

그 발췌문에서 주장한 수치를 살펴보고 대푯값으로서 산술평균을 사용한 심리를 토의하는 것을 일단 보류하고, 세 가지 대푯값을 나타내기 위하여 다리를 건너는 차와 사람에 대한 그림을 이용하여 그 차이를 뚜렷하게 알 수 있다. 학생들의 나이에 따라 0.5와 절반을 연결짓도록 하여 차마다 1.5라는 것의 의도된 의미

그림 4.9 다리를 건너는 차마다 대표적으로 1.5명의 사람이 있다는 상황에 대한 세 가지 시나리오

에 집중할 때에 가장 많이 배울 수 있을 것이다. 그림 4.9에서 다리 위의 10대의 차에 대한 세 가지 가능한 배치를 보여준다.[34] 첫 번째 그림에서 통계적으로는 의미있지만 실세계에서는 아무 의미 없기에 실제 상황을 평균과 연결하는 시나리오를 제공하는 한 방법으로는 실격임을 알 수 있다. 이런 과제를 수행한 학생들은 많은 주제를 제기할 수 있다. 조사된 차는 얼마인가? 버스로는 어떤가? 0명을 태운 차는 가능한가? 학급 구성원들이 가능한 많은 자유를 가지고 창조성을 발휘하도록 허용되어야 한다.

오늘날의 소프트웨어는 그림 또는 그래프 형태로 수행되는 과제를 가능하게 한다.[35] 그래프와 대푯값 사이의 연결을 견고하게 하기 위하여, 각 개별 자료 값을 변화시키고 중간에 평균(또는 중앙값)이 어떻게 달라지는지를 알기 위하여 끌어서 놓기 기능을 사용하는 것이 좋은 연습이 된다. 이것은 특이값의 효과를 알기에 훌륭한 방법이며 시각적으로 아는 것은 손으로 지루하게 계산을 반복하는 것보다 더 좋은 강화가 될 수 있다.

중심경향값들이 학교 교육과정의 자료 축소의 중심에 남는다면, 그림 4.1에 제시된 연결들을 지속적으로 강화하는 것이 필수적이다. 대푯값에 관한 아이디어들은 특히 변이의 원천, 그래프 표현, 그리고 자료 집합 그 자체와 관련하여 폭넓게 기초를 다져야 한다. 이것은 Jan Mokros와 Susan Jo Russell의 다음 말에서도 강조한 것이다.

> 자료 집합이 단지 일련의 값들이 아니라 한 단위라고 생각할 수 있을 때까지, 그 합 외에 어떤 것으로 그것을 묘사하고 요약하기가 어렵다. 대푯값은 자료의 중심을 나타내는 값이고, 전체로서 자료 집합의 양상을 표현하는 값이다. 자료 집합이 실제 개체로서 의미를 가지기 전까지 대푯값도 의미를 가질 수 없다.

참고문헌

1. Galton quoted in Bernstein (1996, p. 171).
2. Capel (1885).
3. Hart (1953).
4. Australian Education Council (1991, 1994a); Department for Education (1995); Ministry of Education (1992); National Council of Teachers of Mathematics (1989, 2000).
5. Utts (1999)는 "최빈값이라는 '중심'의 또 다른 척도가 때로는 유용하다"고 말하면서 회의적인 면을 보인다.(p. 107)
6. Moore (1991a)에서, 최빈값은 교양 과정의 학생들을 위한 교재에서 정의되지만 "거의 사용되지 않는데 그 이유는 최빈값이 가장 많이 나오는 값만을 나타내며 값들의 분포의 핵심에서 멀리 떨어져 있을 수 있기 때문이다."라고 무시된다. p. 207.
7. Hardiman, Well, & Pollatsed (1984); Mevarech (1983); Pollatsek, Lima, & Well (1981); Reed (1984).
8. Goodchild (1988); Leon & Zawojewskj (1991); Strauss & Bichler (1988).
9. Cai (1995, 1998); Gal, Rothschild, & Wagner (1989, 1990); Mokros & Russell (1995); Watson & Moritz (1999a).
10. Mokros & Russell (1995).

11. "Australia hotting up" (1997).
12. "Golf most popular sport" (1995).
13. "Aussies living for longer, ABS says" (1994).
14. Watson & Moritz (2000c)
15. Watson & Moritz (1999b).
16. Watson & Moritz (1999b).
17. Watson & Moritz (2000c).
18. Watson & Moritz (2000c).
19. Watson & Moritz (2000c).
20. Konold & Garfield (1992); Watson & Moritz (1999b).
21. 만일 평균 2.2를 소수 한 자리 수에서 반올림한 결과라고 가정한다면, 응답 (f)를 옳다고 해석하는 것이 가능할 수 있다. 그렇게 반올림하였으면, 전체 어린이 수는 108명에서 112명의 범위에 있는 것이 확실하며 (c)에서 주장하는 110명은 확실한 것이 아닌 것이 된다. 그렇지만 학생들의 응답에서 그런 해석이 고려되었다는 증거가 연구에서 발견되지 않았다.
22. Megalogenis (1990) Watson & Moritz (1999b).
23. Watson & Moritz (1999b).
24. Watson, Kelly, Callingham, & Shaughnessy (2003); Watson & Moritz (1999b).
25. Steinle, Stacey, & Chambers (2002)는 "소수에 관한 오개념 정리"라는 절에서 그런 주제들을 다루었다.
26. Watson & Moritz (2000c).
27. Watson & Moritz (2000c).
28. Watson & Moritz (2001a).
29. Chick & Watson (2001); Watson & Callingham (1997).
30. Watson & Moritz (2000c).
31. "Spendig a penny in supermarkets" (1996).
32. "Cats get bad press: survey" (1994).
33. "Let someone else drive, bridge commuters told" (1994).
34. Watson (1999); Figure 4.9 drawn by Helen Chick.
35. Konold & Miller (2005)에 의하여 개발된 *Thinkerplots*가 그런 예이다.
36. Mokros & Russell (1995, p. 35).

CHAPTER 05

우연 - 확률에 전조

어떤 개별적인 결과를 가지지만 많은 반복 속에 결과에서 일정한 패턴이 있는 현상들을 무작위라고 부른다. "무작위"는 "무계획"과 동의어가 아니지만 과학 및 수학과 깊이 연관된 결정론적인 것과 다른 일종의 질서에 대한 설명이다. 확률은 무작위성을 설명하는 수학의 한 분야이다.[1]

5.1 배경

세계의 많은 곳에서, 확률은 상위 학교 수학 교육과정에서 통계보다 앞선다. 그것은 표본공간에 기초한 이론적인 공부인 순수 수학의 일부로 보았다. 정리들을 공부하였고 때로는 조합과 순열을 이용하여 확률이 사건에 대하여 계산되었다. 사실 동전을 던지거나 주사위를 굴리는 것이 필요하지 않았다. 이론에서 약간 일치되지 않게 결과가 나오면서 물을 흐리는 것처럼 보였다. 수학교육과정에 자료처리를 가져 온 교육과정 개혁은 이론적인 확률에 전조를 언급하고 자료처리와의 그 관련성을 언급해야 했다.

많은 논쟁 끝에 고려된 의견에 따라 오늘날 자료에 기초한 통계를 가르치는 것과 관련된 주요 주제들을 발표하기 위하여 교육과정은 형식 확률론을 훨씬 덜 강조하여야 한다.[2] 이것은 무작위 사건들의 연구, 적절한 확률 직관의 발달, 용어와 단순 사건에 대한 이해, 분포에 대한 인식 그리고 오개념에 관한 알림을 반영하기 위하여 학교에서 확률론의 범위를 변화시키는 추천에 반영된다.[3] 나중에 이론적 확률에 관한 활동에 중요한 기본이 되는 경험적 빈도에 기반을 둔 확률에의 접근을 통하여 자료 처리를 지원하는 것이 그 목적이다. 주사위 굴리기와 같은 무작위 활동들은 교육과정에서 자료 처리 주제를 위한 자료를 제공할 수 있다. 많은 교육과정 문서에서 표본공간에 기초한 이론적 확률의 공부에서 나오는 주제들보다 더 직관적이고 실험적 측면을 구별하기 위한 용어인 우연(chance)을 사용하는 접근을 채택한다.[4]

확률이라는 단어는 그것을 배우지 않았어도 대부분의 사람들에게 수학적인 암시를 주는 반면에, 우연이라는 단어는 확률의 이론적 측면과 분명히 다른 많은 일상적인 의미를 가지고 있다. 표본(sample) 및 대푯값(average)라는 단어들과 비슷하게 우연이라는 아이디어와 관련되어 학교에 도입된 많은 직관이 있다. 경마에 돈을 걸고 복권을 사는 가정의 아이와 세계는 초자연적 존재에 의하여 완전히 결정되며 어떤 도박도 못하게 하는 가정의 아이를 교실에서 찾을 수 있다. 직관 및 주관적 믿음은 우연 교육과정의 출발점이고 그것들은 수치보다는 언어를 통하여 대개 표현된다. 그래서 우연 교육과정의 시작은 설명적인 활동에 기초한 표본추출 교육과정의 시작과 비슷하다. 우연에의 빈도적 접근의 인식 형성에서 전체 결과와 관심있는 결과를 비교하면서 시행을 해 가는 것이 필요하다. 그 비교는 수학교육과정의 다른 부분 — 전체 아이디어와 연결되어 있고 교육과정의 표본추출 분야의 전체 — 부분 개념의 발달과 유사하다. 학교 교육과정 및 불확실성이 충만한 학교 밖으로의 연결과 함께 수학 교육과정의 기본 개념들과 연결된 횟수 때문에 우연이 교육과정에서 중요한 분야가 된다. 학교 밖의 많은 문맥에서 의사결정을 위한 우연의 특징을 인식할 필요로 인하여 우연이 통계 소양의 주요 요소가 된다.

사람들의 확률 이해에 관한 첫 번째 주요 연구는 심리학 분야에서 행해 졌고 복잡한 문맥에서 의사 결정할 때 발생하는 오해에 초점을 맞추었다. Amos Tversky와 Daniel Kahneman은 사람들 자신의 문맥에 대한 개인적 이해 및 편견의 영향으로 인하여, 제시된 정보의 대표적 특징을 잘못 판단하여서, 그리고 소표본에 대한 지나친 신뢰로 인하여 사람들이 가능성을 잘못 판단함을 발견하였다.[5] 그런 형태의 연구는 표본공간 또는 빈도수에 기초한 확률 계산으로부터 멀리 제거되지만 학교 밖의 통계 소양과 관련하여 사람들이 직면한 딜레마의 척도가 된다. 그런 오개념을 줄여주도록 학교에서 어떤 종류의 활동을 얼마나 많이 하여야 하는지에 대한 질문은 답하기 쉽지 않다. 최근에 Gerd Gigerenzer는 초기의 연구에 도전하였고 확률보다는 빈도를 고려하는 것이 이 영역에서 사람들이 부딪히는 어려움을 완화시켜 줄 수 있다고 제시하였다.[6]

심리학자들의 최초의 연구는 대학교 학생들을 대상으로 수행되었다. 다음 세대의 연구는 학교 수준으로 이동하였고 두 가지 관점을 가졌다. 교육심리학자인 Ephraim Fischbein과 그의 동료들은 무작위 도구와 잠재적 결과에 기초한 더욱 관례적인 특징에 관한 질문을 하면서, 초기의 관심을 반영한 문맥 안에서 학생들의 이해를 계속 검토하였다.[7] David Green은 그러한 질문에 관한 접근을 계속하면서 비례 추론 및 특정 결과의 연속마디를 판정할 때와 잠재적 무작위 결과의 이차원적인 표현을 판정할 때의 무작위 행위의 특징과 관련한 확률적 판단들의 결합을 고려하는 데까지 나아갔다.[8] 그런 연구를 통하여 많은 형태의 오해를 발견해 내었으며, 적절한 직관은 타고난 것이 아니며 많은 경험이 계획되어지고 불확실함의 조건 내의 판단을 교정하는 데까지 이를 수 있는 개념 재형성을 위하여 많은 경험이 체험되어야 함을 알게 되었다.

우연 및 확률에 대한 학생들의 이해에 관한 최근의 연구는 학교의 모든 학년을 포함하며 앞에서 고려된 것들과 함께 우연의 더욱 다양한 양상을 고려하면서 더욱 폭넓게 기반을 다졌다.[9] 예를 들어 언급된 특별한 주제들은 학생들의 사고 및 믿음에 미치는 문화적 영향,[10] 추론에 관한 문맥의 효과,[11] 불확실함을 포현하기 위한 우연 용어의 사용,[12] 확률적 추론보다 결정론적 추론에 이르는 "결과 접근"에 대한 믿음,[13] 운과 공정함에의 믿음,[14] 우연 상황에서 변이를 다루는 딜레마[15] 그리고 모든 가능성을 동등하게 고려하는 "등확률 편의"[16]를 포함한다. 마찬가지로, 관심있는 연구의 특정한 사건과 관련된 주제들은 복합사건,[17] 조건부 사건,[18] 그리고 결합사건[19]을 포함한다.

우연의 이해에 관한 세 가지 주요 양상은 학교 재학 중인 학생들에 의하여 완성된 과제에 기초하여 이장에서 다룬다. 그 첫 번째는 우연의 용어 및 문맥과의 관련성에 대한 학생들의 인식과 연관된다. 두 번째는 우연의 측정과 관련하여 중요하게 고려되는 전통적 아이디어들과 관련된다. 수학 교육과정의 다른 분야와의 연결은 여기서 명확해진다. 세 번째 주제는 더 일반적 연결, 예를 들어 공정함과 위험과의 연결을 포함한다. 그림 5.1에서 다음 절에서 다루는 주제와 관련되어 주제들 사이의 연결을 보여준다. 우연 또는 확률을 서술할 때 부수적인 주관적, 빈도 그리고 이론적이라는 용어는 이 절의 앞 쪽에서 언급되었고 그림 5.1에서 빠졌다고 누군가는 생각할 수도 있을 것이다. 그렇지만 그것들은 그 그림에서 대부분의 아이디어들의 다양한 해석과 관련된 잠재적 서술어이며 따라서 중복된 화살표의 큰 망과 관련될 것이다. 그림 5.1에는 없지만 그것들은 이 장 전체에서 적절하게 서술어로서 사용된다. 그림 5.1에 제시된 분포로의 연결은 이 장에서 간단히 탐구되며 변이에 초점을 둔 7장에서 다시 언급된다.

이 장의 처음 네 개의 절은 5.2절에서 무작위라는 용어를 설명하는 것으로 시작하면서 우연 용어와 관련된 연결을 다룬다. 그것에 이어서 5.3절의 명백한, 불가능한 그리고 가능한 사건들을 설명할 때 학생들의 선택을 포함하는 문맥과의 연결에 대한 예시가 제시된다. 권위 있는 문맥들이 5.4절의 신문 머리기사의 평가와 5.5절의 위험 요인에 관한 해석을 포함하여 제시된다. 부분—전체와 백분율 이해로의 연결이 그런 절들에서 중요하다. 우연의 측정은 다음 다섯 개의 절에서 설명되는데 5.6절에서 부분—전체의 이해와 연결된 단일 사건을 다룬다. 그러고 나서 5.7절에서 단일 사건의 반복된 발생을 제시한다. 5.8절은 수학적 기술로의 확장된 연결을 가진 독립 사건들을 다룬다. 결합 및 조건부 사건들은 5.9절에서 질적인 경향으로 검토되며 대중매체 기사의 문맥 속에서 승산이 5.10절의 비와 비율로의 연결에 초점을 맞추는 것으로 돌아간다. 그 다음 세 개의 절에서 우연과 연결된 일반적인 주제들을 검토하는데 5.11절에서 운을, 5.12절에서 공정함과 편의를, 5.13절에서 여러 관점으로부터 위험을 다룬다.

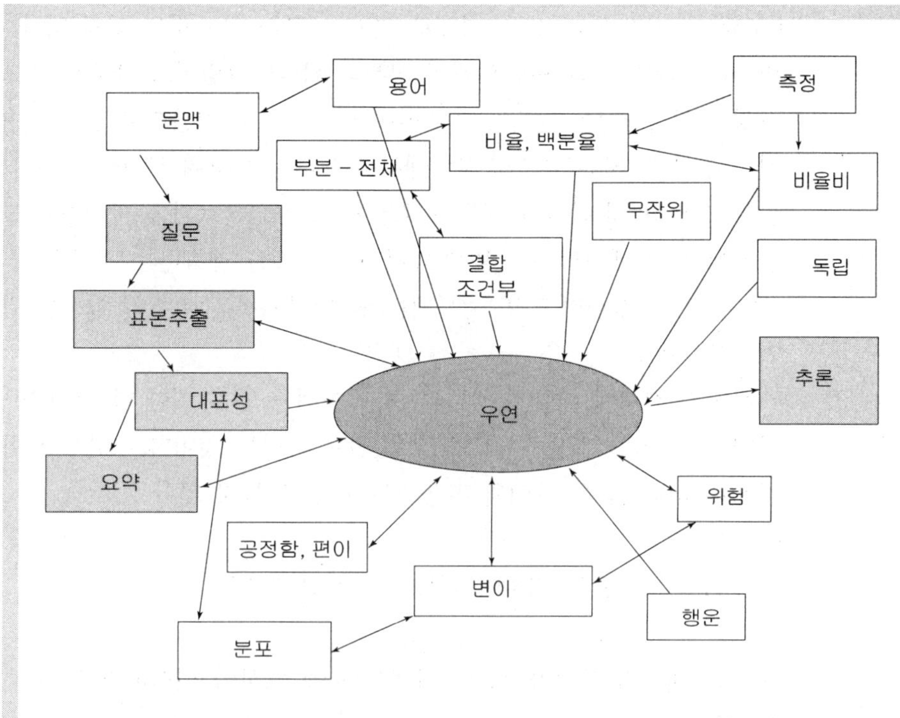

그림 5.1 우연 이해와 관련된 아이디와 통계적 요소 사이의 연결

그 절들에서 우연 이해의 발달과 그림 5.1의 많은 연결들을 포함한 과제에 대한 학생들의 응답 사례를 제시한다. 교실을 위한 논평이 때때로 포함된다. 마지막 절에서 우연과 관련한 학생들의 이해 발달의 의미를 요약하고 1장에 도입한 통계 소양 체계와 그것을 연관시킨다. 그 절은 두 개의 육면체 주사위와 한 개의 십이면체 주사위의 동등하지 않음과 관련한 일화로 마무리된다.

5.2 우연 용어: 무작위의 정의

우연 및 자료 교육과정에 연관되어 정의된 가장 어려운 단어 중의 하나가 무작위이다. 상위 학년 학생 및 교사들조차 그것을 어려워한다. 이 장의 처음에 David

Moore의 설명을 더 짧은 형태로 바꾸어 말하기는 것은 쉽지 않다. "되는 데로"의 아이디어는 Moore에 의하여 거부되었는데 그럼에도 불구하고 그것은 무작위 발생의 불확실성을 설명하기 위하여 어린이부터 어른까지 널리 사용된다. 이 구절은 우연 및 자료 분포의 문맥에서 발생하는 무작위 사건들의 패턴 양상을 무시한다. 그 개념의 복잡함 때문에 초기에 학생들과 토의를 시작하고 학교를 다니는 동안에 점점 세련되는 것을 기대하면서 그것을 계속하는 것이 중요하다. 학생들이 임의로 발생한다고 믿는 문맥을 탐색하는 것은 이후의 활동을 위하여 중요한 기초가 된다.

무작위 절차에 대한 학생들의 초기 이해를 알기 위한 한 가지 방법은 "무작위하게 어떤 일이 발생하지?"와 같은 질문을 하는 것이다.[20] 고학년 학생들이 배상금(ransom)과 같은 용어와 혼동하는 것은 드물지 않다.

- 사람들이 돈을 위하여 너를 보유하고 있다.

되는 대로의 암시가 포함되어 있는지에 대하여 인식하기가 매우 어려운 경우도 있다.

- 싸우는 것
- 여자 친구들

일부 학생들은 "임의 순서"와 같은 표현에서 그 말을 들었던 것 같으며 그래서 "순서"는 "순서가 없는" 또는 "혼합된"으로 무작위를 보는 관점의 선행물이라고 보는 언급을 하면서 응답한다. 이 장의 처음에 나온 David Moore의 서술과 그런 응답들이 어떤 연관을 갖는지를 분별하는 것이 어렵다. 용어와 그것이 정확히 무엇을 얘기하는지 사이에 연결을 명확하게 설정하지 않고 경험에 강하게 연결된 무작위에 관한 아이디어를 그들은 표현한다.

- 일들이 하나씩 어떤 순서로 발생한다.

어떤 응답들은 자연의 예기치 못한 현상의 예를 제시한다.

- 비가 올 것이다.

- 사고는 임의의 방식으로 발생한다.
- 잎들이 나무에서 떨어진다.
- 새로 탄생한 아기, 또는 늙은 사람의 죽음

어떤 학생들은 특정한, 인위적으로 만들어진 사건 또는 절차를 이용하여 무작위를 정의한다.

- 조사가 무작위로 이루어졌다.
- 스포츠에서 무작위로 약물 검사가 실시된다.
- 경찰이 무작위로 음주 테스트를 한다.
- CD에서 RANDOM PLAY를 누르면 무작위로 음악이 선택된다.

어떤 응답들은 게임 또는 경쟁의 문맥에서 때때로 선택 또는 선발의 특징을 정의하면서 무작위로 발생한 것의 예를 제시한다. 그 모델들은 무작위로 공통으로 연관된 의미들, 즉 예언할 수 없음 및 동등한 가능성을 구체화 한다.

- 모자에서 이름을 뽑는 것
- 경쟁 그리고 로또 그리고 빙고 그리고 그런 종류의 게임
- 상 받기 위하여 뽑히는 것. "당신은 무작위로 선택되었습니다."

순서를 암시하는 초기 형태의 응답과 대조적으로, 다른 응답들은 순서가 없거나 "아무렇게나 나타나는 순서"를 가진 상황을 서술한다. 이 아이디어는 우연, 예측 불가능함, 그리고 패턴의 부재와 관련된 무작위라고 정의되고자 하는 응답을 때로는 포함한다. 다시, 학생들은 무작위 절차 또는 무작위 결과를 언급한다.

- 일들을 혼합시킬 때
- 빨리, 대략적으로, 그리고 어떤 옛날 방식 등
- 그것들은 패턴 또는 순서 없이 발생한다.
- 어떤 포함된 시스템 없이 일어나는 일들이다.

이 응답들은 단일 특징에 초점을 맞추는데 그 과제에 대하여 학생들의 그런 응답은 전 학년에 걸쳐 가장 흔하게 나타난다.

그렇지만 일부 학생들은 단일 문맥 이상을 제시하는데 무작위에 대한 다면적 인식을 보여준다. 일반적으로 학생들은 언급된 그런 것들과 관련된 특징을 일반화 하지 못하고 나열하면서 나타낸다.

- 바람 방향, 컴퓨터의 수 선택, 동전 던지기
- 주사위 굴리기, 하늘에서 비가 올 때, 날씨가 어떻게 될지.
- 로또 당첨 번호, 집단으로 나는 새들의 수, 돌풍

다른 응답들은 어떤 예와 단순하게 정의되는 특징을 포함한다.

- 죽음. 네가 다음 차례가 될지 알 수 없기 때문에 그저 기다리고 지켜볼 뿐이다.
- 비. 벼락. 기후가 예측할 수 없기 때문이다.
- 무작위는 익명이다. 사람들은 그들의 피/알콜 측정을 위하여 무작위로 뽑힌다.

특정한 예 없이 무작위 절차의 양상을 설명한 응답들이 또한 존재한다. 그런 응답들은 이따금 선택 또는 뽑히는 것에 관한 아이디어를 포함하는데 시스템 또는 이유 없이 선택이 이루지는 것을 더 부가한다.

- 만일 어떤 것이 무작위하게 발생하면 그것은 그저 우연히 나타난 것이다. 그것은 특별히 한 가지 방식 또는 다른 방식을 의미하는 것이 아님을 의미한다.
- 어떤 것이 생각 없이 선택된다. 즉, 어떤 수가 10개 중에 뽑힌다.
- 어떤 사람 또는 어떤 것이 그 이름을 일부러 찾지 않고도 뽑히는 것과 같은 그런 일(모자에서 뽑는 것).

어떤 학생들은 어떤 예에 한 양상 이상을 설명한다. 그것은 형식적인 정의가 도입되기 전에 기대할 수 있는 가장 정교한 응답이다.

- 무작위로 일이 정상이 아니게 발생한다. 그것은 로또 및 기후처럼 예측할 수 없는 것이다.
- 정상적 기초 또는 패턴을 갖고 "일어나는" 것이 아닌 어떤 것(즉 로또의 당첨 번호)

- 꾸러미에서 젤리빈을 뽑는 것. 무작위로 색을 뽑고 무엇을 얻을지 알 수 없다. 아무것도 그 선택에 영향을 주지 않는다.

"무작위하게 발생하는 어떤 것의 예"와 마찬가지로 무작위라는 용어의 의미에 대하여 특별히 묻는 것이 다중 양상을 가진 응답의 비율을 높이지만 이전의 세 번째 수준에 해당하는 응답은 여전히 드물다.[21] 그렇지만 제시된 의미에서 증가된 정교함을 찾기가 때로는 가능하다. 단일 양상은 가끔 "뽑기"에 초점을 맞추지만 더 이상의 향상은 없다.

- 무엇인가를 선택하기. 무작위로 음주 측정하기.

어떤 방법을 포함한 응답들이 약간 더 정교하다.

- 어떤 순서로 뽑는 것. CD에서 음악들이 무작위로 흘러나온다.

단지 예를 제시하도록 요구할 때 처음에 자발적으로 응답한 것과 비슷하게 가장 정교한 직관적 아이디어들이 제시된다.

- 익명으로 선택된 것과 같은 것. 누군가를 선택하는 것. 모자에서 이름을 뽑아내어 팀을 고르는 것.
- 예측 불가능한 어떤 것 그리고 무엇이 발생할지를 모른다. 모자에서 이름을 뽑는 것.

5.3 우연 용어와 문맥 속에서 사건의 가능성

사건에 수치적 값들이 부여되기 이전의 어린 아동기부터 우연의 용어 측면에 초점을 맞추기를 교육과정 문서는 제안한다.

우연 사건과 연관된 일상 언어를 명확하게 사용하라.

가능한 활동들은 다음과 같다.

- '운이 있는 것', '공정하지 않다', '언제나', '그것은 일어날 것 같다' '내일 아마 비가 올 것이다'와 같은 흔한 표현을 명확하게 사용하기.
- 어떤 사건에는 불확실함의 요소가 있는 반면에 어떤 사건에는 확실하거나 불가능한 요소가 있음을 인식하면서 '확실한', '불확실한', '가능한' 그리고 '불가능한'이란 용어를 적절히 사용하여라. (예를 들어, 선생님은 17세 이상임이 확실하다고 생각한다. 왜냐하면 너는 대개 그때에 고등학교를 마치기 때문이다.)
- 아이의 경험과 관련된 사건을 서술하기 위하여 '매우 있음직한', '안 있음직한', '더 있음직한', '덜 있음직한', 그리고 '똑같이 있음직한'과 같은 용어를 사용하라(예를 들어, '우리는 오늘 학교에서 수학 공부를 할 것이다', '그 계란을 떨어뜨리면 깨질까?'와 같은 사건은 얼마나 있음직한가? 7월에 비가 오거나 1월에 비가 오는 것은 어느 것이 더 있음직한가?).[22]

여기서 주목하듯이 학생들에게 제시된 사건의 가능성을 서술하도록 요청하는 것은 우연 용어를 토의하도록 하는 한 방법이다. 다른 방법은 학생들에게 발생하기기가 확실한, 불가능한 또는 가능한 자신의 사건을 생각해 내도록 하는 것이다.[23] 이것은 학생들이 우연 발생을 상상하도록 하며 초기 이해의 적절함에 관한 문맥 정보를 교사에게 제공한다. 또한 그것은 학급 토의 및 논쟁의 출발점을 제공한다. 그림 5.2는 학생들이 세 가지 열린 문장을 처음에 채우도록 하여 그런 토의를 시작하도록 하는 한 가지 방법을 제시한다.[24]

이런 질문에 대하여 학생들의 거의 모든 응답들은 다음 문맥의 한 가지 또는 그 이상을 담고 있다. 그것은 자신의 개인적 경험, 학교의 직접적 환경, 또는 학교 밖의 더 넓은 세상이다. 학생들이 서술 각 용어의 의미를 검토하고 토의하는 것이 중요하다. "불가능한 모든 실제 목표에 대하여" 또는 "내가 아는 한 확실

(a) 오늘 확실하게 일어날 한 가지 일은 ________________________________이다.
(b) 오늘 불가능한 한 가지 일은 ____이다.
(c) 오늘 아마도 일어날 수 있는 한 가지 일은 ___________________________이다.

그림 5.2 우연에 관한 열린 문장들

한"과 같은 "불가능한" 그리고 "확실한"이란 단어의 일상적 사용에 관하여 논쟁이 있을 수 있다.

- (a) 나는 농구를 할 것이다.
- (b) 나는 210cm 정도로 키가 클 것이다.
- (c) 나는 다칠 수도 있다.

다음 응답 묶음은 학교 환경, 학급 계획표, 점심, 또는 집에 가기를 반영하며 때로는 학급을 지칭하기 위하여 "우리"를 포함한다.

- (a) 나는 과학 공부를 할 것이다.
- (b) 학교 활동을 그만 두기
- (c) 선생님들이 파업하기

학교 밖의 세상에 대하여 다음 응답 묶음에서 기후 및 세상의 사건들에 주목한다.

- (a) 세계는 돌고 있을 것이다.
- (b) 눈이 온다.
- (c) 비가 올 것이다.

전 학년에 걸쳐 응답의 약 사분의 일 정도가 다음과 같이 문맥들의 결합을 제시한다.

- (a) 수학 공부를 할 것이다.
- (b) 나한테 학교가 쓰러져 덮친다.
- (b) 내가 달까지 날아간다.
- (c) 학교의 화재 경보가 울린다.
- (c) 나는 체육 훈련을 갈 것이다.

어린 학생들의 경우에, 확실한 사건에 대하여 학교 환경에 초점을 맞추고 불가능하거나 가능한 사건에 대하여 세상 문맥에 초점을 맞출 것이다. 그보다 나이가 많은 학생들은 그 세 가지 형태의 사건들에 대하여 세상 또는 결합 문맥에 초점을 더 맞출 것이다. 세 가지 문맥 중에 개인적 문맥은 세 가지 질문 모두에 대하여 가장 최소로 나타나지만 그래도 분간하기 어려운 문맥보다는 더 많이 나타난다.[25] 그런 질문들에 대한 학생들의 자발성 및 능력으로 인하여 그런 질문들이 모든 또는 대다수의 학생들이 참여 할 수 있다고 기대되는 학급 토의의 좋은 출발점이 될 수 있다.

5.4 문맥에서 우연 용어: 신문 머리기사를 평가하기

이전의 두 절에서 논의한 과제는 학생들에게 친숙하며 학생들의 인식을 넓힐 기회를 주는 문맥에서 사용되는 우연 언어에 대한 학생들의 이해를 알아보는 것이지만, 통계적 소양에서 기술은 의사결정을 잠재적으로 포함하는 특정한 사회적 문맥에서 학생들이 노력하도록 할 때 신장된다. 그런 소양 목표의 불명확한 양상은 백분율, 분수 또는 소수, 언어로 표현된 가능도로서 평가되어져야 한다. 그런 도전은 강한 또는 약한 우연을 떠들어대는 신문의 머리기사에서 때로는 만날 수 있다.

우연 언어와 우연에 대한 수치적 표현 사이의 연결을 만드는 일부 초기 제안은 수직선에 근거한다.[26] 왼쪽 끝에 "불가능한"이라 하고, 오른쪽 끝에 "확실한"이라고 하고, 가운데에 "동일한 가능성"이라고 이름 붙이고 다른 우연 단어들은 각자의 적절한 위치에 놓인 선이 사용될 수 있다. 이런 형태의 연습은 학생들 사이의 많은 논의가 수반되기도 한다. 가운데에 1/2 또는 0.5라 하는 0부터 1까지의 선 또는 가운데에 50%라 하는 0%부터 100%까지의 선이 수 표현의 변환에 도움이 될 수 있다. 다른 분수, 소수 또는 백분율을 선과 함께 도입하는 것은 확실함("1이라는 확률"을 가짐)과 관련하여 확률의 표현의 부분—전체 특징을 강조한다. 우연을 표현하는 단어들 우연을 표현하는 수들, 그리고 0과 1 사이의 분수 및 소수와 0%와 100% 사이의 백분율에서 표현된 부분—전체 관계는 우연이 무엇인가에 관한 초기 인식 형성에 필수적이다. 이러한 이해를 강화시키는 수직선 여기에 신문 머리기사에서 나온 여덟 개의 우연 단어 및 문장이 있다.

A	솜씨 자랑에서 58퍼센트의 성공률
B	불가능한
C	그것은 확실한 일이다.
D	큰 일에 대하여 희망이 있어 보이는 재호
E	있을 것 같지 않은 미국 영웅을 가지고 있기
F	걱정할 것이 없음
G	노는 것이 의심스러운 수민
H	50-50 우연이 있다.

A부터 G까지의 일곱 개의 문장 각각에 표현된 가능도를 아래의 척도 위에 표시하여라. H는 예로 제시되었다.

(낮음) 가능도 (높음)

0 H 1

그림 5.3 신문 머리기사에서 우연 문장들에 가능도를 설정하기 위한 과제

사용은 많은 학생들로 하여금 구체적인, 시각적 연결을 명확하게 하도록 돕는다.

수학적 주제들 사이의 그런 연결은 대중매체에서 추출한 것들을 수직선을 따라 놓이도록 선택하여 통계적 소양에 직접적 연결이 되도록 확장될 수 있다. 예를 들어 그림 5.3에 제시된 신문의 머리기사를 이용한 과제를 검토해 보자. 여기서 학생들은 0-1 수직선 위에 가능성에 따라 각 문장을 배치하도록 요청받으며 수직선의 가운데에 "50-50 우연"의 이름을 붙이는 것과 양쪽 끝에 적절한 서술을 놓는 것에서 어려움을 덜 수 있다.[27]

그림 5.3의 과제의 목표는 일곱 개의 문장 각각에 대하여 그리고 서로의 상대적 관련성에 대한 우연 언어 평가이다. 그 과제에 유일한 정확한 답이 있다고 주장한다면 많은 논쟁이 일어날 것이다. 그렇지만 대안들 사이의 토의는 통계 소양

이 양적인 계산보다는 평가 및 해석의 질적인 기술에 관하여 더 있음직하다는 것을 학생들이 깨닫도록 돕기에 유용하다. 두 가지 양상이 흥미 있다. 선 전체의 길이와 관련하여 그 문장들을 학생들이 놓는 곳과 모든 세 가지 문장의 순서가 그것이다.

수직선을 따라 문장들을 배치하는 상세한 해석이 응답에 필요하기 때문에 그 표시에 대한 어떤 번역이 이루어진다. 센티미터 또는 인치로 여러 선의 길이의 가능성이 주어진다면, 선을 따라 측정하고 가능도의 부분—전체 특징에 대하여 평가하는 것을 강화시키기에 퍼센트가 가장 좋은 방법일 수 있다. 그런 퍼센트들

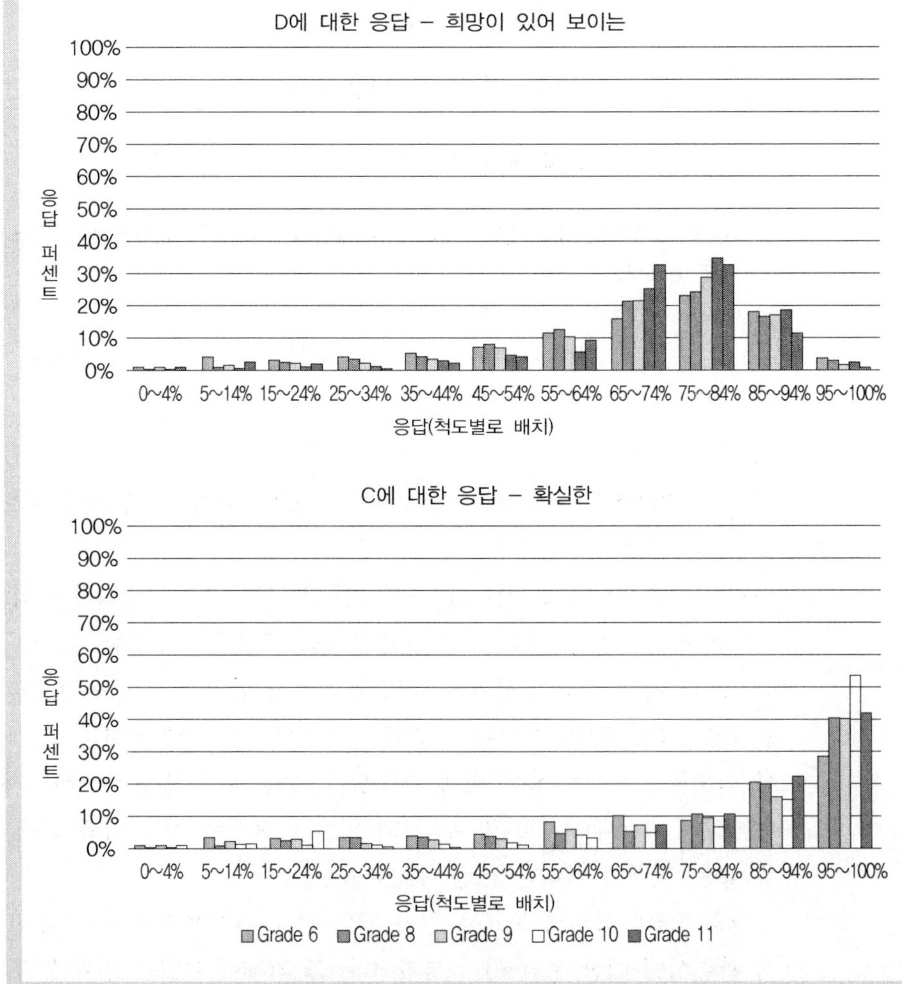

그림 5.4 수직선을 따라 두 우연 문장을 배치하는 것에 대한 6학년부터 11학년까지 학생들의 응답 비율

의 분포를 산출하기는 일상용어로 다른 것들과 함께 가능성을 학생들이 토의할 때 변이가 나타날 수 있음을 학생들이 인식하도록 돕는 좋은 방법이다. 그림 5.4에 두 그래프를 비교하기는 "희망이 있어 보이기"와 "확실한 일"이라는 구절에 대하여 얼마나 퍼센트 평가가 다양한지를 보여주는데, 후자가 전자보다 학생들 사이에 일치되는 정도가 더 크다.

머리기사를 최소의 가능성에서 가장 큰 가능성까지 가장 많이 순서붙인 것은 불가능, 있을 것 같지 않은, 의심스러운, 50-50 우연, 58퍼센트의 성공률, 희망이 있어 보이는, 걱정하지 않는, 그리고 확실한의 순서이다.[28] "걱정하지 않는"과 "확실한"과 마찬가지로 "있을 것 같지 않은"과 "의심스러운"은 가장 자주 서로 바꾼 것들이며 이는 놀라운 일이 아니다. 학생들은 가능도에 따라 머리기사를 순서화 하는 능력으로 볼 때 학년 수준에 따라 증가하지만, 고등학교에서 그 두 개 구절의 가능한 교환을 포함하여 단지 절반만 그 기준을 만족하였다. 이런 종류의 결과를 통하여 고등학교 수준에서 소양 및 수적 사고 능력의 통합을 필요로 함을 알 수 있다. 통계 소양에 관하여 그것은 낮은 수준의 기술로 간주되지만 더 넓은 사회적 문맥에서 볼 때 전달문을 해석하는 중요한 일이라고 할 수 있다.

5.5 문맥에서 우연 언어: 위험을 해석하기

흡연, 음주, 마약, 과속 또는 불건전한 이성 관계와 같은 위험 행동을 학교 학생들이 저지르는 것에 관한 상당한 관심이 있다. 그렇지만 그런 분야에서 일하는 사람들은 상대적인 발생 빈도에 대한 식견을 갖추게 해 주는, 위험에 관한 문장들을 수치적 형식과 연결하는 학생들의 능력을 거의 연구하지 않는다. 백분율 용어로 어떤 위협의 발생 가능성을 인식함이 없으면 두 가지 현상이 나타날 것이다. 학생들은 한꺼번에 그 위협들을 무시하거나 어떤 경우에는 학생들은 허위 선전 또는 오류가 있는 주장에 오도될 수 있다.

그림 5.5에 제시된 질문은 위험 문장을 해석하는 학생들을 평가하고 양적 대 질적 해석에 관한 토의를 시작하는 좋은 출발점이 된다.[29] 열린 질문으로 이 과제

어떤 약 병에 다음과 같은 글이 쓰여 있다.

> 경고: 이 약을 사용한 피부 부위에 발진이 날 가능성이 15%입니다. 발진이 나면 의사와 상의하시오.

이것은 다음 중 무엇을 의미하는가?

- ☐ (a) 그 약을 피부에 사용하지 마라 – 발진이 날 큰 가능성이 있다.
- ☐ (b) 피부에 그 약을 사용할 때, 권고된 양의 15%만 사용하라.
- ☐ (c) 발진이 나면, 피부의 15%만 발진이 날 것이다.
- ☐ (d) 이 약을 사용하는 100명 중에 약 15명이 발진이 난다.
- ☐ (e) 이 약을 사용해서 발진이 날 가능성은 거의 없다.

그림 5.5 사회적 맥락에서 백분율로 표현된 우연을 해석하기

를 제시함이 일부 교사에 의하여 선호되고 반드시 선택해야 하는 것이지만, 이 선다형 문항은 읽기에 어려움을 갖고 있고 선택지를 고를 때 ((b)와 (c)에 나온) 15%만을 단서로 사용하는 일부 학생들의 어려움을 극복하게 해 줄 기회를 제공한다. 또한 15%의 해석을 "큰 가능성" (a) 대 "가능성이 거의 없음" (e)와 같이 해석하는 것에 대하여 토의할 기회가 있다. 이전 절에서 한 것과 반대로 수치를 문장으로 이렇게 해석하기는 그런 형태의 위험의 심리적 영향에 초점을 맞춘다. 15%의 죽을 위험이 있다면, 그 해석은 아주 달라질 수 있다.

초등학교 상위 학년에서 많은 학생들이 백분율 기호를 포함한 틀린 선택지((b)와 (c))에 현혹되지만 고등학교 고학년으로 갈수록 그 오답 비율이 상당히 줄어서 약 90%의 학생들이 적절한 해석을 하고 그 나머지 학생은 (e)를 선택할 정도가 된다. 학생들의 사고에 관한 선택 체계에 관하여 교사들이 알려면 다음이 도움이 될 것이다.

- 선택지 (b)와 (c)는 부적절한 해석을 한 것이다.
- 선택지 (a)는 제시된 맥락에서 의미가 없는 애매한 일상적 해석이다.
- 선택지 (e)는 정보 제공 형식의 일상적 해석이다.
- 선택지 (d)는 전달문을 반영하여 수치적 해석을 한 것이다.

선택지 (d)의 해석은 부분 — 전체에 관한 백분율 이해와 가능성의 연결을 강화시켜 주기도 한다. 또한 그것은 통계 소양을 형성하기에 주축이 된다.

5.6

우연을 측정하기: 단일 사건

다양한 형식에서 우연을 측정하기와 연결할 때 단일 사건의 가장 단순한 경우부터 시작한다. 전통적으로 무작위 도구들은 우연을 측정하기 위한 문맥을 만들기 위하여 사용되어 왔다. 그것들은 유용한데 그 이유는 무작위 절차의 예측 불가능함이 대체로 자명하기 때문이다. 그것은 많은 외부적 요인 없이 무작위 절차의 "패턴" 양상에 집중하는 것이 가능함을 의미한다. (주사위를 굴리거나 회전판을 돌리는) 결과를 내기 위하여 "어떻게 그 활동을 유발하는지"에 관한 토의를 제외하고 교사 및 통계학자들에 의하여 그 절차가 직접적으로 고려된다. 아이들이 그 절차를 같은 식으로 보는지가 논쟁의 핵심이고 교실 토의의 주제이어야 한다. 우연 문맥에서 주관적 믿음을 모든 연령의 사람들이 공통으로 보여준다. 주관적 확률("난 언제나 진다")로부터 빈도 기반의 확률 즉 이론적 확률까지로 변화하는 것이 우연에 관한 학교 교육과정의 목표이다.

토의의 출발점은 사용된 무작위 발생 장치의 직관적인 이론적 이해와 주관적 믿음을 연결하는 것이다. 그림 5.6의 질문같이 통상적 질문은 답에 대하여 설명하도록 할 때 아이들의 사고에 관한 정보를 많이 얻을 수 있다.[30] 선다형의 질문처럼 그것은 고차원의 이해를 성공적으로 결정하는 정당화이다. "동등"에 대한 "정확한"답을 선택하기는 가능성에 대한 복잡한 이해를 반드시 의미하는 것은 아니다.

응답들은 네 가지 수준의 정당화를 내포한다. 적절하게 주사위의 특성을 얘기하지 못하는 응답들은 전구조적 수준에 있거나 개인적 믿음 또는 경험에 기초하고 있다.

여섯 면의 주사위를 굴릴 때, 다음 중 어느 것이 더 쉽게 나오는가?
(1) 1이 나오기
(6) 6이 나오기
(=) 아니면 1과 6이 동일하게 나오는가?
왜 그 답을 선택하였는지 설명하여라.

그림 5.6 주사위를 이용한 기본적 단일 사건에 관한 우연 질문

- (=) 2가 1보다 더 쉽기 때문이다.
- (6) 그것이 가장 크기 때문이다.
- (1) 대개 6이라고 하겠지만 그것은 거의 나오기 어렵다.

단일 구조적 수준의 응답들은 어떤 물리적 또는 이론적 설명 없이 주사위와 관련된 불확실성의 단일 양상을 제시한다. 이것은 때때로 우연의 "무엇이라도 발생할 수 있다"는 관점으로 얘기되며 그런 말은 불확실성이 존재하는 많은 사회적 문맥에서 들을 수 있다.

- (=) 어떤 것이라도 나올 수 있다.
- (=) 던져서 뭐가 나올지 알 수 없기 때문이다.

주사위의 물리적 구조에 기초하거나 우연과 관련하여 수준 있는 언급을 한 더 복잡한 응답들을 다중 구조적이라고 본다.

- (=) 그것은 정육면체이므로 어떤 수가 나타나는 것이 똑같다.
- (=) 하나의 6과 하나의 1이 있기 때문이다.
- (=) 그것들은 둘 다 같은 확률을 갖고 있다.

어떤 응답들은 결과와 관련된 우연의 측정을 양적으로 나타내는 데까지 나아간다.

- (=) 어떤 수를 얻기에는 1/6의 확률이 있다.

학생들이 가장 높은 수준의 응답을 내 놓을 가능성은 학년이 높아짐에 따라 높아지고 교실 경험이 많을수록 높아진다. 그러나 "정확한" 답을 일단 들은 후에, 교사들은 덜 정교한 추론에 대한 토의를 소홀히 하면 안 되고 우연에서 일반적 믿음으로부터 물리적 도구들의 이론적 확률과의 관련까지의 연결을 만들어야 한다.

결과의 무작위 발생의 해석에서 더 복잡함을 도입하기 위한 다양한 형태의 과제들이 있다. 그림 5.7에 제시된 과제가 그런 과제 중의 하나로서 두 가지 범주의 결과를 제시하였지만 그 안에 가능성의 여러 수치를 제시하였다.[31] 소년 및 소녀

어떤 수학 수업 13명의 소년과 16명의 소녀가 있다. 각 학생들의 이름을 종잇조각마다 한 명씩 적고 모자에 모두 넣는다. 교사가 보지 않고 그 중의 한 이름 뽑는다. 다음 중 어느 것이 더 잘 나타날까?
(b) 소년의 이름, 아니면
(g) 소녀의 이름 아니면
(=) 소년과 소녀가 동일하게 나오는가?
왜 그 답을 하였는지 설명하여라.

그림 5.7 두 가지 범주의 결과의 가능성에 대한 다양한 수를 포함한 단일 사건 우연 질문

또는 29개의 이름 중에 어느 것이 중요한지에 대하여 혼란이 있을 수 있다. 그럼에도 그것은 선다형 응답이 아니라 학생들에 의하여 제시된 설명이며 응답의 정교한 수준의 증가를 결정한다.

- (g) 그것은 소녀일 가능성이 더 높은데 그 이유는 교사가 여자이기 때문이다.
- (b) 소년들은 별들 안에서 행운이 있는 것을 가지고 있다.

문맥과 상호작용한 학생들 중에서 "무엇이라도 발생할 수 있다"는 관점은 선택 방법에서 표현되기도 한다.

- (=) 그것을 둘 다 취해야 한다.
- (=) 왜냐하면 교사는 눈을 감았기 때문이다.

두 가지 가능한 범주의 결과인 소년과 소녀를 고려하는 것은 다음 응답에 대한 설명이 될 것이다.

- (=) 그 확률은 같다.

그런 점에서 충돌이 때때로 인정되지만 완전히 결정된 것은 아니다.

- (= g) 동등하다. 그러나 소녀들이 약간 더 유리한 점이 있다.
- (=) 그것은 소년일 것이다. 또는 소녀들이 약간 더 많은 확률을 갖고 있을 것이지만 얼마나 그것들이 섞여 있는지에 따라 다르다.

모자 안에 있는 모든 이름들을 검토할 필요에 대하여 인식하는 응답들 중에 어떤 것들은 질적인 특징이 있다.

- (g) 거기에 더 많은 소녀들이 있다.

다른 응답들은 질적인 결정을 할 때 중요한 수들을 정확하게 얘기한다.

- (g) 16명의 소녀와 13명의 소년이 있으므로 소녀들이 더 많은 확률을 갖는다.

주저하지 않고 포함된 확률을 양적으로 나타내기 위하여 더 나아간 응답이 몇 있다.

- (g) 소년들이 13/29의 확률을 갖는 반면에 소녀들이 16/29의 확률을 갖기 때문이다.

이와 같은 문제들은 중요한데 그 이유는 그것들이 이해 발달의 많은 수준을 나타낼 기회를 제공하기 때문이다. 특히 초등학생들에게 이 과제와 이전 과제 사이의 차이가 중요한데 그 이유는 학생들이 무작위 절차가 발생하는 여러 표본공간을 경험할 수 있기 때문이다. "표본공간"이라는 구절이 도입되는 것이 바람직하지 않을지라도, 주사위 던지기(1, 2, 3, 4, 5, 6) 또는 모자에서 이름을 하나 꺼내기(소년1, 소년2, …, 소년16, 소녀1, …, 소녀19)에서 모든 가능한 결과 목록을 산출하고 그 유사점 및 차이점 및 정의할 수 있는 사건들의 확률을 논의할 기회가 있다.

단일 사건들의 결과를 여전히 고려하는 동안에, 두 개의 그런 사건들을 비교하는 것과 같은 복잡한 특징을 부가하는 것이 가능하다. 전통적으로 그런 사건들은 두 개의 색의 고정된 비율을 가진 용기로부터 구슬과 같은 물건을 꺼내기에 기반을 두었다. 많은 가능성이 거기에 있지만 예를 들어 그림 5.8과 같은 문제를 생각해 보자.[32] 이것은 이전의 두 문제보다 더 복잡한 문제인데 두 가지보다 네 가지의 관련 정보를 갖고 있고 학생들이 자신의 이해를 나타낼 더 많은 가능성을 부여한다. 결정을 해야 할 때 상자 사이, 상자 내의 차이 사이 그리고 마지막으로 상자 안에 비율 사이와 같이 비교할 형태를 관찰하는 것이 흥미 있다. 수학 교육

상자 A와 상자 B는 다음과 같이 빨강 및 파랑 구슬들로 채워져 있다.

상자 A	상자 B
빨강 구슬 6	빨강 구슬 60
파랑 구슬 4	파랑 구슬 40

각 상자는 구슬들이 섞어져 있다. 파랑 구슬을 뽑고 싶지만 보지 않고 한 구슬을 뽑아야 한다. 어느 상자를 선택할 것인가?

□ (A) 상자 A(빨강 구슬 6, 파랑 구슬 4)
□ (B) 상자 B(빨강 구슬 60, 파랑 구슬 40)
□ (=) 상자는 중요하지 않다.

왜 그런 답을 하였는지 설명하여라.

그림 5.8 두 개의 단일 사건들을 비교하는 과제

과정에서 비율 아이디어와 다중의 적절한 및 부적절한 연결들이 이와 같은 질문에 대한 학생들의 응답 안에 발견된다.

많은 수준의 응답들이 그림 5.8과 같은 과제에 대하여 주어진 설명 안에서 관찰될 것 같다. 일부 학생들은 비교하지 않고 상상에 의존한다.

- (=) 빨강 및 파랑은 둘 다 내가 가장 좋아하는 색이다.
- (B) 왜냐하면 그것은 내 크로스컨트리 팀이기 때문이다.

처음 응답은 설명 없이 질문이 없는 다중 선택 질문들이 실제로 쓸모없는 이유가 무엇인지를 알려준다. 동등한 뽑기를 정당화 할 때 그 다음 수준에서 "어떤 것이라도 발생할 수 있다"와 같은 단일 아이디어를 표현하는 응답들이 있다. 두 상자 안의 구슬의 비율이 다르다면 비슷한 추론이 채택될 수도 있다고 추측한다.

- (=) 왜냐하면 너는 빨강 또는 파랑을 얻을 수 있기 때문이다.
- (=) 왜냐하면 각각에 파랑이 있다.
- (=) 그것이 빨강인지 파랑인지를 실제로 말할 수 없다.

그러면 결정 절차에서 빈도가 어떤 역할을 함을 학생들이 인식할 때 응답의 정교성이 도약된다. 가장 단순한 비교는 구슬의 두 색을 무시하면서 상자 안의 구슬의 전체 개수를 고려하는 것이다.

- (B) 상자에 뽑을 더 많은 구슬을 갖고 있을 것이다.
- (A) 그래서 상자에서 뽑을 것이 그렇게 많이 있지 않다.

어떤 학생들은 더 나아가서 상자에 있는 색과 관련하여 상자의 비교를 질적으로 고려한다.

- (A) 빨강이 적다.
- (B) 상자 A보다 상자 B의 파랑이 더 많기 때문이다.

위의 학생들은 그 과제가 빈도와 색에 관련됨을 알지만 상자들에서 색에만 관심을 갖는다. 어떤 학생들은 원시적으로 양적인 비교를 한다.

- (B) 4보다 40이 더 많은 확률을 갖는다.

상자 내부의 차이 보다 상자 사이의 차이에 기초한 비교를 하기 위하여 두 상자에서 조금씩 모은 모든 정보를 학생들이 채택할 때 정교함에서 다음 도약이 나타난다.

- (=) 왜냐하면 두 상자 모두 빨강이 더 많기 때문이다.
- (A) A에서 빨강이 2개 더 많고 B에서 빨강이 20개 더 많기 때문이다.

위의 처음 응답은 완전하게 적절하기 위하여 더 정확함을 필요로 하는 질적 경향으로 동등함을 정당화한다.

어떤 응답들은 차이를 사용하여 정확한 선택을 부분적으로 정당화하지만, 완전한 정당화를 위하여 비례적 추론이 필요하게 된다. 어떤 학생들은 이것을 인식하는 것 같지만 더 많은 확장 없이 단순한 문장들을 만든다.

- (=) 그것들은 둘 다 같은 확률을 가진다.

- (=) 왜냐하면 그것들은 똑같이 채워져 있다.

다른 학생들은 양적으로 나타내지 않고 각 상자에 대하여 동일한 특성을 얘기한다.

- (=) 그것은 중요하지 않다. 왜냐하면 그것들은 둘 다 같은 평균을 갖기 때문이다.
- (=) 그것은 중요하지 않다...설명하기는 어렵다. 두 상자 모두 파랑 구슬에 대한 같은 비율을 갖고 있다.

상자들에서 명백한 "차이"가 있지만 파랑 구슬을 구하는 확률에 영향을 주지 않는 차이를 설명하는 곱셈의 요인을 이용하여 각 상자에서 같은 비율이라는 결합이 형성될 때 더 복잡한 수학적 사고가 나타난다.

- (=) 상자 B에 각각이 10배씩의 같은 양이 있다.
- (=) 확률이 같으며, 그것은 1:10 척도이어서, 빨강 구슬이 있기 때문에 파랑 구슬을 얻는 것에 대하여 두 상자에서 여전히 같은 크기의 확률이 있다.

마침내 상자 안의 수학화가 일어나고 그 비교는 동등한 비율, 분수, 또는 상자들 간의 백분율을 보여준다.

- (=) 그것은 중요하지 않다. 두 상자 모두 요점은 빨강에 대한 파랑이고 그것은 상자 $A = 4/6 = 2/3$이고 상자 $B = 40/60 = 4/6 = 2/3$이다.
- (=) 각 상자에 40%의 파랑이 있기 때문이다.

이 과제에 대한 응답들의 범위가 아주 크고 모든 수준이 학급 내에서 제시될 수 있다. 그러나 하위 수준의 응답을 제시한 학생들에게 상위 수준의 응답에서 사용된 비례적 추론을 인식하기는 어려울 수 있다. 비율, 비례, 그리고 백분율로의 연결이 성공을 위하여 중요하며 중학생들의 수적 교양의 기술에 대한 필요성을 강화시킨다.

5.7

우연을 측정하기: 반복 시행의 분포

이전 절에서 논의한 과제들은 주사위 던지기, 모자에서 이름 꺼내기, 또는 어떤 색깔의 구슬 꺼내기처럼 단일 결과에 초점을 맞추었다. 그런 사건들의 확률은 모든 가능한 결과들을 설명하는 표본공간에 기초하고 있다. 예를 들면 주사위의 여섯 면, 19개의 이름, 또는 상자 안의 구슬의 총 개수이다. 만일 그런 단일 사건들을 많이 반복하기, 즉 주사위를 반복적으로 던지기 또는 이름 또는 구슬을 꺼내기(각 꺼낼 때마다 복원하기)를 상상할 수 있다면, 주사위의 각 수에 대한 1/6, 19/26의 소녀들, 또는 40%의 파랑 구슬이라는 표본 공간의 사건들의 비율을 반영하는 결과들의 분포를 예상할 수 있다. 이 장의 처음에서 David Moore가 주목한 것처럼 절차의 무작위 특징은 많은 반복에서 "정상적 패턴"을 제안하지만 이것은 이론과의 완벽한 합치를 의미하지는 않다. (이론의) 기대와 (무작위 절차로부터의) 변이 사이의 긴장이라는 그런 주제가 7장에서 상당히 자세히 다루어지지만, 이전 절에 제시된 과제들 중의 하나를 확장한 것이 여기에서 출발점으로 제시된다. 우연과 관련된 활동에서 초기에 많은 단일 결과들을 검토하는 것은 이후에 확률분포를 형식적으로 검토하기 위한 유용한 기초를 닦는 것일 수 있다.

그림 5.9에 제시된 과제는 그림 5.6의 질문을 확장한 것이고 주사위를 60번 던진 결과의 분포를 묻는 것이다.[33] 그와 같은 활동을 사용하기는 학급 활동의 좋은 출발과 동기를 주며, 그런 활동이 기록되고 추정값과 비교될 수 있다.

학생들의 응답에서 흥미로운 것은 주어진 값뿐만이 아니라 그런 수들을 정당화 하기위한 추론이다. 일부 학생들은 전구조적 수준에서 응답하면서 과제를 이해하고 합이 60이 되는 6개의 수를 구성하는 데 어려움을 겪는다.

- {1, 60, 0, 0, 0, 0} [추론 없음]
- {31, 5, 10, 29, 10, 10} 1이 많이 나오고, 6이 몇 번 나오며, 그 나머지가 어느 때고 나온다.

단일 구조적 수준에서 응답들은 과제의 한 양상을 이해하는 것 같다. 그것들은 예를 들면 합이 60이 되는 6개의 수들을 제시하지만 특이한 패턴을 나타내는데 주사위를 60번 던진다고 상상해 보자. 주사위의 각 숫자가 몇 번이나 나올지 다음 표에 나타내어라.

주사위의 수	그것이 몇 번이나 나올까?
1	
2	
3	
4	
5	
6	
합계	60

왜 그렇게 나타날지 설명하여라.

그림 5.9 주사위 한 개를 60번 던진 분포를 제시하는 과제

그것은 너무 많거나 너무 작은 변이를 가지며 또는 불완전하거나 비논리적인 추론이 동반되는 엄밀한 확률을 나타낸다.

- {10, 20, 10, 10, 0, 10} 높은 수들보다 낮은 수들을 주로 얻기 때문이다.
- {15, 15, 15, 2, 3, 15} 대부분의 그 수들은 서로 반대되고 그래서 그 값들을 같은 횟수만큼 얻는다.
- {10, 10, 10, 10, 10, 10} 내 생각에 그것들은 쉽게 나올 것으로 보이기 때문이다.

어떤 학생들은 포함된 이론적 모델의 엄밀한(또는 거의 엄밀한) 관점을 갖고 있는데, 그 관점은 과제에서 요구하는 것과 관련하여 전이되는 것 같다.

- {9, 10, 10, 10, 10, 11} 그 수들은 나타날 확률이 같기 때문이다.
- {10, 10, 10, 10, 10, 10} 그 수들은 주사위에 같은 면적을 가지기 때문이다.

다른 학생들은 (통계적 기준에 기초하여 적절해 보이는[34]) 제시된 수들 또는 서술된 추론 표현들의 둘 다는 아니고 그 중의 하나에서 변이를 인식함을 보여준다. 그것들은 과제의 두 양상에서 일관되지 않은 점에서 다중구조적이라고 한다.

- {15 8, 9, 13, 10, 6} 왜냐하면 내 생각에 그것은 몇 번 나오는지에 대한 것이기 때문이다.
- {11, 19, 11, 10, 5, 4} 모든 수들에 대하여 그 안에 확률이 있다.
- {5, 10, 10, 10, 15, 10} 그 주사위는 어떤 것을 굴릴 수 있다.

관계적 수준에서 학생들은 자신들의 추정과 자신들의 추론 둘 다에서 적절한 변이를 보여준다.

- {8, 12, 10, 10, 7, 13} 그것은 무작위이지만 10 주위 값을 얻을 더 큰 확률이 있다.
- {11, 19, 11, 10, 5, 4} 왜냐하면 그것들은 60까지 더하기 때문이다. 모든 수들은 10과 비슷하고 각 수는 동일한 확률을 갖는다. 모든 수는 정확하게 10번 나타날 것 같지는 않다.

이와 같은 과제의 중요함은 합이 60까지의 표 값을 필요로 하는 과제의 수학적 기본 이해로부터 기대되는 이론적 결과와 그로부터 예상되는 변이에 관한 딜레마의 해결까지 학생들 자신의 이해의 여러 양상을 보여줄 수 있다는 것이다. 초등학생부터 중학생까지, 전구조적 응답들의 비율은 약 $\frac{1}{2}$에서 $\frac{1}{6}$까지 정도일 것이지만 동시에 엄밀한 확률 응답의 비율은 $\frac{1}{20}$부터 $\frac{2}{5}$까지 증가한다. 확률 수업에서 확률변수를 고려하기를 소홀히 할 수 있는데, 확률변수는 그림 5.9와 같은 과제가 최근 여러 해 동안에 교실에서 사용되어야 하는 이유가 된다. 인정된 변이에 고심하면서 여러 해 동안 일관되게 학생들의 $\frac{1}{8}$이 다중구조적 응답을 제시하지만 중학교 수준에서 약 $\frac{1}{20}$의 학생들이 60개의 결과의 분포에 적합하게 기댓값과 변이의 아이디어를 결합한다.[35]

학생들 자신의 분포를 만들기와 관련된 추가적인 교실 활동 및 평가 활동이 David Green에 의하여 제시되었다.[36] 그는 그림 5.6과 5.9에 사용된 주사위와 같은 정상적 주사위의 60개의 결과에 대한 빈도를 보여주는 막대그래프를 중학생들에게 제시하였다. 한 그래프는 3과 4의 중간에서 최대량을 가졌고, 한 그래프는 각 결과에서 10의 빈도가 일정하였고, 한 그래프는 여섯 결과에서 8부터 12까지의 다양한 빈도를 보였다. 가장 큰 집단의 학생들은 60개의 결과를 표현할 때 적절한 그래프를 선택하였지만, 36%는 그 최대량을 가진 그래프를 선택하였고 20%는 균등 분포를 선택하였다. 그는 최대량을 가진 그래프를 선택한 것은 1과/또는 6이 나타나기 더 어렵다고 보는 것을 반영한 것이라고 보았다. 학생들이 두 주사위를 던져서 두 결과를 합한 경험에 대하여 한 번 던지기에 대한 결과와 혼동하였다고 볼 수도 있다. 그런 문맥은 다음 절에서 논의된다.

5.8

우연을 측정하기: 독립 사건들

우연을 포함한 과제의 복잡함이 증가하는 다음 단계는 한 사건 이상을 고려하는 것이다. 두 동전을 던지기 또는 차례로 던지기같이, 어떤 가족에서 출생들처럼 그런 사건들은 동시에 발생할 수도 있다. 한 사건의 결과가 다른 것에 영향을 주지 않는 조건은 그런 사건들에서 암묵적이다. 교육과정의 후반 연도에 제시되는 "독립 사건들"이라는 용어의 의미와 그런 사건들과의 연결이 초등학교에서는 대개 형성되지 않는다. 두 주사위가 동시에 던져지고 결과를 합해서 결과가 나올 때 한 주사위가 다른 것에 영향을 주지 않는다는 것이 당연하게 여겨진다. 이것은 "독립"이 도입되지 않았더라도 모든 수준에서 논의되어야 하는 중요한 것이다. 독립성이 유효하지 않지만 구별하기 어려울 정도로 비슷하게 보이는 대안적인 시나리오를 초등학교 수준에서 제시하는 것은 쉽지 않다.

복합 사건들을 공부할 때 주요 초점은 특정 사건들의 확률을 찾기 위하여 단일 사건들의 결과의 결합을 해결하거나, 확률을 계산하기 위하여 사용되는 동등하게 나타날 결과의 완전한 집합을 결정하는 것이다. 이론적 의미에서 이것은 두 개의 표본공간의 교차 곱을 해결하는 것이라고 볼 수 있는데, 수형도와 목록과 같은 도구들이 가능한 결과들을 기록하기에 도움이 된다. 그 절차가 곱하기 절차를 흉내 낸다는 사실이 목록을 만들 때 언제나 명백한 것은 아니고 그 연결은 가능하다면 언제나 정확하게 만들어야 한다. 앞의 문제들에서 제시된 주목할 만한 어려움은 예를 들어 두 주사위를 던져서 각 주사위에서 1과 2가 나와서 그 합인 3을 얻는 것 및 두 동전을 던질 때 앞면 하나와 뒷면 하나가 두 가지 방식으로 나타나지만 두 앞면은 한 가지 방식으로만 나타나는 것과 관련된다. 그런 것과 관련하여 직관은 일반적으로 많은 경험이 축적되고 결과들의 더욱 형식적인 제시와 연결되기까지 적절한 모델을 반영하지 않는다. 초등학교 상위학년으로부터 결합 사건들에 대한 다양한 모델들을 탐색하기 위한 기회를 제공하기는 독립사건과 연관된 아이디어를 학생들이 끄집어내는 것과 그것을 기록하는 것의 발전에 대하여 인식할 수 있도록 한다. 세 가지 예들이 이 절에서 논의되고 가능한 여러 모델이 설명된다. 두 개의 정상적인 주사위를 굴릴 때의 결과를 요약하는 것은 2와 12 사이의 한 수를 제공한다. 반은 검은색이고 반은 흰색인 회전판을 두 개 돌려서 둘 다 검은색이 나올 때를 "승리"라고 하는 것은 예—아니오 형태의 결과를 나타내는데, 네 개의 동전을 차례로 던져서 나온 결과를 관찰해 보면 앞면 및 뒷면의 가능한 여러 많은 배열이 나타난다.

두 개의 주사위를 던져서 그 결과를 합할 때 그 결과를 탐구하기 위하여 많은 교실 활동들이 제안되었다. 대체로 결과들의 전체 분포의 특징을 인식하는 것은 그런 활동들의 목표 중의 하나이다. 때로는 결과들의 물리적 분포가 결과로부터 칩을 가지고 만들어진다. 다른 한 편으로 칩이 제공된 판을 가진 게임들에서 관련된 합이 주사위에서 얻어질 때에 제거된 칩을 이용하여 아이들이 선택한 배열과 함께 시작된다. 일단 그런 활동들이 완성되고 논의되면, 더 많은 특정 과제들이 학생들의 전반적 이해와 특정 사례에 그들의 응용을 탐색하기 위하여 채택될 수 있다. 그림 5.10에 제시된 두 가지 질문을 생각해 보자. 그것은 전체 분포를

1. 두 주사위를 굴린다고 하자. 다음 어느 것이 더 잘 나타나겠는가?
   - □ (a) 나온 두 수가 같다("중복").
     또는
   - □ (b) 나온 두 수가 다르다.
     또는
   - □ (c) 위의 (a)와 (b)가 나타날 가능성이 같다.

   그 답을 선택한 이유를 설명하여라.

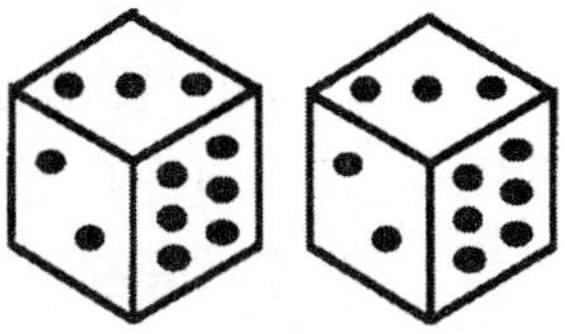

2. 다시 두 주사위를 굴린다고 하자. 나온 두 수를 더할 때, 다음 중 어느 것이 더 잘 나타나겠는가?
   - □ (11) 11.
     또는
   - □ (12) 12.
     또는
   - □ (=) 위의 11과 12가 나타날 가능성이 같다.

   그 답을 선택한 이유를 설명하여라.

그림 5.10 두 주사위를 던지는 것과 관련한 과제

고려하기보다 두 주사위의 합에 대한 여러 양상에 초점을 맞추며 분포와 함께 하는 활동으로부터 이끌어 내야하는 주요 특징들에 초점을 맞춘다.[37]

그 질문들에 대한 응답 수준은 두 주사위에 관한 경험의 정도에 따라 달라질 것이지만 부적절하거나 부분적으로 정확한 응답과 연관된 추론으로부터 많은 것을 배울 수 있다. 이전의 경험은 첫 번째 질문에 대한 다음과 같은 정당화가 나타내듯이 예상된 이해를 강화할 수 있다.

- (c) 왜냐하면 내가 그런 게임을 할 때, 중복도 많이 나타났고 수들도 많이 나타났기 때문이다.
- (c) 글쎄요. 이렇게 나올 것 같습니다. [……] 두 가지 방식으로 나오는데 두 수가 나오면 다를 수 있고 다시 굴렸을 때 그렇게 세 번 나오고 한 번은 다른 수들이 나옵니다.

"무엇이라도 발생할 수 있다"는 단일 우연 기제는 동일함의 결정을 정당화하기 위하여 사용되기도 한다.

- (c) 글쎄요. 그것들이 나타나는 것은 둘 다 가능합니다.
- (c) 왜냐하면 주사위를 굴리려고 할 때, 무엇이 발생할지에 대하여 실제로 확신하지 못하기 때문입니다.

하나의 주사위에서 나타난 결과에서 동일한 가능성이 있는 것에 대한 영향이 예상되었는데 때때로 모든 학년의 학생들에게 두 주사위를 생각할 때 간섭이 생긴다.

- (c) 왜냐하면 각각의 주사위에서 나타나는 수가 같은 확률을 갖기 때문입니다. 그래서 그것도 같은 확률일 것 같아요.
- (c) 왜냐하면 두 주사위 모두 그 위에 같은 수들이 나타나고 그것들은 같은 확률로 나올 것이에요.

주사위에 대하여 경험이 별로 없는 어떤 학생들조차도 중복이 더 잘 나타난다는 (a)를 선택하기는 매우 드물다.

그렇지만 경험은 다른 수가 더 잘 나타난다는 적절한 선택인 (b)를 고르도록 할 수 있다.

- (b) 두 주사위를 갖고 하는 게임에서 출발하기 위하여 중복을 얻어야 하는데 그렇게 되는데 때로는 10분이나 걸렸기 때문이다.
- (b) 주사위를 굴려서 두 숫자가 같게 나오도록 하는 것은 아주 드문 일이기 때문이다.

응답의 다음 수준에서 학생들은 주사위로부터 각각의 결과를 얻을 기회를 재어 보기 시작한다.

- (b) 그 두 수는 다를 것이다. 그 이유는 한 수보다 다른 것이 더 많아서 다른 수가 더 잘 나타날 것이다.
- (b) [……] 그래서 만일 2를 얻으면 또 다른 2를 얻을 것 같지 않지만 가능하기는 하다. 왜냐하면 그와 함께 나타날 다른 수들이 많이 있기 때문이다.

양적으로 나타내는 시도가 커지면서, 얼마나 많은 가능성이 있는지에 대한 혼동이 가끔 있다. 다음은 제한된 경험을 가진 학생들의 전형적인 응답이다.

- (b) 왜냐하면 만일 두 수가 같다면 주사위가 2개이므로 그것은 12개의 기회 중에 하나일 것이다. 그리고 만일 두 수가 다르다면 그것은 어떤 두 수일 것이고 그것은 나타날 같은 수들이어야 할 필요는 없을 것이다.

어떤 학생들은 결과를 양적으로 비교하지 않는다.

- (b) 중복으로 나타날 6개의 기회가 있다. 불균등하게 나타날 기회가 더 많다.

다른 학생들은 그 결과들의 수치적 관계를 인식하기 시작한다.

- (b) 왜냐하면 만일 [한 주사위를] 굴리고 2를 얻으면, 2를 얻을 6개의 기회 중에서 1를 얻은 것이다. 그래서 2를 얻지 못할 5번의 기회와 2를 얻을 한 번의 기회가 있다.

이 응답은 주사위에 관한 상황을 통한 사고의 증거를 보여준다. 그 다음 반응은 결과의 이원 분류표에서 비슷하게 반영하거나 "학습한 반응"일 것이다.

- (b) 왜냐하면 주사위를 굴리는 것의 36개의 기회 중에서 6이 중복이고 36중에 30이 중복이 아닌 것이기 때문이다.

이 마지막 응답은 수학적으로 만족스럽고 "정확한" 것이지만 두 주사위를 던져서 기록한 실험 결과를 설명하기 위하여 목록 및 기초적 표본 공간을 최근에 경험하지 않았던 학생들에게 아주 특별한 것이다.

그림 5.9의 두 번째 질문은 더 특정한 것이고 두 주사위를 던질 때 가능한 결과의 수와 관련하여 학생들의 이해를 구별하기 위하여 설계된 것이다. 11과 12를 선택하기는 11을 5+6처럼 얻는 한 방법과 5와 6을 각 주사위에서 고려하는 것의 두 방법이 있다는 믿음 사이에 구별이 가능하도록 한다. 11과 12는 그와 같은 이론적 확률을 가진 3과 2보다 더 큰 수이므로 그 수들에 기초한 애매한 "더 많다는" 대답의 가능성도 있기 때문에 이 질문에서 11과 12가 제시되었다.

처음 질문에 대한 응답과 비슷하게, 어떤 학생들은 개인적 경험 또는 "무엇이라도 발생할 수 있다"는 우연의 관점에 의존한다.

- (12) 때때로 내가 그것들을 던질 때 나는 대개 두 주사위로 12를 얻는다. 왜냐하면 집에서 대부분 나는 12를 얻기 때문이다.
- (=) 왜냐하면 무엇이 나올지 알 수 없거나 11 또는 12가 아닐 수도 있기 때문이다.

한 주사위에서 6을 얻는 것의 어려움에 관한 믿음과 연관된 아이디어들은 정확한 선택을 하도록 하지만 부적절한 정당화에 기초하고 있다.

- (11) 왜냐하면 때로는 언제나 6이 나오도록 하기가 좀 어렵기 때문이다.
- (11) 내 생각에 두 6을 얻는 것은 아주 운이 좋다고 보아서, 11을 얻기가 더 쉽다고 본다. 두 6을 얻어야만 12를 얻는데 많은 사람들이 두 6을 얻지는 못한다.

11과 12의 결과가 동등하게 나타난다고 주장하는 더 정교한 응답들은 그것이 무엇인지를 실제로 고려하지 않고 11과 12에 대한 너무 많은 가능성들을 허용하거나 또는 11에 대한 두 결합을 고려하지 못한데 기초하고 있다.

- (=) 왜냐하면 합할 수 있어서 11과 12로 합하는 많은 여러 방법이 있기 때문이다.
- (=) 왜냐하면 11을 얻는 단 한 가지 방법이 있는데 그것은 5와 6이고 12를 얻는 단 한 가지 방법은 두 개의 6이기 때문이다.

위의 두 번째 응답은 아주 흔하게 나타나는데 학생들이 문맥의 적절한 특징에 집중함을 보여준다. "정확한" 응답은 두 주사위에 관한 이전의 경험을 가진 학생들에 의하여 암시적으로 얘기된다.

- (11) 왜냐하면 11이 나오는 두 방식이 있고 12는 한 가지 방식만 있기 때문이다.

다른 학생들은 더 정확하게 얘기한다.

- (11) 왜냐하면 11을 더하는 가능성은 하나는 6이고 다른 하나는 5이거나 하나는 5이고 다른 하나는 6인 경우이다. 반면에 12를 얻으려면 둘 다 6이어야만 한다.

전반적으로 두 주사위 문제에 대한 많은 수준의 상호작용과 응답들이 있다. 최고조에서보다는 초기 활동으로서, 11을 하나 또는 두 가지 방식으로 얻는 점에 관한 학급 토론은 2부터 12까지의 결과의 전체 분포를 만들기 위한 시행 및 활동에 이를 수 있다.[38]

여러 형태의 복합 사건은 그림 5.11에 제시된 과제에서 볼 수 있다.[39] 여기에서 확률의 넓이 모델이 제시되고 회전판의 $\frac{1}{2}$의 넓이는 결과가 "검정"이 되는 $\frac{1}{2}$의 확률로 번역되기에 적절하지만, 검정색이 전체 넓이의 $\frac{1}{2}$이 되면서 나란히 놓인 두 회전판을 시각적으로 제시하는 것은 두 회전판을 회전시킬 때 확률 문장으로 번역하는 것이 더 이상 적절하지 않다. 두 주사위(혹은 다른 난수 발생기)를 가지고 하는 활동 후에 그렇지만 회전판들로 실제 실험을 하기 전에 이와 같은 과제를 학생들에게 제시하는 것은 이후의 탐구에 동기를 일으키면서 이해의 전이를 판단할 좋은 방법이 된다.

정확하게 배우지 않았거나 파악하는데 어려움을 가진 학생들에게, 그림 5.11의 과제 대한 응답의 정교함의 범위는 교사들에게 가치 있는 정보와 토의 및 활동의 두 개의 공정한 회전판이 어떤 축제 게임에 제시되었다. 두 회전판을 한 번 돌려서 만일 두 화살표 모두가 검정색 위에 있게 되면 상을 받는다.

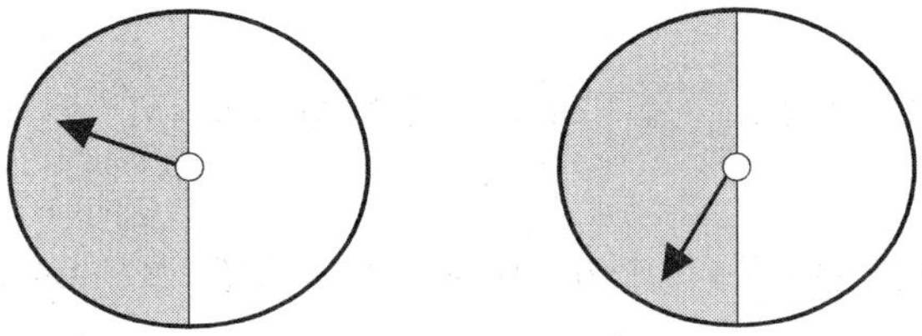

(a) 준수는 자신이 이길 확률이 50-50이라고 생각한다. 이에 동의하는가?
(다음 중 옳은 것에 ○하고 그 이유를 설명하여라.)　예　　　아니오
(b) 만일 그가 10번 게임을 하였다면 몇 번을 이길지 예상하여라. 왜 그렇게 생각하는가?
(c) 이제 그것을 10번 해 보고 이기고 진 횟수를 적어라.

	승리	실패
게임 1		
게임 2		
게임 3		
게임 4		
게임 5		
게임 6		
게임 7		
게임 8		
게임 9		
게임 10		
총합		

(d) 그 기록을 갖고 (b)에서 생각한 것과 비교하면 어떤가?

그림 5.11 두 회전판과 관련된 과제

출발점을 제공한다. 대다수의 학생들은 (a)에서 이기는 50-50 확률을 가지고 있다는 준수에 동의한다. 그들의 확률 예상값을 준수가 10번 중에 이길 게임 수로 나타내도록 하면 학생들은 50-50이 무엇을 의미하는지에 대한 자신의 인식과 함께 부분—전체 개념과 연관을 지을 필요가 생긴다.

일부 학생들은, 때로는 어린 학생들은 추정을 할 때 일부 두드러진 연결을 인식하지 못하는 것 같다.

- [준수에 동의함] (b): 10중에 9. 왜냐하면 올해 내가 9살이 되었으니까.
- [준수에 동의함] (b): 10중에 4. 왜냐하면 그 화살은 자기가 멈추고 싶은 곳에서 멈추니까.

일부 추정들은 준수에 동의함을 보여주지만 예상된 추론은 생략된다.

- [준수에 동의함] (b): 10중에 5. 그것은 오른쪽에서 오른쪽일 수 있고 충분히 그것이 나타나지 않았다.

다른 학생들은 50-50의 번역으로부터 변이를 제시하지만 수학적 추론은 하지 못하였다.

- [준수에 동의함] (b): 10중에 7. 그것은 그가 회전판을 어떻게 돌리는지에 달렸다.

이것은 단일 아이디어이면서 "무엇이라도 발생할 수 있다"의 일반적 아이디어와 관련되지만 물리적 특성은 설명되지 않는다. 다음 응답들은 여러 문맥에서 관찰된 응답들과 유사하다.

- [준수에 동의함] (b): 10중에 5. 50-50의 확률로는 무엇이 발생할지 알 수 없다.
- [준수에 동의함] (b): 10중에 5인데 그것은 우연이므로 양쪽 어디로 갈 수 있다.

자신의 설명을 양적으로 나타내고자 하는 학생들 중에서 일부는 전체 가능한 개수보다 더 작은 것에 초점을 두는데 몇 명은 모든 가능성을 알게 된다.

- [준수에 동의 안함] (b): 10중에 3 또는 4. 한 회전판에서 그렇게 되는 것은 50-50 확률이지만 두 번째 회전판에서 그렇게 되는 것은 그 확률보다 훨씬 더 작다.
- [준수에 동의 안함] (b): 10중에 3 또는 4. 왜냐하면 두 화살표 모두 검정색에 있어야 하지만 하나는 하얀색에 있을 수 있다. 3가지 결합이 있고 그 중에 2가지는 지는 것이다.
- [준수에 동의 안함] (b): 10중에 2 또는 3. 25%의 확률이다. 그것은 4부분의

최근의 호주 크리켓팀의 남아프리카공화국 방문 시합 중에 호주팀 주장인 Allan Border는 9번의 동전 던지기에서 8번을 졌다. 주어진 시간 안에 그의 상황에 대하여 다음을 풀어보자.

(a) 이제부터 Border는 동전 앞면을 선택하기로 결심하였다. 다음 시합들의 4번의 동전 던지기에서 4번 모두 뒷면이 나올 확률(그래서 그가 동전 던지기에서 지는 것)은 무엇인가?

(b1) 뒷면이 4번 중에 4번이 나왔다고 가정해 보자. 다음 5번째 동전 던지기에서 Border는 다음 어느 것을 선택하여야 할까?

☐ 앞면 ☐ 뒷면 ☐ 상관없다

(b2) 그 다음의 동전 던지기에서 앞면을 얻을 확률은 얼마인가?

(b3) 그 다음의 동전 던지기에서 뒷면을 얻을 확률은 얼마인가?

그림 5.12 대중매체의 보고서에 기초한 독립적인 동전 던지기를 포함한 과제

한 영역이다. 10을 4로 나누어 약 2 또는 3을 얻는다.

7장의 변이에 대한 논의 중에서 흥미 있는 것이 학생들의 약 1/3이 “약 5” 또는 “4 또는 5”와 같은 문구를 사용하여 가능한 변이에 대하여 인정하면서 자신의 추정을 꾸미는 경향을 보였다. 소수의 학생들은 자신의 설명에 이에 대한 첨가를 하였다.

- 만일 모든 회전판에서 이와 같은 일이 일어난다면 요행이라고 해야 한다.
- 그것은 50-50 확률이라고 하였으므로 정확하게 이야기할 방법이 없다.

교실에서 다룰 주제들 중의 하나는 적절한 예상값에 맞추어 학생 자신들의 추정값을 조절하기 전에 얼마나 많은 실험이 필요하냐이다. 두 회전판을 10번 돌리고 세 번 또는 그보다 적게 승리한 학생들의 1/3이 10중에 2 또는 3으로 자신의 추정값을 바꾸었다. 그렇지만 대부분의 학생이 자신의 추정값을 더 작게 할 필요는 인식하지만 그것을 양적인 용어로 표현하기에 어려움을 겪는다. 다음과 같은 응답은 표본공간 또는 그에 대한 초보적 형태를 배우지 않은 학생들에게서 드물게 나타난다.

- (d): 처음 회전판에서 하얀색이 나타나면 그 즉시 실패가 되므로 그것은 불리한 상황이다. [(c)에서 시행을 한 후에] 그것을 25%로 수정하자.

두 독립사건 이상으로 생각하는 전통적 방식은 두 가지 결과를 갖는 사건의 배열을 보는 과제를 설정하는 것인데 동전을 여러 번 던지기 또는 어떤 병원에서 태어난 아기들의 성별에 관한 배열이 그 예이다.[40] 그런 결합적인 결과들의 완전한 분포가 주어진 n에 대하여 이항분포에 의하여 상위 학교 교육과정에서 설명되지만, 더 단순한 질문을 갖고 많은 직관이 탐구되고 형성될 수 있다. 난수 발생에 관한 많은 문제들이 교실 밖의 세계에서 제거되는 반면에, 우연 이해와 관련된다고 제시하는 대중매체 기사와 통계적 소양의 양상들과의 연결이 이따금씩 있다. 국제 크리켓 경기의 시작에서 동전을 던지는 문맥에 관한 상황 속에서 제시된 그림 5.12의 질문들을 보자.[41] 9번 던졌을 때 8번을 지는 그런 "비정상적" 사건은 뉴스 매체에서 흔히 보고된다. 그들은 결과의 가능성에 대한 토의의 흥미있는 출발점을 제공한다. 많은 수학 교사들에게 그림 5.12의 (a)는 독립 사건들의 곱셈 특성과 관련한 계산($\frac{1}{2}\times\frac{1}{2}\times\frac{1}{2}\times\frac{1}{2}=\frac{1}{16}$)을 필요로 하면서 아주 직접적인 질문이지만, 대부분의 학생들 특히 그런 아이디어를 많이 알고 있다고 예상되는 학생들조차도 문제의 그런 양상을 인식하지 못하는 것 같다. 부적절한 응답들 중에서 일부는 교사가 수업을 위한 유용한 출발점을 찾는데 도움이 될 것이지만 다른 일부는 수학 교육과정의 일부인 수치 기법으로의 적절한 연결을 하지 못하는 학생들에게 큰 불리함을 보여주는 것이다. 특히 관심을 가질만한 응답이 "$\frac{4}{4}$" 또는 "아마도"와 같이 $\frac{1}{2}$보다 더 큰 것들이다. "무엇이라도 발생할 수 있다" 형태의 단일 양상의 응답은 두 가지 형태 즉 수치적 답을 포함하든지 그렇지 않은지로 나타난다.

- (a): 무엇이라도 발생할 수 있다
- (a): 중요하지 않다. 던지기의 운이다.
- (a): 무엇이 나타날지 알 수 없기 때문에 절반 대 절반이다.

어떤 학생들은 정교하지만 잘못된 개념이어서 그렇게 해결해 가기에 시간이 걸릴 수 있는 개념을 가지고 있다.

- (a): P(절반 + 절반 + 절반 + 절반). 4번 중에 4번을 Border가 진 확률은 $\frac{4}{8}$ 또는 $\frac{2}{4}$이다. 4번 던지기의 각각에서 그가 질 확률은 50-50이다.

많은 학생들은 $\frac{1}{2}$, 0.5 또는 50%의 값에 해당하는 응답을 제시한다. 사실 그런 형태의 응답은 초등 상위 학년부터 고등학교까지 모든 학년에서 $\frac{1}{2}$ 이상으로 나타날 것이다. 앞의 경우처럼 그런 응답은 분자와 분모의 합하기를 반영할 수도 있다는 사실은 특히 혼란스럽다. 그런 응답은 또한 계산으로서 “가능하다”는 접근을 대표한다. 그것은 아이디어를 표현하기 위하여 문장 및 수치의 두 언어를 사용함에 있어서 통계적 소양의 한 주제가 된다.

학년이 증가함에 따라, 학생들은 한 번 동전 던지기에서 1/2이라는 확률을 가지기 때문에 그런 확률은 1/2보다 작아야 한다는 질적인 인식을 더 가질 것 같다. 그렇지만 두 회전판의 경우에서처럼, 많은 학생들은 그것을 양적으로 적절하게 나타내는데 어려움을 갖는다.

- (a): 거의 가능성이 없다.
- (a): 25% [$\frac{1}{4}$]
- (a): 12.5% [$\frac{1}{8}$]
- (a): $\frac{1}{2}+\frac{1}{2}+\frac{1}{2}+\frac{1}{2}=\frac{1}{8}$
- (a): 5번에서 1번 [HHHH TTTT HHHT TTTH TTHH]

위의 마지막 응답은 특히 가능한 결과들에 대한 토의를 시작하기 위한 흥미있는 위치를 제공한다.

그림 5.12의 질문 중에서 두 번째 질문들인 (b1), (b2), (b3)는 그 다음 던지기에 초점을 두며 다음 던지기에 대한 이전 결과들의 영향, 즉 연속된 뒷면에 균형을 맞추기 위하여 앞면을 기대한다는 도박사의 오류를 반영한다.[42] 모든 수준에서 대다수의 학생들은 긍정적이거나 부정적인 새로움 둘 다를 거부하며 (b1)에서 어떤 선택을 하든지 상관없다고 말한다. 모든 학년에서 대략 같은 비율의 학생들이 다음 선택은 “앞면” 또는 “뒷면”이어야 한다고 말하지만 그 중의 $\frac{1}{3}$은 (b2)와 (b3)에서 $\frac{1}{2}$의 확률로 되돌아간다. “앞면”과 “뒷면”에 관한 믿음은 그 답을 정하기 위한 불가능함을 표시하기 위하여 $\frac{1}{2}$ 또는 50-50을 사용하는 것에 의하여 뒤죽박죽이 된다.

이론적 확률을 배운 상위 학년의 수준에서도 독립사건을 위한 모델이 문맥에서 이해되고 이전에 고착된 믿음이 고려되는 것을 확실히 하기 위하여 토의가 필요하다. 일부 학생들은 “뒷면”이 그들에게 운이 좋다는 믿음을 잊기가 매우 어려움을 알게 되기가 가능하지만 그들은 독립적인 복합 사건에 대한 통계적 인식에 관한 믿음과 그들이 제시하는 수치적 가능성 사이에 균형을 잡는 것을 배워야 한다. 이것은 학생들이 게임과 복권의 세계로 들어갈 때 필요한 필수적인 통계적 소양이다.

이 절에서 제시된 세 가지 모델은 모두 난수 발생기의 독립적 사용의 반복을 포함하지만 그것들은 매우 다르다. 그 두 주사위는 각각 여섯 개의 가능한 결과를 제시하고 그 합은 11개의 가능한 결과를 도출한다. 그렇지만 그 11개의 결과는 동등한 가능성을 갖지 않고 수들을 이용한 조절은 그 구조와 결과들의 가능성을 정렬할 필요가 있다. 그 두 개의 회전판 각각은 두 개의 동동한 결과, 즉 넓이를 시각적으로 모델링한 것을 제시하는데, 그것은 부분—전체 이해로 직접적으로 연결되고 수를 이용한 활동보다 확률에 직접적으로 연결된다. 회전판 문맥에서 모든 "가능한" 결과들을 도출하기는 주사위 문맥처럼 직관적이지 못하다. 네 개의 동전 각각은 두 개의 동일한 가능한 결과, 즉 "예—아니오"와 연관된 결과, 앞면 또는 뒷면, 넓이 모델과는 다른 형태의 결과를 제시한다. 두 개의 그런 동전을 던지는 것 및 승리를 위하여 두 번의 앞면이 나와야 하는 것은 회전판 과제처럼 동일 확률 모델이 이용되는데 대부분의 학생들에게 명백하지 않다. 두 사건 이상을 결합한 활동들은 복합 확률을 단순화하기 위하여 두 결과를 가진 단일 사건들로 대개 구성된다. 셋 또는 그 보다 많은 주사위를 던지기, 즉 16개 이상의 결과를 도출하기를 생각하는 것이 당연히 가능하지만 이것은 자주 행해지는 것이 아니다.[43]

교실활동에서 어떤 범위의 모델들이 포함되는 것이 중요하고, 독립성 또는 단일 및 다중 결과들 사이의 독립성 또는 관련성에 대한 이해가 한 문맥에서 다른 문맥으로 자동적으로 전이된다고 가정하지 않는 것이 중요하다. 세 가지 도표를 가지고 활동하기는 여러 과제 문맥 사이의 연결을 만들 때 때때로 유용하다. 그것들은 동등하지 않은 확률들이 포함되고 수형도의 가지들에 적절하게 이름을 붙일 수 있는 상황에 또한 적용가능하다.

5.9 우연을 측정하기: 결합 및 조건부 사건

학교 문맥에서 학생들이 두 개의 다른 사건들의 결합으로 구성된 사건들 또는 다

른 사건에 의존하는 조건부 특징을 가진 사건들을 만나는 이상으로 이전 절에서 논의한 것처럼 결합 독립 사건들로 제시된 단순하지 않은 사건들을 학생들은 만난다. 결합 및 조건부 문맥이 사회적 의견 교환에서 흔히 나타나므로 통계적 소양의 한 가지 목표는 그런 문맥에서 적절하게 사건들을 해석할 수 있는 것이다. 전통적으로 결합 또는 조건부 사건들이 이론적 확률 주제로서 도입될 때, 그것들은 벤다이어그램, 주머니에서 공들을 없애기를 포함한 예들과, $P(A|B) = P(A \cap B)/P(B)$와 같은 형식적 기호와 함께 제시된다. 그 목적은 $P(A|B)$와 $P(B|A)$를 주의 깊게 구별하는 것을 필요로 하는 문제와 연관된 베이즈 정리의 진술인 것 같았다. 그렇지만 공통 언어로 표현된 결합 및 조건부 사건들의 인식을 발전시키는 중요성의 최근 인식은 형식적 과정에서 그것들을 도입하기 전에 그런 사건들에 흥미를 가지도록 하였다.

독립 및 조건부 사건들 그리고 결합 사건들과 조건부 확률에의 관련성과 같은 확률 개념은 직관적으로 가르쳐야 한다. 형식적 정의와 성질들은 확고한 개념적 기초가 세워진 후에만 발달할 수 있어야 한다.[44]

- 학교에서 어떤 학생이 스포츠 팀에 소속되어 경기를 하고 악기를 연주할 확률을 추정하여라. 어떻게 이것이 학생이 악기를 연주하고 스포츠 팀에 소속되어 경기를 하는 개별적인 확률의 추정값과 관련되는가?
- 학생이 악기를 연주하거나 또는 스포츠 팀에 소속되어 경기를 하는 확률을 추정하여라.[45]

초기의 연구 프로젝트에서 대학교 학생들 대상으로 사용하였던 조건부 및 결합 사건들의 언어와 문맥이 복잡했었지만, 학생들이 이해하는 문맥에서 더 직접적인 질문을 하는 것이 가능하다. 그리고 그 사건들을 해석하기 위하여 언어의 의미에 집중하는 것이 가능하다. 그림 5.13에 제시된 두 결합 질문들을 생각해 보자.[46] 첫 번째 질문은 100명의 남자라는 표본에 기초한 빈도 형식으로 제시되었다. 두 번째 질문은 확률 형식으로 제시되었으며 따라서 어떤 수도 포함하지 않았다. 첫 번째 질문의 형식은 각 세부 문항에서 0명에서 100명까지의 한 수를 정확하게 묻는 것이지만 두 번째 질문의 형식은 발생한 사건의 확률을 전달할 수 있는 어떤 형식의 표현을 허용하는 것이다. 학생들에게 두 가지 형식으로 응답할 기회를 준 것은 어느 것이 그들에게 더 어려운지를 평가할 수 있게 한다. 또한

1. 어떤 건강에 관한 조사가 한국의 100명의 남자를 모든 연령과 직업에서 표본으로 뽑아서 실시되었다. 다음을 추정하여라.
   (a) 100명의 남자 중에 몇 명이 한 번 이상의 심장발작이 있었는가?
   (b) 100명의 남자 중에 몇 명이 55세 이상인가?
   (c) 100명의 남자 중에 몇 명이 55세 이상이고 한 번 이상의 심장발작이 있었는가?

2. 다음을 추정하여라.
   (a) 내년에 네가 학교를 일주일동안 학교를 빠질 확률
   (b) 네가 내년에 감기에 걸릴 확률
   (c) 내년에 네가 감기에 걸려서 학교를 일주일동안 학교를 빠질 확률

그림 5.13 결합사건 문맥을 가진 과제

그것은 비교를 할 수 있고, 두 질문에 대답하는 목적이 비슷한지에 관하여 토의가 벌어지도록 할 수도 있다. 두 번째 질문의 확률 형식은 우연 교육과정과 더 가깝고 언어와 관련하여 그것은 적절하다고 볼 수 있다. 그러나 결합 관계를 표현하는 빈도 형식은 정부와 다른 기관에서 나온 통계 보고서에 기초한 대중매체 기사에서 아주 흔히 나타난다. 따라서 두 형식 모두 통계적 소양 기술을 형성하려는 활동에서 중요하다.

두 질문에 대한 대답의 적절함을 판정하기는 각 질문의 모든 세 가지 세부 문항에 제시된 대답들의 관련성을 포함한다. 각 경우에 질문 (c)에 대한 대답은 (a)와 (b)에 대한 대답보다 작거나 그 중의 최솟값과 같아야 한다. 두 번째 질문의 대답에서 제시될 것으로 예상되는 수치보다 문장으로 표현되었다면, 사용된 용어들의 의미는 앞에서 얘기한 부등식을 만족해야 한다. 여기서 재미있는 것은 세 가지 세부문항의 대답들 사이에 두 가지 다른 가능한 관련성이 있다는 것이다. (c)에 대한 대답은 (a)와 (b)에 대한 대답 사이에 있을 수 있거나 그 둘보다 더 클 수 있다. 위의 중간에 있다는 선택은 응답의 가능성을 평균하는 어떤 형식을 대표할 수 있는 반면에, (c)에 대한 대답이 셋 중에 가장 크다는 것은 적절한 해석에 반대가 되고 결합 사건을 정의하는 그 밖의 정보를 너무 많이 이용하였음을 보여준다.

그런 질문들에 관하여 일부 학생들이 처음에 곤혹스럽게 생각하는 것이 각 세부문항에 "정확한" 답이 없지만 중요한 것은 각 세부문항에 대한 대답들 사이의 전체적 관련성이라는 것이다. 어떤 학생들에게는 관련된 정보를 유지하는 인지적 부담이 너무 크고 빈도들이 포함되었을 때 벤다이어그램 또는 이원분류표와 같

은 도움이 유용할 수 있다. 놀랍게도 어떤 학생들은 (처음 질문에 대하여) 100까지 관련된 자신의 수들을 구성하였다. 조건들의 그런 결합에 대한 의미 있는 값들을 제시하기는 흥미로운 연습문제이고 학급 토론의 주제가 될 수 있다.

첫 번째 질문에 대하여, (c)에 대한 빈도가 (a)와 (b)에 대한 빈도보다 낮거나 그 중의 최솟값과 같아야 한다는 기준을 충족하는 응답들은 일반적으로 초등학교 상위 학년부터 고등학교까지의 모든 학년의 대다수(50~60%)의 학생들에 의하여 제시되었다. 의미 없는 대답을 제시할 가능성이 학년에 따라 감소하지만, 다른 두 가지, 즉 (c)의 답을 얻기 위하여 (a)와 (b)의 대답을 "평균하기"와 가장 큰 값으로서 (c)의 답을 제시하기는 모든 학년에 걸쳐 매우 적었다. 직접적인 문맥에서 결합 사건들의 언어를 해석하는 일반적 능력이 있는 것 같다. 많은 학생들, 약 1/3은 첫 번째 질문에 빈도보다 백분율 및 분수로 대답하지만, 빈도로 대답한 학생들이 적절한 관계를 더 보여주는 것 같다. 교육과정의 다른 영역, 특히 과학 및 사회 과학에 연결하기 위한 이런 종류의 결합 질문에 다른 복잡한 특징이 부가될 수 있다.

그림 5.13의 두 번째 질문을 보면, 그 문맥은 개인적 경험에 기초하고 있으며 그 질문은 빈도보다는 확률로 진술하도록 하고 있다. 그런 문맥에서 학생들이 어떤 형태의 대답을 제시할지를 결정하기가 더 어려운 것 같다. 자주 그들은 백분율로 대답을 제시하고 백분율과 함께 분수, 문장, 그리고 복합 형태를 제시하는 것이 흔히 나타난다. 다음은 여러 형태로 표현된 적절한 응답의 예들이다.

- [백분율] (a) 75%, (b) 100%, (c) 65%.
- [분수] (a) 50대50, (b) 50대50, (c) 40/100.
- [문장] (a) 가능함, (b) 가장 가능함, (c) 있을 것 같지 않음.
- [빈도] (a) 30, (b) 90, (c) 10.

위의 마지막 응답이 백분율을 반영하려는 의도를 가지는지 아닌지를 알기는 어렵다. 결합 확률의 "평균화하기" 개념을 반영하는 응답들은 또한 다음 형태로 나타난다.

- [백분율] (a) 25%, (b) 95%, (c) 50%.
- [분수] (a) 10중에 1, (b) 100중에 99, (c) 10중에 5.
- [문장] (a) 어쩌면, (b) 확실함, (c) 아마도.

■ [빈도] (a) 50, (b) 90, (c) 60.

그 결합 사건이 셋 중에서 가장 잘 일어날 것이라는 부적절한 관점을 반영한 비슷한 형태의 응답은 다음과 같다.

■ [백분율] (a) 10%, (b) 85%, (c) 95%.
■ [분수] (a) 0.4, (b) 0.3, (c) 0.7.
■ [문장] (a) 있을 것 같지 않음, (b) 있을 것 같지 않음, (c) 가능함.
■ [빈도] (a) 20, (b) 50, (c) 75.

학생들의 응답에 관한 토의를 할 때, 모든 형태의 응답이 인정되고 의도된 의미를 발견하기 위하여 토의되어야 한다. 표현들을 형식적 확률의 부분 — 전체 형태와 연결하기는 학생들의 토의를 이끌어 내는 연습문제일 수 있다. 적절한 대안을 깨닫는 것은 통계적 소양 기술 형성에 관하여 또한 중요하다. 그런 점에서 언어의 해석은 5.3절 및 5.4절에서 제안한 토의의 형태와 연결될 수 있다. (a)와 (b)의 대답들이 (c)에 대답하기 위하여 요약되어 백분율 또는 분수형태로 나타낸 응답들은 왜 그런 전략이 채택되고 왜 그것이 부적절한지를 발견하기 위한 특별한 토의를 이끌어내는데 이용되어야 한다.

전체적으로 학생들은 두 번째의 질문에 관한 응답에서 초등학교 상위학년부터 중등학교까지 학년이 올라감에 따라, 적절한 기준을 만족하는 응답 비율이 40%에서 70%까지 올라가면서 발전하는 경향이 있다. 그 문맥이 모든 나이에 똑같이 이해할만한 것 같기 때문에, 그것은 빈도적 언어이기보다 확률적 언어의 사용이고 어린 학생들에게 문제가 될 만한 사건의 복잡한 구조로의 전이의 사용이 될 것 같다. (c)에 대한 대답이 (a)와 (b)에 대한 대답 사이에 있거나 더 크게 되는 경향이 전 학년에 걸쳐 일관되게 나타나지만, 정의할 수 없는 응답의 비율은 눈에 띄게 감소한다.

이론적 확률의 관점에서, 조건부 확률의 계산은 결합 사건들의 이해를 필요로 한다. 그러나 이 절의 초기에 언급하였듯이, 조건부 사건에 대한 개념적 기초가 필요하며 형식적 정의와 성질이 도입되기 전에 발달되어야 하는 것이 교육과정 문서에서 지금 인정되어야 한다.[47] 그림 5.14에 도입된 두 질문은 친숙한 문맥에서 기초를 세우고 직관을 형성하기 위한 그런 의도를 반영한다.[48] 그림 5.13의 두 질문과 비슷하게, 첫 번째 질문은 100중에서 빈도 형식으로 응답하도록 하고 두 번째 질문은 확률을 요구한다. 이 경우에 두 질문은 일부 학생들은 자신이 왼손잡이이면 왼손잡이를 더 많이 봤을 것이고 초등학교 학생들은 고등학교 학생들보다 여교사를 더 많이 봤을 것을 인정하면서, 학생들에게 친숙하기를 기대하는 문맥을 제시한다. 그렇지만 (그것이 학급 토의를 위하여 흥미 있는 요소이지만) 정확성을 판단하는 수치적 값들의 확실한 값은 아니다. 흥미있는 것은 각 질문 안에서 두 응답 사이의 관련성이며 왼손잡이 어른 사이에 남자의 비율이 남자들 중에 왼손잡이의 비율보다 더 커야하고 교사들 사이에 여성의 비율이 여성들 사이에 교사의 비율보다 더 커야함을 반영하는, (b)에 대한 대답이 (a)에 대한 대답보다 더 커야 한다는 적절한 조건을 만족하는가이다.

그림 5.14의 질문 둘 다에 대하여 학년 수준에 따라 발전된 응답이 있는 것 같다. 빈도 형식으로 제시된 첫 번째 질문은 더 접근가능한데, 정의 안 되는 응답이 극히 적고 초등학교 상위 학년에서 50%가 안 되는 것부터 고등학교 상위 학년에서 약 70%가 되는 것까지 성공률이 나타났다. 두 세부 문항에 같은 답을 하는 것은 (b)보다 (a)에 더 큰 답을 하는 것보다 더 많이 나타났지만, 그런 형태의 응답 둘 다 학년이 올라감에 따라 감소한다. 모든 학년 수준에서 학생들의 2/3이 100과 관련된 빈도로, 약 20%는 백분율 형태로, 그리고 몇 명은 분수 형태로 답을 제시한다. 빈도 및 백분율 형태가 더 정확한 경우가 많다.

그림 5.14의 두 번째 질문의 해석은 초등학교 상위 학년의 몇 명 학생(약 10%)에게 적절한 응답을 하기에 훨씬 더 어렵다. 고등학교 상위 학년까지 이것은 약 40%까지 올라갈 것 같다. 전 학년에 걸쳐 일관된 것이 질문의 각 세부문항에 같은 값을 주는 경향이 있는 것인데, 거의 절반의 학생이 그렇게 한다. 그런 문맥이 주어졌을 때, 어려움의 원천이 조건을 표현한 언어일 것 같다. 많은 학생들은 같은 질문에 두 번 대답하는 것처럼 생각할 수도 있다.

1. 다음을 추정하여라.
   (a) 100명의 남자 중에 몇 명이 왼손잡이인가?
   (b) 100명의 왼손잡이 어른 중에 몇 명이 남자인가?

2. 다음을 추정하여라.
   (a) 어떤 여성이 학교 교사일 확률.
   (b) 어떤 학교 교사가 여성일 확률.

그림 5.14 조건부 사건 문맥을 가진 과제

결합 사건에서 확률 기반의 질문에 관하여, 조건부 확률 형태는 학생들이 많은 표현(백분율, 빈도, 분수, 문장, "예/아니오") 및 혼합 형태로 응답하도록 한다. 성과는 백분율 및 분수 형태가 약간 더 좋은 것(약 30%의 성공) 같다. 다음은 그림 5.14의 두 번째 질문의 두 세부 문항에 대한 적절한 응답의 예이다.

- [백분율] (a) 10%, (b) 70%.
- [분수] (a) 0.05, (b) 0.68.
- [문장] (a) 드문 가능성, (b) 가능함.
- [빈도] (a) 5, (b) 85.
- [혼합] (a) 50/50, (b) 가능함 이상.

위의 마지막 응답이 (a)와 (b)의 적절한 관련성을 보여주지만, (a)에서 무엇이 필요한지를 이해하였는지에 대한 해석을 하기 위하여 토의가 필요하다. (a)와 (b)에 같은 값을 응답한 많은 학생들은 또한 절반과 관련된 값을 선택하였고 그런 응답들이 빈도를 나타내는지 또는 "무엇이라도 발생할 수 있다"는 우연 관점을 나타내는지에 대한 토의가 이루어져야 한다.

- [백분율] (a) 60%, (b) 60%.
- [분수] (a) $\frac{5}{10}$, (b) $\frac{1}{2}$과 $\frac{1}{2}$.
- [문장] (a) 매우 가능성 높음, (b) 위와 같음.
- [빈도] (a) 50, (b) 50.
- [혼합] (a) 50-50, (b) 50%.

(a)보다 더 큰 (b)의 값을 응답한 것은 방금 언급한 특징같이 비슷한 형태로 제시되었다.

이 절에서 논의된 두 가지 형태의 과제인 결합 및 조건부 모두 확률적 형태보다 빈도 형태로 제시될 때 학생들이 더 쉽게 생각한다. 그런 관찰은 Gerd Gigerenzer가 Amos Tversky와 Daniel Kahneman의 초기 연구에서 확률 형태로 질문을 하였을 때 왜 대학생들이 아주 안 좋은 결과를 보였는지에 대하여 설명한 것을 지지한다.[50] 그와 같은 질문으로 교실에서 활동할 때, 사용한 결합 및 조건부 언어와의 연결에 직접적으로 초점을 맞추어야 하며, 형식적 확률을 계속 공부하는 학생들을 위한 기초를 제공하는 통계적 소양 기술을 발전시키기와 함께 전

교육과정에 걸쳐서 소양 기술을 적용하기가 함께 해야 한다. 더 공부를 계속하지는 않을 학생들에게 그런 기술은, 정치가 및 의학 전문가의 공적 발표를 해석할 때는 의사결정이 필요한데 그럴 때에 중요하다.

5.10 우연을 측정하기: 비율비

확률과 비율비 사이를 연결하기는 학생들에게 악명 높게 어려울 수 있다. 비율과 비례와 수학교육과정의 그 밖에서 부분—전체 이해를 연결하기는 그런 점에서 필수적이다. 우연 교육과정에서 핵심은 아니지만[51], 학생들은 많은 학교 밖 문맥에서 비율비를 만날 수 있고 학교 안에서 그에 대한 경험은 적절한 이해를 형성하는데 도움이 될 수 있다. 대부분의 대중매체 상황에서 그것은 "에 대한"에서 "에 대해"로 비율비의 수학을 이해하기가 중요할 뿐만 아니라 해석에 도움이 되도록 뉘앙스를 위하여 주변 문장을 읽을 수 있는 것이 필요하다. 그 두 양상에 대한 의미 있는 토의를 위한 기회를 갖기 위하여 그림 5.1에 머리기사 및 질문이 제시되었다.[52]

그림 5.15의 질문들은 특정 문맥에 기초하고 있기 때문에, 어떤 학생들은 그것에 큰 도움이 되는 학교 밖 경험을 가지고 있을 수 있는 반면에, 어떤 학생들은 비율비를 접해 본 적이 없는 배경을 가지고 있을 수 있다. 학급 토의 및 소집단 활동을 위한 기초로서 과제를 사용한다면, 교사는 학생들에 대한 초기 평가를 할 때 주의해야 하고 이해를 나누는 방향으로 협력적인 태도가 나타나도록 해야 한

> **북팀이 7:2**
>
> 그러나 우리는 경기에 이길 수 있다고 코치는 말한다
>
> 북팀의 남팀에 대한 풋볼 경기에 관한 이 머리기사에서 7:2의 비율비는 무엇을 의미하는가? 가능한 한 자세히 설명하여라.

그림 5.15 비율비를 포함한 신문 머리기사

다. 학생들이 자신의 응답과 추론을 토의할 때, 세 가지 관점이 확률적(P) 언어, 빈도(F) 언어, 또는 사회적(S) 언어로 분류된다. 사회적 언어는 비율비 투표, 선호하는 것, 또는 돈과 같은 용어의 사용을 포함한다. 더 정교한 비례적 추론이 설명에 포함되면서 그런 관점 각각에 대하여 응답 수준의 증가가 관찰될 수 있다.

어떤 응답들은 문맥의 어떤 양상에 대하여 아무런 인식을 하지 못함을 보여준다.

- 오전 7시부터 오후 2시까지

다른 응답은 사용된 언어를 읽기만 했음을 보여준다.

- 북팀이 5점 차이로 졌다는 것. [F]
- 내 생각에 경마에 돈을 거는 것과 좀 같다. [S]

다음 수준의 응답들은 확인된 의미와 연관된 단일 요소를 포함한다.

- 북팀이 이길 가능성. [P]
- 그것은 예상 점수이다. [F]
- 남팀 풋볼에 대하여 그들이 몇 번 이야기 하였는지에 대한 것이다. [S]

사용된 관점을 꾸미려는 응답도 있다.

- 북팀은 7%의 이길 가능성을 가지고 있고 2%의 질 가능성을 가지고 있다. [P]
- 그들의 마지막 게임에서 7골 대 2골을 잃었음을 의미한다. 그러나 그들은 여전히 기회를 가지고 있다고 생각한다. [F]
- 북팀이 7-2 선호도를 가짐을 의미한다. [S]

다음 반응들은 비율을 사용하고자 했으며 그 중 일부는 특이하고 불완전하다.

- 그들이 게임에 이길 가능성. 예를 들면, 2-2는 동등한 가능성을 가진다.
- 북팀이 7게임 중에 2게임을 이겼음을 의미한다.
- $\frac{7}{2}$은 그 비율비가 그들에게 불리함을 의미한다.

비율 아이디어의 강화는 여러 단계에서 관찰될 수 있는데, 처음에 비율이든 아니든 정확하게 진술되면서 부분—부분이라기 보다 부분—전체로 잘못 해석되기도 했다.

- 7-2는 그들이 남팀을 이길 7번의 기회 중에 2번을 가지고 있음을 의미한다. [P]
- 그것은 만일 그들이 7게임을 한다면 2번 이김을 의미한다. [F]
- 2달러를 걸어서 만일 그들이 이기면 7달러를 얻는다. [S]
- 9명에게 또는 어떤 것이든 누가 그 경기에서 이기는지를 물어보면 7명이 북팀이 이긴다고 하고 2명이 남팀이 이긴다고 함을 의미한다. [S]

다음 수준의 응답은 부분—부분 관계를 적절하게 해석하지만 개인적 경험의 부족으로 인하여서인지 틀린 방향으로 나아간다.

- '전문가'는 북팀이 $\frac{7}{9}$의 이길 가능성을 가지고 남팀이 2/9의 이길 가능성을 가진다고 믿는다. [P]
- 9 게임 중에서 북팀은 7번을 이기고 남팀이 2번을 이길 것 같다. [F]
- 7-2가 의미하는 바는 네가 게임에 (마권 영업자를 통하여) 2달러를 걸어서 만일 북팀이 이긴다면 2달러를 돌려받으면서 7달러를 더 받을 것이다. 그런 가격(7-2)을 비율비라고 한다. 북팀이 이길 것으로 예상한다. [S]

그림 5.15의 질문과 같은 과제에의 응답은 수학 및 문맥 둘 다에 대한 넓은 범위의 이해를 보여준다. 그 문맥을 해석하는 세 가지 관점을 통하여 비율비를 고찰하는 가능한 방법에 관한 학급 토의 및 토론 주제를 얻을 수 있다. 비율비, 분수, 부분—부분, 그리고 부분—전체 이해에의 연결은 명백하고 많은 경우에 명확해질 수 있다.

5.11

우연과 운

독립 및 종속 사건의 고려가 학교 수준에서 우연 교육과정의 가장 복잡한 기대라면, 우연을 운과 연결하기를 다루는 것은 그런 범주의 다른 끝에 올 것이라고 생각할 수 있다. 운이라는 용어는 문맥에 따라 여러 의미가 있다. 그것은 "무엇이라도 발생할 수 있다"는 우연 관점의 결과인 "그건 그저 운이야"라고 설명할 수 있다. 그러나 그것은 여러 관점으로부터의 같은 결과를 설명하는 인과적 체계일 수도 있다. 그런 예는 "이것은 나의 행운의 수이다"와 같다. 운이 빈도 또는 이론적 확률의 고찰에서 소용없지만, 주관적 확률의 고찰에서는 어떤 역할을 한다. 체계적 교육과정에 비추어 볼 때 교사를 위한 질문 중의 하나는 저학년에서 운이 조절될 수 있는지 그리고 소용없는지에 관한 것이다. 날마다 세계 여러 곳의 카지노에서 성인들과의 상호작용을 통하여 얻은 증거는 많은 사람들이 인과적 체계로서 운에 관한 믿음을, 우연 결과의 설명을 위하여 지속적으로 유지하는 것이다. 운에 관한 토의는 최근의 복권의 "행운의 당첨자"라는 보고서에 의하여 촉발되었듯이, 다양한 문맥에서 전 학년에 걸쳐서 주기적으로 이루어져야 할 것으로 본다. 운에 관한 고찰은 예를 들어 5.6절에서 논의한 것처럼 주사위 굴리기와 같이 단순 확률 사건과 관련해서 자연스럽게 이루어져야 한다. 그러나 토론을 위한 시나리오를 제시하여 직접적으로 운이라는 주제를 다루는 것도 가능하다. 그런 두 가지 예가 그림 5.16에 제시되었다.[53] 그 첫 번째는 완전히 주관적이고 두 번째는 결과의 가능성을 기술하면서 고찰하도록 하는 복권의 당첨 번호를 제시한다. 그림 5.16에서 침대를 빠져 나오는 것에 관한 첫 번째 질문에 대한 학생들의 응답은 여러 수준의 믿음을 보여준다. 그런 응답의 가장 낮은 수준은 그 설명에 동의한다.

- 저는 그가 옳다고 봐요.
- 나도 같은 쪽으로 나온다. 다른 쪽으로 나오면 운이 안 좋다.

다음 수준의 반응은 그 설명과 직접적으로 동의하지 않음을 보여준다.

- 사실이 아님.

- 그것은 그저 미신이다.
- 그가 어느 쪽으로 빠져 나오든지 상관없다. 그래도 시험에 실패하거나 성공한다.

다른 학생들은 그 주장을 반박하면서 더 정교한 응답을 제시한다.

- 더 좋은 점수를 그가 얻는데 그것이 도움이 되지 않는다. 공부하고 열심히 노력한다면 좋은 점수를 얻을 뿐이다.
- 오른 쪽에 벽이 있지 않는 한, 그가 그렇게 했을 것이라고 생각하지 않는다.

가장 정교한 응답은 심리적 요소를 포함한 설명일 것이다. 운에 관한 믿음의 특징은 때때로 헤아리기 어렵기 때문에 그런 주장은 학급에서 유용하다고 증명되기도 한다.

- 내 생각에 그가 틀렸다고 본다. 왜냐하면 그가 좋은 점수를 얻든지 아니든지는 그와 시험과 집중하는지 등에 따라 달라지기 때문이다. 왼쪽으로 빠져 나오기는 그렇지만 조금 도움이 될 수도 있는데 왜냐하면 그는 좋은 점수를 얻을 것이라고 생각한다면 그렇게 될 수도 있기 때문이다.
- 그가 그렇게 하는 것이 그의 일에 더 자신을 갖도록 한다면 그럴 수 있다. 또한 그것은 어떤 방식으로든 좌뇌와 우뇌에 영향을 줄 수 있다.

초등학년 학생들(3학년 정도)부터 중학년 상위학년(9학년 정도)까지 운에 관한 오류를 찾는 학생들의 비율은 약 50%부터 거의 100%까지 올라가며, 약 30%의 학생들은 대안을 제시할 수 있다.

로또에서 행운의 수에 관한 그림 5.16의 두 번째 질문은 더 수학적 문맥을 갖

1. 매일 아침에 민우는 침대의 왼쪽으로 빠져 나온다. 그는 이것이 좋은 점수를 얻을 확률을 증가시킨다고 말한다. 이에 대하여 어떻게 생각하는가?
2. 어느 날, 현아는 1, 7, 13, 21, 22, 36이라는 수를 가진 로또로 당첨되었다. 그래서 그녀는 그것이 운이 좋기 때문에 항상 같은 수를 이용할 것이라고 말하였다. 이에 대하여 어떻게 생각하는가?

그림 5.16 운과 우연을 포함한 질문

고 있는데, 앞의 질문과 비슷한 수준의 응답이 나타나기도 하고 일부 학생들은 우연에 대하여 정당화를 하기도 한다. 그러나 가장 낮은 수준의 응답은 행운의 수에 대한 믿음에 동의하는 것이다.

- 내 생각에 그것은 운 좋을 것이다. 나도 같은 수를 고를 것이다.
- 나는 많은 수가 운이 좋다고 생각하지 않는다. 그러나 나는 4, 7 그리고 9가 운이 좋다고 보기 때문에 그렇게 행운의 수를 가질 수 있는 어떤 방법에 동의한다.

다음 수준의 응답에서 그 설명에 동의하지 않지만 통계적으로 부적절한 방식으로 그것을 지지하거나 지지하지 않거나 한다.

- '행운의 수'와 같은 그런 것은 없다.
- 내 생각에 그녀는 그런 수들을 이용하지 말아야 한다. 왜냐하면 같은 수들을 얻을 수 없기 때문이다. 그녀는 할 때마다 다른 수를 얻는다.

어떤 응답은 그 설명에 동의하지 않고 적절한 주장을 시작하지만 완성하지는 못한다. 다음 응답의 첫 번째에서 보듯이 운의 의미가 변한다.

- 그것은 어쩌다 한 번 운이 좋은 것이다. 왜냐하면 어떤 수라도 나올 수 있기 때문이다.
- 행운의 수와 같은 그런 것은 없다. 로또 같은 것은 무작위로 뽑히기 때문이다.

더 정교한 응답에서 가능성의 인식을 보여준다.

- 그녀는 나올 수들로 운이 좋았지만 어떤 수가 '다른 수보다 더 운이 좋다'는 것은 불가능하다.
- 모든 조합은 같은 확률을 갖지만 그녀는 이미 한 번 당첨이 되어서 도박을 계속할지, 돈을 더 걸지 모르겠지만 그만 빠져 나오는 것이 좋다.

때로는 심리적 특징에 대하여 응답에서 나타나다.

- 언제나 같은 수를 이용하는 것이 좋은 아이디어이지만 다른 여섯 수를 얻는

것이 더 가능성이 높다.

- 만일 내 수를 바꾸었는데 그 이전의 수가 나왔다면 자살할 것이다.

마지막 문장에서 그 학생이 결과들의 동등한 가능성에 대하여 이해한 것 같기는 한데 확실히 구별하기가 어렵다.

그림 5.16의 두 번째 질문에 대하여 초등학생(3학년)과 중학생(9학년)의 수행 정도의 차이가 앞의 질문에 대한 응답만큼 크지 않다. 어린 학생들의 절반 이상이 행운의 수라는 아이디어에 동의하지 않지만, 적절한 이유를 제시하기 시작할 수 있는 사람은 그저 몇 명이다. 상위 학년의 약 90%의 학생들은 그 설명에 동의하지 않으면서, 그들의 절반 정도가 그들의 정당화를 확장할 수 있다.

학생들이 다른 사람의 설명에 반응하도록 하는 것은 논쟁의 여지가 있는 믿음을 포함한 주제들에 관하여 토의를 하도록 하는 좋은 방법이다. 실제로 다음 절에서 보듯이 충돌하는 믿음들을 통하여 학생들이 모순이라고 인식하지 못하는 사실을 알 수 있게 된다.

5.12 우연 공정함, 편의

우연과 공정함 사이의 연결은 많은 교사가 예상하는 것보다 더 복잡할 수 있다. 많은 교실에서 인기 있는 활동은 주사위, 회전판, 또는 동전과 같은 난수 발생기의 사용에 기초한 규칙을 가진 게임들이 공정한지를 결정하는 것을 포함한다. 그런 문맥에서 공정함은 각 경기자가 게임에서 이길 이론적 확률이 같음을 의미한다. 그런 활동 모두에서 가정하는 것은 그 규정된 규칙에 따른 난수 발생기가 공정하다는 것이다. 주사위와 같은 난수 발생기의 특성에 관하여 학생들의 믿음을 알아보면, 어떤 흥미 있는 발견을 할 수 있다. 어떤 학생들은 주사위 또는 동전의 공정함에 관한 "학교 안의" 믿음을 갖고 있는데 동시에 "학교 밖의" 상황에 모순적인 믿음을 갖고 있다. 예를 들어 동전의 앞면 또는 뒷면을 얻는 확률이 1/2이라고 믿는 어떤 학생은 그럼에도 불구하고 게임에서 뒷면을 언제나 선택하는데 그 이유는 "그것이 나에게 운이 좋다"고 보기 때문이다.

난수 발생기를 사용한 게임의 공정함을 연구하기 이전에 난수 발생기의 공정함에 관한 학생들의 믿음을 탐구하는 것은 교육과정에서 공정함의 연구로부터 얻을 것이 충분히 있다면 필수적인 일이다. 주사위를 출발점으로 사용하여서, 토의를 시작할 여러 방법이 있다. 그것은 대부분 학교 밖에서 주사위를 가지고 게임을 하는 것에 관한 질문을 하는 것이다.

- 어떤 수들은 다른 것보다 더 자주 나오는가?
- 모든 수들은 나타날 같은 확률을 가지는가?
- 주사위가 공정하다는 것은 무엇을 의미하는가?[54]

일부 교사들은 앞의 두 질문에 대한 답이 둘 다 "예"라는 상황에 대하여 놀라워한다. 이 경우에 주사위를 던지기에 해당하는 이론적 모델을 시험하는 것으로서 두 번째 질문에서 우연 형태를 학생들이 접하는 반면에, 학생들이 과거의 자신 경험에 기초하여 첫 번째 질문에 빈도 형식으로 대답하는 것 같다. 그런 두 번째 질문에 관련된 믿음은 주사위의 미래 특성에 영향을 주지만 과거에 영향을 줄 수 없다. 여기에 확률의 빈도 관점이 만족되는 요소가 있으며, 이론적 관점과 충돌할 수도 있다. 그 해결은 어떻게 학생들이 일반적으로 확률을 다루고 어떻게 학생들이 특별히 공정함을 다루는지에 중요하다.

이전에 언급한 것과 같은 질문을 하였을 때, 학생들은 5.11절에서 논의한 행운의 수에 관한 질문들에서 어느 정도 확장된 질문들에 대하여 여러 수준의 응답들을 나타내기도 한다. 어떤 특이한 수준에서, 더 자주 나타나는 특정한 결과에서 응답이 믿음을 반영한다. 어떤 학생들은 주사위에 나온 수들에 관한 질문의 빈도 형식에 답하기 위하여 개인적 경험을 사용한다.

- 그래요. 3들 4들 그리고 2들 … 또는 나오지 않기를 원하는 수들.
- 그래요. 나를 위한 6과 5.

다른 학생들은 특정한 결과를 원하는 문맥에서 자신의 믿음을 결부시킨다.

- 6은 더 작은 수만큼 자주 나오지 않는다. [그것은 게임할 때 그렇게 되니?] 예, 특히 처음에 6을 원할 때 그래요.
- 예. 엄마는 언제나 6을 얻지만 저는 언제나 2 또는 1을 얻어요. [……] 내 손

은 주사위를 던질 때 매우 좋지 않은 것이 틀림없어요.

5.6절에서 1 또는 6을 얻는 것에 관한 특정 질문에 관하여 앞에서 언급한 것처럼, 어린 아이들은 주사위의 특성에 인과적 체계를 부여하는 것 같다.

▪ 6. [6이 더 자주 나온다고 생각하니?] 그것이 주사위에서 가장 잘 나와요. 글쎄요. 그것은 주사위에서 가장 많이 나오는 수입니다.

어린 아이들은 또한 이전에 언급한 모순을 보이기도 한다.

▪ 예, 동화에서 3가지 소원이 있고 3명의 요정 천사엄마가 있으면서 3가지 소원과 3종류의 일이 있기 때문에 3이 그래요. [3이 더 많이 나온다고 보니? 아니면 모든 수가 나온다고 보니?] 6이 가장 적게 나오는데 그 이유는 그것이 가장 크기 때문이어요. 그리고 저에게는 2가 자주 나와요. [그것들이 나타날 같은 가능성을 가진다고 생각하니?] 예. 매번 주사위를 다르게 돌리기 때문에 저는 그렇게 생각해요.

덜 상상적이긴 하지만 고등학교까지의 학생들은 빈도와 우연에서 위와 비슷한 양면적 생각을 보여주는 것 같다.

주사위가 공정하다고 믿는 학생들이 그 믿음을 정당화하기 위하여 사용한 설명에서 정교함의 수준이 증가하고 있다. 다음은 학생들이 더 이상 설명이 필요하지 않다고 느끼는 응답이다.

▪ 아니오. 그것들은 주사위를 굴릴 때 모두 같은 가능성을 가진다고 생각해요.

다음 수준에서 학생들은 주사위를 굴리기와 관련한 조건 또는 주사위 그 자체의 물리적 조건 중의 하나에 기초한 공정함에 대한 자신의 믿음을 표현할 필요성을 느낀다.

▪ [약간 더 많은 가능성이 있을까?] 실제로 그렇지 않아요. [그것들은 모두 같은 가능성을 가지지, 그렇게 생각해?] 예. 그것을 어떻게 굴리느냐에 따라 달라요. [좋아, 어떻게 달라지는데?] 그런 식으로 굴리면, 그것을 따라 있는 어

떤 수가 나올 수 있어요. 그러나 또 다른 식으로 굴리면, 그 다른 방식을 따라 있는 어떤 수가 나올 수 있어요.

- 글쎄요. 거기에 커다란 구멍이 있다면, 6이 아마 가장 잘 나올 것이에요. 왜냐하면 1이 가장 무겁게 되어서 최소로 나오기 때문이지요. 그러나 그것은 그런 일이 그리 많이 일어날 것 같지 않아요……. 그리고 그것은 임의로 나와요.

마지막으로 가장 높은 수준에서 단기적 변이와 전반적 예상 사이의 충돌을 인식한 응답이 제시된다.

- 아니오. 음……. 때로는 다른 사람은 언제나 6을 얻는 것 같을 때도 있지만 실제로 그것은 복권의 운일 뿐이다. 그것은 6들을 연속으로 얻을 수도 있지만 다음 게임에서는 1을 연속으로 얻을 수도 있다[웃음]. 그렇지만 대체로 그것은 달라진다. 때로는 더 자주 나오지만 다음번에는 그렇지 않을 수도 있다. 그것은 복권의 운일 뿐이다.
- 글쎄요. 그것을 얘기하자만 일종의 우연이라면, 모든 수들이 같은 가능성을 가진다고 말할 수 있지만 때때로 그런 식으로 나타나지 않기도 한다. 왜냐하면 때로는 우리 반에서 우리가 게임을 하기 때문에 [……] 우리의 주사위를 만들고 그것을 60번 굴려서 어느 것이 모든 수 중에서 가장 많이 나오는지를 알아본다.

그러면 학생들이 주사위와 같은 난수 발생기가 공정한지 또는 편의가 있는지를 검토하기 위하여 자신만의 전략을 세울 때 그런 질문이 제기된다. 어느 정도까지 전략들은 공정함에 대한 믿음을 반영하지만 그 관련성은 아주 강한 것이 아니다. 초등학교 수준에서 어떤 학생들은 모든 수들과 관련한 빈도 또는 우연 설명에 동의하는 것 같아도 공정함의 아이디어에 어려움을 가지고 있다. 여러 주사위와 함께 제시될 때 — 하나는 2에 편의되어 있고 하나는 반복된 수를 가지고 있음 — 그리고 어느 것이 공정한지 결정하도록 요구할 때, 일부 학생들은 비슷한 결과와 관련된 주사위를 통하여 어떤 특성으로서 공정함을 본다.

- [테이블에서 하얀색 주사위가 2를 나타내고, 빨간색 및 파란색 주사위는 더 큰 수를 나타낸다.] 이것[하얀색]은 좀 공정하지 않은데 그 이유는 이 두 개[빨간색 및 파란색]와 많이 같지 않기 때문이다. [그 주사위들이 모두 2를 나

타낸다.] [……] [어떤 차이가 있니?] 예. 만일 모두 2를 나타내면 그것은 공정한 것이에요.

다른 학생들은 주사위보다 각 수들에 관하여 공정함을 본다.

- [테이블 위의 주사위들 중에서 빨간색은 6 하얀색은 2, 그리고 파란색은 5를 나타낸다.] 글쎄요. 6이 공정하지 않다고 생각해요. 그 이유는 그것이 다른 수만큼 실제로 나오지 않기 때문이어요. 단지 그것이 나오지 않기 때문이지요. 2는 공정하다고 봐요. 그것은 대부분의 시도에서 나타나는 수라고 생각해요. 그리고 5는 글쎄요. 그 중간에 있다고 봐요.

"만일 여러 사람이 와서 한 수가 더 자주 나온다고 말했다고 하자. 그들이 옳은지 어떻게 검사할까?"와 같은 질문을 받을 때, 많은 학생들은 여전히 실제로 시행하는 것을 제시하지 못한다.

- [그들이 맞는지 어떻게 검사할까?] 아니오. 실제로 아니어요. 그것이 [공정한 주사위]가 아니라고 실제로 말할 수 없어요. 그렇게 매 번 그것이 나타나는 것은 운이 좋은 것이라고 봐요.

또한 공정함의 부정할 수 없는 믿음을 가진 학생들이 다음처럼 단일 문장으로 그것을 표현하였다.

- [각 주사위를 집으면서] 그것들은 모두 내게 좋게 보여요.
- [주사위를 집지 않고서] 그것들은 모두 같을 것이에요.

그렇지만 이 상황에서, 더 많은 학생들은 주사위를 탐구하고 주사위의 여러 특징을 고찰한다. 예를 들어 어떤 주사위가 보통 나오는 것이 생략되고 반복된 수들을 나타낸다면 주의를 끌만한 한 가지 양상은 가능한 결과들의 개수이다.

- 이것[하얀색]은 공정한 주사위가 아니에요. [……] 그 이유는 그것은 이 두 개[파란색 및 빨간색]처럼 4, 5, 또는 6이 나오지 않았어요. 그 두 개는 공정하고 저것은 그렇지 않아요.

몇 학생은 6개의 수를 가지고 주사위를 참고하지 않고 그저 나온 수만을 고려해서 반복된 수를 갖는 그런 주사위가 공정하다고 결론을 내리기도 한다.

공정함을 고찰하기 위하여 학생들에 의하여 사용된 주사위의 다른 특성들은 정육면체 모양의 대칭성과 무게 분포이다.

- [각 주사위를 만지면서] 이 둘[하얀색과 빨간색]은 공정하고 저것[파란색]은 공정하지 않아요. [……] 그것을 모퉁이에 놓고 흔들리는지를 본다. [흔들리는 것을 보여주면서]그것을 꼭대기에 놓고 그 무게를 느낄 수 있다. 다른 것들로, 그것들은 흔들리지 않고 이상한 점이 없었다.

어떤 학생들은 자료를 제공하는 체계적인 수단으로서보다는 물리적 특성에 관한 자신들의 믿음을 고찰하는 수단으로서 주사위를 굴린다. 또 다른 학생들, 특히 어린 학생들은 그 과제의 특성을 혼동하는 것 같다.

- [각 주사위를 한 번 던지고 나서 다시 한 번 더, 그리고 모든 주사위를 동시에 고려한다.] 6이 다른 모든 것보다 더 많이 나왔다. [그래? 그것을 몇 번 던졌는데?] 저는 그것을 두 번 던졌고, 6이 두 번 나왔어요. 그리고 다른 수들은 다니 한 번만 나왔어요. [그러면 그것이 공정한지 아닌지를 결정하기에 도움이 되겠니?] 그것들은 불공정해요.

다른 학생들은 그 빈도를 기록하기보다 몇 번의 시행의 목적이 다양한 결과를 기록하는 것인 것 같다.

- 그것들을 각각 3번식 굴린다고 하자. [빨간색 주사위를 한 번 굴리고 파란색과 하얀색을 그렇게 한다.] 글쎄, 그것은 일종의 …… 라고 하자. 그것들은 모두 달라서 어떤 가능성을 갖는다……. [각각을 한 번 더 굴린다.] [하얀색을 가리키며] 1이 다시 나온 것은 제외하고 그것들은 모두 여전히 다시 다르다. [각각을 한 번 더 굴린다.] 저것[빨간색]은 가장 공정하다. 그 이유는 모두 다른 것이 나왔고 이 두개는 같은 것이 나왔기 때문이다.

주사위가 공정한지를 결정하는 과제를 해결할 때 가장 높은 수준의 응답은 시행을 제안하고 실행하며 결정을 할 수 있도록 체계적 방식으로 결과를 기록한 것이다. 표본추출에 대한 학생들의 경험과 연결하기는 여기서 어떤 역할을 하는데,

특히 적절한 표본크기를 결정할 때 어떤 역할을 한다.

- [언급 없이, 각 주사위를 20번 굴리고 계수 표시 표에 다음처럼 기록한다. 흰색:4×1, 9×2, 7×3; 파란색: 1×1, 3×2, 8×3, 6×4, 1×5, 1×6; 빨간색: 2×1, 3×2, 4×3, 4×4, 3×5, 4×6] 그 파란색이 무게가 더 무겁다고 분명히 확신하며 흰색은 아마도 그럴 수 있다고 보지만 빨간색은 전혀 그렇지 않다고 본다. 그 이유는 그것이 아주 공평하게 나오기 때문이다…….

공정함에 관하여, 그리고 특정한 주사위 또는 다른 난수 발생기에 대하여 그것을 어떻게 결정하는지에 관한 학생들의 믿음에 대한 아이디어를 얻는 것은 교실에서 시행을 시작할 때 중요하다. 주사위의 공정함을 시험하는 문맥에서 어떤 학생들은 시행이 필요하고 만일 그렇다면 몇 번이 결론을 내리기에 충분한지를 확신하는 데까지 긴 시간을 필요로 한다. 학생들의 처음 믿음을 발견하지 않고서 표본추출의 시행으로 비약하기는 학교 밖의 믿음과 학교의 수학 교사에 의하여 부여된 믿음 사이를 갈라지게 함을 악화시킬 수 있다.

무작위 특성에 관한 학생들의 믿음과 직관은 때때로 그것이 산출하는 변이에 과잉 반응을 보일 수 있다. 5.6절, 5.7절, 5.8절, 그리고 이 절의 예에서 논의한, 결과에의 "무엇이라도 발생할 수 있다"는 접근은 예상할 수 없는 변이를 인정한다. 그렇지만 그런 인식을 가진 학생들은 잠재적 변이가 어떤 형태를 취할지를 제안하기까지 나아갈 것 같지 않다.

변이에 대한 예상이 그 기저에 있는 임의 모델의 이해와 충돌하는 때가 있다. 예를 들어 그림 5.17에 제시된 질문을 생각해 보자. 그 과제는 여섯 수의 모든 가능한 조합이 로또에서 선택되기에 같은 가능성을 가진다는 학생들의 이해를 알

> 윤경이가 1, 2, 3, 4, 5, 6과 같이 연속된 수들을 선택하기는 로또에서 당첨 확률을 높인다고 말한다. 그러나 수진이는 임의의 수 집합이 더 당첨 확률이 높다고 말한다. 다음에 수진이가 선택하였을 것 같은 (1과 45 사이의) 임의의 수를 6개 적어라.
>
> ☐ ☐ ☐ ☐ ☐ ☐
>
> (윤경이와 수진이의) 로또 복권 중에서 어느 것이 당첨 번호 6개를 더 잘 맞출 것 같은가? 왜 그런가?

그림 5.17 로또의 무작위 수에 대한 과제

아보기 위하여 설계된 것이다.[55] 그런 문맥에서 변이에 관한 개인적 믿음과 변이의 관찰은 다른 고찰을 압도할 것 같다.

그림 5.17의 상자 안에 자신의 수를 채우도록 할 때, 학생들은 수열보다는 광범위한 수들을 선택한다. 어떤 학생들은 선택 기준으로 떨어져 있음을 이야기한다.

- {27, 8, 15, 32, 44, 21}[왜?] 그 이유는 그것들이 …… 대략 서로에게서 최소한 5만큼은 떨어져 있기 때문입니다.

어떤 집합의 수들이 더 당첨될 수 있는지를 물을 때, 초등학교 수준 이상의 몇 명의 학생은 특이한 답을 제시한다.

- 윤경이는 속임수를 쓰고 있다.

초등학교 학생들(3학년)의 압도적인 대다수 및 고등학교 학생들(9학년)의 약 40%조차 수진이의 수들을 로또에 더 당첨될 수 있는 것으로서 (자신의 것처럼) 선택한다. 일부 추론은 개인적 경험에 기초하고 있다.

- 나는 로또에서 1, 2, 3, 4, 5, 6이 당첨된 것을 본 적이 없다.
- 일의 자리 수들만 나타난 것은 거의 없다. 더 "두 자리 수"가 있어야 한다.

어떤 응답들은 넓게 퍼진 수들의 자신만의 집합을 선택하는 이유로서 변이를 제안할 때 더 정확하다.

- 그것은 더 좋은 범위의 수들을 가지고 있다.
- 왜냐하면 그것들은 한 줄로 있지 않고, 그것들은 임의의 순서로 있고 모두 다르다.

첫 문장이 진짜 관찰인 반면에, 그것이 당첨 확률을 증가시키지 않고 두 번째 문장은 거짓이다.

동등한 가능성과 변이의 딜레마를 해결할 수 없거나 어떤 추가 언급 없이 "무엇이라도 발생할 수 있기" 때문에 그것은 중요하지 않다고 일반적으로 이야기하는 응답은 그 안의 정교성이 더 높은 수준에 있다.

- 아마 같은 가능성일 것이지만 수진이가 더 높은 확률을 가진다. 왜냐하면 연속되는 수들을 보통 얻지 않기 때문이다.

그런 응답은 이 절의 처음에 설명된 주사위의 공정함을 결정하는 문맥에서 경험한 같은 종류의 충돌을 반영하는 것 같다.

학년 수준이 증가하고 교육과정에서 우연 활동을 더 할수록, 학생들은 윤경이와 수진의 수들이 로또에 당첨될 가능성이 같음에 관하여 적절하게 더 응답하는 것 같다. 그러나 어떤 정당화는 본질적으로 더 질적인 것 같다.

- 둘 다 같은 가능성을 가진다.
- 중요하지 않다. 어느 쪽이든 얻기에 같은 가능성을 아마 가질 것이다.

가장 정교한 정당화는 각 수의 같은 가능성을 인식하는 응답에서 나타난다.

- 로또는 편의되지 않았다. 모든 수마다 얻는데 같은 가능성이 있다. 그래서 여러 다른 수처럼 연속된 수들을 얻는 것이 가능성이 같다.

로또 결과에서 인식된 변이와 우연과의 관련성에 대한 이해의 확장이 초등학교 상위 학년부터 모든 학년에서 토의의 초점이 되도록 이와 같은 과제들을 제시한다. 5.6절에서 모자로부터 이름을 꺼내는 것에 관한 질문과의 결합에서, 가능한 집합에 관한 확장된 초점은 동등한 가능성의 적절한 관점을 형성하기에 도움이 될 것이다. 소프트웨어 패키지로 많은 시뮬레이션을 산출하기는 직관을 형성하기에 또한 유용한데, 그 직관 중의 하나는 로또 복권을 사는 것의 쓸데없음일 것이다.

5.13 우연 및 위험

학교 학생들이 모든 종류의 위험에 노출되었다는 인식은 과거에 터부시 되었던 많은 주제들을 교실에 가져오게 하였다. 이제 위험한 상황에서 성인의 의사결정에 관한 사회학자 및 교육연구가들 사이에 상당한 토의가 있다. 다양한 종류의 약 남용, HIV/AIDS 위협에 처한 보호받지 못한 섹스, 자동차 사고에서 젊은 남성의 죽음, 피부암의 발병률을 높이는 햇볕에 태우기, 젊은이의 자살, 그리고 이후의 생애에 건강 문제를 야기하는 다이어트 습관이 그런 관심사가 된다.[56] 연구를 통하여 위험을 감수하는 행동은 상처받기 쉬움 또는 상처받지 않음, 자존심의 수준, 그리고 성인의 생활에서 사건들의 조절 장소의 인식에 대한 감정과 관련될 수 있음을 알았다.[57] 그러나 HIV/AIDS 위협과 같은 영역에서, 학생들의 지식 수준을 높이는 교육 프로그램이 위험을 감수하는 행동을 항상 줄여 주는 것은 아니라는 것을 연구를 통하여 또한 알 수 있었다.[58] 위험 믿음 및 위험 감수 행동에 관한 연구에서 빠진 것은 기본적인 가능성 용어로 위험을 평가하고 다양한 문맥에서 만들어진 주장을 해석하고 그것에 의문을 제기하는 학생들의 능력을 고찰하는 것이다.

여러 과목에 걸친 교육과정 문서는 위험을 포함하도록 학생들의 목표를 제시한다. 다음 목적은 건강 및 체육 교육과정 서술에서 나온 것이다.

> 학생들은 실제 및 인식된 위험을 포함하여 위험의 개념과 그것이 여러 상황과 어떻게 관련되는지를 검토한다. 그들은 위험 감수에 영향을 주는 요인을 찾고 어떻게 부적절한 위험 감수가 위험을 초래하는지를 탐구한다. 그들은 예를 들어 물질 사용, 성적 행동, 신체 활동에의 참여, 그리고 운전 습관에 관련된 잠재적 위험성과 여러 행동의 원인과 결과에 관하여 배운다.[59]

그러나 그 서술에서 위험을 평가하거나 해석하는 수학적 양상에 대한 특정 언급이 없다. 수학 교육과정 문서를 돌아보면 수학 및 위험 사이에 연결이 있다는 최소한의 어떤 인식이 있다. "정보에 근거한 선택을 하는 것은 가격 및 위험의 해석에 근거한 수학의 일반적 이해를 때때로 필요로 한다."[60] 교육과정의 그 우연 부분은 의사결정 과정에서 도움이 되는 이해를 형성하기에 기본이 된다. 그 부분은 5.4 및 5.5절에서 논의한 것처럼 언어의 해석 및 평가에 관련된다. 그 부분은 위험을 양적으로 나타내기에 필요한 기본 수치적 기술과 관련된다. 그리고 그 부분은 조건부 언어를 이해하고, 사건들이 추상적인 임의 문맥보다 사회적 문맥으로 서술될 때 종속적인 사건들로부터 독립적인 사건들을 구별하는 능력과 관련된다. (5.9절을 참고) 판단할 수 있도록 그런 양상을 결합하기 또는 제시된 주장에 의문을 갖기는 통계적 소양의 주요 목표 중의 하나이다.

> 어떤 연구에서 49년보다 적게 하루에 담배 한 값을 피운 사람들은 나이보다 일찍 주름살이 생기는 위험이 두 배가 된다고 보고하였다.
>
> 50년 이상이 되면, 그 위험은 비흡연자보다 4.7배 커진다.
>
> ……
>
> 그는 흡연을 중단하면 그 주름살이 없어질 수 있다는 확신은 없다고 말하였다.
> "'흡연하면 나이 보다 더 늙고 추할 것'이라는 것은 건강을 위하여 담배를 집어 던지도록 사람들을 이끄는 메시지일 뿐이다"라고 그는 말하였다.

그림 5.18 위험에 관하여 보고하는 신문기사에서 조건부 언어

편파적인 이야기를 하는 수치적 주장 및 조건으로 독자에게 조사를 요구하는 예들이 대중매체에 엄청나게 많이 있다. 그림 5.18에 제시된 흡연 및 주름에 관한 신문기사에서 뽑은 예를 고찰해 보자. 흡연한 연수와 증가된 위험에 관한 양적인 정보를 포함하여, 네 가지 조건부 문장이 제시되었다.[61]

위험 문장에 관련하여 제시된 잠재적 행동에 관하여 결정이 이루어지기 전에, 그 문장을 해석하고 어떤 추가적인 정보가 필요한지를 결정할 필요가 있다. 중학교 학생들에게 그림 5.18의 기사에 제시된 각 서술을 "만일 …… 이면 ……"형식으로 적도록 요구하는 것은 적절한 연습문제가 된다. 그 첫 문장은 가장 쉬워서 9학년의 2/3의 학생들이 그것을 적절하게 해석할 수 있다.

- "만일": 49년 이하로 하루에 한 갑의 담배를 흡연하다.
  "그러면": 나이보다 주름살이 생기는 위험이 두 배가 된다.

두 번째 및 세 번째 문장은 문장 구조의 역전, 즉 결론을 조건 앞에 놓는 것으로 인하여 약간 더 어렵다. 또한 세 번째 문장에서 조건을 설정하는 기준으로서 "만일"을 사용하기만 하는 학생들이 판독하기 어려운 두 개의 "만일"이 있다. 절반보다 좀 적은 수의 학생들은 그런 문장들을 적절하게 해석하는 것 같다.

- "만일": 50년 이상으로 한 갑의 담배 흡연.
  "그러면": 나이보다 주름살이 있을 가능성이 4.7배 더 크다.
- "만일": 흡연 중단한 사람.
  "그러면": 주름살이 없어질 수 있다.

그 마지막 문장은 아주 구조적으로 복잡한데 그 이유는 그것이 다른 것 내에 조건부 문장을 하나 포함하기 때문이다. 즉, "메시지"는 더 큰 조건부 문장과 마찬가지로 그 자체로 완전한 조건부 문장이다.

- "만일": 만일 흡연을 하면 늙고 추하다.
  "그러면": 아마 사람들이 흡연을 중단하는 것에 도움이 될 것이다.

중학교 상위 학년의 학생들의 약 1/4만 그 완전한 문맥 안에서 적절하게 조건부 문장을 해석하는 것 같다.

그림 5.18의 기사에 있는 주장에 대한 이해는 두 가지 의미에서 통계적 소양 체계의 두 번째 수준의 목표이다. 첫째, 조건부 언어는 문맥에서 적절히 해석되어야 한다. 수학적 관점으로부터 이것은 임의 실험을 가진 첫 번째 수준의 활동과 또한 5.9절에서 논의한 것처럼 어떤 전이적인 두 번째 수준의 연습문제를 포함할 것 같다. 마찬가지로, 위험에 대하여 또는 가능성이 두 배 혹은 4.7배로 증가가 무엇을 의미하는지 인식하기 위하여 확률에 관한 가능성에 학생들은 충분히 노출될 필요가 있다. 곱셈의 용어로 확률에 관하여 이야기하기는 대중매체 기사에서 특별한 것이 아니지만 난수 발생기가 교실에서 사용될 때는 보통 있는 일이 아니다. 모든 확률이 0과 1사이에 있다는 기본 인식이 주어졌을 때, 비흡연자가 주름살을 갖는 것의 미지의 확률에 관한 제한이 있다. 그와 같은 문맥의 주장을 의미 있게 하는 활동에 첫 번째 수준의 통계적 이해가 작동할 수 있도록 하는 것이 두 번째 수준의 이해의 핵심이다.

궁극적인 목표는 적절한, 그림 5.18의 기사와 같은 기사들에서 제시된 주장에 관하여 질문하기의 세 번째 수준의 목표에 이르는 것이다. 그 기사의 문장들이 위험 및 가능성에 관하여 서술되어 있지만, 교육과정의 표본추출 및 추론 분야에 명백한 연결이 있다. 그 주장의 기반이 되는 표본 크기는 얼마인가? 왜 49와 50살 사이를 분리하였는가? 어떻게 그 분리가 표본을 나누었는가? 각 집단에 속하는 표본의 비율은 얼마인가? "나이보다 빨리 생긴 주름살"을 정의하기 위하여 어떤 기준이 사용되었는가? "나이보다 빠른"이라는 용어는 50년 이상 흡연한 사람들과 관련되는가? 그런 질문이 계속 제기된다.

대중매체 보고서가 제시될 때 학생들은 질문의 목록을 개발할 필요가 있다.[62] 학생들에게 위험을 경고하기를 원하는 사람들이—이는 반드시 행해져야 한다—의사결정에 필요한 모든 정보를 명확하게 의사소통하는 의미 있는 방식으로 그것을 설명할 필요가 있다. 그것이 적절하게 의사소통되지 않는다면 훌륭한 조언을 유념하지 않은 것에 대한 사과가 있어야 한다. 높은 수준의 통계 소양을 가지는 것을 통하여 진짜 및 가짜 정보를 구별하도록 학생들을 도와야 한다. 적절한 논증없이 "좋은" 주장으로 학생들에게 영향을 주기를 원하는 사람들은 그 위험이 얼마나 큰가에 상관없이 불친절의 죄를 범한 것이다.

5.14 함의 및 추천

불명확함은 학생들이 진입할 생활과 세상의 일부이다. 어떤 사람의 기저의 체계의 철학적 관점이 무엇이라 할지라도, 관찰은 무작위 절차에 기초한 모델과 일치한다. 따라서 학생들은 그 모델이 어떻게 작동하고 그 장기적 의미가 무엇인지를 깨달아야 한다.

학교 교육과정이 확률적 사고의 세 가지 양상—주관적, 빈도적, 그리고 이론적[63]—을 인정할 필요가 있다고 제안한 사람들은 옳지만 전 학년에 걸친 그 전개는 선형적이지 않다. 그 세 가지 사이의 연결과 강화는 다시 또 다시 만들어져야 하고, 정확하게 이루어져야 한다. 우연에 관한 믿음과 직관은 인생 전체에서 계속 존재한다. 때때로 그것들은 적절하고 유용할 수 있다. 그러나 가끔 그것들은 오도하기도 하고 오판으로 이끌기도 한다. 그것들을 직시하고 토의를 계속하는 것은 올바른 견해를 유지하면서 빈도 또는 이론에 기초한 학급 차원의 탐구를 촉발할 수도 있다. 기하 또는 가능한 결과를 세기에 기초한 이론적 모델을 제시하기 전에 상대적 빈도를 발견하는 실험을 도입하는 것이 언제나 적절한 것은 아니다. 때때로 물적 연결이 존재하고 그것들은 학습을 강화하기 위하여 개발되어야 한다. 수집된 자료가 뒤로 처지게 하는 이론적 확률의 환경에 "도달하기"의 아이디어는 더 이상 적합하지 않다. 실제로 조작해보는 시뮬레이션과 현재 유용한 소프트웨어 시뮬레이션은 특히 변이의 이해를 정교화 할 기회와 관련하여 확률 분포의 특징을 탐구하는데 필수적이다.

우연의 세 가지 전반적 양상은 이 장에서 논의되어 왔다. 우연 언어는 양적 측정에의 주요 단계로서 저학년의 교육과정에서 도입되어 왔다. 그러나 그 중요성은 전 학년에 걸쳐서 감소하지 않는다. 신문의 머리기사와 위험 및 가능성의 주장이 질적 및 양적 우연 사이의, 주관적 및 객관적 우연 사이의, 그리고 우연 및 학교 교육과정의 나머지 사이의 연결을 계속 강화하기 위하여 고등학교 재학 동안에 고찰될 수 있고, 고찰되어야 한다. 초등 확률 측정의 더욱 전통적 양상이 여전히 중요하지만 학생들의 출발점을 인정하고 이해를 위한 더욱 정교해지는 구조를 형성하는 방식으로 도입될 필요가 있다. 활동들은 많은 여러 모델을 포함해야 하고 그것들은 명확하게 서로에게 또한 기저의 수치적 우연 결과들과 연결되어야 한다. 그리하여 공정함과 편의의, 변이에 의하여 제시되는 주요 분야의, 그리고 위험에 관한 문장을 해석하기의 고찰까지 도달해야 한다. 그것은 우연에 대한 정교한 이해와 응용이, 수학 교실 밖에서 의사 결정할 때 학생들에게 유용할 수 있는 영역이다.

이 책 전체에서 언급하는 통계 소양 체계에 관하여, 전 학년에 걸쳐 우연을 위하여 계획된 경험들은 세 가지 수준 모두를 다시 또 다시 재방문하고 각 활동에서 그 세 가지 모두를 재방문할 것 같다. 전문 용어의 첫 번째 수준의 인식은 직접적이거나 복잡할 수 있다. 어떤 활동이 일어나는 문맥에 어느 정도 의존할 수 있다. 그때에 잊지 말아야 할 것이 첫 번째와 두 번째 수준 사이의 연결 및 용어들이 재도입될 때 그것의 의미의 강화이다. 무작위 및 변이와 같은 단어들은 여러 상황에서 사용될 때 여러 의미를 내포하고 그것들은 논의의 대상이 된다. 전문 용어에서 종속 또는 조건부와 같은 기술적 용어와 함께 비형식적 언어를 포함한다.

통계 소양의 두 번째 수준을 바라보기와 문맥 안의 용어를 고찰하기는 우연 실험을 위하여 의미가 형성될 수 있는 많은 넓은 범위의 문맥으로 인하여 중요한 함의를 갖는다. 앞에서 언급한 것처럼, 사회적 환경으로부터 이탈한 본질적으로 추상적인 것과 학교 밖의 세상에서 나타나는 실제 자료와 관련된 것 둘 다의 많은 문맥을 고찰하는 것이 필수적이다. 그 체계의 세 번째 수준과 주장에 질문하기 및 편의를 의심하기 사이의 가능한 즉각적 연결은 사회적 주제들이 우연과 관련된 활동에 일단 포함되면 명확하게 된다. 그러나 주사위의 공정성과 같은 추상적 상황과 관련된 도입적 활동은 학생들이 신뢰하는 믿음 체계에 도전하고 학생들에게 제시된 모든 문맥에서 질문하기를 그들이 시작하도록 하기 위하여 사용될 수 있다.

교육과정의 그 우연 분야가 금요일 오후를 보내는 활동으로 주사위를 가지고 노는 게임을 초월할 수 있다면, 그림 5.1에 나타낸 그 연결들은 정확하게 형성되고 다양한 문맥에 기초한 많은 활동과 함께 반복하여 강화될 필요가 있다. 학생들은 만일 빌딩 블록이 어디에서 오는지에 대하여 깊은 인식을 원한다면 형식 확률 및 통계를 공부할 정도의 기초를 갖추어야 하거나 도박에 관한 결정에서부터 의학적 치료에 관한 결정까지, 학교 밖에서 학생들이 만나는 문맥에서 통계적 소양을 갖춘 결정을 할 수 있는 기초를 갖추어야 한다.

공정함, 같은 가능성, 변이, 그리고 분포라는 아이디어들 사이의 연결을 강화하기 위한 우연 환경에서 얻은 많은 반복된 경험들이 중요하다는 것을 알기 위하여 몇 년 동안에 많은 사례가 모아졌다. 그런 아이디어들 사이의 혼란이 이 장의 여러 절에서 언급되었다. 두 개의 6면 주사위에 관한 하나의 반복된 경험을 통하여 여러 관점에서 도움이 될 수 있는 인지적 충돌의 상황을 내가 제시하였다.[64]

두 개의 6면 주사위를 합할 때, 12까지의 모든 합들이 똑같지 않다는 것을 어린 아이들이 깨닫지 못한다는 고전적 가정이 있다. 그런 믿음은 어린 아동을 위한 훈련 연습 활동에서 탐구된다. 그 활동에서 긴 변을 따라 2부터 12까지 이름이 붙여지고 어떤 패턴으로 그 격자 위에 그 수들에 대응되도록 위치하기 위한 20개의 칩이 주어진 직사각형 격자가 이용된다. 두 주사위를 던져서 적절한 합을 얻으면 한 칩이 제거된다.[65] 경쟁적으로 또는 개별적인 활동을 통하여 학생들이 극단값보다 가운데 수들이 더 잘 나타날 수 있다는 것을 깨닫기에 오래 걸리지 않으며, 그에 따라 자신들의 패턴을 바꾼다. 그런 인식이 경험을 통하여 형성되지만, 그것 없이 많은 어른들이 어린 아이들처럼 같은 상황에 있다. 그리하여 어른들도 할 수 있는 두 개의 활동이 제시되었다. 하나는 내가 게임 구역을 맡아 진행한 공적인 Math Expo인데 어른과 아이들이 함께 이 게임을 즐기도록 하였다. 일반적으로 부모들이 자녀들보다 "최적의" 위치를 제시하지 못했을 뿐만 아니라 여러 부모들은 2부터 12까지 공평하게 칩을 놓지 않는데 대하여 자신의 아이들을 책망하였다. 부모가 자녀에게 진 후에 부모를 관찰하는 것은 매우 유쾌한 것이었다. 그렇지만 더 진지한 관찰이 초등학교 교사들의 전문성 발달 동안에 이루어졌다. 일 년의 몇 달을 임의로 선택하기의 모델링 중에, 카드 한 세트, 6면 주사위, 12면 주사위, 빈 주사위, 토큰과 자루와 같은 난수 발생기 선택이 주어졌고 교사들에게 어떤 한 달을 선택하기에 어느 것이 적합한지를 물었다. 여러 경우가 있는데 최소한 한 교사는 보통의 6면 주사위를 보면서 두 개를 사용할 것을 제시하였다. 운 좋게도 다른 교사는 그 아이디어가 멀리 사라지기 전에 "두 개의 6면 주사위는 12면 주사위와 같지 않다"는 관찰을 가지고 제동을 걸었다.

자주 일어난 것은 아니지만, 보충적 경험을 통하여 나는 어떤 경우에 수학 교사들이 단일 주사위와 연관된 균등 분포의 중요함을 잊고서 두 주사위를 합한 결과의 분포를 너무 강조함을 믿게 되었다. 5.12절에 설명한 바와 같이 공정함에 대한 학생들의 이해를 탐구하기 위한 개별 면담을 진행하면서 두 명의 10학년 여학생을 면담하였다. 단일 주사위에서 어떤 수들이 다른 수들보다 더 많이 나오는지를 물었을 때, 두 사람 모두 3 또는 4가 더 자주 나온다고 하였다. 왜 그런지를 물으니, 두 사람 모두 주사위를 던지면 가운데에 언제나 봉우리가 나타난다고 대답하고 그 결과를 그림으로 나타내었다. 나는 그들의 학교가 두 주사위를 던지고 그 결과의 합을 구하는 훌륭한 활동을 계획하였고 한 주사위를 던질 때에 균등한 결과를 학생들이 예상하는 것을 당연히 여겼는지 의혹을 가졌다. 이런 경험을 토하여 나는 전문성 발달 세미나에서 교사들에게 직접적으로 접근하였고 "언제 $6+6 \neq 12$ 인가?"라는 질문을 하였다. "50-50"과 "무엇이라도 일어날 수 있다"와 같은 애매한 특징, 그리고 12면 주사위의 균등 예상 그리고 두 개의 6면 주사위에 대한 봉우리 예상을 포함하여 가능성의 언어에 관한 토의 후에, 교사들은 격자와 칩을 이용한 실험적 분포를 만드는 과제를 수행하였다. 소집단 활동이었지만 그 활동을 교사들이 완수하는데 시간이 걸렸다. 두 개의 6면 주사위를 50번 던지기에 대하여 교사들은 그들의 예상 및 변이를 자연스럽게 이야기한다. 어떤 분포는 "삼각형 모양" 또는 "봉우리 모양"이라는 예상과 많이 같게 보이지 않는다. 그리고 100번의 시행을 나타내기 위하여 교사들은 서로가 칩을 이용하여 그들의 분포를 결합한다. 그리고 "5들이 나타남" 또는 "8들이 고르게 나옴"에 관한 이야기가 진행된다. 시간 및 공간이 허락하는 한, 그런 분포들은 200번의 시행을 나타내기 위하여 짝으로 결합된다. 교사들은 그들이 예상한 것과 얼마나 가까운지와 그럼에도 완벽하지는 않는지에 대하여 깊은 인상을 받았다. 그 절차는 다시 12면 주사위에 대하여 반복되었다. 교사들은 처음에 그들의 분포가 불균등

보고서

한 개의 12면 주사위는 각 수를 굴릴 더 많은 기회를 가지지만 2개의 6면 주사위는 7이 더 많이 나타나고 1은 나타나지 않는데 그 이유는 두 개의 주사위를 굴려야 하기 때문이고 하나를 얻을 방법이 없기 때문이다. 12면 주사위는 그 위에 1을 갖고 있고 한 주사위만 굴리므로 1이 나올 가능성이 있다. 12면 주사위는 모든 수끼리 같은 기회를 갖고, 두 6면 주사위는 1, 2, 3, 10, 11, 그리고 12와 같은 대부분의 수들은 불공정하다.

그림 5.19 언제 "6+6≠12"인지의 사례를 보여주는 교실 결과들

한 것에 놀랐는데, 그들은 균등 분포를 예상하였고 전체 집단의 결과가 칠판에 기록되고 그 분포가 "거의" 균등한 것에 그들이 만족할 때까지 일반적으로 균등하지 않았다. 패턴 대 변이의 충돌은 두 개의 6면 주사위 대 한 개의 12면 주사위의 처음 충돌을 주요 토의 주제로서 대체한다. 그런 활동들의 고무적인 결과들은 일부 교사들이 그들의 교실에서 그런 활동을 발전시킬 자신감을 가지게 하고 자신들의 학생들의 결과를 자랑스러워하는 것이다. 그림 5.19는 세 명씩 소집단을 활동한 7학년 학생들에 의하여 작성된 보고서와 만들어진 분포를 보여준다.

참고문헌

1. Moore (1990, p. 98).
2. Moore (1997).
3. Scheaffer, Watkins, & Landwehr (1998).
4. Australian Education Council (1991); Department for Education (1995); Ministry of Education (1992); National Council of Teachers of Mathematics (1989).
5. Kahneman & Tversky (1972); Tversky & Kahneman (1971, 1974).
6. Gigerenzer (2002); Gigerenzer & Hoffrage (1995).
7. Fischbein (1975); Fischbein & Gazit (1984).
8. Green (1983b, 1986, 1991).
9. Shaughnessy (1992, 2003); Watson (2005).
10. Amir & Williams (1999).
11. Moritz (1998); Schwartz & Goldman (1996); Watson (1993).
12. Fischbein & Gazit (1984); Green (1984); Pratt (2000); Tarr (2002); Watson & Moritz (2003a).
13. Konold (1989); Konold, Pollatsek, Well, Lohmeier, & Lipson (1993).
14. Amir & Williams (1999); Fischbein & Gazit (1984); Green (1983a); Maher (1998). Truran (1995); Vidakovic, Berenson, & Brandsma (1998).
15. Shaughnessy, Canada, & Ciancetta (2003); Shaughnessy & Ciancetta (2002); Shaughnessy, Watson, Moritz, & Reading (1999); Shaughnessy & Zawojewski

(1999); Zawojewski & Shaughnessy (2000).

16. Batanero, Serrano, & Garfield (1996); Canizares & Batanero (1998); Lecoutre (1992); Li & Pereira-Mendoza (2002).
17. Fischbein, Nello, & Marino (1991); Fischbein & Schnarch (1997); Pratt (2000).
18. Tarr & Jones (1997); Watson & Moritz (2002).
19. Fischbein & Schnarch (1997); Watson & Moritz (2002).
20. Moritz, Watson, & Pereira-Mendoza (1996); Watson, Kelly, Callingham, & Shaughnessy (2003).
21. Watson & Kelly (2003d); Watson, Kelly, Callingham, & Shaughnessy (2003).
22. Australian Education Council (1991, p. 166).
23. Fischbein & Gazit (1984); Green (1984).
24. Moritz, Watson, & Pereira-Mendoza (1996).
25. Green (1984) found similar contexts used by 11-16 year old students.
26. Ernest (1984).
27. Watson & Moritz (2003a).
28. "걱정 하지 않음"이라는 구절은 "내가 거기 있을 거야, 걱정마"와 같이 어떤 사건이 확실하게 발생할 것이라는 확신을 표현하는 호주의 일상 용어이다. "확실한 것"이라는 구절은 "확실함; 어떤 의심을 넘어서 보장된 어떤 것"이라는 표현으로 사용된다. Delbridge & Bernard (1998, p. 1178, 1361).
29. Garfield & Gal (1999); Konold & Garfield (1992); Watson & Moritz (2003a).
30. Green (1983a); Varga (1983); Watson, Collis, & Moritz (1997).
31. Borovcnik & Bentz (1991); Watson, Collis, & Moritz (1997).
32. Green (1983b); Konold & Garfield (1992); Watson, Collis, & Moritz (1997).
33. Watson & Kelly (2003c); Watson, Kelly, Callingham, & Shaughnessy (2003).
34. Watson, Kelly, Callingham, & Shaughnessy (2003)에서 사용된 기준은 스프레드쉬트의 1000개의 결과 시뮬레이션에 기초하며, 각각의 표준편차를 계산하고, 중심에서 90% 정도를 적절한 것으로 선택하였는데 그 범위는 1.2부터

4.7까지이다.

35. Watson & Kelly (2003c).
36. Green (1983a).
37. Fischbein, Nello, & Marino (1991); Watson & Kelly (2004b).
38. Seiser & Walter (1998)는 두 개의 주사위에서 나온 합에 대한 결과를 예비 교사들이 검토할 때 나타나는 딜레마를 논의하였다.
39. Shaughnessy & Ciancetta (2002); Watson & Kelly (2004a).
40. Fischbein & Schnarch (1997); Garfield & delMas (1991); Konold, Pollatsek, Well, Lohmeier, & Lipson (1993).
41. Moritz & Watson (2000).
42. Kahneman & Tversky (1972).
43. Fenton & Watson (2001).
44. National Council of Teachers of Mathematics (2000, p. 171).
45. National Council of Teachers of Mathematics (2000, p. 332).
46. Watson & Moritz (2002).
47. National Council of Teachers of Mathematics (2000).
48. Watson & Moritz (2002).
49. Gigerenzer (2002); Gigerenzer & Hoffrage (1995).
50. Tversky & Kahneman (1980, 1983).
51. Australian Education Council (1991, p. 175, p. 182).
52. Moritz (1998); Moritz, Watson, & Collis (1996).
53. Fischbein & Gazit (1984); Watson, Collis, & Moritz (1995a).
54. Watson & Moritz (2003b). 이 질문과 다음 질문들에 응답한 학생들은 세 개의 큰 주사위들을 접할 수 있었다. 그 세 개의 주사위는 1, 2, 3을 반복하여 가진 흰 주사위, 6개의 수를 가진 빨간 주사위, 그리고 6개의 숫자를 가지고 있으면서 무게가 편중된 파란색 주사위이다.
55. Fischbein & Gazit (1984); Watson & Caney (2005).
56. Pfeffer (1989); Plant & Plant (1992).
57. Mann, Harmoni, & Power (1989).
58. Roscoe & Kruger (1990).
59. Australian Education Council (1994b, p. 14).
60. Australian Education Council (1991, p. 6)

61. Watson (1998e); "Wrinkles ultimate smoking deterrent" (1991).

62. Gal (2002).

63. Hawkins & Kapadia (1984).

64. Watson (2002d).

65. Kirkby & Short (1991).

66. Watson (2002d).

CHAPTER 06

추론 시작하기

- 결론을 뒷받침하기

유치원이전부터 12학년까지의 수업프로그램은 모든 학생들이 자료에 기초한 추론 및 추측을 발전시키고 평가할 수 있도록 해야 한다. 6-8학년의 학생들은 다음을 할 수 있어야 한다.

- 표본이 취해진 모집단에 관한 추측을 하기 위하여 둘 또는 더 많은 표본들 사이의 차이를 관찰한다.
- 자료의 산점과 대략적인 적합선에 기초하여 표본의 두 특성 사이의 가능한 관계에 관한 추측을 한다.
- 새로운 질문을 만들고 그 답을 구하기 위한 새로운 연구를 계획하기 위하여 추측을 사용한다.[1]

6.1 배경

추론은 유의성을 판정하기 위하여 형식적 통계 시험에서 p값을 도입한 통계학 개론서의 후반부 장들과 대개 연관된다. 중등학교 상위 학년에서 어떤 학생들은 z검정, t검정, 카이제곱검정, 그리고 상관계수를 공부한다. 그런 기술들은 형식적으로 진술된 가설을 평가하기 위하여 사용되며 아주 많은 기본적 가정과 복잡한 계산식에 기초하고 있다. 덜 복잡한 상황에서 추론의 아이디어를 공부하지 않았던 학생들에게 상세한 절차 안에서 큰 그림이 가끔 잊혀지고, 계산적 오류는 엉터리 결과를 낳는데 그 이유는 그 자료가 말하는 이야기에 대한 직관을 갖고 있지 않기 때문이다. 이런 환경에서 교사는 학생들이 통계량을 계산하기 위하여 달려들기 전에 자료집합의 그래프를 스케치하도록 해 보지만, 학생들은 그런 조언을 따르기를 아주 싫어한다.[2]

전미수학교사협의회(NCTM)에 의해 이 장의 처음에 주어진 조언을 따르는 큰 장점 중의 하나는 학생들이 세부적인 가설검정 또는 신뢰구간 형성을 배우기 전에 학생들이 자료 처리와 분석의 좋은 습관을 더 잘 배우는 것이다. 중학교에서 학생들이, 통계학자들이 필요로 하는 것처럼 p값에 기초한 기준에 만족하지 못한다는 사실은 의미 있는 것이다. 의미 있는 것은 만일 분포가 비정상적이거나 너무 많은 특이값이 있다면 경고음을 울려주는 직관을 형성하는 것이다. 자료, 특히 학생들 자신이 수집한 자료에 대하여 추측에 관한 의사결정이 어려울 수 있지만, 그것은 전문적인 통계학자가 또한 마주치는 경험이며 이러한 상황을 일찍 만나는 것이 통계 조사의 실제적 접근을 개발하는 것에 도움이 된다. 따라서 이 장의 초점은 추론을 시작하기이다. 이 주제는 중학교 수준에서 필요하고 고찰될 수 있다.

수업 시간의 한계 때문에, 바람직하더라도 학생들이 질문을 하고 자료 수집 절차를 계획하는 것으로부터 질문에 대하여 의사결정하기 위하여 자료를 수집하고, 기록하고, 그래프를 그리고, 요약하기까지의 통계 조사의 모든 양상을 학생들이 관리할 수 있도록 하기는 그다지 가능하지 않다. 그런 완전한 형태의 어떤 경험을 하는 것이 중요하지만, 추론을 이끌어 내는데 포함된 것의 양상들을 설명하기 위한 조사 절차에 들어갔다가 나왔다가 하는 것도 해 볼만 하다. 그런 활동들은 추론 절차의 요소들을 설명하고 강화하기 위하여 사용될 수 있다. 한편으로 학생에게 원 자료 집합을 제시하고 가설을 만들어 보도록 하는 것도 적절할 수 있다. 학생들에게 자신의 가설을 지지하기 위하여 그래프와 같은 자신의 처리에서 도구들을 사용하도록 요구해서 여러 사례에 그런 일을 확장해 보도록 할 수 있다. 다른 한편으로 학생들에게 그래프 표현을 제시하고 자료의 그래프 표현에서 만들어지는 추론을 필요로 하는 질문을 해 보도록 할 수도 있다. 그런 주제에서 한 변이가 그림그래프(3.2절과 4.6절 참고)가 사용되는 초기에서도 그래프 표현에 기초하여 형성될 수 있는 예측을 필요로 한다. 들은 이야기(3.8절 참고)를 지지하기 위한 표현의 형식을 평가하도록 요청하기도 필요하다. 그래프 형식과 마찬가지로, 이원분류표가 자료를 제시하고 추론을 이끌어 내도록 요청하기 위하여 사용될 수 있다. 학생들이 정당화가 거의 또는 아예 없이 만들어진 추론적 주장에 학생들을 접하도록 하는 것이 중요한데 그 이유는 학생들이 다른 사람의 추론에 의문을 가지는 경험을 쌓도록 하기 위해서이다. 학생들이 특정한 통계적 절차를 접하기 훨씬 전에 추론에 포함된 광범위한 기초를 학생들이 개발하도록 돕기 위하여 그렇게 관련되지만 변하는 추론적 절차의 양상들이 사용될 수 있다. 추론을 시작하기라는 일반적 제목 밑에 분류될 수 있는 연구는 본질적으로 아주 다양하다. Richard Lehere와 그의 동료들[3] 또는 협력자들인 Lyn English와 Helen Doerr[4]과 같은 연구자들은 학생들에게 통계적 본질에 대한 질문에 대답하기 위한 학생 스스로의 모델을 개발할 자유를 허용하였다. 때때로 원시적인 고찰을 포함하지만, 학생들이 추론을 이끌어 내는 방식들을 탐구할 기회를 허용하는 것의 중요함을 그런 연구들이 알아내었다. Kathy Metz는 초등학생들이 과학 실험을 계획하고 실행하는 과정에 대한 그녀의 연구에서, 의사결정(2.1절 참고)[5]에 영향을 주는 그런 종류의 증거에 관한 흥미 있는 믿음들을 기록하였다. 이 장의 기초를 형성하는 일부 연구의 앞 연구 중에 Lionel Pereira-Mendoza의 연구가 있는데 그는 어린학생들이 그림그래프들을 비교하도록 하였고[6] Iddo Gal과 그의 동료들은 두 집단을 학생들이 비교하도록 하였으며[7] Carmen Batanero와 그의 동료들은 이원분류표[8]와 두 자료 집합[9]에서 변수들의 연관성과 관련된 과제에 대한 학생들의 응답을 분석하였다.

통계 조사 절차의 단계들과 추론 요소 사이의 관련성은 그림 6.1에 제시되었다. 거기에서 자료 수집, 자료 표현, 그리고 자료 요약 측면들은 서로와 연관될 뿐만 아니라 추론 단계와 직접적으로 관련된다. 결론 또는 추론에 도달할 때 전체 절차가 관련된다. 예측하기, 가설 세우기, 뒷받침하기, 그리고 비판하기와 같은 다양한 형태의 추론관련 활동들이 중학교 수업과 관련된다. 추론을 이끌어 낼

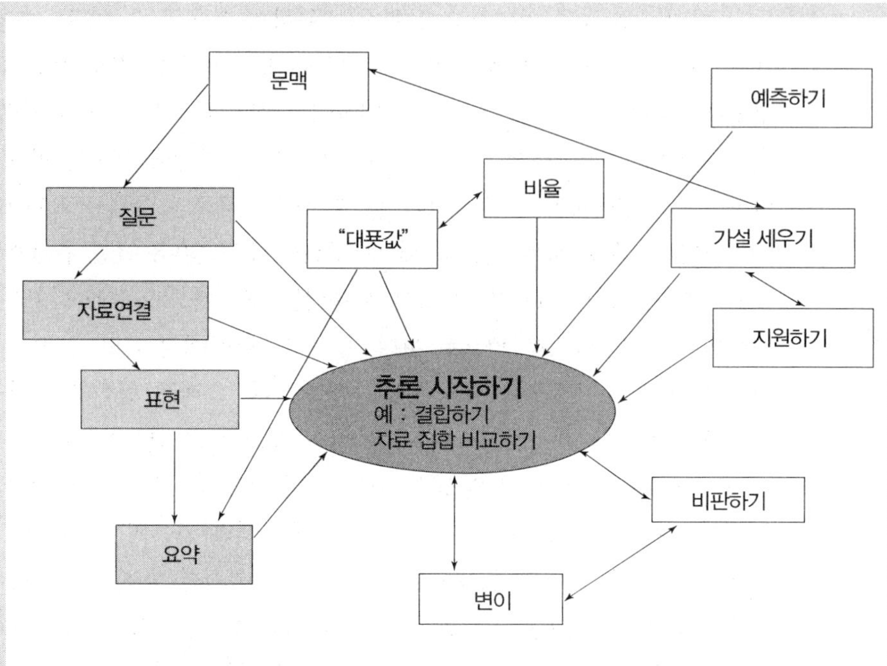

그림 6.1 추론 시작하기와 연관된 아이디어들과 통계적 요소 사이의 연결

때의 변이의 영향은 수학적 도구로서 대푯값 또는 비례 정도만 유용할 뿐인데도 불구하고 초등학생들과 토의를 막 시작할 때부터 중요하다. 추론을 고찰하는 것 안에 많은 가능한 통계적 문맥이 있지만, 이 장의 주요 초점은 질문을 결합하기에 기초한 과제 및 두 자료 집합을 비교하기에 있다. 그것들은 요청된 질문의 형태에 관한 잠재적인 동기가 있고 통계를 계속 추구하는 학생들의 이후 공부에서 만나는 질문 형태의 전조가 된다. 6.2절에서 전 학년의 학생들이 접근 가능한 상황으로서 그림그래프에 기초한 예측을 고찰한다. 가설 세우기로서 추론은 6.3절의 초점인데 3.3절에 간이 식품 섭취에 관련된 자료의 관련성에 대한 학생들의 표현의 토의로부터 따라 나온다. 6.4절에서 두 자료집합의 비교를 통하여 자료 표현, 자료 요약, 그리고 비례 및 대푯값의 특정 아이디어와의 연결을 설명한다. 그 자료 집합 비교 과제는 7장에서 더 자세히 다룰 의사결정 안에서 변이의 기본적 중요함에의 연결을 또한 제공한다. 6.5절은 연관성을 고찰하고, 비선형 그래프적 표현과 이원분류표에의 연결에 관한 예를 다룬다. 다른 사람들의 추론에 의문을 갖거나 비판하기 위하여 필요한 기술이 6.6절에서 고찰되고 두 변수에 대하여 제기된 주장과의 연결도 다룬다.

이 장의 다음 절에서 추론을 끌어내기에 관하여 발생한 이해 발달을 설명하기 위하여 전 학년에 걸쳐 학생들이 완수한 과제들을 고찰한다. 마지막 절은 1장에서 소개된 통계적 소양 체계에 따른 발달과 관련되며, 이 장의 초기에 추천한 것과 같은 활동들이 제시되며, 그리고 교실에서 사용할 수 있는 두 개의 대중매체 기사를 제시한다.

6.2 예측으로서 추론

추론의 초기 경험은 그래프 형식에서 제시된 자료 집합으로부터 예측과 연결될 수 있다. 그 예측은 학생 자신에 의해서 또는 교실 토의를 위하여 교사에 의하여 준비된다. 전자는 3.2절에서 아이들과 그들이 읽은 책의 수를 나타내기 위한 구체물들로 이루어진 그림그래프의 작성으로 주어졌다.[10] 추론을 향한 첫 단계는 무엇이 작성되었는가에 대한 해석이다. 그런 후에 4.6절에서 논의하였듯이 그림그래프에서 현재 볼 수 없는, 아이들이 읽은 책의 수에 대한 예측을 해 보도록 하는 것이 가능하다. 정보가 정확하게 주어지지 않기 때문에 예측할 수 없는 것으로부터 가운데, 평균, 범위, 또는 성별의 고려까지 발전하기는 어린이부터 중학생 시기까지 일어나며 학생들의 응답이 생산적인 교실 토론의 기초를 형성할 수 있다. 어떻게 학생들이 표현에서 다양하게 응답하고 토의에서 그 위에 어떻게 덧붙이는지를 아는 것이 중요하다. 동시에 자료집합으로부터 예측을 할 때 그에 따르는 가정을 학생들이 인식하도록 돕는 것도 필수적이다. 이것은 왜 아이들이 책을 읽는지에 관한 이야기를 어린 학생들이 만드는 것으로부터 여학생이 남학생보다 더 많이 읽는다는 믿음을 자료에서 근거를 찾지 않고 말하는 것까지 포함한다.

어떤 과제는 "여행 그래프" 또는 "통학 그래프"라고 불리는 것과 관련되는데 그 그래프는 반 아이들이 학교에 오는 방식을 나타낸다. 그림 3.15는 그런 표현의 막대그래프 형태를 보여주는데 실제로 그 막대들 각각은 꼭대기에 손잡이를 가지고 있어서 그래프의 바닥 선에 있는 틈을 통하여 움직일 수 있다.[11] 학생들이 왼쪽 척도에 따른 값들을 읽는 법을 이해하는 것을 확실히 하기 위한 초기 토의

후에, 다양한 조건에서 여러 날들에 대한 예측을 하기 위하여 막대들을 위 및 아래로 움직이는 것이 가능하다. 첫 날에 새로운 학생이 학교에 어떻게 올까? 몇 주 후에 그 학생이 학교에 어떻게 올까? 이와 같은 한 쌍의 질문에 대하여 초등학생들이 처음 질문에 대하여 개인적 경험으로부터 예측할 가능성이 있고, 두 번째 질문에 대하여 그래프의 정보를 고려할 기회가 된다. 버스가 오지 않은 날에 그래프는 어떻게 보이게 될까? 이런 질문은 그래프에서 버스 항목이 사라지도록 하고 다른 막대들에 보충이 되도록 그래프를 조절하게 한다. 이 과제는 어린 학생들에 대하여 세는 기술과 함께 수의 보존을 확인하기 위하여 사용될 수 있다. 결합된 설명을 통하여 학생이 자신의 개인적 경험에 의존하는 정도와 그래프의 정보에 의존하는 정도를 알 수 있다. 비가 왔던 날에 그 그래프는 어떻게 보일까? 이것은 잠재적으로 두 항목이 변할 수 있고 따라서 더 많은 수들을 기억해야 하는 점에서 더 복잡한 질문이다. 초등학교 중간 학년(예를 들어 3학년)의 학생들에 대하여 이것은 도전적인 과제이지만 이해의 여러 양상(일대일 대응, 세기, 수 보존, 조건 집합의 함축된 의미를 문맥적으로 이해하기, 막대와 격자를 사용한 표현 형태, 그리고 정확한 정보를 알 수 없을 때 어떤 상황을 예측하려는 의지)을 알 수 있도록 해 준다.

그림그래프는 어떻게 아이들이 학교에 오는지에 관한 정보를 알 수 있게 해주는 또 다른 표현이다. 그림 6.2에 제시된 그래프는 세는 것과 비교하기에 관한 기본적 의문을 가지도록 해 준다.[12] 그 그림의 그래프에 동반하는 질문들은 내다보는 토의와 예측의 출발점을 제공한다. 문항 (a)는 매우 기본적인 질문이지만 변이 아이디어를 도입하면서 그 그래프가 매일 똑같지 않은 이유에 관한 문맥적 추론을 하도록 한다. 새로운 학생에 관한 문항 (b)의 질문은 막대그래프에 대한 앞의 질문과 다르게 설정되어 있는데 그 이유는 그림 6.2에서 그림그래프는 소년과 소녀를 구별해 나타내었기 때문이다. 문항 (c)는 자료가 없는 범주 및 그 의미에 대한 주제를 언급한다.[13] 마지막으로 문항 (d)는 상상적인 이야기하기 또는 그래프의 다양한 특징들에 기초한 추측을 하도록 하는 가장 열린 질문이다.

문항 (a)에 대한 대부분의 응답들은 변화가 일어날 것이라는 학생들의 이해를 반영하며 사용된 언어들은 대체로 "이었을 것이다" 및 "할 수도 있을 것이다"와 같다.

- 아니오. 누군가는 아플 수도 있을 것이다.

문항 (b)는 통계적으로 더 적절한 대안들이 다른 추론과 대조되도록 하여 토의를 위한 풍부한 문맥을 제공한다. 어떤 확실한 "정확한" 답이 없는 이와 같은 질

어떻게 아이들이 학교에 왔는가?

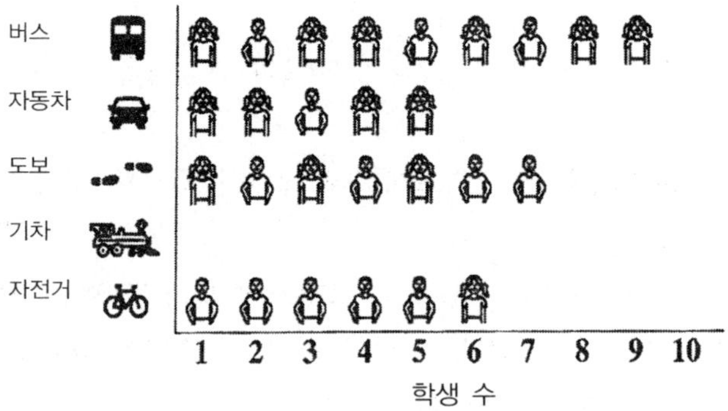

a) 그 그래프는 매일 똑같은 모양일까? 왜 그런지 아니면 왜 그렇지 않은지 설명하여라.

b) 새로운 학생이 자동차로 학교에 왔다. 새로 온 학생이 소년일까 아니면 소녀일까? 어떻게 알았는가?

c) 기차에 관한 줄을 통하여 어떻게 아이들이 학교에 왔는지에 대하여 무엇을 알 수 있는가?

d) 두호는 오늘 학교에 오지 않았다. 내일 그가 학교에 올 것에 대하여 어떻게 생각하는가? 왜 그렇게 생각하는가?

그림 6.2 그림그래프에서 추론하기에 관한 과제

문은 주의깊게 다루어질 필요가 있는데 그 이유는 어떤 학생들은 수학 수업에서는 언제나 정답이 있어야 한다는 기대를 가지고 있기 때문이다. 네 가지 수준의 학생들 응답은 그래프와 같은 표현의 참여에 대한 증가를 반영한다. 가장 낮은 수준의 응답들은 개인적 경험을 포함하고 그림그래프에 기초하여 예측하는 능력이 없음을 보여준다.

- 소녀. 왜냐하면 우리 학교에서 소녀들이 차로 더 많이 오기 때문이다.
- 소녀. 그것은 단지 추측일 뿐이다.
- 말할 수 없다. 말하기 불가능하다. 왜냐하면 그래프에 충분한 정보가 없기 때문이다.

그런 응답들은 충분한 정보를 알 수 없을 때 그 가능성을 고려하도록 하는 토의를 더 하도록 한다.

다음 수준의 응답들은 문맥과 그래프를 고려하지만 통계 외적인 경향을 가지고 있다. 일부는 기본적 불확실함을 반영한다.

- 소년 또는 소녀. 각각은 50%의 가능성을 가지고 있다.

많은 학생들은 그림그래프에 제시된 순서를 의미 있다고 해석한다.

- 소녀. 왜냐하면 그녀가 그래프에서 마지막에 있기 때문이다.
- 소년. 왜냐하면 두 소녀가 있고, 한 소년이 있고, 두 명 더 소녀가 있다. 그러면 그것은 소년이어야 한다.

수학교육과정에서 다른 것의 영향, 예를 들면 패턴을 찾는 초기의 강조와 같은 것을 반영하는 응답이라는 점에서 이들은 흥미가 있다. 몇 학생은 그런 경향을 따르지만 불확실함의 요소를 포함한다.

- 말할 수 없다. 아마 소년일 것인데 그 이유는 차로 오는 유일한 소년이기 때문이지만 실제로 그렇다고 말할 수 없다.

두 개의 빈도적 접근이 다음 수준의 응답에서 보이는데, 하나는 초기 통계적이고 다른 하나는 더 관례적이다. 어떤 학생들은 소년과 소녀의 빈도(차의 줄 또는 전체)를 고려하는 것 같고 그 성별을 균형이 되게 할 필요를 느낀다. 어떤 반응은 애매해서 어떤 집단을 고려하였는지 정하기가 불가능하다.

- 소년. 왜냐하면 소녀가 더 많아서.

다른 반응은 피상적으로 비교한다.

- 소년. 왜냐하면 14명의 소년과 13명의 소녀가 있으므로 그 수를 똑같게 해줄 필요가 있기 때문이다.
- 소년. 왜냐하면 차에 한 명의 소년만 있기 때문에.
- 소년. 4명의 소녀와 1명의 소년! 승산은 소년에 있다.

마지막 응답은 동등한 결과가 나타나기를 기대하는 문맥에서 이전의 결과에 대하여 보충하는 "도박사의 오류"를 반영한다. 이것은 학급 토의의 주제이다. 그 그래프에서 빈도의 대조적인 사용은 차의 줄 또는 반 전체 중의 하나에서 소녀가 대다수임을 보는 것이다. 한편, 어떤 응답은 애매하고 어떤 응답은 특정한 점을 이야기한다.

- 소녀. 왜냐하면 소년보다 소녀가 더 많이 있기 때문이다.
- 소녀. 차로 오는 대부분은 소녀이다.

다른 정보가 없이 이런 관찰 접근은 대부분 적절하게 고려한 것 같지만, 그것은 중학교 상위 학년에서도 매우 흔한 것이 아니다.

가장 높은 수준의 응답은 적절한 불확실함으로 대다수에 초점을 맞춘다.

- $\frac{4}{5}$의 확률로 소녀. 왜냐하면 4명의 소녀와 1명의 소년이 있기 때문이다.
- 아마 소녀이겠지만 쉽게 소년일 수도 있다. 그냥 추측인데 소녀가 더 많이 차로 온다.

극소수의 학생들이 그런 첨가를 하지만 그것은 자료를 이용하여 예측 및 의사 결정을 하는 처음부터 권장될 필요가 있는 형태의 고찰이다.

그림 6.2의 문항 (c)는 약간 적은 대답 범위를 제공하지만 가장 적절한 응답들은 주어진 정보에 관하여 변이와 불확실함을 고려한다. 가장 낮은 수준의 응답에서 몇 학생은 그 질문을 잘못 해석하거나 설명을 더 하지 않고 간단히 응답한다. "0"과 "없음"이라는 대답은 빈도를 참고하는 것 같은데, 그 반면에 그 빈 줄이 어떻게 아이들이 학교에 오는지에 대하여 정보를 제공하기 때문에 "아무것도 아님"은 부적절하다. 거의 대다수의 학생들이 아무런 첨가를 하지 않고 단정적인 문장을 하는 수준에서 응답한다. 어떤 학생들은 개인적 선호도를 가지고 아이들의 결여를 정당화 한다.

- 아이들은 기차로 학교에 가는 것을 좋아하지 않는다.

다른 학생들은 지리적 설명을 제안한다.

- 아무도 기차를 탈 필요가 있을 만큼 멀리 살지 않는다.

■ 학교에 가까운 기차가 없다.

가장 흔한 설명은 직접적인 선언이다.

■ 아무도 기차를 잡지 않는다.
■ 그들은 모두 걷거나 자전거를 타거나 버스를 탄다.

가장 완전한 응답은 다른 날들에 생길 수 있는 어느 정도의 변이 또는 불확실함을 시사한다.

■ 아무도 그날 기차를 타지 않았다.
■ 그들은 기차를 탔을 수도 있다.

그림 6.2의 마지막 문항은 그림그래프가 만들어졌을 때에 결석한 학생이 다음 날 학교에 어떻게 도착하였는지에 관한 예측 질문이다. 그런 형태의 질문은 그래프의 정보와 관련한 적절한 추론을 증가시키면서 많은 수준의 응답을 이끌어 낸다. 꽤 많은 학생이 제시된 정보를 이용하는데 어려움을 겪는다.

■ 자동차. 단지 추측이다.
■ 모른다. 왜냐하면 두호에 대하여 그것은 아무것도 알려주지 않기 때문이다.

몇 명은 선택하는 것이 없이 이전의 행동에 관한 가정에 의존한다.

■ 그가 보통 오는 것과 같은 방식. 변할 필요가 없다.

높은 비율의 학생들이 두호를 위한 이야기를 만드는, 다음 수준의 응답을 제시한다.

■ 자전거. 왜냐하면 날씨가 좋기 때문이다.
■ 자동차. 왜냐하면 그는 아팠고 더 이상 걷거나 무엇을 타기에는 너무 약해졌을 것이기 때문이다.

그 수준에서 몇 학생은 그래프의 패턴에 기초한 제안을 한다.

- 자동차. 왜냐하면 그는 자동차 줄의 패턴을 완성할 것이기 때문이다.

문항 (b)와 관련하여 어떤 학생들은 그래프의 다른 특징에 균형을 맞추기 위하여 두호를 이용한다.

- 자동차. 왜냐하면 그 자동차 목록에 한 명의 소년만 있으니까.
- 기차. 기차를 아무도 이용하지 않았으면 항목에 포함되지 않았을 테니까.

몇 명은 "무엇이라도 일어날 수 있다"는 관점을 취한다.

- 모르겠어요. 왜냐하면 그는 어떤 식으로든 올 것이니까요.

빈도적 접근이 두 가지 방식으로 다음 수준의 응답에서 보인다.

- 버스. 왜냐하면 대부분의 사람들이 버스를 타기 때문이다.
- 자전거. 왜냐하면 많은 소년들이 자전거로 오기 때문이다.

마지막으로 가장 높은 수준의 응답에서, 몇 학생은 그들의 예측에 불확실함의 요소를 포함한다.

- 아마도 버스. 왜냐하면 그것은 가장 대중적이기 때문이다.
- 자전거. 자료를 보면 많은 소년들이 자전거로 학교에 가므로 두호도 자전거로 갈 가능성이 높다.
- 버스 또는 자전거. 왜냐하면 버스는 가장 대중적인 방식이고 대부분의 소년들은 자전거를 타기 때문이다.
- 아마 버스 또는 걷기. 왜냐하면 그것은 대부분의 아이들이 하는 것이다.

이 과제의 모든 부분에서 제시된 정보에 기초하여 가능성에 대한 토론과 고찰의 기회가 있다. 자신의 경험에 따른 문맥적 설명 또는 패턴에 기초한 문맥적 설명을 학생들이 제시한 것에 대하여 책망하면 안 된다. 두 경우 모두에서 학생들은 만든 예측에 기여하는 가정으로서 그런 설명을 시작하도록 격려되어야 한다.

그림그래프에 제시된 빈도들에 기초하여 예측한 학생들조차 그 그래프가 제시한 학급 행동의 패턴이 계속될 것이라고 그들이 가정하고 있음을 깨달을 필요가 있다. 학생들은 유용한 모든 형태의 정보를 병합하고, 변이와 불확실함의 가능성을 포함하는 균형 잡힌 대안을 제시하도록 권고되어야 한다.

6.3 가설세우기로서 추론

3.3절에 제시된 과제는 8살부터 18살 까지 아이들의 이름, 나이, 좋아하는 활동, 눈의 색, 몸무게(kg), 그리고 일주일 동안의 간이 음식 섭취 횟수를 포함한 15개의 자료 카드 집합(3장의 부록에 자료 제시됨)에 기초하고 있다. 3.3절의 토의는 자료 집합 안의 가설화 된 관련성을 지지하기 위하여 학생들에 의하여 이끌어 낸 표현에 초점을 둔다. 가설세우기, 표현하기, 그리고 관련성을 해석하기 사이의 연결은 복잡하고 유용한 도구들에 의존하고 있는데, 학생들은 과제 전반의 각 요소에 대하여 같은 수준의 이해를 제시하지 않을 수 있다.[14] 학생들이 간이음식, 운동, 그리고 몸무게와 관한 어떤 직관을 가지고 있는, 16개의 자료 카드와 같은 문맥에서 초등학생들은 원 자료를 해석할 수 있고 그들이 작성할 수 있는 그래프 표현보다 더 높은 수준에서 가설을 세울 것 같다. 이것은 물론 적절한 그래프 작성 방법을 배우지 못한 것 때문일 수 있다.

학생들에게 16개의 자료 카드 집합에서 특징을 찾고 정당화 하라고 요청할 때의 응답 수준은 일반적으로 특징의 증가하는 수 및 자료 값들, 그리고 증가하는 복잡한 구조에 그것들을 관련시키는 그들의 능력을 반영한다. 전구조적 수준에서 학생들은 자료집합으로부터 그 자신들을 분리할 때에 어려움을 가지고 있고 자신의 개인적 경험을 지나칠 수 없다. 토의의 중심은 그 자신들이 일주일에 간이음식을 얼마나 많이 먹는지와 피자 또는 물고기 및 칩과 같은 것이 무엇인지 등에 관한 것이다. 때로는 그 학생들이 자료 집합의 다른 특징을 고려하도록 설득될 수 있지만 자신의 것에 남아 있어서 그들의 관심은 (자료 집합 또는 소집단 안의)다른 사람들과 그들을 비교하는 것이다.

단일 구조적 수준의 응답들은 카드의 자료를 목적을 가지고 검토하지만 단일 측면, 예를 들어 한 번에 한 장의 카드의 결과에 대한 이유를 제안하기에 초점을 맞춘다. 초등학교 정도(5학년 정도)의 대부분의 학생들은 다중 구조적 수준의 이해에서 관련 정보의 여러 양상을 고려할 수 있다. 이것은 일련의 경향으로 행해진다. 어떤 학생들은 모든 자료를 고려하지만 더 많은 사람들이 다른 어떤 활동보다 TV를 좋아한다는 것에 주목하는 것과 같이 한 번에 한 변수만 고려한다. 이것은 각 활동에 대하여 빈도의 막대그래프(그림 3.4(c)참고)에 의하여 지지되지만 변수들 사이의 연결을 제시하지 않는다. 눈의 색에 관한 가설에 대한 결과를 설명할 때, 다음 응답이 그런 수준의 응답의 전형이다.

- 나는 놀랐는데 그 이유는 대부분의 사람들이 파란 눈이 아니라 갈색 눈을 가졌을 것이라고 생각했는데 대부분의 사람들이 파란 눈을 가졌고 녹색 눈은 갈색 눈과 비슷하다는 것이 밝혀졌기 때문이다.

관계적 수준에서 응답들은 정보의 다양한 양상 사이의 관련성의 통합된 이해를 보여주며 두 변수, 예를 들어 간이 음식 섭취와 몸무게 같은 두 변수 사이의 원인과 효과 관련성을 제시한다. 작은 자료 집합에 대하여 이런 추론은 그래프적인 표현을 산출하는 동반적 능력 없이 이끌어 낼 수도 있다.

- 우리는 간이 음식을 많이 먹는 사람들이 텔레비전도 더 많이 좋아함을 알았다. 또한 그들은 그들의 나이에 가장 무겁고 때때로 그들의 나이 이상이다.

그들의 가설에 자료를 적합 시키기에 관하여 예측하는 그런 수준을 넘을 수 있는 몇 학생이 있다. 그런 학생들은 자료 집합의 변이와 직선적 경향의 결여를 보여주는 그래프적 표현에 접근하기를 필요로 한다. 자료 집합 안의 변이를 관찰하고 설명할 때 그들의 경험에 의존하기 때문에, 어떤 학생들은 겉보기에 적합성이 부족한 것 때문에 자신의 가설을 철회하려고 한다. 그런 관찰에 대한 토의를 통하여 모델에 자료를 적합하는 의미가 무엇인가의 깊은 인식에 이를 수 있다. 많은 학생들에게 그래프는 미래의 예측을 위한 출발점이기보다 믿음 또는 가설의 확신이다.

이 절에서 논의한 것과 같은 자료 집합들은 이 장의 처음에 언급한 질문의 두 가지 형태 모두를 고려하도록 한다. 몸무게와 간이 음식 섭취 횟수와 같은 두 측정 변수의 연관성에 관한 가설세우기는 문맥적 경험을 가진 학생들에게 가장 자연스러운 일인 것 같지만, 범주적 변수와 관련하여 가설을 세우는 것도 가능하다. 예를 들어

간이 음식과 연결된 텔레비전 시청자들에 관하여 보고된 관찰은 텔레비전 시청자들과 다른 선호 활동 범주에 있는 사람들에 대한 일주일 동안의 간이 음식 섭취 횟수를 평균하여서 검토될 수 있을 것이다. 또한 어떤 학생들은 소년들 및 소녀들에 대한 결과를 고찰하기를 자연스럽게 원한다. 그런 자료 집합에 관한 집단 활동에 관하여 보고할 때, 다음 응답은 그런 종류의 가설을 지지하는 잠재성을 보여준다.

- [경민] 8명의 소년의 몸무게를 모두 더하고 8명의 소녀의 몸무게를 모두 더해서 그가 발견한 것은 소년들과 소녀들 사이에 35kg의 차이가 있다는 것이었다. 그리고 이를 가지고 우리는 그 소년들이 소녀들보다 간이 음식을 더 많이 먹는 것을 발견하였다.

초등학교 및 중학교 수준의 많은 학생에 대하여 가설이 제시될 때 포함된 변수들과 그 가설을 지지하기 위하여 필요한 적절한 도구들의 두 가지를 구별하는 것이 요구된다. 여러 집단에 대하여 평균을 구하기는 범주적 변수(예: 성별)들에 적절할 것 같지만, 반면에 산점도가 두 측정 변수의 연관성을 찾을 때 유용할 것 같다. 이 단계에서 기본적 그래프 작성 패키지[15]를 도입하기는 가설을 세움으로부터 증거를 가지고 그것을 지지하기까지의 격차를 메우기 위하여 자신의 표현을 창조하기에 어려움을 가진 학생들에게 도움이 될 수 있다.

6.4 두 집단을 비교할 때의 추론

두 집단 사이의 차이에 관한 의사결정을 할 때, 어떤 활동이 통계적 탐구 모델에 들어 갈 수 있는 다양한 자리가 있다. 그림 6.3의 과제들은 수학적 사실의 빠른 회상의 시험의 결과에 기초하여 두 반의 학생들을 비교하기 위한 그래프 형태로 자료의 표현을 연결한 것이다.[16] 그 표현은 복잡한 그래프보다는 차이에 학생들이 집중하도록 하기 위하여 단순한 것을 의미한다. 적절한 도입 후에, 네 쌍의 그래프(파란색 또는 빨간색, 녹색 또는 보라색, 노란색 또는 갈색, 그리고 핑크색

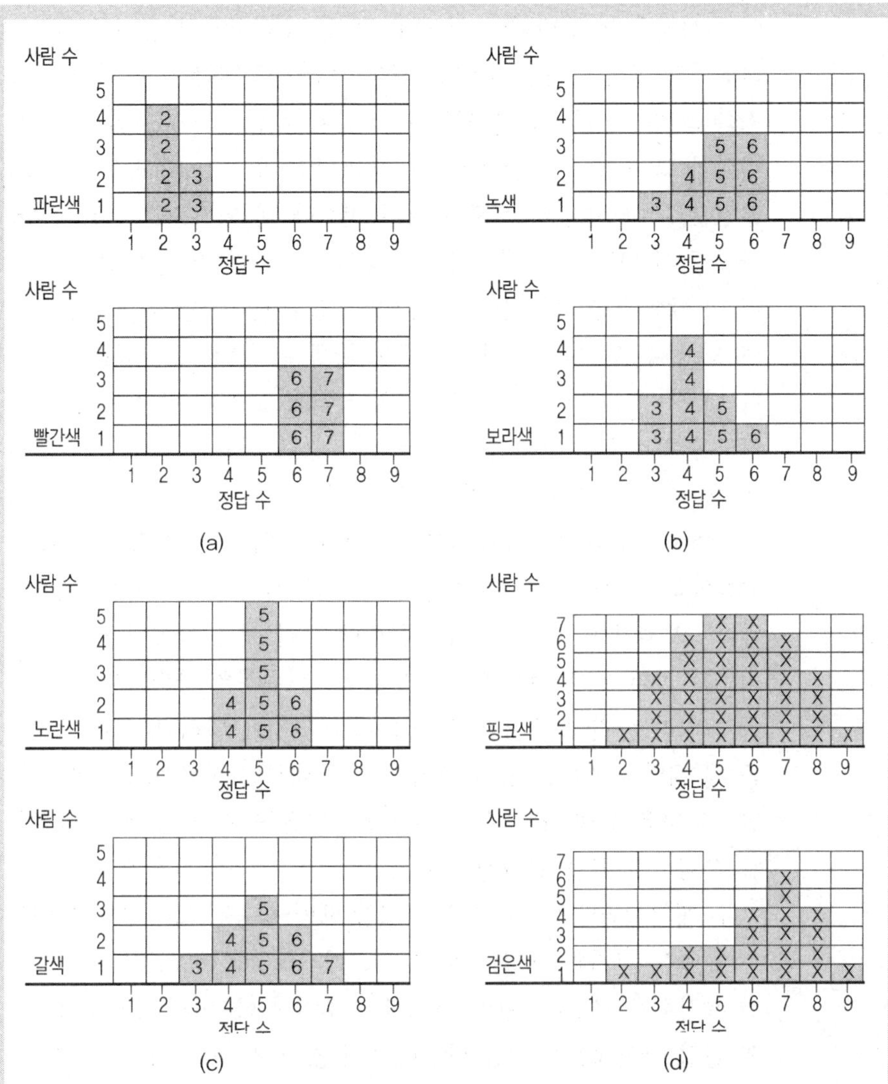

그림 6.3 아이들 집단의 시험 점수를 비교하는 그래프 쌍들

또는 검은색) 각각에 대하여 어느 반이 더 잘 하였는지를 학생들에게 물었다. 3학년에서 학생들은 그래프와 관련된 이야기를 듣는데 어려움이 거의 없었다. 모든 학생들은 (a)에서 빨간색 반이 파란색 반보다 더 잘 하였다고 결론을 내리는데, 거의 관찰에 의하여 그렇게 하였지만 몇 명, 특히 상위 학년 학생들 몇 명은 두 집단에 대한 점수 합계를 계산한다. 각 집단의 학생들 수가 같다고 모든 학생이 이야기 한 것은 아니다. 그 수가 같아야 합계를 계산하는 것이 가치 있는 연습이 되는 기준이 된다. (b)에서 녹색과 보라색 반에 대하여도 비슷하게, 대부분

의 학생들은 녹색 반이 그래프의 모양을 고려하거나 합계를 다시 계산하여 더 잘 하였다고 결론 내린다. 합계를 찾는 오류는 특별한 것이 아니고 그래프의 모양을 또한 고려하지 못하는 학생들은 그 오류를 발견하지 못한다. (c)는 더 문제가 어려운데 그 이유는 노란색 반 및 갈색 반의 합계가 같고 각각의 모양도 대칭으로 같지만 그 중 하나의 분포가 다른 것보다 더 퍼져 있기 때문이다. 다음 세 가지 가설 중의 어느 것을 지지하는 주장이 가능하다. 노란색 반이 더 잘했다. 갈색 반이 더 잘했다. 둘 다 잘했다. 마지막으로 (d)는 학생 수가 다른 두 반을 비교하는데, 학생 수가 더 많은 핑크색 반이 학생 수가 더 적은 검은 색 반보다 평균 점수가 더 작다. 그러나 그 그래프들의 시각적 모양은 어떤 학생들에게 오류를 일으키도록 하는데 그 이유는 핑크색 반이 블랙 반보다 더 많은 빈도를 가져서 그 가운데에 더 큰 봉우리가 있기 때문이다.

그림 6.3의 과제의 부분들끼리 차이로 인하여 전체 과제가 초등 중간 학년부터 고등학교 학년까지 학생들의 이해를 탐구하기 위한 뛰어난 체계적인 문맥이 되었다. 그 과제의 네 가지 세부 문항에 답한 것을 함께 검토하면, 전 학년에 걸쳐서 결과들이 여섯 수준으로 관찰된다. 그 수준은 학생들이 (d)에서 같지 않은 학급 크기라는 것에 대처할 수 있는지 아닌지에 따라 두 집단으로 나누어진다. 처음 세 개의 수준들은 동일 크기 집합에 대하여 점차적으로 복잡한 추론을 보이지만, 그 다음의 세 개의 수준들은 같지 않은 크기의 집합에 대하여 그런 점차적으로 복잡한 추론을 반영시킨다.

두 개의 동일 크기 집합을 비교할 때만 성공적으로 문제를 해결하는 학생들이 같지 않은 크기의 집합에 대한 추론에서도 여전히 점차적으로 증가하는 구조적인 복잡함을 보인다. 단일 구조적 수준에서 학생들은 의사 결정을 할 때 그래프의 단일 양상에만 초점을 맞춘다. "더 많이"가 (a)의 많은 응답에서 의미 있는 특징이다.

- [빨간색 반이 더 잘 했는데 그 이유는] 빨간색 반이 더 많이 점수를 얻었기 때문이지요.

(c)에 대하여 각 값들은 의사 결정의 기초가 되기도 한다.

- [갈색 반이 더 잘 했는데 그 이유는] 갈색 반이 7점을 하나 얻었는데 다른 누구도 그 점수를 얻지 못했어요.

다음 학생들은 (d)에서 핑크색 반의 시각적 모양에 더 민감한 것 같다.

- [핑크색 반이 더 잘 했는데 그 이유는] 핑크색 반이 더 많이 얻었기 때문이지요.
- [핑크색 반이 더 잘 했는데 그 이유는] 핑크색 반이 거의 맨 위까지 다 찼기 때문이지요.

다중 구조적 수준의 응답들은 쌍이 되는 집단들을 비교하기 위한 수치적 총합 전략이나 두 그래프의 차이가 나는 부분을 비교하는 시각적 전략 중의 하나에 초점을 맞추는 경향이 있다. 선택된 성분들은 일련의 패턴에 따라 고찰된다. (b)와 (c)에 전형적인 응답은 다음과 같다.

- [녹색 반이 더 잘 했는데 그 이유는] 점수들을 더해 보면 …… [보라색 반은] 더해서 34가 되고…… [녹색 반은] 더해서 36이 됩니다.
- [노란색 반과 갈색 반은 둘 다 잘했는데 그 이유는] 그들을 각각 더해 보면 둘 다 45가 됩니다.

(d)에서 그 결정은 그 반들의 크기를 고려하지 않고 다시 총합에 기초하는 것 같다.

- [핑크색 반이 더 잘 했는데 그 이유는] 핑크색 반이 198을 얻었고 검은색 반은 130을 얻었기 때문이지요.

시각적 전략들이 이 수준에서 보여준 일련의 접근에서 비슷하다.

- [녹색 반이 더 잘 했는데 그 이유는] 6들과 5들이 더 많이 있어서…… 보라색 반에 있는 것보다 더 많이……
- [핑크색 반이 더 잘 했는데 그 이유는] 그것을 보기만 해도 더 많이 있다고 말할 수 있어요. 그러나 9와 8은 거의 같은 정도인데 6과 5와 4와 나머지 다른 것들은 여기 아래[검은 색]에 있는 것보다 더 많이 있어요.

관계적 수준에서 학생들은 동일 크기의 자료 집합들에 대하여 시각적 및 수치적 전략을 이용할 수 있다.

- [노란색 반과 갈색 반] 그것들은 같아요. 갈색 반의 학생들은 더 높은 점수인 6과 7에서 사람이 더 많지만 [노란색 반] 여기는 가운데에 사람이 더 많아서 그것을 합하는 식으로 하면 그것들은 같아요. 그것을 잘 보면 그것은 같은 것이라고 알 수 있어요. 왜냐하면 그것은 같은 것이기 때문이어요. 저기에 있고, 저기에도 있고…… 그것을 더하면 그 둘과 같아요. …… 5 더하기 5는 10이고 7 더하기 3도 10이어서 그 둘[3과 7]을 저기[5와 5]에 옮기면 같아져요. 그래서 그것들, 즉 노란색 반과 갈색 반은 같아요.

두 번째의 세 가지 수준의 응답들은 제시된 정당화에서 증가하는 구조적 복잡함을 다시 반영하지만 (d)의 자료 집합의 같지 않은 크기에 성공적으로 대처한다. 단일 구조적 수준에서 정당화는 그래프의 자료의 시각적 제시와 관련된 직관에 기초하여 나타난다.

- [검은 색 반이 더 잘했는데 그 이유는] 검은색 반이 더 많은 사람을 가졌어요.
- 제 생각에 검은 색 반이 더 잘했다고 봐요. 그들의 반에 많은 사람이 있는데 더 큰 수, 가장 큰 퍼센트 또는 뭔가를 갖고 있어요.

다중 구조적 수준의 응답들은 수치적 또는 시각적 전략, 둘 다는 아니고 그 중의 하나에 기초하여 본질적으로 순서를 고려한다.

- [핑크색 반에 대하여 $\frac{198}{36} = 5.5$ 이고 검은색 반에 대하여 $\frac{130}{21} = 6.19$ 이다.] 이 반[검은색]이 더 큰 평균을 가졌다. …… 왜냐하면 [핑크색] 반에 더 많은 사람들이 있어서 더 큰 수로 나누어야 하므로 평균값이 낮아지기 때문이다. 그러나 그들은 더 많은 점수를 얻었기 때문에 실제로는 변하지 않는다. 그래서 내 생각에 그것들은 비교할 만하다.
- 많은 사람들이 어디에 있는지를 봤을 때, 이 반[검은 색]이 더 잘 했다. 이것[핑크색]의 대략 절반의 사람이 낮은 쪽에 있는 반면에, 이 반[검은색]은 낮은 쪽에 많은 사람이 있지는 않고 높은 쪽에 더 많이 있다.

마지막으로 관계적 수준에서 학생들은 (d)의 검은색 반이 잘했다는 주장을 뒷받침하기 위하여 수치적 및 시각적 정보를 통합할 수 있다.

- [각 반의 평균을 계산하고 검은 색 반의 평균이 더 크다고 결론 내린다.] 그 반[핑크색]의 평균이 5.5이다. 명백히 5와 6 사이에 같은 수의 사람이 있고 그들 대부분은 5와 6에 있기 때문에 그래서 대략 그렇게 예상한다... 그래서 그들[검은색]의 평균이 약간 더 큰 6.2이다. 그들이 사람 수가 더 적지만 평균하여 공정하게 한다. 그러나 그 사람들[검은색]은 약 간 더 큰 값을 갖는데, 그것을 내가 예상하였고 그 이유는 그들이 7에 더 많은 사람을 가지고 있기 때문이다. 실제로 그들은 7에 더 많은 사람을 가진 것은 아니지만, 그들은 낮은 쪽에 있는 사람 수가 적다. [토의하는 내내 두 그래프 사이를 번갈아가면서 지적한다.]

평균으로 크기가 다른 두 집단을 비교하는 비례적 특성을 인식하는 통합적 주장을 학생들이 산출할 수 있도록 하는 것은 통계 교육과정의 목표이다. 수학 교육과정의 다른 영역에 비례적 추론을 연결하기는 아주 중요하고 정확하게 강조되어야 한다.[17] 산술 평균 또는 평균의 다른 측정 방식과 연결은 또한 아주 중요하다. 통계학자에게 그 평균은 그림 6.3의 (d)처럼 두 반을 비교할 때 이용되는 확실한 통계량일 것이지만 그것은 중학생에게 반드시 그런 경우라고 할 수 없다. 평균이 탐구에 사용되기 위한 자연스러운 도구가 되려면 많은 시간이 걸린다. 비슷한 문맥으로 최근에 배우지 않았다면 그 평균은 학생들이 대체로 선택하는 도구가 안 된다. 어느 집단이 더 잘 하였는지에 관한 의사 결정을 할 때, 학생들은 언덕 및 밀집과 같은 시각적 특징을 더 많이 본다. 자료 집합의 시각적 특징을 고려하는 것이 또한 중요하지만, 그것은 중심경향값들과 결합하여 사용되어야 한다. 고등학생이라도 아주 소수의 학생만이 두 자료 집합을 비교할 때 세 측정값—평균, 중앙값, 최빈값—을 모두 자연스럽게 고려한다.[18] 평균과 추론 사이의 연결의 유용함을 증대시키기 위하여 많은 경험이 필요하다.

그림 6.3의 그래프의 시각적 영향과 그것이 나타내는 변이가 학생들에 의하여 어떻게 해석되는지가 7장의 사례 연구에서 고찰된 특징이다.

6.5

연관성에서 추론

연관성과 관련하여 추론을 이끌어내기는 변수의 두 가지 형태인 수치적 또는 범주적 중의 하나에 초점을 맞출 수 있다. 둘 모두는 이 절에서 검토된다. 두 개의 수치적 변수에 대하여 그 변수들의 산점도를 그리기 및 연관성의 강도를 뒷받침하기 위하여 그것을 사용하기가 가능하다. 3.3절과 6.3절에서, 수치적 및 범주적 변수 둘 다를 포함하는 16개의 자료 카드를 이용한 과제가 가설 세우기 절차의 인식에 대한 학생들의 발달 상황과 그런 가설을 뒷받침하기 위한 그래프 표현을 만들 필요를 고찰하기 위하여 사용된다. 3.3절에서 논의된 가장 높은 수준의 그래프 표현이 산점도의 작성과 연관되며 6.3절의 가설 세우기의 가장 높은 수준이 원인—결과의 가설세우기 또는 수치적 변수들 간의 다른 연관성과 연관된다.[19] 그런 형태의 연관은 그에 대한 질문하기가 초점인 6.6절에서 또한 논의된다.

산점도 그리기를 학교에서 배울 때 학생들이 학교에서 처음으로 접하는 연관성이 선형적일 것이지만, 자연과학 및 사회과학의 많은 실제 연구들은 비선형적 연관성을 제시한다. 그런 문맥과 친숙해지기는 선형 그래프의 전형을 연관성을 보여줄 수 있는 유일한 것으로 만들기를 피하고 비선형 상황에서 추론을 이끌어내는 것을 배우기 위하여 중요하다.

그림 6.4에서 그래프와 질문들은 학생들에게 친숙한 문맥으로부터 나온 자료를 다룬다. 그 자료는 숙제를 하기 위하여 사용된 시간과 수학 점수에 관한 것이다.[20] 그 질문들은 학생들이 그래프에 집중하도록 하여 그래프가 무엇을 얘기하는지 설명하며 그 모양에 대한 이유에 대한 가설을 세우도록 하기 위하여 질문들이 단계적으로 제시되었다. 마지막 질문은 학생들이 숙제를 잘하기를 원하는 교사로부터 어떤 이야기를 들었는지에 따라 달라질 수 있는 비선형적 원인—결과 관련성의 제안을 하도록 한다.

그림 6.4의 (b)의 대한 응답의 범위를 보면 그래프에 나타난 연관성을 인식하는 것이 증가한다고 보인다. 어떤 학생들에게 그 과제는 매우 어렵고 그들은 그 과제가 무엇을 이야기하는지를 잘못 해석한다.

- 더 많은 학생들은 한 시간 동안 공부하였다.

7학년 및 8학년 학생들에 대한 조사에서 아래 그래프와 같은 결과를 얻었다. 그래프에서 학생들의 수학 점수와 매일 수학 숙제에 그들이 사용한 시간을 보여준다.

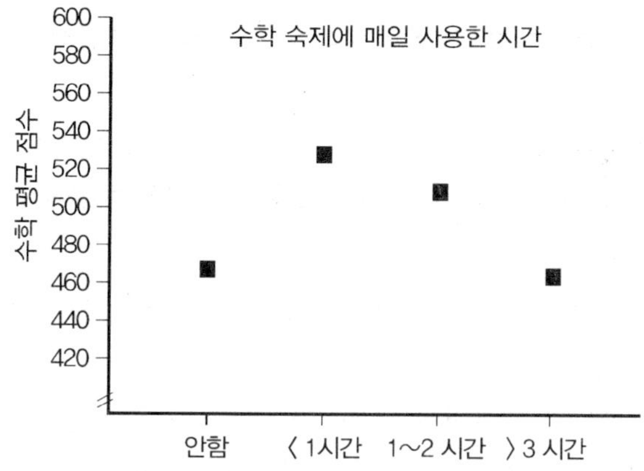

(a) 수학 숙제에 매일 1-2 시간 사용한 학생들의 수학 점수는 얼마인가?
(b) 그래프는 수학 숙제 시간과 수학 점수에 관하여 무엇을 얘기하는가?
(c) 왜 그래프가 그와 같은 모양을 가졌는지에 대하여 적어라.

그림 6.4 비선형적인 연관성에 대한 그래프
호주 교육 연구 협의회(Australian Council for Education Research)의 허락을 얻어 사용함

그래프에서 가장 큰 값을 해석할 때 여기서 "더 많은"의 사용은 왜 핑크색 반이 그림 6.3의 과제의 (d)에서 더 잘했는지를 제안할 때 이용된 "더 많은" 응답에 대하여 생각나게 한다. 때때로 타당할지라도, "더 많은" 필요가 문맥에서 고려되고 그것이 언제나 더 좋은 것은 아니라는 것을 학생들이 깨닫도록 하기 위하여 토의가 필요하다. 다음 수준에서, 나타난 경향에 대한 더 진전된 해석 없이 문맥을 설정하기 위하여 축의 이름의 기본적인 한 면만 읽기가 때때로 응답에서 나타난다.

- 그것은 전체 수학 점수를 보여주고, 전체 숙제에 사용된 시간을 보여준다.

학생들이 제시된 연관성을 해석하기 시작할 때, 응답들의 수준이 여러 가지로 진전되는 것 같다. 어떤 학생들은 그들 자신의 개인적 경험에 의하여 영향을 받을 수 있는 부정확한 연관성을 제시한다.

- 더 많은 숙제를 할수록, 점수가 더 좋아진다.

선형적 연관성이 제시하는 의미만을 인식하는 어떤 학생들은 다음과 같이 응답한다.

- 얼마나 숙제를 많이 하든지 그것은 상관없다.

학생들의 다음 수준의 응답에서 연관성을 보지만 즉각적으로 그것을 너무 멀리 떼어 놓고 원인—결과 관련성을 깊이 생각한다.

- 1시간의 숙제를 하면 더 좋은 점수를 얻을 것이다.

가장 높은 수준의 응답들은 다음과 같이 연관성을 이야기한다. 다음과 이전의 응답 사이의 언어에서 미묘한 차이는 그 의미의 엄청난 차이 때문에 교실에서 토의할 점이다.

- 1시간을 한 학생들은 가장 높은 점수를 얻었다.
- 점수가 1시간까지 올라갔다가 그 후에 떨어진다.

어떤 응답들은 해석에서 결론을 유도하기 위하여 더 나아간다. 다시 미묘한 언어 변화가 첫째 응답에서 보인다.

- 한 시간을 한다면 좋은 등급을 더 잘 얻을 것이다.
- 3시간을 하는 것은 아무것도 안 하는 것만큼 안 좋을 수 있다.
- 수학을 더 잘하는 학생들은 더 일찍 끝낸다.

그림 6.4의 그래프가 왜 그렇게 보이는지에 대한 이유를 물어볼 때, (c)의 질문은 가설을 세우도록 한다. 이제 학생들은 응답에서 여러 다른 능력을 나타낼 것 같다. 가장 낮은 수준의 응답은 그래프가 나타낸 자료보다 그래프 그 자체에 더 초점을 맞추는 경향이 있다.

- 읽기 쉽다.
- 그것은 가장 적절한 형태의 그래프이다.

다음 수준에서, 학생들은 변수들을 탐구하지만 가설을 계속 제시하지는 못한다.

- 그 모양은 여러 시간들의 결과이다.

다음 수준의 응답들은 가설 없이, 자료가 제시하는 것을 더 상세히 말하기 위하여 더 나아간다.

- 1시간을 공부한 사람들은 가장 높은 점수를 얻었고, 공부하지 않거나 너무 많이 공부한 사람들은 그보다 낮은 점수를 얻었다.

마지막으로, 어떤 학생들은 제시된 자료를 설명하기 위하여 가설을 세우고자 한다.

- 허덕이는 학생들은 숙제를 하는데 시간이 더 걸린다.
- 점수가 낮아진 이유는 스트레스와 좌절 때문이다.

설명한 여러 가설들의 질에 관하여 통계학자들이 여전히 비판을 할 수 있지만 그런 제안들은 앞으로의 탐구에 출발점이 될 수 있다. 특별한 훈련을 받지 않은 학생들의 응답에서 자료와 그 의미를 고려하는 생각이 든다는 것이 나타난다. 그림 6.4의 과제의 응답에 관한 학급 토의의 문맥 내에서, 낮은 수준으로 분류된 일부 응답은 기술적 측면에서 부정확한 것은 아니라는 것을 기억해야 한다. 그 응답들은 관련된 상황에서 미래의 추론에 대한 폭넓은 토대를 세우는 것에 도움이 되기 위하여 다른 응답과 비교되며 그 가치를 인정해 주어야 한다. 마찬가지로, 형성된 여러 가설을 검사하기의 실행가능성에 대한 토의는 유용할 수 있으며 어떤 응답은 "흥미 있지만 비현실적인" 방식이라서 제외될 것이다.

범주적 변수들 간에 연관성들이 또한 고려될 수 있다. 이원분류표를 사용하여 그렇게 할 수 있다. 그런 표를 만드는 것은 대부분의 학생들이 가능하지만 (카이제곱과 같은 통계량으로) 해석하기는 비례 추론의 기술을 필요로 하는데, 그 추론은 일부 학생들이 특별한 지도를 받지 않고는 적용하기가 어려울 수 있다. 수학 교육과정에서 비례 개념까지 강하게 연결되어야 한다.

이원분류표와 그림 6.5의 질문은 그런 문맥에서 학생들의 이해를 알아보는데

다음 정보는 250명의 흡연과 폐병에 관한 조사 자료이다.			
	폐병 있음	폐병 없음	합계
흡연	90	60	150
비흡연	60	40	100
합계	150	100	250

이 정보를 살펴보면, 이 표본에 대하여 폐병이 흡연에 따라 달라진다고 생각되는가? 그렇게 생각한 이유를 설명하여라.

그림 6.5 흡연과 폐병의 "연과성"에 대한 이원분류표

도움이 된다.[21] 그 테이블처럼, 연관성을 제시하지 않고 자료만 제시하는 것은 비례를 처리하는 학생들의 능력과 함께 흡연과 폐병의 관련에 관한 학생들의 이전에 가졌던 관점에 대한 도전이다.

고등학생까지의 학생들에게 이런 질문에서 이전 절에서 언급하였던 이유까지 요구한다. 가장 낮은 수준의 응답은 학생들의 믿음에 대한 것이다. 그런 응답은 표의 자료를 전혀 참고하지 않는다.

- 예. 흡연은 폐암을 일으킨다고 알려져 있고 그것은 사실입니다.
- 아니오. 그것은 유전 때문일 것입니다.
- 예. 흡연을 하면 더 많은 가능성이 있습니다.

어떤 응답은 제시된 자료를 무시하기는 하지만 문맥도 고려하고 그 연구 또는 보고서의 잠재적 한계를 지적한다.

- 우리는 어떻게 그들이 표본을 모았는지 모른다. 그것은 치우쳐 있을 것이다.

그런 응답은 그림 6.5의 질문을 실제로 언급하지 않는다. 자료에 가장 낮은 수준으로 반응한 응답은 한 칸의 값에만 초점을 맞춘다.

- 폐암을 가진 비흡연자[60]도 많다.

일부 학생들은 폐병이 흡연에 따라 달라진다는 설명에 찬성하기 위하여 위쪽의 왼편 칸의 90에 영향을 받는다. 그 90은 가장 큰 값이고 두 특성이 동시에 있

는 칸에 있다.

- 예. 흡연을 한 90명이 폐암에 걸렸다.

다음 수준에서, 대체로 둘 또는 세 칸이 고려된다.

- 예. 60(흡연자)와 40(비흡연자) 사이의 차이는 크다.

상대적인 크기는 이 반응에서 명백하게 거의 역할을 못한다. 제시된 자료에 대한 설명에 찬성하지 않는 학생들은 비례 보다 차이에 더 관심을 갖는다.

- 폐병을 가진 사람 중에 60명은 비흡연자이고 90명은 흡연자이며 그 차이는 크지 않다.

마찬가지로, 두 범주 간의 합의 차이가 있지만 차이가 없는 사항에 대하여 설명하기도 한다.

- “흡연을 하지 않고 폐병이 있는” 사람이 60명이고 “흡연을 하고 폐병이 없는” 사람이 60이어서 같다.

가장 높은 수준의 응답은 비례추론을 사용한다. 그러나 그런 응답은 매우 적다.

- 아니오. 왜냐하면 흡연을 하는 150명을 조사하고 같은 수의 비흡연자를 조사하였다면 표에 90과 60으로 제시된 값은 같은 값으로 바뀔 것이다.

폐병에 대한 두 개의 다른 조건의 흡연자 비율 또는 흡연에 대한 두 개의 다른 조건의 폐병 비율을 고찰할 때의 어려움은 5.6절의 그림 5.8에 제시된 비례적 사건 문제를 해결할 때 많은 학생들이 부닥쳤던 어려움과 비슷하다. 비례보다는 차이가 그런 문맥에서 때때로 사용되기도 한다. 그러나 그런 문제에서, 두 상자의 시각적 제시가 있었고, 그것이 어떤 학생들에게 비례적 사고를 위한 단서가 되었다. 그림 6.5의 이원분류표의 경우에, 조건들의 구별은 구슬을 담고 있던 두 개의 상자만큼 명확하지 않다. 또한 고려해야 할 두 개의 조건 쌍이 있다. 더욱이 그림 6.5의 문제의 문맥은 어떤 학생이 믿음을 가지고 있는지에 관한 주제를 포함하지만 상자 안의 구슬은 본질적으로 추상적 특성을 갖고 있는 점에서 그림 6.5의 문제의 문맥이 더 복잡하다. 자료의 그런 부분들과 우연 교육과정과 비례 추론과의 연결은 강력하며 고등학교 상위 학년까지 더 많은 강화를 필요로 한다.

6.6 추론에 의문을 갖기

예측하는 것, 가설을 세우는 것, 그리고 결론을 정당화 하는 것을 학습하기는 자료 수집과 자신의 연구를 하고자 하는 사람들에게 극히 중요하다. 그러나 모든 사람들에게, 다른 사람이 만든 추론에 민감해지기를 배우기와 적절한 정당화 없이 형성된 주장에 의문을 갖는 능력을 개발하기는 필수적이다. 대중매체의 과장된 주장에 의심스러운 태도를 취하기는 학생들이 학교를 떠나서 만나게 될 많은 사회적 문맥에서 유용하다.[22] 치과의사 10명 중에 9명이 어떤 치약을 추천한다는 주장에서부터 맥주가 범죄를 유발한다는 주장까지, 시민들은 그런 주장을 뒷받침하는 명확한 증거를 지속적으로 요구할 필요가 있다. 학생들은 그런 광고와 뉴스에 노출될 수 있으므로 토의를 위하여 교실로 그런 것을 찾아서 가지고 오도록 하면 좋다.

"심장마비의 증가와 자동차 사용의 증가 사이의 거의 완벽한 관련성"이라고 주장하는 그림 3.6의 기사는 그런 사례이다. 그 기사는 그런 주장을 뒷받침하는 그래프는 어떤 모양일 것인지에 대한 스케치에 이름을 붙여서 제시하도록 학생들에게 요청하는 그래프에 관한 과제와 관련하여 3.4절에서 제시된 것이다. 학생들에게 더 발전된 질문은 그런 연구를 진행한 민수 씨에게 그의 연구에 대하여 어떤 질문을 할 것인지를 생각하도록 하는 것이다.[23]

그런 질문에 대한 응답의 수준을 통하여 명확하게 통계적 소양 체계 및 세 번째 수준에서 구조적 정교성의 증가를 설명한다. 만일 학생들이 그것에 친숙하지 않거나 또는 만일 학생들이 소양에 부족함을 가지고 있다면 원인 — 결과 관련성에 연관된 용어는 애매할 수 있다.

"집의 자동차가 우리를 죽이고 있다" 와 "자동차를 타는 것은 건강에 위협이 된다"가 합쳐져서 "자동차를 타는 것은 죽음을 일으킨다"의 의미를 전달한다. 그러나 어떤 학생들은 그 전달문을 이해하지 못하기 때문에 그들의 응답에서 그 연구자인 민수 씨에 대한 어떤 의문도 갖지 않음이 보인다.

- 아니오. 그는 삶을 위하여 그것을 하였을 것이다. 그가 무엇을 말하고 있는지 알고 있었을 것이다.

어떤 반응은 첫 번째 수준에 해당하게, 그 주장을 이해하는 것 같지만 그것을 사실로 받아들인다.

- 이 문제에 어떻게 해야 할까? 그것은 피할 수 있을까?
- 연료를 사용할 필요가 없는 그런 기술을 개발할 가능성이 있는가?

다음 수준에 해당하는 학생들은 자료가 포함된 통계적 주장으로서 그 주장의 문맥을 인식하고, 그에 대한 질문은 통계적 소양의 두 번째 수준에 해당한다.

- 그는 얼마나 많은 사람들을 연구하였나?
- 그는 어떤 연령대의 사람들을 연구하였나?

어떤 응답은 그 연구의 한 측면에만 의문을 가지지만 어떤 응답은 여러 측면에 의문을 가진다.

- 그 조사는 어떤 영역에, 어떤 나이에, 많은 다양한 사람을 조사한 것인가?
- 사람들이 어떤 육체적 상황에 있었는가? 그들의 차의 형태와 조건은?

이 학생들은 그 주장의 기저에 관심이 있는 것 같은데 정확하게 이야기 하지 못하여서 두 번째 수준에 해당한다.

통계적 소양의 세 번째 수준에서, 그 주장 자체에 의문을 가지는 것이 나타난다. 어떤 학생들은 한 마디만 하는데, 어떤 학생들은 구조적으로 더 정교하게 이야기 한다.

- 그게 사실이야?
- 그는 그것을 증명할 수 있는가?
- 그 수는 무엇인가?

그 질문들은 믿지 못하겠다는 경고 신호를 보내지만 왜 그런지에 대한 이유는 없다. 다른 질문들은 그 문맥에 대한 질문과 관련하여 더 정확하게 이야기 한다.

- 어떻게 운전이 그런 일을 증가시킬 수 있는가?
- 확실하게 그것이 자동차라는 것을 어떻게 아는가?

게다가, 어떤 질문들은 첨가된 요인들에 대하여 피상적으로 질문한다.

- 다른 것은 어떤 식으로든 심장발작을 일으킬 수 있는가?
- 그것은 어떻게 얻었는가? 다른 요소가 있는가? 상관관계가 있다고 직접적 연결이 있다고 볼 수는 없다.

가장 높은 수준의 응답들은 건강에 위협이 된다고 보이는 여러 변수를 제안하기까지 한다.

- 그는 다른 원인, 즉 흡연 오염 등을 고려하였는가?
- 확실히 다른 어떤 것이 그런 정보에 포함되었는가? 더 많은 정크 푸드? 더 많은 스트레스?
- 표본으로 뽑힌 사람들의 나이는? 그들은 대출 집, 차, 기타 빚에서 어떤 압박을 받고 있는가?

학교에서 통계적 소양의 목표는 학생들이 그 주장에 관한 관심을 나타낼 수 있고, 연구의 절차에 질문을 할 수 있으며, 그리고 대안적인 가설을 제시할 수 있도록 하는 것이다. 일반적인 소양과 문맥적 이해가 강화된 교육과정의 다른 영역과의 연결이 매우 중요하다. "수학은 수들이다"라는 핑계 뒤에 학생들이 숨어 있지 못하는 영역이 바로 이것이다.

6.7

포함된 의미와 권고 사항

추론은 의문이 제기되고, 자료가 수집되고, 그래프가 그려지고, 통계량이 계산되며 결론에 도달하여 추론이 완성되는 통계적 탐구의 종결점이라고 생각되기도 한다. 그렇지만 이 장의 예들에서 보았듯이, 목표로서 추론은 통계적 탐구 절차의 모든 부분에 밀접하게 관련된다. 모든 양상이 가르쳐질 때, 그것은 따로 떨어져 있는 주제가 아니고 질문과 직접적으로 관련되고 결론까지 도달해야할 목표로서 봐 주어야 한다. 때로는 추론이 교재의 도입에서 잊혀진다. 질문을 하기, 예측하기, 그리고 가설 말하기는 아주 어린 아이들이 그 절차의 모든 단계에서 많은 경험을 가지고 있지 않을지라도, 그들이 해 볼 수 있는 추론 단계들이다. 이전 절에서 강조하였듯이, 다른 사람이 만든 추론을 평가할 수 있고 필요하다면 의문을 제기할 동기와 능력을 가지는 것이 중요하다.

통계적 소양의 관점에서, 비판적 질문하기를 강조하는 체계의 세 번째 단계는 적절한 정당화 없이 만들어진 추론에 대한 질문하기로 흔히 구별될 수 있다. 그러나 이전 장들에서 질문이 마찬가지로 모든 영역, 즉 표본추출, 그래프 그리기, 평균 구하기, 가능성에 관한 문장에서 질문하기와 어울리는 그런 예가 제시되었다. 질문하기가 모든 단계에서 나타날 수 있다는 사실은 결론이 나올 때쯤에야 그 일이 끝났다고 느껴짐을 의미한다. 어느 쪽 상황도 그런 경우가 아니다. 연구자 및 다른 사람들에 의한 것 둘 다에 의하여 질문하기는 탐구 절차 전체에서 지속적으로 일어나야 한다.

추론 용어를 알기는 그것이 정확하게 진술되지 않았을지라도 원인—결과 주장과 연관된 조건적 문장과 언어를 인식하기를 의미한다. 따라서 체계의 첫 번째 수준이 요구하는 것을 어린 아이들이 충족하기는 아주 어려울 수 있다. 그 언어를 어떤 문맥에 결합하도록 하는 두 번째 수준은 학생들에게 특별한 요구가 될 수 있다. 만일 가설이 약품 또는 처방에 관한 것이라면, 제기된 주장에 의문을 제기하기 위하여 약품 또는 처방에 관하여 꽤 많이 알 필요가 있다. 세 번째 수준으로 움직이고 제시된 권위에 의문을 제기하기 위하여 이것은 동기가 동반되어야 한다.

통계 소양 체계의 세 번째 수준에서도 질문하기의 다양한 정교화가 관찰된다.

"그것은 쓸데없는 것이야!"라는 문장을 가진 주장에 의문을 가지는 것은 있을 수 있다. 그런 언급이 사실일 수 있지만, 주장의 강력함만큼 관찰자의 편견이 반영되었을 수 있다. 학생들은 진실성을 확보하기 위하여 그들의 질문하기 절차 속에 구조적으로 복잡한 주장을 형성하도록 지도되어야 한다. 이전 절에 제시된 마지막 응답들은 그런 방향으로의 좋은 시작의 예가 된다.

추론 및 예측과 관련된 좋은 습관의 형성은 이 장의 처음에 NCTM에서 제안한 것처럼, 중학교부터 시작할 수 있다. 교사들과 그들의 학생들의 활동에서 나온 일화적 증거는 학생들이 집단을 비교하고 자료 집합에서 본 관련성을 설명하기와 연관된 질문을 자연스럽게 이끌어냄을 뒷받침한다. 이것은 3.3절과 6.3절에 논의된 자료 카드를 다룰 때 일부 학생들이 제안한 것에서 볼 수 있다. 쌓은 점 그림과 상자그림 사이의 연결을 형성하기 위하여 3.10절에 도입된 활동으로 시작하는 교실 수업은 학생 스스로 생각해 내어 질문하기 및 예측하기를 쉽게 할 수 있도록 한다. 예를 들어 그림 3.23의 자료는 20명의 발 길이를 나타낸다. 이와 관련하여 남자가 여자보다 발 길이가 더 큰지에 대한 질문이 제시된다. 개인 및 집단에 대하여 "더 길다"가 의미하는 바는 예측하고 추론하는 시도 전의 토의에서 중요한 일부이다. 참고 집단(또는 모집단)이 무엇인지에 관한 결정은 또한 중요하다. 그러나 처음 경우에, 학생들은 자신의 학급에서 소년 및 소녀에 주로 관심을 가진다. 학생들에게 무엇을 그들이 나타낼지 선택하고 어떻게 그것을 나타낼지에 대한 자유를 주는 것이 중요한데, 그 이유는 많은 현실적 제안들이 중학교 교실에서 나타날 수 있기 때문이다.

그림 3.23에 제시된 아이디어를 만들 때, 여자를 다른 기호로 나타내고 두 개의 구별된 상자그림을 만들기가 가능하다. 그림 6.6에 제시된 표현은 처음으로 그런 아이디어를 만족하고 그들의 교실에서 무엇이 일어날지를 제안하는 중학교

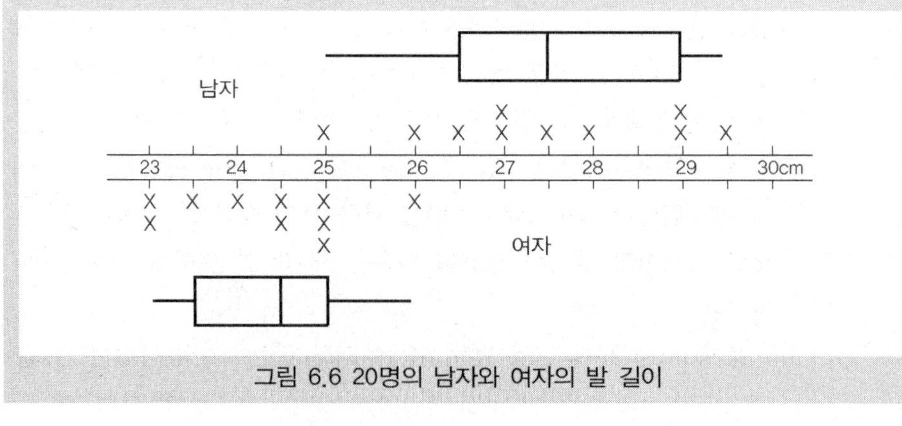

그림 6.6 20명의 남자와 여자의 발 길이

교사들의 아이디어의 전형이다. 하위 집단들 내의 변이, 겹치는 값들, 그리고 상자그림의 모양에 관한 토의는 그림 6.6의 자료에서 남자와 여자 발 길이의 차이가 있는지에 관한 아이디어를 강화하고 의사 결정에 도움이 되는데 중요하다. 교실에서 같은 크기의 표본이 있다면, (그 차이에 관하여) 아주 놀랍고 또한 실망스럽기까지 한 결과가 나타날 수도 있다. 교사들은 많은 가능성과 설명을 논의할 수 있어야 한다. 수치적 통계량 혼자보다 그래프 표현에 기초한 가설, 예측, 추론에 기반을 두기가 중학교에서 필수적이며 이후의 통계적 탐구에 좋은 습관을 형성한다.

비슷한 상황이 연관성에 관하여 의문을 가질 때 생긴다. 학급에서 손 한 뼘과 발 길이 둘 다를 측정할 때, 학생들이 한 뼘이 큰 사람이 발 길이도 더 크다는 관찰을 하게 되면 그것들 사이의 관련성을 생각할 것 같다. 그림 6.6과 같은 점 쌓기 그림으로 두 측정값들을 나타내는 것은 그 관련성을 보는데 전혀 도움이 안 된다. 그런 식으로 일부 학생들이 연관성을 보기 위하여 수평축을 따라 순서쌍을 순서대로 나타낸 두 막대를 붙인 모양, 즉 짧은 막대(한 뼘)를 세우고 그 옆에 긴 막대(발 길이)를 붙여서 세우는 식으로 시도하지만 별 도움이 안 된다. 중학교 수준에서 학생들은 산점도의 형태를 도입할 필요가 있는데, 그림 6.7에 제시된 것과 같이 학생들이 시각적으로 보는 관련성으로 인하여 동기유발이 잘 될 수 있다. 개별 값들이 두 측정값을 나타낸다는 사실은 일관된 강화를 필요로 하며, 그

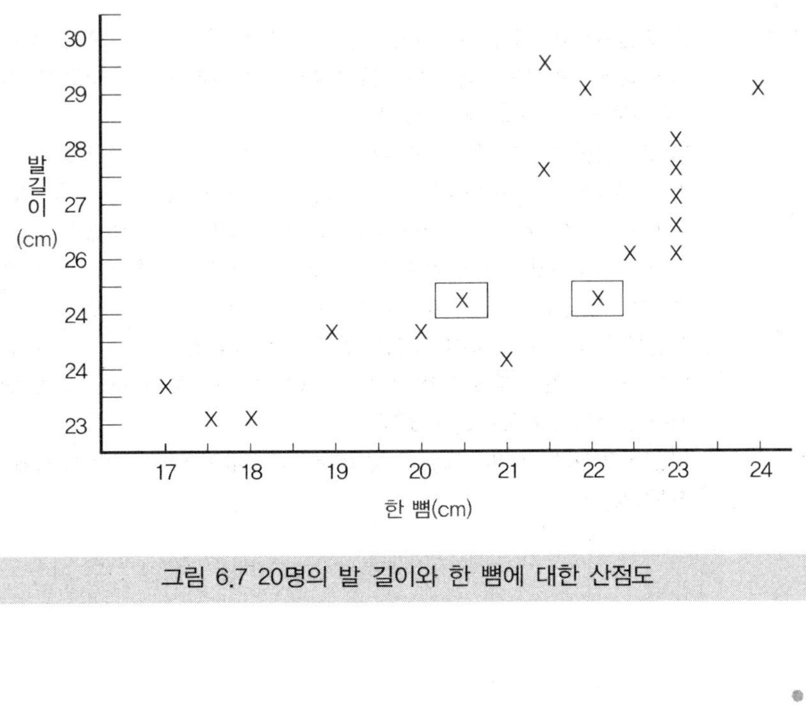

그림 6.7 20명의 발 길이와 한 뼘에 대한 산점도

런 점들이 정확하게 직선 위에 있는 것이 아니라는 사실은 토의를 또한 필요로 한다. 이 단계에서 상관계수 값 및 그 통계적 의미까지는 알지 못하지만 강하고 약한 연관성의 모양에 관한 직관을 계발하는 것이 중요하다. 학생들은 산점도에서 본 변이의 어떤 것도 실질적으로 설명하지 못하는, 큰 표본 에 대해서만 "의미 있는" 상관관계로 인하여 이후에 쉽게 오류를 일으키는데, 만일 학생들이 그들의 초기 분석의 일부로 점들을 그리는 것을 배운다면, 그렇게 쉽게 오류를 일으키지 않을 수 있다.

매일은 아니라도, 유용한 교실 토의를 시작할 수 있는 원인—결과 추론을 제안하는 머리기사가 신문에 나타나기도 한다. 기사를 상세히 읽기 전에라도 이목을 끄는 머리기사를 가지고 토의와 주장을 시작할 수도 있다. 그림 6.8의 기사는 유머러스하면서도 학급 토의의 기초를 제공할 수 있는 단순한 디자인을 설명한다.[24]

그림 6.8의 기사는 유용한 점이 여러 가지 있다. 첫째, 그 연구 결과가 "상관성이 없다." 대개 대중매체는 양이든, 음이든, 의미 있는 상관관계를 담은 연구에 관한 기사를 제시한다. 이것은 대중매체 기사의 비판적 읽기를 위한 기술을 형성하기에 관하여 학생들과의 토의를 위한 한 주제가 된다. 둘째, 표본 크기 및 크림

얇은 다리는 단지에서 나오지 않는다.

샌 프란시스코, 얇은 다리라는 형태의 행복은 단지에서 나오지 않을 것이다.
어제 성형외과 세미나에서 두 연구가 다리에서 지방을 녹인다고 말해지는 화제의 크림들에 관하여 의문을 제기하였다.
그리고 성형외과 의사들에 따르면, 그 크림들은 효과가 없다고 한다.
"단지 크림만 바르고 다이어트 또는 운동에 변화가 없다면, 차이가 없음을 발견하였다"고 Louis's Washington 대학의 Leroy Young 박사가 말하였다.
그와 그의 동료들은 17명의 여성에게 8주 동안 그들의 한 다리와 배의 한쪽 면에 크림을 적용하였는데, 절반은 지방을 녹인다는 크림을 사용하고 절반은 가짜를 사용하였다.
객관적인 평가, 즉 다리를 측정하고 전과 후의 사진을 외부의 관찰자로부터 평가 받았는데 17명의 여성 중에 16명 스스로가 한 단지에 $30씩 하는 크림으로 다리에 아무런 차이를 보지 못하였다고 하였다.
17번째 여성은 그러나 그녀의 몸무게와 측정값이 변한 것이 없음에도 효과가 있다고 확신하였다.

그림 6.8 추론을 고찰하기에 유용한 신문 기사

맥주가 폭력 범죄 비율 때문에 비난을 받는다.

호주의 높은 폭력 범죄사건 및 가정 폭력은 대중들의 엄청난 맥주 소비와 직접적으로 연관이 있다고 범죄 전문가가 어제 말하였다.
범죄 피해자에 관한 8번째 국제 심포지엄에서 네덜란드의 Jan Van Dijk 교수는 국가 수행한 국제적 연구에서 맥주 마시기와 폭력 범죄 사이의 연결을 찾았다고 발표하였다.
그 연구에서 맥주 마시기와 성 및 가정 폭력 사이의 특별한 연결을 발견하였다.

"여러 나라의 맥주 소비와 폭력 수준 사이에 직접적 상관관계가 있어서, 맥주를 더 많이 마시는 사람들이 사는 곳에서 폭력 비율이 더 높은 경향이 있다."고 그는 말하였다.
"사람들이 맥주를 적게 마시거나 와인을 마시는 나라에서는 폭력이 적게 나타난다."
"그 둘 사이의 직접적 연결을 완전히 이해하지는 못하지만 그 연결은 확실히 존재한다."
"네덜란드, 독일, 영국, 캐나다, 그리고 호주같이 전형적으로 맥주를 즐겨 마시는 문화에서 와인을 마시는 이탈리아, 그리스, 스페인보다 더 폭력이 많이 일어난다."

그림 6.9 머리기사에 원인-결과의 의미를 나타낸 신문 기사

이 적용된 시간 길이라는 연구 그 자체의 양상들은 토의에 경각심을 준다. 일부 학생들에게 크림 제조사를 옹호하고 그 연구에 비판적인 편에 서도록 요청할 수 있다. 학생들은 그 주제에 관하여 미리 확신된 아이디어를, 적절한 통계 조사가 수행되었는지에 관한 고찰로 바꾸는데 주의를 기울여야 한다.

그림 6.9에 제시된 기사 일부는 독자의 주목을 끌기 위하여 신문 머리기사를 꾸미는 전형적인 형태를 더 잘 나타낸다.[25] 기사 안에서 교수의 인용된 의견을 판단해 보면, 그는 맥주 소비와 범죄 발생률 사이에 직접적인 연결이 있음이 완벽히 이해되지는 않는다고 인정하였지만 그 머리기사를 작성한 사람은 그런 염려에 대하여 고려하지 않았다. 그 기사가 머리기사의 주장을 정당화하는지, 어떤 잠재된 변수가 맥주 마시기와 폭력 범죄 둘 다를 유발할 수 있는지, 그리고 상관관계가 있는 두 변수와, 한 변수의 변화가 다른 변수의 변화를 불러오는 것 사이의 차이에 관하여 초점을 맞추어서 학급 토의가 열릴 수 있다. "우리는 매주 금요일 밤에 친구들과 맥주를 마시고 집에 와서 부인을 패는 이웃을 두었었다."와 같은 "표본 크기가 하나인 이야기"가 학급토의에서 나올 수 있다. 주장된 원인—결과 관련성을 설명하기 위하여 개인적으로 아는 이야기를 제시하는 것은 그것이 무엇인지, 즉 연관성이 완전히 틀에서 벗어나고 원인—결과 특성을 가지고

있지 않은 편의 영향을 인식할 필요가 있다. 학생들이 가지고 있는 심리적이지만 통계적이지는 않은 영향을 학생들이 인식하는데 도움이 되도록 정확한 토의가 필요하다.

이 두 기사는 예로서 제시된 것이다. 다른 장에서도 말했듯이, 학생들이 텔레비전 뉴스에서든 인기 잡지에서든, 또는 인터넷에서든 자신들의 예를 교실로 가지고 올 때, 돌파구가 생긴다. 그들은 통계 탐정으로서 자신들이 발견한 것에 흥분할 수도 있지만 그 다음에 연구와 보고서의 좋은 사례를 찾도록 하는 것도 필요하다. 언제 연구가 가치 있다고 믿을 수 있는지를 아는 것은 언제 연구가 가치 없는지를 아는 것만큼 중요하다.

참고문헌

1. National Council of Teachers of Mathematics (2000, p. 248).
2. Outhred & Shaw (1999).
3. Lehrer & Romberg (1996); Lehrer & Schauble (2000).
4. Doerr & English (2003).
5. Metz (1999).
6. Pereira-Mendoza (1995); Pereira-Mendoza & Mellor (1991).
7. Gal, Rothschild, & Wagner (1989, 1990).
8. Batanero, Estepa, Godino, & Green (1996).
9. Estepa, Batanero, & Sanchez (1999).
10. Watson & Moritz (2001a).
11. Watson & Moritz (1999c).
12. Watson & Kelly (2003b); Watson, Kelly, Callingham, & Shaughnessy (2003).
13. Pereira-Mendoza & Mellor (1991).
14. Chick & Watson (2001).
15. For example *Tinkerplots*, Konold & Miller (2005).
16. Watson (2001, 2002b); Watson & Moritz (1999a).
17. Watson & Shaughnessy (2004).

18. Watson & Moritz (1999a).
19. Chick & Watson (2001).
20. Lokan, Ford, & Greenwood (1996, p. 169); Watson & Callingham (2004).
21. Batanero, Estepa, Godino, & Green (1996); Watson & Callingham (2004).
22. Gal (2002).
23. Watson (2000b).
24. "Thin Thighs" (1995).
25. "Beer gets blame" (1994).

CHAPTER 07

변이 - 기초가 되는 현상

다양함은 인생의 양념이다. 그것은 그 향기를 모두 인생에 뿌린다.[1]

7.1 배경

200년 이상 동안에 사람들은 위의 속담에 관한 변이를 인용하여 왔다. 1.6절에서 논의하였듯이, 변이는 통계학의 존재 이유의 기초가 된다. 그것은 다양한 형태로 오며 확률 및 통계의 목표는 변이를 의미 있는 방식으로 설명하는 것이다. 예를 들면, 난수 발생의 시행이 여러 번 일어날 때 나타나는 이론적 난수 변이를 설명하기 위하여 확률 분포가 존재한다. 이것은 기대된 값으로부터 기대된 변이라고 불린다. 예상하지 못한 변이, 즉 예상한 분포에 적합 되지 않는 변이의 통계학적 주제가 또한 있다. 예상하지 못한 변이는 비무작위 특성에 의하여 발생되기도 하거나 변이가 처치 또는 측정된 특성들(또는 변수들) 사이의 연관성과 같은 확인 가능한 원인과 관련되기도 한다. 학생들이 정규 통계학 과목을 들을 때, 그들은 얼마나 그 차이 또는 변이가 문제 상황에서 큰지 및 특정한 결론이 인정 가능한지 아닌지에 관한 의사 결정을 돕기 위하여 가설 검정 또는 신뢰구간을 사용할 것이다. 그런 정규 절차는 예를 들어 "두 개의 95% 신뢰구간이 겹치는가?" 또는 "이 결과의 확률이 1/20 또는 1/100보다 더 적은가"와 같이 확률과 관련된 규칙에 기초한다. 그러나 교사들은 정규 통계 기초 과정의 학생들이 자료 그 자체, 특

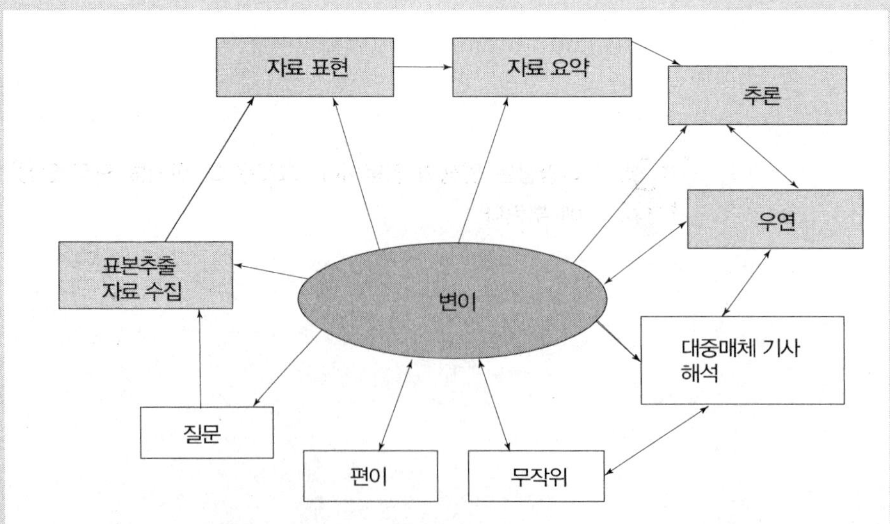

그림 7.1 변이와 연관된 아이디어와 통계적 요소 사이의 연결

히 자료가 산점도에 나타내어질 때 보이는 변이를 고려하지 못하는 규칙에 심하게 의존하는 모습을 많이 보아 왔다.[2] 학교의 중간 학년부터 학생들은 다양한 종류의 자료를 다루고, 자료를 제시하는 방식, 특히 시각적인 방식을 탐구하며, 그리고 자료들 내부 및 자료들 간에 크고 작은 차이에 관한 적절한 또는 부적절한 변이에 관한 의사 결정을 시작할 기회를 가져야 한다. 결정을 하기 위하여 사용되는 기준이 통계학자의 모든 기준을 만족하지는 못한다는 사실이 중요한 것이 아니다. 중요한 것은 자료가 말하는 이야기를 탐구하고 이해할 필요가 있음을 학생들이 알게 되는 것이다.

변이는 앞의 다섯 개 장에서 다양한 방식으로 말해졌고 그런 연결이 그림 7.1의 연결에서 전반적 탐구 절차에 관하여 그리고 대중매체 기사를 해석하기 또는 편의를 발견하기와 같은 특정한 양상에 관하여 요약된다. 그 그림에서 특정 연결에 초점을 맞추는 대신에, 3학년부터 9학년까지 변이에 대한 학생들의 이해의 탐구에 대한 네 가지 사례 연구에서 나오는 학생들의 변이에 대한 일반적 이해를 이 장에서 설명한다. 세 가지 사례는 개별 면담에서 나오고 두 가지 사례 연구에서 일곱 명의 여섯 살 어린이들의 사례가 나온다. 그림 7.1의 모든 연결을 포괄하는 사례 연구는 없지만, 그 탐구 절차의 주요 특징이 네 가지 사례 안에 포함되어 있다.

David Green이 1992년에 캐나다의 통계 교육 협의 국제 학회(International Association for Statistical Education Roundtable)에서 학생들의 변이 이해로의 연구를 위한 심각한 호소를 하였지만[3] 그 다음 10년 동안에도 이전 장에서 다룬 자료 및 우연 교육과정의 다른 양상에만 주로 관심이 있었다. Mike Shaughnessy는 뉴질랜드에서 1997년에 변이에 관심을 갖자는 비슷한 주장을 하였고[4] 그의 동료들과 학생들이 자신의 이해를 나타낼 수 있도록 하는 시나리오를 찾기 시작하였다.[5] 그런 활동은 이 장에 논의한 사례 연구 세 가지에 영향을 주었다. Iddo Gal과 그의 동료들은 필라델피아에서 네 번째 연구를 진행하였다.[6]

7.2 변이: 어떻게 그것을 설명할까

문헌(예를 들어 2.1절에서 D. B. Orr에 의하여 그리고 5장 처음에서 David

Moore에 의하여)에서 잘 정의된, 표본 및 임의와 같은 용어와 대조적으로, 변이의 정의를 찾기는 어렵다. 1.6절에서 변이의 중요성에 대하여 훌륭한 논의를 제시한 David Moore는 사실 그 용어의 정의를 제시하지는 않았다. 많은 교육과정 문서는 표준편차의 도입과 관련되는 것 이외에는 그 용어에 대하여 언급조차 하지 않는다.[7] 따라서 중학생들의 변이라는 용어에 대한 인식을 알아보는 것이 흥미롭다. 그림 7.2와 같은 일련의 질문들을 통하여 학생들이 변이라는 그 애매한 아이디어에 관한 이해를 나타낼 기회를 갖게 된다.[8]

그림 7.2의 질문들에 대한 응답을 전체적으로 고찰해 보면, 중학생들은 일반적으로 네 가지 수준 중의 하나로 그 조사에 응답한다. 가장 낮은 수준에서, 학생들은 그 용어를 알지 못하거나 다른 용어와 혼동되는지 특이한 전 구조적 응답을 제시한다.

- (b) 준수는 이 자리, 저 자리로 옮겨 다닌다.
- (a) 정확함을 의미한다.
- (a) 흔든다. (b) 나는 변이를 가진 큰 차를 갖고 있다.

단일 구조적 수준의 응답들은 서투르게 표현하지만, 개념의 인식으로 구성될 수 있는 단일 아이디어를 제시한다.

- (a) 기회를 얻는다. (b) 차는 크기와 색깔에서 다양하다.
- (a) 음식 등과 같은 뭔가의 변이. (b) 음식의 변이는 놀랍다. (c) 음식, 신발들, 사건들 가게들
- (a) 어떤 것은 다른 것과 다르다. (b) 고양이와 개 사이의 변이 (c) 고양이와 개

다중 구조적 수준에서, 응답들은 적절한 예를 가지고 그 용어를 직접적으로 설명한다.

(a) "변이"는 무엇을 의미하는가?
(b) "변이"라는 단어를 이용하여 문장을 하나 만들어라.
(c) "변하는" 어떤 예를 제시하여라.

그림 7.2 변이에 관한 조사의 질문들

- (a) 어떤 것이 어떻게 변하는지. (b) 기후.
- (a) 여러 가지 많은 것들. (b) 긴 의자에 놓인 초콜릿의 변이. (c) 학교(과목들)의 매일

마지막으로 가장 높은 수준의 응답은 적절한 용법과 예를 가지고 변화의 미묘한 아이디어와 연결한다.

- (a) 약간의 변화 또는 차이. (c) 사람들은 크기에서 다양해서, 어떤 사람은 작고, 어떤 사람은 크고 어떤 사람은 중간이다.
- (a) 이전의 상태와 다른 어떤 것. (b) 결과에서 큰 변이가 있다. (c) 기후가 변한다.
- (a) 언제나 같은 것은 아니다. 어떤 것에서 약간의 변화. (b) 지난주에 우리는 우리 시간표에 약간의 변이를 가졌다. (c) 해가 지는 시간이 날마다 변한다.

중학생 중의 10% 미만이 가장 높은 수준에서 응답할 수 있을 것 같고 가운데 두 수준 각각에서 1/4 정도가 응답할 수 있을 것 같다.[9] 기대했던 것처럼, 그림 7.3과 같은 질문과 비슷한 질문이 면담 상황에서 주어질 때, 학생들은 더 높은 수준에서 응답하는 경향이 있다.[10] 아마 이것은 자신의 응답에 관심이 있는 사람이 있기 때문이거나 그들이 무엇을 말하는지에 관하여 생각할 시간을 주기 때문일 것이다. 변화하는 것(variable)이라는 단어를 포함하기는 어떤 학생들이 의미를 찾는데 도움이 된다. 그것은 바람에 관한 방향타와 같다.

가장 낮은 수준의 응답은 그 용어에 완전히 생소함을 나타낸다. 그러한 것은 중학생 보다 초등학생에게 전형적으로 나타난다. 단일 구조적 수준에서 힌트가 도움이 되거나 변화의 단일 아이디어를 강화시켜준다.

어떤 단어에 대하여 질문한다.
(a) "변이"란 단어가 무엇을 의미하는지 아는가?
(b) "변화하는 것"이라는 단어를 들어 보았는가? 그것이 무엇을 의미하는지 아는가?
(c) 기후에 관하여 "바람이 변한다"고 할 때, 무엇을 의미하는가?

그림 7.3 변이에 관한 면담조사 질문

■ [변이?] 음, 변이는 다양한 것처럼 선택할만한 몇 개를 가지고 있어요. [문장?] 아니오. [변화하는 것?] 라디오에서 그것을 들었어요. [그들이 무엇이라고 하였는가?] 지금은 확실하지 않아요. ["바람은 변화한다"?] 그렇죠. 그것은 [손을 사용하여] 어떤 순간에 변화할거에요.

다중 구조적 수준의 응답은 용어 중의 하나, 대체로 변이를 적절하게 반영하지만 다른 것에 어려움을 느끼고 힌트에서 도움을 받기도 한다.

■ [변이?] 그런 종류의 말을 들었었고 전에 사용하였어요. 무지개의 색깔 사이의 변이를 말하자면 커요. 왜냐하면 모두 다르기 때문이죠. [변화하는 것?] 그것을 들어 보았지만 그것을 어떻게 넣을지 확신이 안 가요. ["바람이 변한다?"] 아 예, 그것을 들어 보았는데, 그것은 변할 수 있어요.

관계적 수준의 응답에서 모든 용어들이 의미 있는 설명으로 사용되며 때로는 복잡한 문맥을 포함하기도 한다.

■ [변이?] 예, 우리는 그것을 과학에서 사용하는데 그것은 여러 가지를 의미해요. 그것은 음식의 변이를 먹는 것과 같아요. 이것은 서로 다른 음식이지만 비타민 등을 주는 같은 일을 해요. [변화?] 예, 그것은 우리가 진단 띠를 가지고 그 안에 시료를 넣고 그 위에 풍선을 놓고 차갑게 하는 과학 실험을 하는 것과 같아요. 우리는 그 안에 차가운 물 한 잔을 넣고 그것을 잡아서 끓고 있는 뜨거운 물 안에 그것을 넣으면 시료가 여러 쉬잇 소리를 내요. [문장?] 그 물이 변화해요. 변화하는 물의 온도를 가지고 있어요. ["바람이 변한다?"] 예, 때로는 바람이 세게 불 수 있고 일 분 후에 바람이 진짜로 부드럽게 불 수 있어요.

중학생의 약 1/3이 약간 다중 구조적 수준의 토의를 하면서 관계적 수준의 응답을 제시한다. 자료와 우연을 포함하는 활동들을 도입하는, 특히 쉽게 언어를 사용하는 활동의 일부로서 일반적 토의를 포함하는 것은 유용할 것 같다.

7.3

사례 연구 1: 기후

변이에 관한 직관의 발달은 사람들이 변화를 말하고 그 변화가 관찰 가능한 원인 때문인 친숙한 문맥에서 탐구될 수 있다. 그런 경우가 기후이다. 그림 7.4의 질문들은 학생들에게 친숙한 도시의 일 년 동안 평균 최대 온도에 대한 기사와 관련하여, 그리고 그래프 형태로 일 년 동안의 자료를 잘 나타내도록 하는 것과 관련하여 학생들의 변이에 대한 이해를 이끌어 내기 위하여 설계되었다.[11] 질문을 완전히 알기 위하여 예를 들면 계절적 변동과 관련된 문맥적 이해가 요구됨이 분명하다. 그러나 3학년부터의 학생들은 어떤 이해를 가지고 있고 기후가 학생들에게 가장 받아들일 수 있는 주제 중의 하나이다. 키, 한 뼘, 또는 발 길이와 같은 아이들 자신의 특성에 기초한 시나리오도 가능하다.[12] 그러나 학생들의 자존심을 해칠 수 있는 측정은 피해야 한다.

자발적으로 학생들이 변이를 설명하는 능력을 계발하기는 Hobart 또는 Tasmania같은 도시가 일 년 동안에 매일 평균 최대 온도가 17℃를 된다는 것이 무엇을 의미하는지에 관한 질문에 응답할 때 이루어진다. 응답을 분류할 때 흥미로운 점은 일 년 평균에 기여하는 매일 최대 온도에서 변이를 학생들이 인식하는 정도이다. 가장 낮은 수준에서, 응답들이 평균의 의미를 인식하고 한 마디정도만 하지만 많은 여러 기온의 표현을 말하지 않고, 즉 변이를 정확하게 인정하지 못한다.

- 그것은 그렇게 덥지 않다.
- 아주 춥다.
- 약간 온화하다.

다음 수준, 즉 다중 구조적 수준의 응답은 17℃를 산출한 변이보다 지형적 변이 측면을 지적하면서, Hobart와 같은 다른 장소를 비교한다.

- 그것은 Darwin과 같이 진짜 덥지 않지만 Antarctica같이 아주 추운 것도 아니다.
- 적절히 추워서 Queensland같이 매우 덥지 않고 England같이 진짜 추운 것도

아니다.

가장 높은 수준의 응답은 질문에 제시된 평균과 Hobart의 기온의 변이를 관련시키는 언어를 사용한다.

- 약 17도 정도가 가장 정상적이다.
- 매우 덥지 않다. 그 17도는 많이 나타난다.
- 그것은 춥고 약간 그 위 또는 그 밑이다. 그것들은 평균을 찾았다.
- 여름에 기후는 20도 정도이고 겨울에 기후는 아마 17도 아래일 것인데 그 정도 범위에 있다.

모든 날이 동일한 최대 온도를 갖을지에 대하여 특별히 물어보면, 초등학교부터의 모든 학생들은 강하게 부정한다. 사실 아주 어린 학생(3학년 또는 그 밑)을 제외하고 모든 학생들은 일 년 중에 6일에 대한 적절한 기온을 제안한다. 그러나 그런 선택에 대한 설명은, 제시된 여섯 선택에서 변이를 설명하는 여러 수준을 보여준다. 어떤 학생들은 그들의 선택에 대한 이유를 상세히 설명하지 못한다. 단일구조 수준에서, 가능한 분포를 고려할 필요성 없이 단일한 특정 결과를 예측하는 결과적 접근과 관련하여 한 양상만 예측하거나 초점을 맞추는 것을 거부한다.

- 약 17도 정도.
- 때로는 비가 오고 춥다.
- 왜냐하면 그런 기온에서 살았기 때문이다.
- 그것은 더운 날들이다.

다중 구조적 수준에서 이분법적 설명이 사용되거나 우연에 의존한다.

- 그날 일부를 여름에 놓고 일부를 겨울에 놓는다.
- Hobart는 매우 임의적 기후를 가졌기 때문이다.
- 때로는 안개가 끼고 춥고 때로는 괜찮고 해가 비추며, 어떤 날은 그런 날 사이에 있다.

마지막으로 관계적 수준의 응답은 평균, 범위, 또는 분포에 대한 정확한 인식을 가지고 중심 주위의 변이를 설명한다.

1. 어떤 학생들은 일 년 동안 매일 밤 뉴스를 시청하였고, Hobart의 매일 최대 온도를 기록하였다. 그들은 Hobart의 평균 최대 온도가 17℃라는 것을 발견하였다.

a) 이것은 Hobart의 온도에 관하여 우리에게 무엇을 말해 주는가?

b) 모든 날에 최대 온도가 17℃라고 생각하는가? 왜 그런지 또는 그렇지 않은지 설명하여라.

c) Hobart에서 일 년 중에 6일은 최대 온도가 얼마일지 적어라.

______, __________, __________, __________, ___________,

d) 왜 그렇게 적었는가?

e) 일 년 전체에서 Hobart의 매일 최대 온도의 최댓값 및 최솟값은 얼마일까?

최댓값 ___________, 최솟값 ______________

f) 1월 중에, Hobart의 매일 최대 온도의 최댓값 및 최솟값은 얼마일까?

최댓값 ___________, 최솟값 ______________

g) 7월 중에, Hobart의 매일 최대 온도의 최댓값 및 최솟값은 얼마일까?

최댓값 ___________, 최솟값 ______________

2. 그래프에 일 년 동안의 Hobart의 온도를 어떻게 나타낼까?

3. 다른 학생들의 아이디어가 다음과 같다. 그것을 어떻게 생각하는가?

(i)

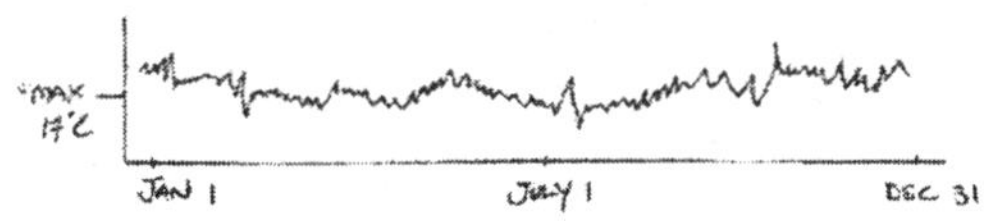

(ii)

(iii)

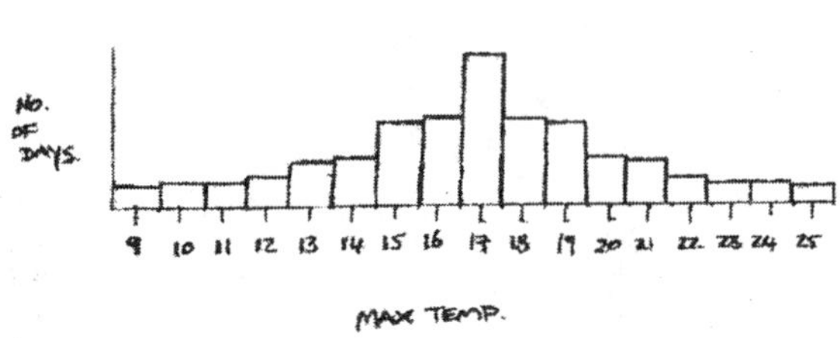

(iv) 어느 것이 가장 좋은가? 왜 그렇게 생각하는가?

그림 7.4 매일 최대 온도의 문맥에서 변이에 대한 학생들의 이해를 이끌어 내기 위한 질문

■ 그저 추측이고, 어떤 것의 우연 형태인데 그 이유는 평균 온도가 17도이었고, 나는 그 정도쯤으로 생각하였다.

■ 광범위한 가능성을 주는 것인데 그 이유는 아주 자주 매우 추운 날이지만 그리고 매우 더운 날이 될 것이고 그래서 나머지는 그 가운데 범위에 있을 것이다. 여러 온도를 경험할 것이다.

■ 아마 모든 수들이다. 여기 아래에 많은 변화된 기후를 가져서 언제나 17도 주위에 정확히 어떤 것이라고 하지 못한다.

중학생들의 응답을 보면, 변이를 인식하고 그것과 평균과의 관련성을 보여주는 언어의 광범위한 사용이 있다.

비슷한 경향으로, 그림 7.4의 질문 2에서 요구하듯이, 그래프에서 일 년 동안 매일 최대 온도를 설명하는데 다양한 능력이 있다. (과제에 관하여) 전 구조적 수준에서 학생들은 그림, 기후 지도, 또는 문맥 없는 축을 제시한다. 그런 표현 두 가지가 그림 7.5와 같고 이는 5학년과 3학년 학생에 의하여 그려진 것이다.

그림 7.5 기후 지도와 그림을 이용한 일 년 동안 매일 최대 온도의 표현

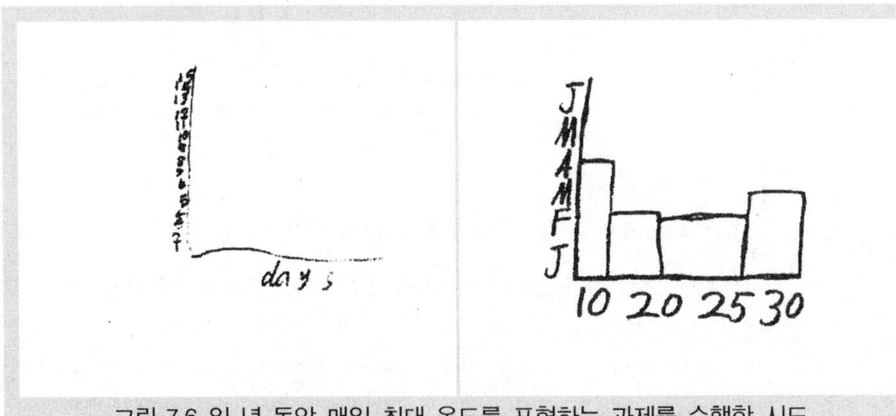

그림 7.6 일 년 동안 매일 최대 온도를 표현하는 과제를 수행한 시도

의미 있는 표현으로 바꿀 때, 응답들은 관련된 특징에 초점을 맞추려고 하지만, 과제에 관하여 의미 있는 그래프를 작성하지 못한다. 3학년과 5학년 학생에 의한 그림 7.6의 두 표현은 일 또는 월로 수를 나타내려고 하지만, 일 년의 이야기를 제시하지 못한다.

단일 구조적 수준에서, 변이의 한 양상만 초점을 맞추면서, 응답들은 그림과 관련한 그 특징을 논의하거나 과제에 적합하지 않지만 변이를 가진 그래프를 산출한다. 전자는 여름과 겨울의 그림을 그린 아주 어린 학생들에 해당하고 그림 7.7의 그래프는 3학년 및 7학년 학생이 그린 것이다.

다중 구조적 수준의 응답은 변이를 포함하고 한 해의 표현을 나타내지만 완전하지는 않다. 그림 7.8에서 그런 예가 제시되는데 5학년과 7학년 학생의 것이다.

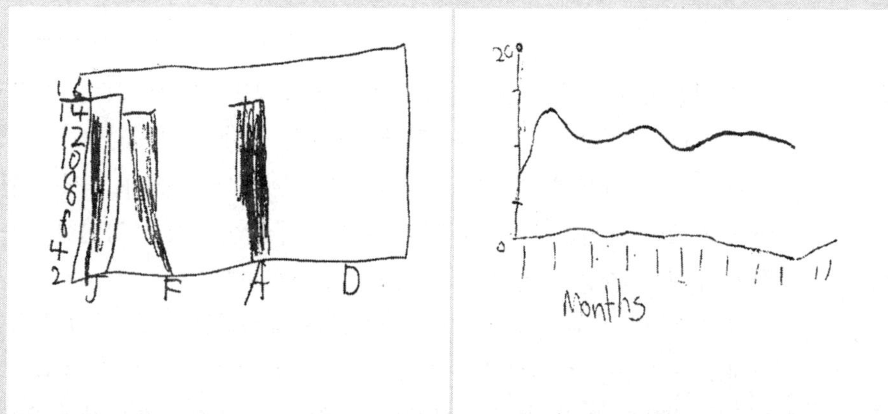

그림 7.7 일 년 동안 매일 최대 온도에서 변화를 표현하지만 적절하게 나타내지 못한 그래프들

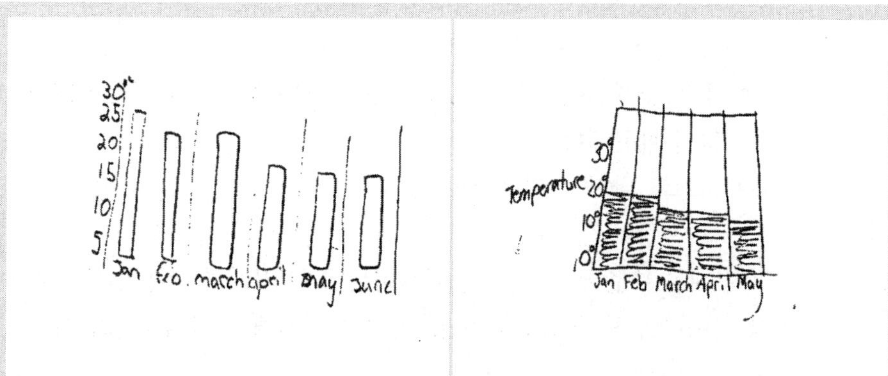

그림 7.8 일 년 동안 매일 최대 온도를 불완전하게 표현하였지만 적절하게 나타낸 그래프들

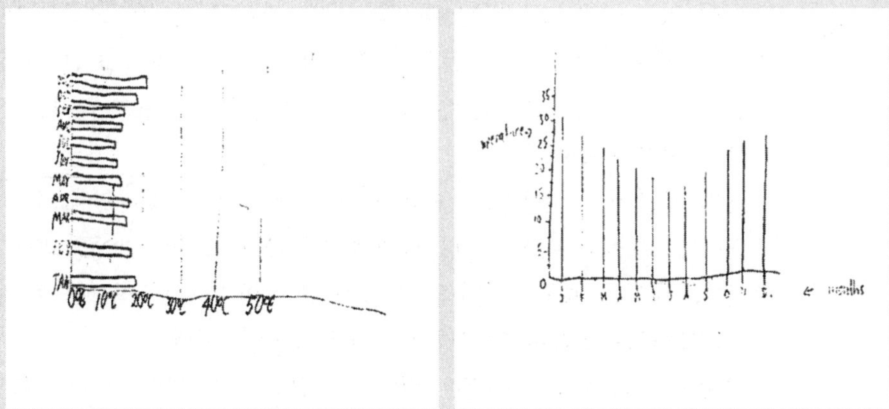

그림 7.9 실제적 변이를 나타내면서 일 년 동안 매일 최대 온도를 표현

마지막으로, 관계적 수준의 응답은 일 년 동안의 기온의 변이에 대한 표현을 완성할 필요성을 인식하며, 이 경우에 달력의 가운데 달들에서 남반구에 겨울이 되어 기온이 내려감을 설명한다. 3학년 및 5학년 학생이 그린 그림 7.9의 그래프처럼, 대개 학생들은 매달의 "평균" 표현을 선택하였다.

이와 같은 과제에 대하여 학생들은 학년이 올라가면서 과제를 완성하는 능력이 증가함을 보여준다. 그림 7.9의 3학년 학생의 그림은 특별한 것이며, 9학년의 절반 정도가 가장 높은 수준의 수행을 보여준다.

그림 7.4의 질문 3의 세 가지 그래프를 해석하는 것을 살펴보면, 가운데 막대그래프가 학생들이 해석하기 가장 쉬운데 그 이유는 그림 7.9처럼 학생들 자신이 사용한 형태와 가장 가깝기 때문이다. 일 년 동안의 매일 최대 온도를 나타내기 위하여 짧고 불규칙한 곡선을 사용하였을 것 같은 첫 번째 그래프는, 전 학년에 걸쳐 응답 수준에서 변화가 적지만, 약간 더 도전적인 것이다. 전 구조적 수준의 학생들은 그 표현에 전혀 친숙하지 않다.

- 매우 좋은 것은 아닌데 그 이유는 너무 짧고 불규칙하게 되어 있어서 알 수 없기 때문이다.
- 오르고 나서 내려갈 것이다.

그 다음 수준에서, 전이가 발생하는데, 거기에서 학생들은 그래프에 관한 일반적 아이디어를 가지고 있지만, 과제의 문맥에 국한되지 않는다.

- 그들은 뾰쪽한 부분이 많은 그래프를 그렸다. 더 더울수록 더 올라간다.

■ 많이 올라가고 내려온다. [해석해 볼래?] 그것은 기온이 어떻게 올라가고 내려오는지를 보여준다.

단일 구조적 수준의 응답은 그래프의 해석과 관련하여 17만을 언급한다.

■ 그것은 17도를 넘는다. 만일 겨울이라면 실제로 그렇지 않고…… 추울 것이다.
■ 평균이 17이고 때때로 막대보다 약간 더 높으며 그렇게 자주는 아니지만 17보다 아주 크게 높지는 않다.

다중 구조적 수준에서 문맥 안에 대조를 포함하거나 문맥 없이, 때로는 암묵적이고 어떤 격려를 필요로 하면서 변이에 관한 언급을 포함한 문장들이 있다.

■ 17도보다 약간 더 높아요. [그 선은?] 이런 형식의 그래프를 알지만 그 이름을 모르겠어요. 화산에 이것을 사용해요. 이것은 높고 이것은 낮아지고 있는데, [평평한 부분] 이것은 같은 값이고 저것은 그 아래에 있어요.
■ 매일이 달라요. [그 선은?] 하루는 올라가기도 하고 그 다음에는 내려가기도 해요.
■ 그 높은 언덕은 더운 날들이고 작은 언덕은 추운 날들이에요. [그 선은?] 우연히, 높은 것들과 낮은 것들이죠.

마지막으로, 가장 높은 수준의 응답은 시간과 문맥에 따라 변이와 관련짓는다.

■ 많이 변한다. 그것은 17도 위에서 시작하는데, 이것이 평균이고 느리게 움직이면서 약간 더 올라가거나 내려간다. 그래서 아마 며칠간 같았다가 느리게 약간 더 올라가고 그러다 갑자기 내려가는데 이는 기온이 낮아진다는 것을 의미한다. 그러다 다시 느리게 올라가는데 이는 겨울이기 때문에 이상한 일이다. 겨울에는 기온이 내려갈 것이고 다시 올라갔다가 내려오고 겨울 동안에 낮은 상태로 있다가 여름이 되어 느리게 올라갈 것이다.
■ 각 달의 최댓값—[한 달을 가리키면서] 이 달의 모든 기온들과 [다른 달을 가리키면서] 다른 달의 모든 기온들—가운데의 7월, 그래서 1월과 7월, 12월을 보면 [보여주면서] 그것들은 변한다.

기후 문맥에 관하여 해석하기 가장 어려운 그래프는 그림 7.4의 질문3 (iii)에 제시된 빈도 막대그래프이다. 그것이 평균에 중심을 두고 있지만 학생들은 시간 기준으로 표현된 것에서 옮겨 가기에 어려움을 겪는다. 또한 학생들이 이와 같은 그래프를 제시하지 않는데 그 이유는 그들은 계절과 연관된 인과적 연관성을 나타내고자 하는데, 이런 형태의 그래프는 그것을 나타낼 수 없기 때문이다. 중학교 수준까지 학생들 대다수는 수평축의 이름표를 무시하고 날짜에 관하여 생각하거나 또는 수직축의 이름표를 무시하고 기온에 관하여만 높이를 해석하면서 그런 표현을 잘못 해석할 수 있다.[13]

- 17번째는 더운 날이고 9번째는 추운 날입니다.
- 선택한 날들의 기간 동안에, 기온이 더 더워졌고 그리고서 다시 떨어지기 시작하였어요.[그 수가 무엇을 의미하지?] 그것들은 날을 나타내는데 그래서 9일과 25일 사이에, 17일에 아주 덥고 그 후에 다시 떨어졌어요.
- 월요일에 9이고 화요일에는…… 각 막대는 기온을 보여줘요.

빈도적 접근을 하는 것 같은 응답 중에, 단일 구조적 수준에서 응답은 문맥 또는 그래프의 목적을 인식함이 없이 단일 특징만을 고찰한다.

- 점들처럼 점점 낮아지려고 하고 17에서 진짜 높으며 25까지 올랐다가 그 끝에서 낮아지며 가운데에서 더 높아져요. [왜 17에서 높지?] 그것은 다른 쪽 [보고된 평균]에 있는 것이어요.
- 최소는 9와 25이었고, 가장 많은 것은 17이었어요. 25까지 올랐다가 평균적인 날을 만들면서 다시 내려와요.

다중 구조적 수준에서, 응답들은 제시된 빈도(두 아이디어)에 관한 그래프의 목적을 인식하지만 17의 중요성을 인식함이 없다.

- 9로부터 25까지의 여러 기온의 척도이죠. 그것은 얼마나 많은 날이 그와 같은지를 보여줘요.
- 바닥을 따라 기온이 있고 옆에서 그런 날의 수를 위로 나타내어 그와 같은 것을 기록하였어요.

가장 높은 수준의 응답은 문맥에서 빈도적 정보를 관련시킬 수 있고 최대 온도의 평균인 17도의 중요성을 인식할 수 있다.

- 한 해 전체에서 17이 가장 많다.
- 가장 많은 날이 17이고 가장 적은 날이 25이다.
- 얼마나 많은 날에 그런 기온을 가졌는지를 말하는데, 기온과 그것을 가졌던 날들을 보여준다. 최대 온도가 9인 날은 많지 않고 많은 날들이 17이었음을 나타낸다.

복잡한 추론이 평균과 관련하여 변이에 관하여(그림 7.4의 초기 질문) 또는 그래프 작성(나중 질문)에 관하여 필요하지 않지만, 중학생은 초등학생보다 그래프 과제에서 더 높은 수준에서 수행할 것 같다. 수학교육과정 내에서 다양한 그래프 기법을 배움에 따라 그래프 과제에 대하여 학년이 올라감에 따라 발전이 있는 듯하다. 그러나 교실에서 정규 활동으로서 변이에 관한 정확한 토의 없이, 기후처럼 친숙한 문맥에서 조차도 말로 변이를 설명하는 능력의 발전이 이루어질 수는 없는 듯하다.[14]

7.4 사례 연구 2: 우연 상황에서 표본추출

낮과 밤 또는 계절과 같은 인과적 구성이 변이의 원인을 제공하는 매일의 기온과 같은 문맥에서 변이를 고려하기에 장점이 있을 수 있지만, 무작위 구성이 채택된 더 추상적 상황에서 변이를 고려하기도 장점이 있다. 그런 단순화를 통하여 기대하는 결과가 이론적 관점과 일치하는지에 초점을 맞추면서, 기대하는 것에서 임의적 변이도 고려하게 된다. 그런 탐구는 두 가지 성분을 가질 수 있는데, 그것은 일련의 개별적 결과의 제시 및 많은 결과들의 분포의 제시이다. 후자는 그래프적 표현을 포함하기도 한다. 회전판, 주사위, 또는 동전과 같은 다양한 난수 발생기는 변이를 조사하기 위하여 사용될 수 있지만, 이 절에 설명된 사례 연구는 50개는 빨간색, 30개는 녹색, 20개는 노란색인 100개를 담은 용기에서 10개의 물건을 꺼내는 것에 관한 것이다.

그 꺼내는 물건이 사탕이라고 하는 그림 7.10은 표본추출 상황에서 학생들이 변이에 대한 이해 정도를 나타낼 수 있는 많은 제공하도록 하기 위하여 아주 많은 과제를 담고 있다. 첫째, 1번 문항 (a)에서 기대하는 것이 생각되어져야 한다. 둘째, 반복 시행에 관하여 생각하면서(1번 문항 (b)), 놀라운 결과를 지정하면서(1번 문항 (c)), 일련의 결과를 제시하면서(2번 문항), 가장 좋은 대안을 선택하면서(3번 문항) 그리고 어떤 범위의 결과를 제안하면서(4번 문항 (a)), 이와 같이 다양한 방식으로 변이를 탐구할 기회가 있다. 셋째, 실제 시행이 이루어지고 학생들은 자신의 처음 예측을 변화시킬 기회를 갖게 된다(4번 문항 (b)와 (c)). 마지막으로 5번 문항에서 학생들에게 실험이 40번 수행되면(복원추출), 무엇이 발생할지를 나타내도록 요청된다.[15] 이 마지막 과제에서 학생들에게 도움이 얼마나 제공될지는 그들의 이전 경험 및 그런 문맥에서 교사들이 학생들의 능력에 관하여 얼마나 알고 싶은지에 따라 달라진다.

이와 같은 과제에 대한 학생들의 응답에 대하여 그들이 제시하는 추론과 많은 시행의 분포적 표현을 제공하는 그들의 최종적 능력뿐만 아니라, 학생들이 자신의 반응에서 나타내는 변이를 정확하게 관찰하기가 가능하다. 여기에서부터 교육과정의 그래프 부분까지 연결이 있다. 즉, 어떤 그래프 기법을 이전에 배웠는지를 아는 것이 분포적 변이에 관하여 나타낸 표현 및 이야기에 주어진 중요함에 영향을 줄 수 있다.

그림 7.10의 문항 1(a)에 대한 응답에서 제시된 추측을 첫 번째로 고찰하면, 전 학년의 약 절반의 학생이 열 개의 꺼낸 사탕 중에서 다섯 개가 빨간 사탕이라고 예측한다. 다른 한 편으로, 네 개 이하의 수들 사이에 또는 여섯 개 이상의 수들 사이에 아주 균등하게 응답들이 퍼져 있다. 매우 소수의 학생들이 직접 시행을 해 보고 난 후에 그 추측을 바꾼다. 2번 문항에서 열 개의 사탕을 꺼내는 여섯 번의 시행 결과를 예측할 때, 약 3/4의 학생들이 다섯 개 정도를 선택의 중심으로 하고 약 3/4의 학생들이 자신의 추정에서 적절한 변이를 나타낸다. 그러나 두 기준을 만족하는 절반이 넘는 학생들이 반드시 동일한 학생은 아니다. 추정에 중심이 있지 않는 응답을 한 학생은 높은 값보다 낮은 값으로 중심을 예측하며, 적절한 산포를 제시하지 못한 학생들은 좁은 범위보다 넓은 범위의 산포를 더 제시하는 경향이 있다. 추정에서 반복된 값을 사용하는 어린 학생은 거의 없는데, 이는 토의를 위한 좋은 주제이다. 전반적으로 10%정도의 소수의 학생들이 여섯 번

의 시행을 해 본 후에 자신의 여섯 추정값을 바꾼다.

그림 7.10의 문항 3에서 일곱 개의 선택지에서 가장 적절한 여섯 번의 결과를

1. 100개의 사탕을 담은 상자가 있다. 그 중에 50개는 빨간색, 20개는 노란색, 30개는 녹색이다. 사탕들을 상자에 잘 섞어 넣고 그 중에 10개의 사탕을 뽑았다.
   (a) 빨간색은 몇 개를 꺼낼 것으로 예상하는가?
   (b) 이것을 몇 번 반복한다고 하자. 매번마다 그와 같이 나올 것이라고 생각하는가? 왜 그렇게 생각하는가?
   (c) 빨간색이 몇 개 나오면 놀라겠는가? 왜 그렇게 생각하는가?

2. 6명이 그런 실험을 한다고 하자.
   그 6명이 뽑았을 것 같은 빨간색 사탕 개수를 다음에 적어보자.
   ________, ________, ________, ________, ________,
   왜 그렇게 생각하는가?

3. 위의 문제에 대하여 어떤 학생들이 적은 답이 다음과 같다.
   (a) 5, 9, 7, 6, 8, 7
   (b) 3, 7, 5, 8, 5, 4
   (c) 5, 5, 5, 5, 5, 5
   (d) 2, 3, 4, 3, 4, 4
   (e) 7, 7, 7, 7, 7, 7
   (f) 3, 0, 9, 2, 8, 5
   (g) 10, 10, 10, 10, 10, 10
   이 중에 어떤 것이 일어날 수 있는 것을 가장 잘 나타내었다고 보는가?
   왜 그렇게 생각하는가?

4. 6명의 학생이 그런 실험을 하였다고 하자. 나왔을 빨간색 사탕 수는 얼마부터 얼마까지가 가장 잘 나올까?
   (a) (최소) _______에서부터(최대) _______까지 빨간색의 사탕이 나온다.
   왜 그렇게 생각하는가?
   (b) 직접 해 보고 그 값을 적어라. ____, ____, ____, ____, ____, ____
   (c) 그런 결과에 대하여 어떻게 생각하는가? (a)에서 추측하였던 것을 바꾸기를 원하는가?

5. 40명의 학생이 한 명마다 그 상자에서 10개의 사탕을 꺼내고 그 중에 빨간색 사탕의 수를 적고서 다시 10개의 사탕을 상자에 돌려놓고 다시 잘 섞었다고 하자. 이런 경우에 빨간색 사탕의 수는 어떻게 나올 것이라고 보는가?

그림 7.10 우연 표본추출 문맥에서 변이에 관한 과제

선택하라고 학생들에게 요청할 때, 전 학년에 걸쳐서 일관되게 절반의 학생들이 (b) 3, 7, 5, 8, 5, 4를 가장 많이 선택한다. 두 번째로 가장 많이 선택하는 것은 (d) 2, 3, 4, 3, 4, 4인데 이것은 적절한 변이를 가지지만 중심값이 작으며, 약 1/4의 응답자가 선택한다. 그리고 다시 남은 응답자의 절반이 (c) 5, 5, 5, 5, 5, 5 또는 (f) 3, 0, 9, 2, 8, 5를 선택하는데, 둘 다 중심이 5이지만 앞의 것은 변이가 없고 뒤의 것은 너무 변이가 크다. 문항 4(a)에서 적절한 값들의 범위(최소에서 최대까지)를 제시하라는 요청에 학생들의 수행 그 자체에서 큰 변이가 제시되며, 어린 학생들은 적절한 값들보다 모든 가능한 값들을 반영한 범위를 제시하는 경향이 있는데, 상위 학년의 학생들의 절반 정도가 그렇게 한다. 전반적으로 약 10%의 학생이 적절한 산포를 가진 범위를 가졌지만 너무 높거나 낮은 중심을 가진 값들을 제시한다. 두 가지 형태의 질문에 대하여 소수의 학생들이 시행 후의 응답에서 변화에 관심을 가진다.

학생들이 자신의 수치적 선택과 40번의 시행을 그래프로 표현하면서 나타낸 이해를 정당화하기 위하여 사용하는 추론을 고찰할 때, 네 가지 수준의 정교함이 초등학생 및 중학생에게서 나타난다. 일반적으로 어린 학생들에게서 관찰되는 전구조적 수준에서, 학생들은 6번의 결과의 제시와 결과의 제시된 범위 사이에 불일치를 나타내거나, 본질적으로 불일치하지 않고 적절한 변이를 반영하지 못하는 0부터 10까지 또는 1부터 10까지의 범위를 제시한다. 그런 학생들이 결정한 것에 대한 추론은 추측, 좋아하는 수, 용기 안의 위치, 혼합된 사탕들, 한 손에 잡힐 만큼의 사탕 수, "너는 어떤 개수라도 집을 수 있어", "너는 한 번에 모든 것을 집을 수는 없어"를 언급하면서 대개 특이하거나 본질적으로 직관적이다. 때로는 학생들은 비례함의 직관적 인식을 나타내지만 더 상상적인 추론과 일반적으로 섞여 있다.

- [문항 1(a)] 5개의 빨간 사탕. 왜냐하면 50개가 있어서 5개가 10개와 같다. [문항 2] 4, 6, 5, 3, 8 2. 왜냐하면 $4+6=10$, $5+3=8$이고 2는 내가 두 번째로 좋아하는 수이기 때문이다.

이 수준의 학생들은 그래프에 큰 어려움을 가지고 있지만 많은 학생들은 그림 7.11에서 3학년 학생이 그림으로 설명한 것처럼 캔디를 꺼내는 이야기를 가진 그림을 그려서 문맥을 이해하였음을 보여준다.

다음 수준에서 추정하는 질문에 대한 응답에서 상당한 변이가 있는데, 어떤 학생들은 여전히 제시한 결과와 범위에서 불일치를 나타내거나 가운데에서 낮거나

그림 7.11 그림 7.10의 막대 사탕을 40번 시행하는 전 구조적 표현

높은 쪽으로 예측을 한다. 선택을 설명하기 위하여 나타낸 추론은 포함된 비율에 대한 정확한 설명 없이 용기 안에 "빨간 색이 더 많이" 있다는 한 가지 생각에만 몰두한다.

- [문항 2] 7 5 9, 6, 8 10. 왜냐하면 다른 색보다 빨간색이 더 많이 있기 때문이다.
- [문항 3(b), 3 7, 5, 8, 5, 4] 왜냐하면 노란색과 초록색보다 빨간색이 더 많기 때문이다.

그래프 그리기 과제에 대하여, 이 수준에 해당하는 대부분의 학생들은 그림 7.12에서 9학년 학생들이 보여준 것처럼 (시계열과 비슷하게) 사례 값 그래프를 그린 몇 개와 함께 수들 또는 사탕들의 그림처럼 자신의 표현을 나타낸다. 그런 그래프는 큰 변이를 나타내는 경향이 있다. 격자의 도움으로 어떤 그래프는 빈도에서 변이를 인식함을 보여주지만 중심의 위치에 대해서는 모르는 것 같다.

"더 많은" 또는 "절반의" 빨간색에 기초하여 결과의 중심과 연관된 더 복잡한

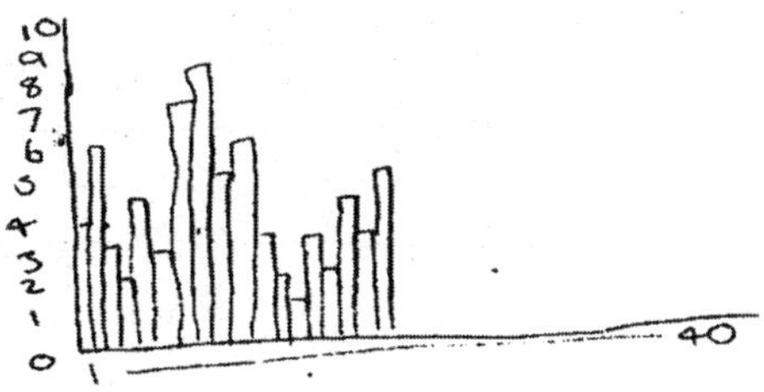

그림 7.12 단일 구조적 응답에 해당하는 그림 7.10의 사탕에서 40번 시행한 결과

추론은 다중 구조적 수준에 해당한다. 학생들은 그들의 응답들에서 예측에 일관성이 더 있으며 어떤 학생들은 선택지에서 확률적 추론으로 뒷받침되는 (c) (5, 5, 5, 5, 5, 5)를 선택하기도 한다.

- [문항 3(c) 5, 5, 5, 5, 5, 5] 왜냐하면 절반이 빨간색이어서 빨간색을 얻기가 50-50의 가능성을 가지기 때문이다.

어떤 학생들이 여전히 "절반"보다 "더 많음"에 초점을 맞추기는 하지만, 중심 주위의 어떤 밀집을 인식한다.

- [문항 1(b)] 대부분 5 정도이고 대부분 빨간색이다.
- [문항 2] 5, 6, 7, 4, 5, 5인데 어떤 값은 더 클 수도 있고, 어떤 값은 더 작을 수도 있지만 절반은 빨간색이다.
- [문항 3(b) 3, 7 5, 8, 5, 4] 모두 가운데에 있다. [다르게 선택하면?] 대부분 모두 높거나 낮다.

어떤 학생들이 그래프 표현에 여전히 어려움을 가지고 있지만, 격자의 도움으로 다른 학생들은 가운데를 중심으로 하는 변이의 인식을 나타내는 특이한 표현을 제시할 수 있다. 7학년 학생이 그린 그림 7.13의 그래프는 수직축을 학생들의 빈도보다 개별 학생으로 해석하며 다섯 학생의 각 집단에 대하여 일종의 "평균적

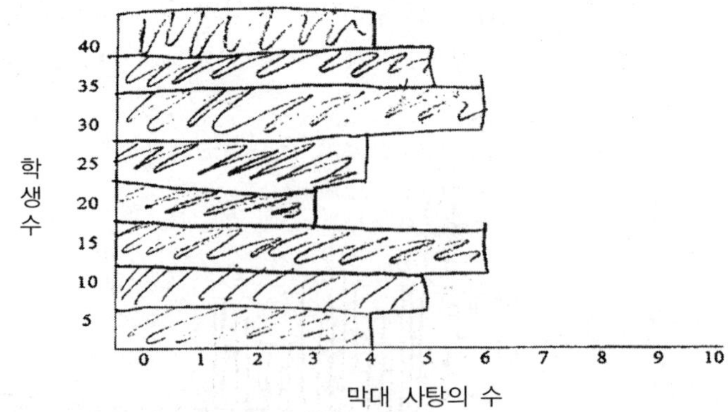

그림 7.13 막대 사탕에 관한 40번의 시행에 관하여 그림 7.10의 과제에 대한 다중 구조적 표현

인” 수행을 나타내고 있다. 그 값들은 가운데에 모여 있다. 그래프에 관한 엄청난 경험을 가지고 있지 않은 학생들은 이렇게 창의적 방식으로 이야기를 한다.

이론적 분포에 관한 정규 수업을 듣지 않았던 학생들에게서 얻은 관계적 수준의 응답은 용기 안의 빨간색의 비율과 함께 그 비율에 대한 변이를 확실하게 인식함을 보여준다.

- [문항 1(a)] 약 5. 왜냐하면 50개의 빨간색이 있어서 100을 10으로 나누고 50을 10으로 나누어서 5를 얻는다.
- [문항 1(a)] 5. 왜냐하면 50은 100의 절반이고 5는 10의 절반이다. [문항 3, (b) 3, 7, 5, 8, 5, 4] 그것들은 모두 5 표시의 주위에 있다.

이 학생들은 또한 40번 시행의 적절한 분포를 그려서, 그 분포가 통계적으로 적절한 수준보다 좀 더 넓게 보이지만 그림 7.14와 같이 나타낸다. 이 그림은 9학년 학생이 나타낸 것이다.

그림 7.10의 과제가 이용한 상황에 따라, 40번을 학급 학생들이 시행하고 그 결과를 예측한 값 및 분포와 비교하기 위하여 그래프로 나타내는 것은 마지막 활동으로 유용할 것이다. 이것은 학생들이 한 주먹의 10개의 사탕을 여섯 번 시도한 가장 이론적으로 가능성이 큰 결과로서 (5, 5, 5, 5, 5, 5)에 기초한 강한 확률적 관점을 유지하는데 특히 유용하다.

그림 7.10의 질문에서 제시한 학급 전체의 탐구 상황은 어떻게 표본추출을 할 것인지에 관한 토의로부터 장기간의 결과 특성에 관한 추론의 제안까지 자료 및 우연 교육과정의 모든 양상을 포괄한다. 그렇지만 모든 부분에서 기본적인 현상으로서 변이에 초점이 있어야 한다.

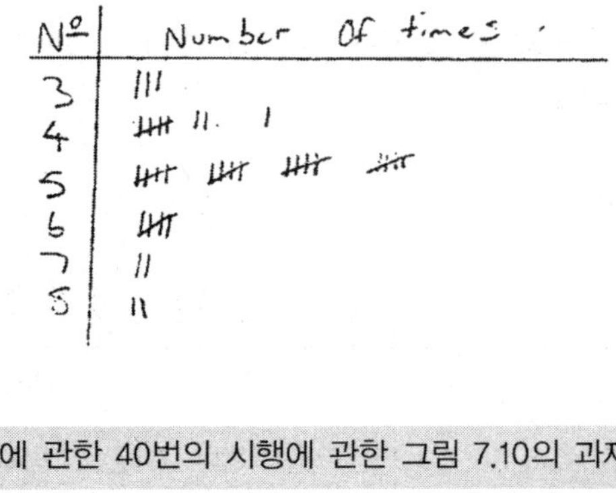

그림 7.14 막대 사탕에 관한 40번의 시행에 관한 그림 7.10의 과제에 대한 관계적 표현

7.5

사례 연구 3: 회전판

사례 연구 2에 관한 변이는 표본추출보다 "시행"을 필요로 하면서, 또한 변이의 적절한 표현에 관하여 그래프들을 학생들이 구별하도록 요구하면서, 난수 발생기를 변화시키는 것을 포함한다. 학생들에게 (검은색 — 흰색)의 50-50 회전판을 50번 돌리고 검은색이 나타난 횟수를 기록하는 것을 상상하도록 하면, 대부분의 응답은 그 회전판의 검은색 비율을 생각하여 "25"라고 한다. 그렇지만 반복 시행에 관하여 물으면, 그 결과가 매번 같지는 않다고 학생들이 말하고 그런 50번의 회전에 대하여 물었을 때, 대부분의 학생들은 모의실험에 의하여 나타난 결과의 90% 이내에 위치한 값들을 나타낸다.[16]

또한 어떤 종류의 결과가 그들을 놀라게 하는지 물으면, 대부분의 학생은 "모든" 또는 "없음"이라는 적절히 극단적 값을 제시한다.

(기대한 값인) 25와 다른 결과의 아이디어가 그런 많은 횟수의 회전과 관련하여 상대적으로 직접적이지만, 분포의 모양과 산포의 인식은 많은 시행 경험 없이 파악하기가 더 어렵다. 또한 학생 각자가 50번의 회전을 수행하고 그 회전판이 검은색으로 나타난 횟수를 기록하는 교실 시행은 그에 관한 분포가 어떠할지를 직접 체험하여 알게 하는데 매우 도움이 된다. 3.8절에서 논의하였던 점 쌓기 그림과의 연결은 시행을 쉽게 그림으로 나타낼 기회를 제공한다. 그 결과는 그림 7.15와 비슷하게 나타난다. 이것은 문맥 안에서 가장 작은 값 및 가장 큰 값, 최빈값, 자료 집합의 범위를 물으면서 그래프 작성 및 의미의 강화를 위하여 사용

어떤 반에서 50–50 회전판(검은색과 흰색)을 50번 돌려서 검은색이 나온 횟수를 아래에 나타내었다.

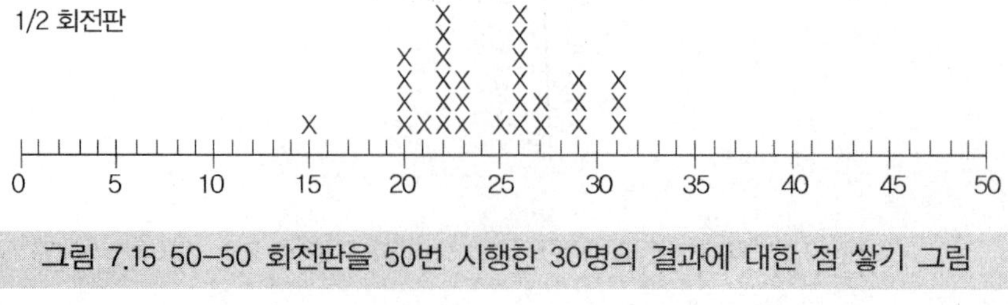

그림 7.15 50–50 회전판을 50번 시행한 30명의 결과에 대한 점 쌓기 그림

될 수 있다. 반복 실험 후에라도 어떤 학생들은 제시된 값인 회전판이 검은색으로 나타난 횟수와 빈도를 혼동한다. 그래서 그 학생들은 가장 작은 값을 15가 아닌 1이라고 하고 가장 큰 값을 31이 아닌 6이라고 한다.

이런 실험 후에, 적절한 분포 변이에 관한 학생들의 인식의 감각은 그림 7.16의 예와 같이, 다른 학급이 수행한 50번의 시행 결과의 그래프를 보고서 커질 수 있다. 이 과제를 통하여 학생들에게 그 그래프들이 학급에서 실제로 수집하거나 이미 구성된 자료를 나타내는지를 결정하도록 요청한다.[17] 처음의 기대(25번의 검은색)의 이해의, 이론적으로 어떤 패턴을 포함하는 분포를 만들기 위한 기대로부터 적절한 변이의, 그리고 그런 패턴에서 적절한 변이의 인식은 제시된 세 그래프를 완벽하게 평가하기 위하여 필요해진다.

각 그래프에 대하여, 중학생들이 나타내는 네 가지 수준이 있다. 일부 학생들은 부적절한 선택지를 고르고 애매한 이유를 제시하거나 분포의 특징을 인식하지 못하는 것 같다.

- (a) 진짜 — 진짜 같다.
- (b) 진짜 — 임의이다.
- (c) 만든 것 — 틀린 것처럼 보인다.

그 다음 수준에서, 학생들은 논리적 추론 없이 적절한 선택을 하거나 의사 결정에 중요한 것이 아닌 그래프 특징에 기초하여 부적절한 선택을 한다.

- (a) 진짜 — 약 25가 평균이다.
- (b) 진짜 — 퍼져 있다.
- (c) 만든 것 — 가운데에 모여 있다.

그림 7.16에서 과제에 대한 가장 높은 두 수준에 해당하는 응답에서 적절한 응답다운 정교한 추론을 보여준다. 끝에서 두 번째 응답은 정당화를 애매하게 한다.

- (a) 만든 것 — 모양 때문이다.
- (a) 만든 것 — 패턴 안에 있기 때문이다.
- (b) 만든 것 — 실제 같지 않다.
- (b) 만든 것 — 그와 같지 않을 것 같다.

다른 세 반이 회전판에 대하여 그래프를 그렸다고 하자. 다음의 결과를 보고 그 결과가 실제로 실험을 하지 않고 만들어진 것인지 생각해 보자.

A반

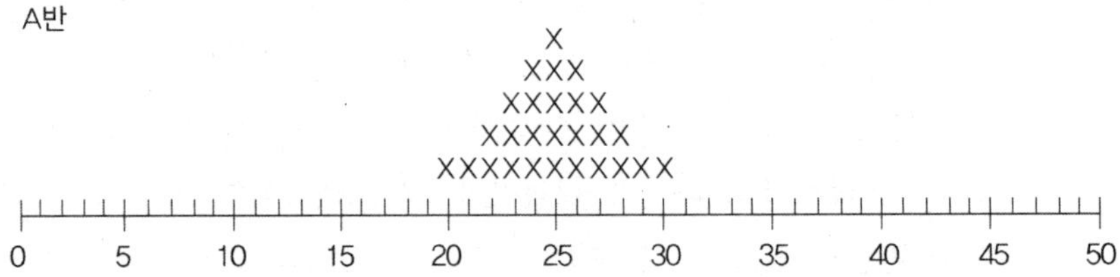

(a) A반의 결과가 실험 없이 만들어진 것인지 아니면 실험을 해서 실제로 구한 것인지 어떻게 생각하는가?

□ 실험 없이 만들어진 것 □ 실험을 해서 실제로 구한 것

왜 그렇게 생각하는지 설명하여라.

B반

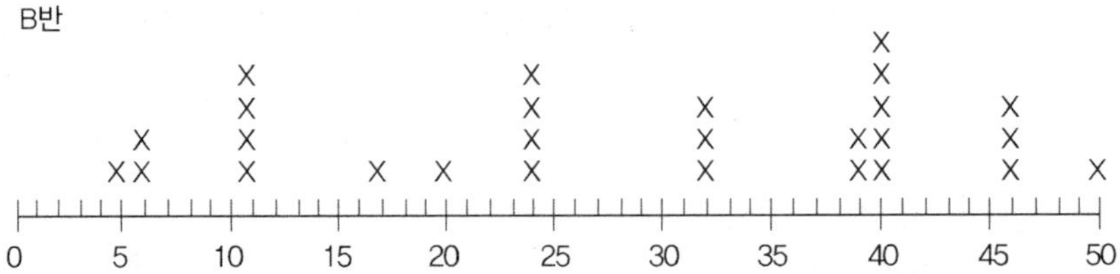

(b) B반의 결과가 실험 없이 만들어진 것인지 아니면 실험을 해서 실제로 구한 것인지 어떻게 생각하는가?

□ 실험 없이 만들어진 것 □ 실험을 해서 실제로 구한 것

왜 그렇게 생각하는지 설명하여라.

C반

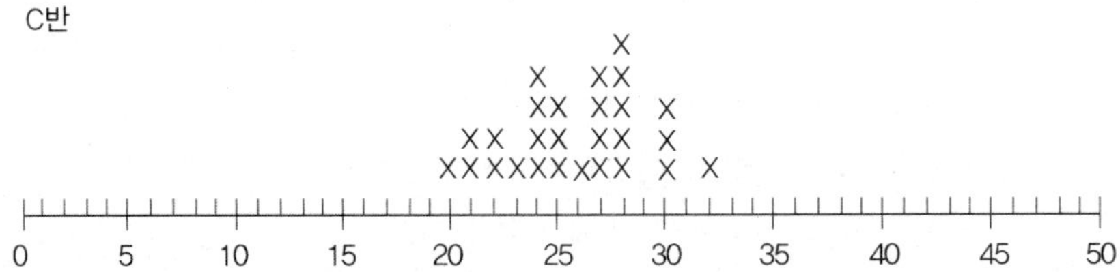

(c) C반의 결과가 실험 없이 만들어진 것인지 아니면 실험을 해서 실제로 구한 것인지 어떻게 생각하는가?

□ 실험 없이 만들어진 것 □ 실험을 해서 실제로 구한 것

왜 그렇게 생각하는지 설명하여라.

그림 7.16 회전판을 포함한 시행의 진실성을 결정하는 과제

- (b) 진짜 — 더욱 고정된 그래프.
- (b) 진짜 — 패턴처럼 보이지 않는다.

더 높은 수준의 응답은 그래프의 숨겨진 특징을 알아보는 것이 더 특징적이다.

- (a) 만든 것 — 삼각형 모양.
- (a) 만든 것 — 어떤 것은 20 아래에 그리고 30 위에 있어야 한다.
- (b) 만든 것 — 범위가 너무 크다.
- (b) 만든 것 — 하나는 50이고 하나는 5이다.
- (b) 진짜 — 고르지 않고 25 주위에 있다.
- (b) 진짜 — 19와 32 사이의 결과

중학생들은 그림 7.16의 문항 (a)를 가장 쉽다고 하면서 학생들의 3/4이 가장 높은 두 수준의 응답을 제시하고, 문항 (b)가 가장 어렵다고 하면서 학생들의 약 40%가 가장 높은 두 수준의 응답을 제시한다. 학생들의 약 2/3가 문항 (c)를 그런 수준으로 수행한다. 특별히 패턴이 아닌 변이가 주제일 때, 적절한 분포 안의 변이를 적절하게 표현할 수 있고 그에 대한 인식을 얻기 위하여 많은 경험이 필요한 것 같다. 교실 자료 집합을 생성하고 부적절한 선택지를 고찰하는 것의 결합은 직관을 형성하기에 도움이 되어야 한다. 7.4절과 7.5절에 주어진 예들은 많은 시행 중에서 한 결과 — 빨간색 사탕 또는 회전판의 검은색 절반 — 의 발생을 세어서 나타낸 것이다. 앞에서 언급하였지만, 학생들에게 한 모델로부터 다른 모델로 이해를 전이하기가 시시한 연습문제가 아니지만, 여기서 언급하였듯이 기초가 되는 이론적 분포가 같기 때문에 이 경우에 직접적 연결을 이끌어 내는 것이 가능하다. 얼마나 이 연결 절차가 진행될지는 학년 수준 및 얼마나 가깝게 교육과정이 이론을 통해서 연결을 형성할지에 따라 크게 달라질 수 있다.

여기서 설명한 회전판 활동의 또 다른 확장은 5.7절에 나온 것과 같이 두 회전판을 사용하는 것이다. 독립사건을 공부한 학생들에게, 두 개의 50-50 회전판의 많은 시행에 대하여 예상되는 분포를 만드는 과제들이 교실 시행 또는 잠재적으로 권위적인 또는 비권위적인 예들과 비교될 수 있다.

7.6
사례 연구 4: 두 집단을 비교하기

의미 있는 차이가 있는지를 알아보기 위하여, 두 표본의 평균을 비교하기, 즉 t검정은 기초 정규 통계학 강좌에서 학생들이 접하는 연습 중의 하나이다. 그런 검정은 임의 할당 및 정규분포와 같은 자료 특징과 같은 가정에 기초하며, 두 표본에 나타난 측정 변이와 비교된 상대적 평균 차이에 따라 달라진다. 중학생들은 이런 수준의 정교함을 가지고 표본을 분석할 수 없지만 두 자료 집합을 비교할 필요를 이해할 수 있고 예를 들어 "남자와 여자 중에 누가 자신의 신발 끈을 더 빨리 묶을 수 있는가?"와 같은 질문에 대답하기라는 과제에 더 자극을 받을 수 있다. 전미수학교사협의회(NCTM)는 3-5학년 및 6-8학년의 학생들에 대한 의미있고 자극이 되는 활동으로서 두 자료 집합을 비교하기를 인정한 것이 고무적이다.[18]

6.4절에서 두 그래프의 점수들의 표현에 기초하여 두 학급 중에 누가 더 잘 하였는지를 정하는 과제를 고찰하였다. 네 쌍의 그래프가 그림 6.3에 제시되었고 학생들은 그 그래프들을 해석하기에, 동일하지 않은 자료 집합을 다루는 비례적 추론 기술을 가졌는지 아닌지에 따라 세 수준으로 나누어진 정교함을 보였다. 그 과제들에 대하여, 두 가지 의미에서 변이를 인식하는 학생들의 경향을 관찰하기가 또한 가능하다.[19] 주목해야 할 두 집합 사이의 차이가 있지만 그런 대조는 두 집합 자체 내의 모양 및 산포에 관하여 만들어질 필요가 있다. 그런 주제의 인식을 형성하기 위한 출발점으로서, 변이에 대한 여러 수준의 학생 인식이 그림 6.3의 과제에 대한 응답과 관련하여 관찰될 수 있다.

어떤 학생들은 변이가 한 주제라는 것이나 자료 집합 내에서 발생하는 것임을 알지 못하는 것 같다. 그렇지만 때로는 평균과 함께 특별히 합계를 계산할 때에, 목표는 "한 숫자"이고 그것은 자료의 정보를 완전히 나타내는 것으로 사용된다. 많은 학생들에게 이것은 문항 (a)와 (b)에서 발생한다. 거기에서 자료 값은 소수 포함되고 모양에 관한 더 복잡한 주제가 포함된다는 인식 없이 문항 (c)와 (d)에 전이된다. 이 절에서 더 많은 자료 값의 존재 및 더 복잡한 해석에 대한 잠재성 때문에 마지막 두 문항에 대한 학생들의 응답에 관심을 갖고 초점을 맞춘다.

의사 결정에서 자료 집합들 사이의 변이를 고찰할 필요성을 인식하는 초기에,

학생들은 개별 또는 전반적 특징을 고찰하기도 한다. 자료 집합을 보는 두 가지 방식 안에서, 복잡함의 여러 수준이 관찰될 수 있다. 개별적 특징의 고찰은 그래프들의 세로 항목에 기초한다. 단일 구조적 수준에서 응답들이 단일 값에 초점을 맞추고 세로 항목들 간의 어떤 합성 없이 두 자료 집합들에서 그것을 비교한다.

- [문항 (c)] 갈색이 더 잘했는데 그 이유는 7점을 얻은 사람이 두 반에서 단 한 명이었기 때문이다.

개별 특징을 고찰하는 다중 구조적 수준에서, 일부 학생들은 시계열적 비교에서 여러 세로 항목들을 본다.

- [문항 (c)] 제 생각에 [노란색을 가리키면서] 이것이 [갈색 그래프를 가리키면서] 저것보다 더 많은 점수를 받았어요. [어떻게 그렇게 생각하였지?] 왜냐하면 5점을 얻은 사람이 더 많고 둘 다 사람 수가 같은 6점과 4점을 제외하고 다른 점수를 얻은 사람이 더 적었어요.
- [문항 (d)] 글쎄요. 그것[핑크색]을 바라보면 더 많다고 말할 수 있어요. 그러나 9와 8은 같지만 6과 5와 4와 나머지 모두는 여기 아래 있는 것[검은색]보다 훨씬 더 커요.

차이와 변이를 고찰하는 전반적 관점은 여러 수준에서 관찰될 수 있다. 단일 구조적 수준은 6.4절에서 얘기하였듯이, 문항 (d)의 핑크색과 대체로 연관되어 “더 많음”이라는 단일 관찰과 관련된다. 다중 구조적 수준에서, 학생들은 전반적 다중 특징을 고찰하고 관련된 요소로서 개별 값들을 또한 포함하기도 한다.

- [문항 (c)] 갈색반에 있는 사람들 중에 7점을 실제로 얻은 사람이 한 사람 있어요. 두 반 모두 6점을 두 명이 얻었어요. 제 생각에…… 5점을 더 많은 사람이 얻은 것이 7점을 얻은 사람이 한 명 있는 것보다 더 낫다고 봐요. 그러면 평균이 더 커져요. [……] 그렇지만 7이 명백히 가장 큰 표시이죠. [……] 그리고 이 반[갈색]이 사람 수가 더 적고 양쪽 끝에서 더 퍼져있고 이 반[노란색]은 꽤 직접적이고 매우 좋은 평균 표시를 얻은 사람이 아주 많다.

통계학자에게 명확한 것으로 종결될 수 있는 전반적 비교의 양상들 중에 한 가지는 집단 크기에서 변이의 관측이다. 그러나 이것은 초보자에게 중요한 것이고 자료 집합의 전반적 특징으로서 평균을 채택할 필요성을 자각하기 시작하도록 할 수 있다. 만일 학생들이 충분한 이전 경험을 가지고 있다면 다음 접근이 자연스러울 수 있다.

- [문항 (d)] 글쎄요. 이 반[핑크색]에 더 많은 사람이 있어서 이것에 대하여 평균을 구하여야 해요. 그래프만을 보고서 말할 수 없어요.

그러나 가장 정교한 수준의 응답은 결론에 도달할 때에 여러 전반적 및 때로는 개별적 특징들을 통합하고 대조한다.

- [문항 (c)] 이것[갈색]은 음 표준편차같은 모양의 그래프이지만 저것[노란색]은 더 튼튼한 평균을 가졌어요. [계산기를 사용하면서] 저것[노란색]은 45이고 저것[갈색]도 45이네요. 그래서 그 둘 모두는 잘 하였어요. 그렇지만 진짜로 말하기는 어려운데 그 이유는 사실상 둘이 같은 모양이기 때문이에요. [노란색 세로 항목을 가리키면서] 퍼져 있는 듯해서, 여기[갈색 처음과 마지막 세로 항목]의 둘의 평균이 저것, 저 영역에 대하여 [갈색의 항목 5를 가리키면서] 또 다른 2를 만들었어요. 그래서 저는 어떤 것이 더 잘 하였는지 실제로 말할 수 없어요. 만일 학생들이 수학 경시대회에 나가기를 원한다고

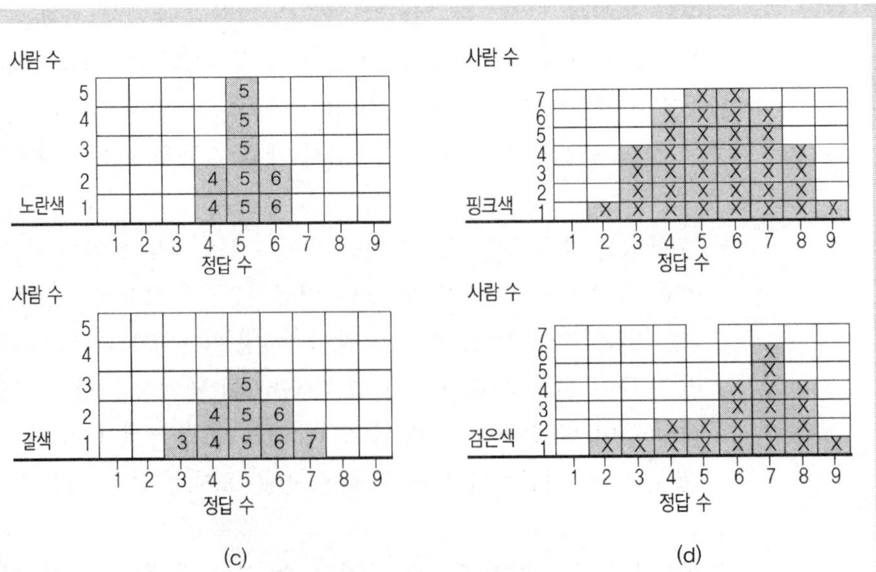

그림 7.17 어린이 두 집단의 시험 점수를 비교하기

가정하면 이것[갈색]이 더 잘 할 것 같은데, 그 이유는 저 끝[갈색의 7]까지 올라갔지만 평균적으로 저것[노란색]은…… 글쎄요. 그것들은 둘 다 실제로 평균적으로 같아요. 그래서 [어깨를 으쓱한다.]

다음 응답은 전반적 관점의 전형이다.

- [문항 (d)] …… 좋아요. 그것을 평균하면 검은색이 더 좋은 점수를 얻었어요. 그 반은 6.2를 얻었고 핑크색 반은 5.5를 얻었어요. 그래서 그들[핑크색]이 더 많은 사람을 가졌지만, 그들은 더 낮은 점수를 얻은 사람이 더 많아요. [핑크색을 가리키면서] 아치 모양을 가져서 가운데 부분의 점수를 더 많은 사람이 가졌어요. 반면에 학급의 학생 수를 고려하면, 그들[핑크색]은 가운데 영역 주변에 더 많은 사람을 가졌어요. 검은색 반은 높은 영역 주변에 더 많은 사람이 있어요. 그래서 그것을 평균하면 검은색 반이 여전히 더 잘 하였어요.

그런 모든 응답이 평균을 사용한 것은 아니다.

- [문항 (d)] 음. 제 생각에 검은색 반이 더 잘 하였는데 그 이유는 점수가 높은 쪽에 더 많은 사람이 있고, 학급 학생 수가 더 적어요. 그렇게 잘 하지 못한 사람들보다 잘 한 사람들을 더 많이 가졌어요. 하지만 이 반[핑크색]은 대부분의 사람이 5점 주위에 있고 5점이나 더 적은 점수를 얻은 사람이 5점이나 더 높은 점수를 얻은 사람과 같아요. …… 하지만 이 반[검은색]은 그것보다 더 잘 하였어요. …… 그것은 5점 밑에 보다 5점 위가 더 많아요.

이 응답들에서 설명한 산포에 관한 초점은 표준편차의 이해를 형성한다고 볼 만큼 강하지는 않지만, 그 응답에서 처음 아이디어로서 차이를 인식함을 보여준다. 학급 토론에서 두 집단의 상대적 산포에 관한 주제로 옮겨가도록 할 수 있다.

7.7
함의 및 추천

이 장에서 중학교 수준의 자료 및 우연 교육과정에 걸쳐서 변이의 항상 존재함을 보여 주기 위하여 네 가지 사례 연구를 제시하였다. 매일 기온 또는 용기에서 꺼낸 빨간 물건의 수와 같이 "변함"의 직관적 이해가 아주 어린 아이들에게도 존재하지만,[20] 표준편차와 같은 정규 측정법이 중학교 상위 학년에서 도입되기 전에 그런 기본적 개념을 강화하기 위하여 초등학교 및 중학교 기간 동안에 정확한 토의가 필수적이다. 학교의 최종 학년에서 통계학을 앞으로 계속 공부하지 못할 학생들에게 이것은 특히 중요하다.

이 책의 장들의 제목을 특징짓는 다른 용어들과 비교해 보면, 변이는 교육과정에서 폭 넓게 언급되지 않는다.[21] 첫 번째 수준의 통계적 소양에 비추어 볼 때, 변이라는 용어와 그 파생어인 "변수" 및 "변한다"는 용어는 교실의 일상 단어의 일부가 되는 것이 필수적이다. 신문의 스포츠 란에서 또는 지역 기상 정보와 같이 일상 생활에서 변이가 관찰되는 것이 토의될 수 있고 교실에서 할 수 있는 특정 활동에서도 관찰될 수 있다. 7.2절에서 보았듯이, 많은 학생들이 사용하는 단어 안에서 변이에 관한 아이디어를 표현하는데 어려움을 가진다. 이것은 일부 교사에게도 어려움인 것 같다. 수학 교육과정의 다른 영역에서도 그렇지만, 개념의 발달을 돕기 위하여 적절한 방식으로 언어를 사용하는 것이 중요하다.[22]

언어 사용이 발달하는 동시에, 문맥 안에서 이해에 대한 두 번째 수준의 통계 소양의 목표에 관한 향상이 일어나야 한다. 이 책 전체에서 보았듯이, 변이가 문맥 안에서 발생하고 문맥 안의 어떤 관찰을 참고하지 않고 특성을 나타내기는 어렵다. 그런 연결이 언제나 가능하다고 강화하기가 중요하다.

변이와 관련하여 통계적 소양의 세 번째 수준은 개별 결과를 고려할 때의 비정상적인 특이값 또는 결과 분포의 부적절한 모양에 대한 인식을 발전시키기에 초점을 맞춘다. 통계적으로 의미 있는 차이를 산출하기에 필요한, 분포로부터 정확한 정도의 변이를 인식하기는 중학생의 수준을 넘어서지만, 그림 7.16의 점 쌓기 그림과 같이, 학급 토의가 수반된다면, 대부분의 학생들은 극단값들을 인식하는 것이 가능하다. 그림 3.24와 같은 그래프 종류의 그래프에서 변이의 과장의 식별은 중학교 수준까지 학생들에게 두 번째 천성이 되도록 해야 한다. 이후에,

변이의 분석 및 카이제곱검정과 같은 정규 기법이 "어떤 것이 적절하게 보이는지"에 관한 정교한 직관 및 그에 대한 친숙함에 근거한다면 더욱 의미 있게 될 것이다.

일화적 증거를 통하여 7학년 또는 8학년부터의 학생들은 평균 및 임의 표본추출, 그리고 그래프 형식으로 그것을 표현하면서, 손 뼘 또는 발 길이를 측정하기로부터 학생들 자신들에게서 수집한 자료 집합을 반복적으로 검토하면서 변이의 관련성을 인식하기 시작할 수 있음을 알 수 있다. 학급에서 24개의 측정값의 표본이 있다면 보통의 학급 활동은 평균을 계산하는 것이다. 어떤 형태의 그래프 표현이 없이 이것은 일련의 값들을 가지고 수행될 것인데, 그렇지만 그림 7.18과 같은 표현은 훨씬 더 많은 흥미 있는 토의를 할 수 있게 한다. 그러나 점 쌓기 그림에서 조차도, 과제는 그래프에서 평균과 중앙값 혹은 최빈값을 계산하는 것이고 그것을 표시하는 것일 수 있다. 세 측정값의 관련성을 설명하는 것일지라도, 평균 및 중앙값에 관한 특이값의 영향을 제외하고 자료에 나타난 변이의 특성을 거의 묘사하지 못한다.

임의 표본추출에 관한 토의와 관련하여, 표본크기를 크게 하는 것이 평균값에서 변이를 어떻게 줄이는지를 설명하는 것이 가능한데, 그 경우에 최소한의 변이(아무 것이 없음)가 24개의 측정값의 표본 전체의 평균에서 발생한다. 각 측정에 어떤 수를 부여하는 것은 ("모자"로부터의) 측정 쌍의 가능한 임의 선택을 가능하게 만든다. 수들의 쌍을 그리는 것은 크기가 2인 표본을 찾도록 하며, 12개의 평균이 계산될 수 있고 원래 그래프와 수직적으로 정렬되도록 점 쌓기 그림에 놓여진다. 그런 12개의 점들은 24개의 원래 값들보다 범위 측면에서 확실히 그래프에서 더 적은 변이를 보여 줄 것이다. 표본크기를 크게 할 때 진행할 여러 방식들이 있지만, 크기가 4인 표본을 만들기 위하여 크기가 2인 그런 표본을 임의로 결합하기는 괜찮다. 한편, 평균들이 계산되고 이전의 두 그래프와 비교되기 위하여 그래프에서 표시된다. 그런 6개의 값들은 이제 더 적은 변이를 보여준다. 표

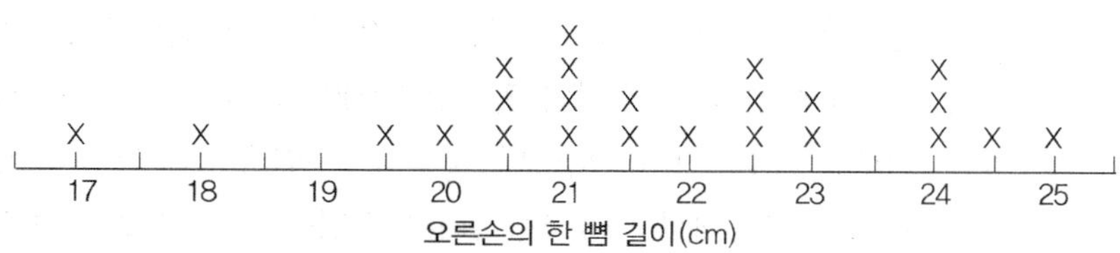

그림 7.18 24명의 오른손의 한 뼘 길이

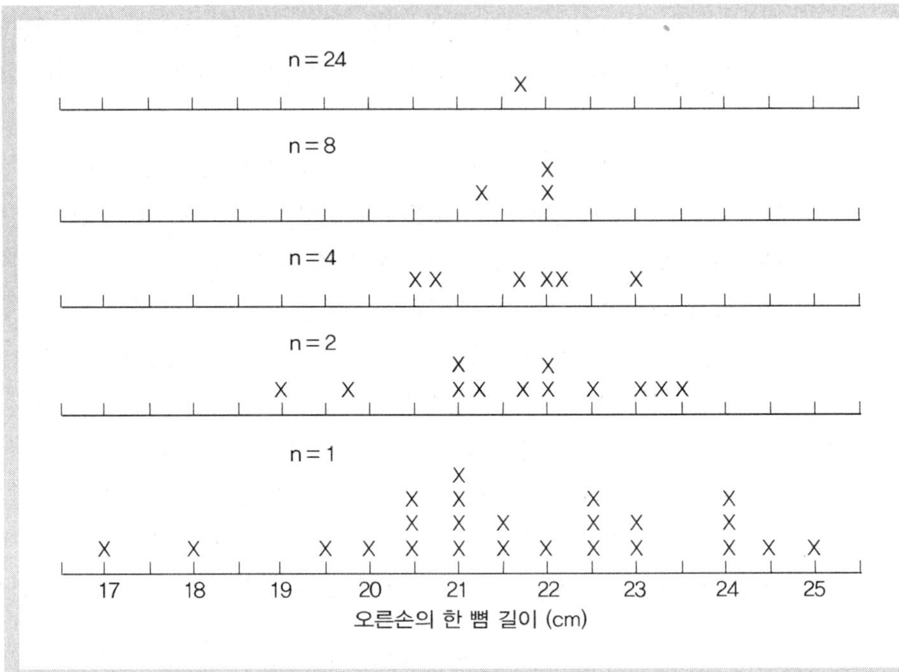

그림 7.19 표본 크기가 커지면서 평균값들의 변이가 적어짐

본크기의 증가를 나타내는 방식으로 그 값들을 이름 붙이는 것이 중요하다. 이제 크기가 4인 6개의 표본들이 쌍으로 임의 정렬되어 있고 크기 8인 표본들의 세 개의 평균이 계산되고 이전처럼 그려진다. 마지막으로 24개의 모든 값들의 평균이 그려지는데 이 평균이 크기 8인 세 개의 표본의 평균들의 평균인 것을 강조되어야 한다. (그런 절차는 크기가 3인 임의 표본에서 시작하여 8개의 표본까지 이르도록 하며 그 이후에 4개의 표본, 그리고 2개의 표본으로 나아갈 수 있다.) 많은 가능성이 있지만 그 절차는 중학생에게 상대적으로 직접적일 필요가 있다. 그 마지막 표현은 그림 7.19와 같이 나타낼 수 있는데, 그 그림에서 표본크기가 작은 표본의 평균들이 크기가 24인 표본의 평균으로 수렴하는 것이 보인다.

표본크기가 커지면서 그래프에서 줄어드는 범위의 산포를 통하여 표본크기가 커지면서 표본 평균들의 변이가 감소함을 의도적으로 보여준다. (학교, 시 또는 도의 그 학년의 학생들 모두에 대한 측정값들에 대한) 모집단 평균까지 연결은 그런 시간에 형성될 수 있지만 완전한 이해는 고등학교 수준에서만 이루어질 수 있을 것이다. 그림 7.19에 나타난 것과 같은 연습이 실제로 수행되었을 때 이후에 통계 정규 과목에서 중심극한정리가 도입될 때 그것을 이해하기에 도움이 될 직관을 형성할 것이다.

참고문헌

1. The Chambers Dictionary of Quotations (Jones, 1996, p. 293)은 그 언급의 출처를 William Cowper (1785), *The Task, book 2*, 'The Timepiece,' line 606-607줄로 하고 있다.
2. Outhred & Shaw (1999).
3. Green (1993).
4. Shaughnessy (1997).
5. Reading & Shaughnessy (2000); Shaughnessy, Canada, & Ciancetta (2003); Shaughnessy & Ciancetta (2002); Shaughnessy, Watson, Moritz, & Reading (1999); Torok & Watson (2000).
6. Gal, Rothschild, & Wagner (1989, 1990); Gal & Wagner (1992); Wagner & Gal (1991).
7. Australian Education Council (1991).
8. Watson & Kelly (2003d); Watson, Kelly, Callingham, & Shaughnessy (2003).
9. Watson, Kelly, Callingham, & Shaughnessy (2003).
10. Watson & Kelly (2003a).
11. Watson & kelly (2003a).
12. Torok & Watson (2000); Watson (2002c).
13. Konold (1989).
14. Watson & Kelly (2003a).
15. Kelly & Watson (2002); Shaughnessy, Watson, Moritz, & Reading (1999); Torok & Watson (2000).
16. Watson & Kelly (2004c); Watson, Kelly, Callingham, & Shaughnessy (2003).
17. Watson & Kelly (2004c); Watson, Kelly, Callingham, & Shaughnessy (2003).
18. National Council of Teachers of Mathematics (2000, pp. 180-181, p. 250).
19. Skalicky (2005); Watson (2001, 2002b).
20. Wastson & Kelly (2002b).
21. Australian Education Council (1991); National Council of Teachers of Mathematics (1989, 2000).
22. Malone & Miller (1993); Miller (1993).

CHAPTER 08

통계적 소양 - 전반적 목표

통계적 무지와 통계적 오류는 아주 널리 퍼져 있고 무지의 첫째로 꼽는 논리적 오류만큼 아주 위험하다.[1]
특히, 시민들은 복잡하고 때로는 충돌하는 정보를 읽고 해석할 수 있어야 한다.[2]
확률과 통계학의 관련 영역을 이해하는 것은 정보에 밝은 시민이 되기 위하여 필수적이다.[3]
만일 학생들이 비판적이고 정보에 밝은 결정을 할 수 있는 영리한 소비자가 될 수 있어야 한다면 통계학 지식이 필요하다.[4]

8.1

배경

이런 인용들을 통하여 교실 밖의 통계적 소양에 대한 필요성이 생각난다. 첫 번째 인용문은 수적 사고능력(numeracy)라는 용어가 처음 도입되었던 1959년으로 거슬러 간다. 그것의 오늘날까지 계속된 관련성은 적절한 통계적 소양 기술의 발달을 지지하기 위한 이 책과 같은 노력을 촉발시킨다. 뒤의 세 인용문은 넓은 문맥 안에서 학교 교육과정 내용을 적용하기 위한 중요함의, 전미수학교사협의회(NCTM)에 의한 인식을 나타낸다.

이 장은 학교 자료 및 우연 교육과정에서 특정 주제를 이해하기의 발달의 특정 양상이 논의된 2장부터 7장까지와 약간 다른 접근을 취한다. 그런 장들에서 제시한 일부 과제들은 대중매체에서 나온 것에 기초하고 있으며 1.3절에서 Iddo Gal에 의하여 언급된 것과 같이 성인의 통계 소양의 목표와 정확한 연결을 제공한다.[5] 다른 항목들은 통계적 사고에의 비판적 접근에 대한 받침을 형성하기를 제공하는 개념들과 연관된다. 이전 장들에서 나온 대부분의 조사 항목들을 결합할 때, 이 장은 통계적 소양의 구성의 발달을 위한 전반적 모델을 제공한다. 통계적 사고의 목표들이 과제들의 "정확한" 답들 안에 있음을 아는 것은 교육 문맥에서 충분하지 않다. 교실에서 무엇을 기대할지 그리고 현재 수준으로부터 더 높은 수준으로 학생들을 움직이도록 하는 활동을 어떻게 설계할지 알기 위한 길을 따라 취해진 발전 단계를 예측하는 것이 또한 중요하다.

다음 절에서 광범위한 의미에서 통계적 소양에 기여하는 요소들을 제시한다. 그 요소들은 이전에 제시한 조사 과제를 완수한 수천 명의 학생들로부터 얻은 응답들의 분석에서 얻은 것이다. 그 다음에 이어지는 절들에서 그런 요소 대부분을 포함하는 통계적 소양과 관련한 여섯 단계의 발달을 설명한다. 마지막 절은 교실 및 통계적 소양을 형성할 때의 교실의 도움을 되돌아 살펴본다.

8.2

통계적 소양의 요소들

그림 8.1은 이 장에서 제시한 것에 대하여 중요하다고 생각되는 통계적 소양에 기여하는 성분들 사이의 연결을 보여준다. 광범위한 기여를 하는 것들은 변이의 인식, 문맥의 이해, 소양 기술, 일반적 수학 및 통계 기술, 과제의 형식, 그리고 과제를 수행하기 위한 동기와 결합하여 자료 및 우연 교육과정의 성분들인 자료 수집, 자료 표현, 자료 축소, 우연, 그리고 추론이다. 이전 장들에서 설명한 조사 과제들은 자료 및 우연 교육과정을 포괄하지만 동시에 수학 및 통계 기술을 구별하는 것, 다양한 문맥을 제공하는 것, 여러 읽기 기술을 필요로 하는 것, 그리고 응답을 위한 여러 형식을 요구하는 것을 필요로 한다. 과제에 대한 동기가 학생들이 쓴 응답에서 직접적으로 체감될 수 없다 할지라도 일부 과제의 문맥은 어떤 학생들에게 더 다가갈 수 있을 것이고 반면에 어떤 학생들은 "운수 나쁜 날"을 경험하거나 조사를 위한 어떤 항목에도 동기를 부여받지 못할 수 있음이 분명하다.

그림 8.1의 왼쪽에 있는 학교 교육과정과 변이의 요소들은 이전 장들에서 자세

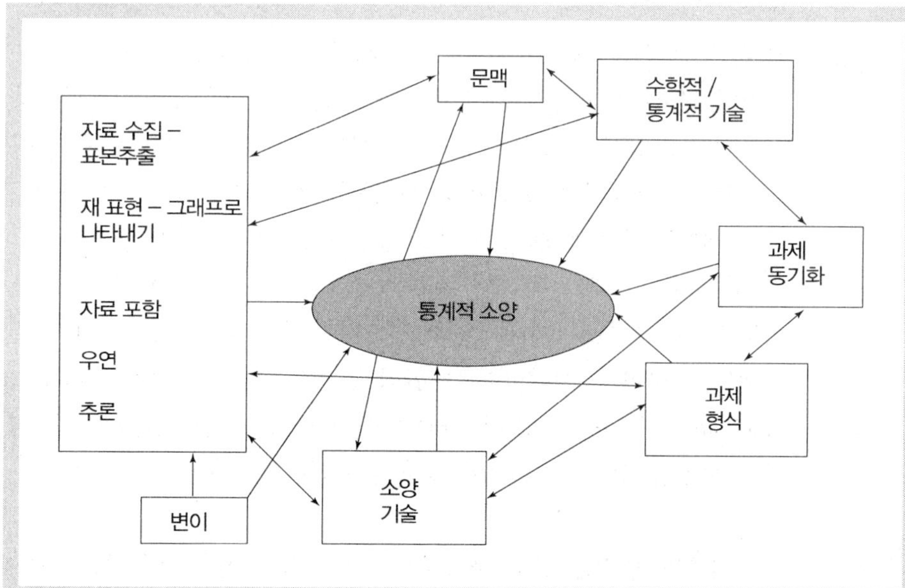

그림 8.1 통계적 소양의 요소들 사이의 연결

히 논의되었다. 이 절은 그 그림에 있는 통계적 소양을 둘러 싼 다른 다섯 개의 요소들에 초점을 맞춘다.

이전 장들에서 말하였듯이, 이 책에 제시된 과제들에 필요한 수학적 기술들은 중학교 교육과정의 수준 — 일반적으로 비례, 비율, 백분율, 그리고 부분 및 전체 관계를 이해하기 — 를 넘어가지 않는다. 통계적 기술들은 대푯값, 수치적 기본 확률, 그리고 복합적 독립 사건들의 확률의 이해 및 계산에 기초한다. 기본 용어들의 정의는 또한 중요하다. 통계적 소양을 위한 적절한 수학적/통계적 추론을 고려하는 것은 10학년 말까지는 대부분의 학생들이 성취해야 하는 것이다.

문맥은 통계적 소양의 매우 중요한 요소이다. 이것은 1.3절에서 Katherine Wallman[6]과 Iddo Gal[7]에 의하여 성인들의 필요에 대한 토의에서 분명해졌지만, 동전 던지기와 손 뼘을 측정하기처럼 탐구가 이루어지는 문맥을 인식하기를 강하게 요구하지 않는 교실에서 문맥이 인식되지 않을 수도 있다. 2장부터 7장까지에서 설명된 과제들은 일반적으로 세 가지 형태의 문맥 중의 하나를 나타낸다. 그런 세 형태는 복잡함이 증가하는데 그 이유는 그것들이 제기된 질문 내에서 제시된 상황과 친숙함에 관한 인식을 더 잘 하도록 요구하기 때문이다. 첫째, 주사위 또는 표 읽기와 연관된 과제들이 있는데 그것은 수학적, 고립된 문맥이며 일단 "규칙"이 이해되면 부가되는 복잡함이 더 없게 된다. 둘째 어떤 과제들은 학교에서 조사하는 것과 같은 학교에서의 학생들의 경험으로부터 학생들이 친숙하게 여기는 문맥을 갖고 있는 것이다. 셋째, 대중매체에서 추출한 것에 기초한 과제들이 있는데 그것은 학교 밖의 환경에서 나온 것이며 잠재적으로 친숙하지 않지 않은 문맥을 포함한다. 점차 복잡해지거나 비친숙한 문맥을 가진 일은 통계적 소양에 관한 더 높은 수준의 수행과 연관되어 있음이 밝혀졌다.

통계적 소양이란 말의 소양을 살펴보면, 소양 그 자체는 특히 비판적 소양이 포함된 그림 7.1의 한 요소라고 생각하는 것이 적절하다. 1.4절에서 도입된 통계 소양 체계는 용어에 대한 이해를 형성하기(1단계), 문맥 속에서 그 용어를 적용하기(2단계), 그리고 적절한 통계적 기초를 가지지 못한 용어와 관련된 주장에 의문을 제기하기(3단계)를 제시한다. 비슷한 종류의 틀이 일반적인 소양 기술의 발달을 위하여 제시되었다. 비판적 소양의 분야 안에서, Alan Luke와 Peter Freebody는 독자를 위한 네 가지 역할과 함께 사회적 습관을 이해할 때 그런 역할을 수행할 수 있기 위하여 요구되는 연관된 습관을 제안하였다.[8]

- 암호화 습관은 암호 해독자로서 학습자의 자원 — 문자를 분석하기, 패턴을

찾기, 문자가 어떻게 작용하는지를 이해하기 — 를 발달시키는 것과 관련된다.

- 문자 의미 습관은 문자 참가로서 자원 — 문자가 서로 어떻게 이어져 있는지, 어떤 문화적 자원이 문자에 담겨질 수 있는지 그리고 어떤 의미가 가능한지 — 를 발달시키기와 관련된다.
- 실제적 습관은 문자 사용자로서 자원 — 문자의 사용이 어떻게 의미를 형성하는지, 문자와 함께 무엇을 할 수 있고 누구에 의하여 그렇게 되는지 그리고 해석을 위한 대안이 무엇인지 — 를 발달시키기와 관련된다.
- 비판적 습관은 문자 해석자 및 비평가로서 자원 — 문자 뒤에 어떤 이익이 감춰져 있는지, 어떤 행동이 문자로부터 흘러나오고자 하는지, 문자에서 말하지 않은 것은 무엇인지 — 를 발달시키기와 관련된다.

사회적 문맥 속에서 통계적 특징의 거의 모든 정보는 문자의 어떤 형태로 제시된다. 그래프는 시각적 형태로 정보를 제시한다는 것을 인식하기와 같이 자료 및 우연 분야에 들어가는 암호 해독 양상을 기본 1 수행이 담고 있다. 기본 2는 문맥에서 의미를 만들기를 반영하는데, 이 경우에 문화적인 것과 함께 사회적 요소도 담고 있다. 그 한 예는 "대푯값"의 다양한 의미의 인식이 문맥에 따라 달라질 수 있음을 인식하는 것이다. 기본 3 수행은 대안적 의미를 창안하기 위하여 자료, 표본 결과 그리고 그래프를 가지고 무엇을 할 수 있는지를 인식할 때 제시된 정보의 사용자가 되는 것에 더 가깝다. 기본 4는 누가 연구를 후원하는지 또는 결과의 어떤 측면이 대중 소비를 위하여 제시되었는지를 고려하는 것과 같이 자료 및 우연 문맥으로부터 발산되는 모든 주장들과 관련하여 질문을 제기하는 것으로 이어지는 비판적 양상을 반영한다. 이런 네 가지 요소는 그 제안자에 의하여 체계적으로 구성된 것은 아니지만, 그것들은 문맥에서 이해를 적용하기의 통계 소양 체계 2 수준에 해당하는 문장 의미 및 실용적 습관에 관하여 통계 소양 체계 내에서 잘 부합된다. 사회적 주제 및 비판적 사고에 대한 공유된 관심을 통하여 통계적 사고와 비판적 소양의 연결은 학교에 다니는 동안에 수행을 증진시키기 위한 영향을 고려할 때 중요한 것이다.

이 장에서 제시된 것들의 기초가 되는 조사들에서 사용된 과제에 두 가지 형태가 있는데, 열린 질문 및 다중 선택 질문이 선택한 응답에 대한 설명도 하도록 하면서 제시된다. 선택지를 제공하면서, 다중 선택 질문은 학생들이 더 쉽게 응답할 수 있도록 하는데 그 이유는 학생들이 적절한 대답을 만들기보다 인식한 것을 보여주도록 하기 때문이다. 이것은 학생들이 통계적 소양의 어떤 수준에서 할 수 있는지에 대한 설명에 있는 한 가지 특징이다.

그림 8.1에 있는 마지막 요소는 과제 동기화이다. 이 요소는 학생들이 다양한 통계적 소양 과제들에서 나타내는 성향과 관련된다. Iddo Gal은 그의 성인 통계 소양을 위한 모델에서, "신념과 태도"와 결합된 "비판적 자세"가 지식 차원과 대조되면서 성향적 차원을 구성한다고 제안하였다.[9] Chris Wild와 Maxine Pfannkuch는 그 아이디어를 확장하여 4차원적 통계적 사고 모델을 만들었는데, 거기에서 한 차원으로서 성향을 포함한다.[10] 그들은 의심, 상상, 호기심 그리고 자각, 아이디어에 열려 있음, 더 깊은 의미를 추구하는 경향, 논리적이기, 인내를 포함한 특별한 성향을 설명한다. 이러한 모든 성향들은 그림 8.1의 다른 요소들과 결합하여 결론을 유도하는데 도움이 될 수 있음이 분명하다. 그렇지만 많은 과제들이 적절한 태도 및 자세를 창출하는 의도를 가지고 있지만 그런 성향들에 대한 특정한 측정이 이 장의 논의의 초점이 아니다.

8.3 통계적 소양의 발달 단계들의 요약

앞 장들에서 제시된 개별 과제들에 대하여, 수행 수준은 일반적으로 단일 요소의 출발점에 관하여 증가되는 정교함을 보여준다. 그 과정의 출발점들은 과제에 따라서 그리고 학생에 따라서 그들의 개인적 배경, 포함된 개념 및 용어에 노출, 문맥과의 친숙함, 그리고 수치적 기술에 따라 달라질 수 있다. 학년 별로 학생들의 선택을 보면 시간에 따라 어떻게 발전하는지에 대하여 알 수 있다.[11] 특히 여러 수준의 수행이 관찰될 때, 그것을 통하여 과제 서로에 대한 상대적 난이도를 알 수 있다. 다양한 과제가 주어졌을 때, 가장 낮은 수준이 서로와 비슷할 것이라고 기대하기 어렵다. 예를 들면 문맥에서 학생들에게 친숙함은 더 많은 학생들이 접근하기 좋은 과제가 되도록 하며, 질문이 제기된 형식이라 할 수 있다. 요구되는 수학적 및 통계적 기술들, 예를 들면 비례 또는 산술평균의 지식 때문에 어떤 학생들이 배제될 수도 있다.

이 장의 논의에서 흥미 있는 것은 각 항목의 각 순서에서 성공을 성취하는 각 학생의 확률을 예측하는 단일 측도에서 둘 다의 순서를 산출하는 과제 난이도와 학생들의 수행의 상호작용이다.[12] 학생들에게 더 쉬운 과제로부터 더 어려운 과제까지 수행의 경향을 설명하는 목적을 위하여 학년 별로 많은 학생들을 조사한 것은 수행에서 관찰된 발달을 충분히 설명하기 위하여 필요한 변이를 얻을 수 있다. 이런 점에서 중요한 것은 대상이 되는 학생들 모두, 일부 또는 소수에 의하여 성공적으로 완수될 것 같은 과제에 관하여 관찰된 발전을 설명한 것이다. 3학년 학생들이 척도의 낮은 수준의 끝에서 여러 수준의 과제들에 "성공"적인 수행을 할 더 높은 확률을 때때로 보여줄지라도 학년별로 설명하기가 이 장의 목표가 아니다. 또한 1장에서 보았듯이, 어린 학생들은 나이 많은 학생들보다 적은 수의 질문에 답한다. 조사된 학생들 사이에서 통계적 소양 기술들이 더욱 발달하면서 관찰된 발달의 특징을 가진 과제들의 양상과 포함된 절차를 설명하는 것이 목표가 된다.

수행된 분석을 보면, 항목들의 난이도 속에서 학생들의 능력과 관련하여 지속적인 발달이 관찰된다. 그런데 항목들을 전반적으로 살펴보면 서로 가까이 있는 항목들과 관련된 수준을 고찰할 때, 여섯 범주에 포함된 절차와 응답들의 특징을 찾는 것이 가능하다. 그 범주들을 구별하는 엄밀한 경계를 이끌어 내기가 가능하지 않을지라도, 일반적으로 내부적인 일관성이 보인다. 대부분의 과제들은 최적의 해법에 도달하기 위하여 여러 수준의 응답을 가지기 때문에, 최고 수준은 설명된 결과를 반영한다. 그렇지만 낮은 수준은 통계적 소양의 여러 양상에 초점을 맞추면서, 발생하고 있는 발달과 다른 과제와 관련된 예상에 관한 중요 정보를 제공할 수 있다. 과제들의 여섯 개의 범주는 이 책 전체에서 논의된 통계 소양 체계의 두 번째 및 세 번째 수준에서 언급하였듯이 문맥과의 증가된 상호작용을 크게 확장하여 반영한다. 두 개의 최상 범주는 친숙하지 않으면서 수학적인 상황 속의 비판적 사고를 포함한 수행을 반영한다. 중간의 두 범주는 문맥을 인식하지만 비판적 의문을 갖지 않고 때로는 일관적이지 못한 수행을 반영한다. 하위 두 범주는 대부분의 문맥에 어려움을 겪는 수행을 반영한다. 물론 문맥보다 더 많은 것이 포함되어 있으며 여섯 범주의 설명이 제시된 것처럼 그림 8.1에 나타난 여러 연결들의 영향이 다음 절에서 논의된다. 개별 과제에 대한 수행을 설명하기 위하여 수준이라는 용어의 사용과 혼동하지 않기 위하여, 단계라는 용어가 여섯 개의 체계적 범주와 연관되어 사용된다. 앞 장들의 초점이 되는 주제와 관련된 수행에서 여섯 단계의 특징에 대한 간단한 요약이 표 8.1에 나타내어졌다.[13]

8.4

통계적 소양의 1단계 – 특이함

항목들의 가장 낮은 범주에 관한 학생 수행을 관찰해 보면 과제의 문맥과 거의 연관성이 없다. 개인적, 직관적, 그리고 통계적이지 못한 관점에서 만들어진 응답들이 관찰되어진다.

이들은 자료 및 우연 교육과정의 여러 요소들과 연관되어 응답들에서 설명된다.

표 8.1 통계적 소양의 이해의 여섯 단계의 특징 요약

1단계: 특이함
문맥: 존재하지 않는, 특이한, 또는 개인적인 것과 관련짓기
표본추출: 부적절한, 개인적 믿음
표현: 기본 그래프 및 표 읽기
대푯값: 아무 연관 없음
우연: 특이한 이유, 확률에 대한 부적절한 해석
추론: 상상적인 설명
변이: 우연에 대한 인식이 없고, 그래프에 대한 차이만 앎
수학/통계 기술: 일대일 세기, 가장 큰 수를 선택하기

2단계: 비형식적
문맥: 구어 또는 비공식적인 것과 관련짓기
표본추출: 단일 요소만 채택
표현: 관찰된 값들에서 기본 계산
대푯값: 단일한, 구어적 용어만 사용
우연: 특이한, 구어적 해석, "무엇이든 일어날 수 있다"
추론: 단일한, 비핵심적인 주제들이 고려됨
변이: 우연 상황에서 엄밀한 예측
수학/통계 기술: 덧셈, 뺄셈

3단계: 일관되지 못함
문맥: 선택적이거나 일관되지 못하게 관련짓기
표본추출: 부적절한 특징에 초점
표현: 그래프 속의 문맥보다 그래프 세부의 해석
대푯값: 식의 필요성의 인식에 관한 구어적 해석
우연: 백분율 결합, 그리고 조건적 우연의 제한된 해석
추론: 주로 비핵심적 주제들
변이: 부적절한 시도들
수학/통계 기술: 약간의 변화, 질적인 우연 설명

4단계: 일관되지만 비판적이지 않음
문맥: 때로는 적절하지만 비판적이지 않게 관련짓기
표본추출: 여러 요소 고려하지만 일관적이지 않음
표현: 문맥의 부분적 인식
대푯값: 평균과 중앙값의 직접적 응용
우연: 문맥에 의존하는 혼합된 성공
추론: 핵심적 주제들의 일관되지 못한 인정
변이: 우연 상황에서 성공
수학/통계 기술: 평균 단순 확률, 그래프 특징

5단계: 비판적
문맥: 비판적인 것과 관련짓기
표본추출: 친숙한 문맥에서 비판적 사고
표현: 문맥에서 이변량 결합의 표현
대푯값: 평균 및 중앙값의 통합
우연: 조건부적 과제에 관한 성공
추론: 약간의 변화
변이: 우연 및 그래프에서 자발적 인식
수학/통계 기술: 약간의 변화

6단계: 비판적이고 수학적
문맥: 비례적 논증을 포함한 비판적인 것과 관련짓기
표본추출: 덜 친숙하고, 애매한 문맥에서 비판적 사고
표현: 문맥에서 요약과 비율 계산
대푯값: 특이점들의 편의 효과의 인식
우연: 더 복잡한 수학을 필요로 할 때 성공
추론: 비확실함 및 원인-결과의 미묘한 차이의 인식
변이: 변화 없음
수학/통계 기술: 비례적 논증, 비율, 독립 사건들에 대한 곱셈 공식

표본추출에 관하여, 학생들은 정의에 관하여 시작할 수는 없지만 대신에 미국 고등학교의 총에 관한 기사의 이상한 특징에 대하여 묻고 있는 그림 2.7의 과제에 응답할 때 "사람들은 총을 갖지 말아야 한다"와 같은 개인적 믿음들을 공유한다. 그림 2.5와 같은 새 차를 사는 것에 관한 선다형 과제에서 학생들은 결정을 할 때 부적절하게 "친구에게 의존한다"라는 (B2) 선택으로 응답한다. 이것은 넓은 사회적 문맥을 해석할 때의 어려움을 반영하는 것 같다. 그림 2.4에서 보인 복권을 팔기 전의 학교 전체 조사와 연관된 과제를 해 보는 것의 결여로 인하여 그 과제를 설명하는 도입부가 아주 길고 구조적으로 복잡하기 때문에 읽는데 어려움을 보이는 것 같다.

자료 표현에 관하여, 이 단계에서 학생들은 기본 그래프 및 표 읽기에 성공적인 것 같다. 그들은 이원적인 범주화되지 않은 표로부터 특정 값을 읽을 수 있고

표의 횡 및 종의 숫자들로부터 가장 큰 값을 선택할 수 있다. 그림 6.2와 같은 그림그래프에 대하여 학생들은 정확하게 셀 수 있다. 예를 들면 버스로 학교에 오는 학생들의 수와 자동차보다 버스로 오는 학생이 얼마나 더 많은지를 결정할 수 있다.이 단계에서 학생들이 성공한 많은 과제들은 기본 표 및 그래프 읽기를 포함한다는 사실은 제시된 질문에서 소양이 덜 필요로 함을 의미한다. 마찬가지로, 문맥의 해석은 "얼마나 많은" 형태의 직접적 질문에 대답할 때에 역할을 하지 못한다.

이 단계에서 평균과 관련된 과제에 대한 뚜렷한 수행이 보이지 않는다. 이것은 어린 학생들이 그 개념에 대하여 잘 알지 못함을 나타낸다.

우연과 관련된 과제에 대하여, 학생들은 특이한 응답을 제시한다. 그림 5.7에 나타난 것처럼 모자에서 소년 또는 소녀의 이름을 하나 꺼내는 것의 확률에 관한 질문에 대하여, "교사가 소녀이기 때문에 소녀"라는 응답들이 전형적이다. 그림 5.15의 내기에 관한 신문 기사에서 확률 문장의 해석에 대하여 묻는 항목에 대하여, 그 해석은 게임의 현재 점수와 같은 양상을 반영할 수 있다. 50-50, 반쪽이 칠해진 회전판에 기초한 과제에서, 칠해진 부분이 나올 확률에 관한 질문에 대한 응답은 "불운", "열 중 하나", 또는 "80%"와 같은 부적절한 것이 나온다. 그러나 그림 5.5의 "발진이 날 확률이 15%이다"라는 해석에 관한 질문에서 선다형의 도움을 받아서, 학생들은 "행운" 또는 "거의 없는 확률"이라는 구어적 응답 중의 하나를 선택한다. 그런 응답은 이 단계의 항목들의 가장 높은 끝에서 나오고 통계적 소양의 가장 낮은 두 단계 사이의 사고 안의 전이를 반영할 수 있다.

추론에 관하여, 아예 반응이 없거나 상상적인 이야기 꾸밈이 이 단계의 특징이다. 이제 그림 6.2의 학교에 아이들이 어떻게 오는지에 관한 그림그래프에서 해석 및 예측과 관련하여, 학생들은 문항 (c)의 기차 항목의 학생들이 없는 것에 대하여 "기차가 고장났다"와 같이 불확실함에 대한 인식이 없는 응답을 제시하기도 한다. 그 그래프가 작성될 때에 두호가 학교에 있지 않았지만 만약 왔다면 어떤가에 관한 문항 (d)에 대하여, 학생들은 그래프로부터 말할 수 없다고 하면서 예측을 거부하거나 "그것은 어제와 같을 것이다"라고 응답한다.

대부분의 학생들이 그래프가 매일 같게 보이지 않을 것이라고 인정하는 그림그래프 시나리오의 문항 (a)에서, 기본적인 변이에 대한 인식이 엿보인다. 50-50 회전판에서 반복된 회전 속에 칠해진 부분이 나오는 횟수를 예측하거나 주사위를 60번 던질 때에 그 결과의 분포를 예측하는 우연 과제에 대하여 추정들은 부적절하거나 수반된 논증이 독특하고, 때로는 "추측"이라고 제시한다. 그림 7.16

의 점 쌓기 그래프 중에 무엇이 실제 자료를 반영하여 작성되었는지를 결정할 때에, 학생들은 인식에서 부분적 성공을 이루는 것 같다. 이것은 과제의 1단계 집락에서 높이 있는 또 다른 과제 응답이며 중학교 학생들을 위한 2단계 논증에의 전이를 나타낸다.

교육과정과 연관된 용어에 관하여 학생들은 동어 반복 또는 부적절한 응답 이상을 제시할 것 같지 않다. 이 단계에서 제시되는 수학적 기법은 그림그래프에서 가로들 사이의 차이를 알고, 표에서 구성원을 정하기 및 세로 합을 얻기 위하여 두 구성원을 더하기(예를 들어 20+10)에 충분한 성공적인 일대일 세기와 관련된다. 전반적으로 과제 수행의 시작은 직접적 질문에 의하여 도움을 받으면서 표와 그림그래프 그리고 우연 환경을 포함한 단순 문맥 안에서 발생한다.

8.5 통계적 소양의 2단계 — 비형식적

통계적 소양의 두 번째 단계에서 과제에 관한 수행 중에 문맥에 관한 수행이 일어나지만, 응답들은 여전히 직관적, 비통계적 믿음 또는 관련되지 않은 관점에 초점을 맞춘다. 그러나 여러 영역에서, 단일 요소의 개념들이 나타내어지거나 응답에서 채택되는 것 같다.

표본이 무엇인지에 관한 질문에 대한 응답들은 "검사"와 같은 단일 아이디어를 나타내거나 "수퍼마켓에 잇는 치즈"와 같은 예를 제시하는 것 같다. 그림 2.4에 제시된 학교 조사를 계획하는 것과 같이 학교 기반의 문맥을 고찰 할 때, 응답들을 보면 문맥이 이해되기에 충분할 정도의 소양 기술이 있는 듯 보이지만 모집단을 나타낼 필요를 고려하지 않고 제안들은 다시 "모두에게 묻는다" 또는 "내가 만난 사람에게 묻는다"와 같이 표본추출의 단일 특징에 관하여 초점을 맞춘다. 그림 2.4에서 과제에 제시된 가장 좋은 방법을 선택하도록 할 때, 학생들은 부적절한 선택을 하고 특이한 논증으로 그것을 정당화 한다. 학교 운동회 날에 종결 행진에 나서기 위한 네 명의 아이를 어떻게 교사가 공평한 방식으로 선택할지를 물을 때, 학생들은 "행복한 하루를 보낸 아이들"과 같이 단일한 비대표적인 특징에 초점을 맞춘다. 그림 2.5에 나온 것처럼 차를 사는 것에 관한 더 넓은 사회적 문맥의 문항에 대한 응답들은 "어떤 사람이 친구의 조언을 듣든지 소비자 보고서의 자료를 사용하든지 상관없다"는 선다형 선택에 이끌린다.

2단계에서 학생들은 가장 큰 값 또는 가장 공평한 수들을 결정하기 위하여 칸들을 비교하고 100보다 더 큰 총합을 찾는 것과 같이 표에서 기본 비교 및 계산을 잘한다. 점 쌓기 그림에서 학생들은 가장 작은 자료 값을 찾을 수 있다. 대중매체에서 나온 복잡한 문맥에서, 예를 들어 그림 3.17의 그래프 해석 및 계산 과제에서 학생들은 요청받은 비용을 해결하기 위하여 부적절한, 특이한 산술 연산을 제시한다. 그림 3.16의 심장마비와 차 사용에 대하여 주장된 것과 같은 결합을 보여주기 위하여 그래프를 요청한다면, 그에 대한 시도는 그림 3.7과 3.8의 결과와 비슷하다.

평균의 의미를 질문 받을 때, 학생들은 "정상적" 또는 "그는 평균 몸무게이다"와 같은 예처럼 단일한 구어적 아이디어로 응답한다. 중앙값이라는 용어를 정의하기 위한 선다형의 기회가 주어지면, 부적절한 선택인 "가장 정확한 값"이 선호되어진다. 평균하기의 개념에 대한 응용을 포함한 과제에 대하여, 이 단계에서 어떤 연관도 보이지 않는다.

우연을 포함한 과제와 관련하여 이전의 단계와 비교하여 발전이 있어서 학생들은 절반 또는 50%를 포함한 우연 문장과 함께 50-50 회전판에 관한 직접적 질문에 적절하게 대답한다. 모자에서 소년 또는 소녀의 이름을 꺼내는 것에 관한 그림 5.7의 질문에 대하여, 그 응답은 "무엇이든 일어날 수 있다"는 우연 관점과 관련된 추론과 함께 "소년 또는 소녀가 동일하게 나타날 것"이라고 한다. 비슷하게 그림 5.8의 구슬 두 상자를 비교하는 과제에 대하여, 학생들은 "무엇이든 일어날 수 있다"때문에 "파랑이 내 좋아하는 색" 또는 "동등하게 나타남"과 같은 특이한 이유로 두 상자 중의 하나를 선택한다. 그림 5.12에 제시된 스포츠 시합의 처음에 동전 던지기와 같은 대중매체의 과제 상황에 대하여 문항 (b1)과 (b2)에 대한 응답은 다음 던지기에서 앞면이 더 나올 것 같다고 하면서 각 결과의 확률은 1/2이라고 하는 식으로 질문 내에서 일관되지 않다. 또한 그림 5.3에서 발견된 신문 머리기사를 순서화 하는 과제에 대하여, 학생들은 수직선의 적절한 절반에 그 머리기사들을 놓지만 실제 순서에 관하여 더 나아가지 않는다. 그림 5.14에 제시된 빈도에 기초한 조건부적 과제인 남자들의 왼손잡이를 고려하는 더 친숙한 문맥을 고찰할 때, 학생들은 질문의 부분들 사이에 적절한 관련성을 가지고 응답한다. 이 항목은 2단계와 3단계 사이의 경계에 있고 확률보다 빈도가 포함될 때에 특히 문맥과 더욱 친근한 논증으로 전이됨을 나타내기도 한다.

이 단계에서 추론 및 의사결정을 을 요구하는 과제에 대한 응답은 계속 부적절하다. 그림 6.2에서 아이들이 어떻게 학교에 가는지에 관한 그림그래프와 관련된 질문에 대하여, 응답들은 문항 (d)에서 두호가 다음 날에 어떻게 학교에 갈지에 대하여 "걸어가는데 그 이유는 그가 걷기를 좋아하므로"와 같이 이야기 꾸밈에 초점을 맞추거나 문항 (b)에서 새로운 학생이 소년인지 소녀인지에 대하여 "소년인데 그 이유는 가로줄에서 패턴이 있기 때문이다" 또는 "말하지 않았으므로 둘 중 하나일 것이다"와 같이 통계적이지 않은 양상에 초점을 맞춘다. 그림 3.20과 3.21의 두 점 쌓기 그림 중의 어느 것이 학급의 가족들이 얼마나 그 도시에 살았는지에 관한 이야기를 더 잘하는지를 판단하기 위하여, 학생들은 선택에 대한 논증을 제시하지만 선택 및 논증 둘 다는 "그것이 잘 설정되어 있다"때문에 그림 3.21의 척도화 되지 않은 그래프를 선택하듯이 부적절하다.

변이의 인식을 잠재적으로 포함하는 이 단계에서 과제에 대한 응답은 하나의 50-50 회전판을 많이 돌리든지 그림 5.9에 제시된 것처럼 주사위를 60번 던진 결과를 예측하기와 같이 우연과 관련된다. 단일 회전판을 고찰할 때, 많은 시행의 반복된 상황이 완성되고 적절한 "놀라운" 결과값이 주어진다면 변이는 기대되지 않는다. 많은 회전판의 6번의 반복된 시행의 결과를 예측할 때, 변이는 너무 넓고, 너무 좁고, 또는 한쪽으로 기운 것이다. 60번의 주사위 결과를 예측하는 것에 대하여, 제안들은 5의 배수와 같은 패턴을 따르든지 {10, 10, 10, 10, 10, 10}의 엄밀한 이론적 결과를 따른다. 따라서 2단계까지 학생들은 많은 경우에 변이가 우연 문맥에서 발생하는 것을 알지만 거기에 적절하게 구역을 설정하기에 어려움을 가진다.

이 단계에서 제시된 수학적/통계적 기술은 시각적으로 나타내어질 때 또는 많은 시행에서 극단적인 빈도 결과가 나타날 때와 같이 일 단계의 표 및 그래프 계산 과제와 일 단계의 직접적인 우연 평가와 관련된다. 일부 통계 용어에 대한 인식이 시작되고 있지만, 단일 요소를 포함한 설명에 제한되어 있다. 많은 과제에서 시도된 단일 요소는 통계적으로 적절한 특징은 아닐 수 있지만 설명이 첨부되어 있다. 문맥에 대한 적절한 이해가 여전히 아주 제한적이다.

8.6

통계적 소양의 3단계 — 일관되지 못함

3단계에서 학생들의 응답은 이전의 두 단계에서보다 문맥을 더 고려함을 보여주지만 그것은 응답에 도움이 되기도 하는 항목들의 형식에 의존하면서 여전히 선택적으로 나타난다. 더 많은 특징들이 전보다 고려되지만, 통계적 아이디어들이 양적인 것보다 질적으로 표현된다.

그림 2.4에 제시된 학교 전체를 조사하는 문맥에서 표본추출과 편의를 판단하기에 관한 열린 과제들에 대하여, 학생들은 공정함 또는 편의에 대한 잠재적 특징을 찾지 못한다. 문항 (a)의 석호의 무작위 방법이 나쁘다고 판단되어지는데 그 이유는 "더 많은 사람이 필요하다" 또는 "나쁜 사람이 선택될 수 있다"라는 것이다. 문항 (b)에서 컴퓨터 클럽에서 10명을 뽑는 준수의 방법은 좋다고 생각되어지는데 그 이유 중의 한 가지는 "그것은 너무 많지는 않다"라는 것이다. 문항 (c)의 아영이가 1학년 100명 모두에 대하여 조사한 방법은 "큰 표본 크기"라는 이유로 좋다거나 나쁘다고 생각되어지며 "그들은 좀 어리기" 때문에 확신이 없다고 대답한다. 문항 (d)에서 철민이가 친구 60명을 조사하는 것은 "쉽다" 또는 "많은 이유를 가지기" 때문에 좋다고 판단되거나 "그들은 모두 그를 좋아한다"라는 애매한 이유 때문에 나쁘다고 판단된다. 문항 (e)의 자원자 노점을 이용하는 수미의 방법은 "쉽다" 또는 "광범위한 사람에 대하여"이기 때문에 좋다고 평가된다. 아영이와 철민의 방법에 대한 몇 가지 제안이 적절한 아이디어를 거의 표현하는 정도였지만, 대부분의 대답들은 좋은지 나쁜지에 대한 결정에서 방법들의 부적절한 특징에 초점을 맞추었다. 행진을 이끌 네 명의 학생에 대한 두 가지 선택 방법을 제안하는 것에 대하여 학생들은 소년과 소녀, 또는 임의추출을 제안하지만 둘 다는 아닌 제안을 하기도 한다. 그림 2.8의 마리화나를 합법화 하는 자발적 투표에 관하여 이야기하는 과제에 대하여 학생들은 사람들이 거짓말을 할 수 있거나 표본크기가 너무 크다고 말하지만 더 이상의 비판은 나타내지 않는다.

이 단계에서 자료 표현에 관하여, 그림 3.20과 3.21에 제시된 점 쌓기 그림에 관한 설명이 문맥 및 "대부분의 사람은 13년 미만으로 거기에 살았다"와 "세 번째 열이 4개의 교차를 가지고 있다"와 같은 자료 읽기 설명을 포함한 요약 설명에 기초하는 것 같다. 그림 3.6의 기사에서 심장 마비와 차 사용에 관한 민수의 주장을 설명하기 위하여 대강의 그래프를 그리도록 요구받았을 때, 학생들은 결합을 보여주기에 성공적이지 못한 이름표가 없는 기초 그래프 또는 이름표를 붙인 그래프를 제시한다. 그런 그래프의 예가 그림 3.9와 3.10인데 거기서 학생들은 과제를 생각해 낼 수 있지만 전체 그래프를 위하여 모든 요소를 함께 고려하지 못함을 보여준다. 그림 3.16의 소형배에 관한 죽음에 대한 그래프에서 이상한 어떤 것을 물었을 때, 학생들은 실제로 그래프의 일부이지만 숨겨진 이상한 특징은 아닌 특징에 초점을 맞춘다. 예를 들면 응답들은 이름 붙인 것 또는 "원인 불명의 죽음"에 초점을 맞추기도 한다. 이것은 항목들의 3단계 군집의 꼭대기에서 발견된 응답 형태이고 친숙하지 않은 사회적 문맥과의 상호작용에 관하여 다음 단계로 전이를 반영할 수 있다.

대푯값의 개념은 3단계에서도 계속 어렵게 느껴져서, "대표적인 것"을 설명하기 위하여 또는 그림 4.5와 같은 신문 기사의 문맥에서 사용된 구어적 표현이 제시된다. 그러나 그림 4.4에 제시된 선다형의 도움을 받아서, 학생들은 50가족에 대하여 가족마다 아이 수의 대푯값이 2.2명이라는 것을 설명하기 위하여 적절한 대안 — 총합과 연관되고 평균 알고리즘을 역방향으로 이용함 — 을 선택할 수 있다.

이 단계에서 학생들은 우연 결과를 설명하기 위하여 질적 언어를 사용하지만, "무엇이든 일어날 수 있다"에 관하여 그림 5.6에서와 같이 1과 6에 대한 주사위 결과의 동등성을 여전히 설명하면서, 학생들은 그림 5.7의 문제에서 "모자에 더 많은 소녀의 이름들"이 있기 때문에 소녀의 이름이 더 많이 꺼내질 것이라고 결정한다. 50-50 회전판의 반복된 시행과 관련하여, 학생들은 회전판 전체 횟수의 절반이라고 그 우연을 해석하지만 이 값으로부터 어떤 가능한 변이를 인정하지 않는다. 선다형이 주어지면 학생들은 그림 5.5에서 사용된 "뾰루지가 날 15%의 확률"을 적절히 해석한다. 우호적인 환경에서 사회적 문맥의 우연의 적절한 질적 이해가 이 단계에서 나타나는 것 같다. 그림 5.13처럼 결합 사건을 다루는 과제에 대하여, 학생들은 55이상의 사람들, 한 번 이상의 심장 마비를 경험한 사람들, 그리고 둘 다에 해당하는 사람들, 그리고 다음 해에 감기에 걸릴 적절한 순서 확률, 다음 해에 학교에 일주일 결석할 확률, 그 둘 모두를 설명하는 적절한 순서적 빈도를 제시한다. 우연 이해를 제시하는 직접적 문맥이 이 단계의 학생들로서 접근 가능한 것 같다. 그림 5.12의 스포츠 시합에서 동전 던지기처럼 양적 논증을 필요로 하는 과제는 연속된 네 번의 뒷면을 얻는 확률에 대하여 주어진 절반보다 더 크다고 한 응답과는 다른 사항이다. "임의"의 정의에 대한 응답은 "무엇인가 선택하기" 또는 "무작위 음주 검사"과 같은 단일 요소의 특징에 주목하는 것이 많지만 "복권같이 우연히 무엇인가를 뽑기"처럼 한 요소 보다 더 많은 단순한 정의를 시도하기도 한다. 두 번째 형태의 응답들은 그 집단의 최상쯤에 있으며 통계 소양 논증의 다음 단계로 전이될 수도 있다.

추론이 이 단계에서 포함된 경우는 더 어려운 과제를 수행한 것이 부족하여서 거의 나타난 것이 없다. 가족들이 어떤 도시에 몇 년을 살았는지에 대한 이야기를 보여주는 그림 3.20과 3.21의 두 개의 점 쌓기 그림 중에서 더 좋은 것을 선택하도록 요구받았을 때, 학생들은 척도화된 그래프로서 적절한 선택을 하지만 "그것은 더 확실하다"와 같은 애매한 이유를 제시하거나 "그것들은 같은 이야기를 한다"라고 말하면서 중립적 의견을 제시하기도 한다.

우연 문맥에서 변이가 응답들에서 제시되지만, 그 예들은 비현실인 경우가 많다. 50-50 회전판의 반복된 시행 상황에서, 같은 결과가 다시 발생할 것을 기대하는데, 이번에는 "우연은 같다"와 같이, 그것을 뒷받침하기 위한 이론적 논증을 한다. 변이라는 용어의 의미와 변하는 어떤 예에 대한 요구를 받고 응답한 것에서, 애매함이 나타나고 "선택을 한다" 또는 "아이스크림의 맛들"처럼 단일 요소에 주목한다. 변이를 인식함의 진전은 3단계에서 한계가 있다.

이 단계에서 학생들은 적합한 질적 논증 또는 목록으로부터 적절한 응답을 찾도록 하는 과제를 포함한 문맥에서 더 큰 성공을 보여준다. 때로는 적절한 응답이 있기도 하지만 그에 따른 정당화는 부적절하다. 진전된 수학적/통계적 기술들이 인식에서 보이기도 하는데 평균 및 백분율로 나타낸 위험성을 해석하거나 창조한 것은 아니다.

8.7

통계적 소양의 4단계 – 일관되지만 비판적이지 않음

4단계에 나타난 과제들 집단은 다양한 문맥에서 학생들의 적절하지만 창조적이지 않은 수행을 통합적으로 보여준다. 통계 소양 체계에 관하여, 학생들은 제시된 주장에 더 많은 질문을 할 수 없지만 많은 문맥을 인식하는 것 같다. 이것은 질문하기를 필요로 하지 않는 과제에 대하여 어떤 문맥에서 적절한 응답 안에서 그리고 비판적 질문하기를 기대하는 과제에 대하여만 문맥을 반영한 응답에서 부분적으로 제시된다.

표본추출에 관하여 학생들은 "너는 무엇인가의 작은 조각을 가지고 있다"와 같은 개념을 묘사하기의 속에 다중의 요소들을 제시한다. 그림 2.4의 과제에 대한 응답에서 학교를 조사하는 방법을 제안할 때, 학생들은 "나는 각 학년에서 10명을 선택한다"와 같이 대표적이긴 하지만 무작위 아이디어는 아닌 것을 제안한다. 그림 2.4의 다른 일부에 제시된 방법을 평가할 때 학생들은 설명에 대한 비판적 특징보다 주위의 특징을 선발하는 것 같다. 문항 (a)의 석호의 임의적 방법에 대하여, "많은 사람이 있다" 또는 "모자에서 공평하게 뽑는다"와 같은 이유 때문에 그런 선택을 "좋음"이라고 정당화 하는 응답이 있다. 그러나 수미의 자발적 계획과 결합하여서라도 그 응답들은 또한 석호의 방법이 가장 좋다고 선택한다. 문항 (c)에서 1학년에서 100명의 아이들을 선발하는 아영이의 방법에 대하여, 학생들은 "충분한 여러 나이 집단들이 없다"와 같이 "안 좋다"고 그것을 적절히 판단한다. 따라서 친숙한 학교 기반의 사회적 문맥 속에서 비판적 질문하기로의 전이의 표시가 나타난다. 그림 2.7의 미국에서 학교 학생들이 총에 접근할 수 있었던 것에 관한 대중매체 기사의 덜 친숙한 문맥에 대하여, 응답들은 사람들이 거짓말을 한다는 사실에 의문을 제기하거나 미국 전체가 같기 때문에 비판할 것이 없다고 말한다. 표본의 대표성을 가지 못한 특징이 이 응답들에서 생략되어 있다.

그 문맥은 이 단계에서, 그래프에 관한 과제에서 학생들의 성공에 어떤 역할을 한다. 그림 7.15와 같은 점 쌓기 그림에 대하여, 학생들은 가장 큰 자료값과 자료의 범위를 찾을 수 있으며 그래프의 모양에 관한 질적 서술을 적절하게 할 수 있다. 또한 학생들은 그림 3.20과 3.21 중에서 통계적으로 적절한 그래프를 선택할 수 있고 "너는 연도 사이의 차이를 더 확실히 볼 수 있고 그 그래프는 더 퍼져 있다"는 이유와 같이 그 선택에 대한 적절한 이유를 제시한다. 그러나 그림 3.18에서 합이 128.8%이 되는 원그래프의 이상한 특징을 고찰하기 위하여 대중매체 문맥에서 질문을 받았을 때, 학생들은 "다른 것은 매우 큰 범주이다"와 같이 비판에 중심을 두기보다 지엽적인 것을 뽑아낸다. 이와 비슷하게 심장마비와 차 사용에 관한 그림 3.6의 기사에서 인과적 주장을 나타내기 위하여 그래프를 그리는 과제에 대하여, 학생들은 그림 3.11에 나타난 것과 같이 일부 연관성을 보여주는 그래프를 제시한다.

평균에 관한 과제에 대하여, 학생들은 평균 알고리즘 또는 정식이 아니라면 적절히 자료집합의 중간을 어떻게 찾는지를 설명하고, 특이점의 영향을 인식하지 못하지만 작은 자료 집합의 평균을 정확하게 계산할 수 있다.

추상적 우연 상황에서 과제들은 예를 들어 그림 5.8의 질문에 대하여 상자 A와 상자 B는 푸른 구슬을 꺼내는 확률이 같다는 주장에 비례적 추론을 이용하여 이 단계에서 성공적으로 대답되어진다. 그러나 그림 5.6의 주사위 질문에 대하여, 학생들은 확률을 정량화하기보다 1과 6이 "같은" 확률을 가진다는 주장으로 응답한다. 대중매체 문맥에서 나타나는 우연 과제에 대하여, 성공이 덜 일어난다. 그림 5.12의 대중매체 스포츠 기사에 기초한 동전 던지기 문제에 대하여, 학생들은 문항 (b2)와 (b3)에서 한 번 던지기의 앞면과 뒷면의 확률을 정확하게 찾지만 문항 (a)에서 네 개의 동전에 대하여 학생들은 같은 값을 제시한다. 또한 스포츠에 관련된 그림 5.15의 확률 문제에 대하여, 그 해석이 확률 언어 또는 예측된 점수에 기초한다. 수치적 계산보다 언어를 포함한 대중매체 문맥에서, 비판적 질문하기가 요구되지 않는 수행이 더 성공적이다. 학생들은 "만일 50년 이상 하루에 한 갑의 담배를 피우면 주름 위험이 4.7배로 커진다"와 같이 "만일 ……이라면 ……"의 문장을 구성하여서 정확하게 그림 5.18의 기사의 문항 (a)와 (b)에 발견된 조건부적 언어를 해석할 뿐만 아니라 그림 5.3의 확률에 관하여 신문 머리기사들을 적절하게 정렬한다. 그러나 조건부 문장을 포함한 문항 (d)에 대하여, 학생들은 "흡연을 한다면 나이에 비하여 늙고 추해질 것이다"와 같이 더 단순한 문장만으로 성공적으로 수행한다.

이 단계에서 추론을 하는 것에 대하여, 학생들은 판단 및 예측을 형성할 때 중심 과제를 인식하는 것에 일관성이 없다. 4단계 초기에 언급하였듯이, 학생들은 온전한 추론으로, 이야기를 더 잘 꾸미면서 척도화된 점 쌓기 그림을 적절하게 선택한다. 그림 6.2의 문항 (b)에서 학교에 새로 온 학생이 소년인지 소녀인지에 대한 예측을 할 때, 학생들은 소년들의 수를 보거나 대다수가 소녀인 것을 반영하여서, 자료에 기초한 논증을 포함한다. 그러나 응답들은 불확실함의 요소를 포함한다. 그래프에 빠진 두호가 문항 (d)에서 학교에 내일 나올 것이라는 질문에 대하여 앞과 비슷하게 수를 보거나 대다수를 참고하여 대답한다. 심장마비와 차 사용에 관련된 그림 3.6의 대중매체 기사와 관련한 연구자의 질문을 제시할 때, 학생들은 자료 수집에 관하여 또는 인과관계보다 실제 자료인지에 초점을 맞춘다. 이것은 비판적 질문하기 기술 없이 문맥에 대한 인식을 하는 것을 보여준다.

우연에 관한 변이의 인식은 50-50 회전판의 반복된 시행들에서 차이들에 대한 이유로 변이를 제시한 예처럼 4단계에서 제시된다. 또한 실제적 변이가 그림 5.9

의 상황으로부터 주사위를 60번 던지기에 대하여 결과를 예측할 때와 여섯 번의 반복 시행에 대한 결과를 수치적으로 예측할 때 언급되어진다. 그림 7.16에 설명된 회전판 시행들이 믿을만한지에 관한 결정에 대하여, 학생들은 적절한 점 쌓기 그림을 선택하며 그 선택들에 대한 합리적 정당화를 제공한다. 그러나 그림 3.16에 제시한 소형배에 관련된 죽음에 대한 그래프들의 대중매체 문맥에서 여전히 어려움이 있다. 그 그림에서 학생들은 그래프들의 특징을 설명할 때 세로 열들의 비교보다 설명된 단일 열에 초점을 맞춘다. 변이 그 자체의 여러 양상을 논의할 때, 학생들은 "변이는 무엇을 변화시키는 것을 의미한다"와 "기후는 다음 며칠 동안 변할 것이다"와 같이 다양한 관련 특징들을 이야기한다.

이 단계에서 굳혀진 수학적/통계적 기술들은 직접적 상황 모두에서 평균, 단순 확률, 그리고 그래프 특징과 연관된다. 변이는 우연 상황에서 적절하게 제시되고 대부분의 정의들은 흥미로운 개념의 다양한 양상을 반영한다. 비판적이지 않다면, 개념들의 적용을 합리적으로 나타내는 많은 문맥들의 특징에 대한 인식이 제기된다.

8.8 통계적 소양의 5단계 — 비판적

통계적 소양 구조의 최고 두 단계는 통계 소양 체계의 세 번째 수준의 목표와 연관된 서로 유사한 비판적 사고 기술을 나타낸다. 그 둘 사이의 차이는 비판적 질문하기에서 요구되는 수학적 기술의 수준이다. 5단계에서 수학의 복잡한 사용이 나타나지 않지만 어떤 문맥에서, 특히 친숙한 문맥에서 학생들은 성공적이다.

표본추출 과제에 대하여, 학생들은 표본 및 그 목적을 설명할 때 여러 요소들을 함께 관련시킨다. 그림 2.4에서 학교를 조사하는 과제에 대하여, 학생들은 무작위 방법 또는 "각 학년에서 10명, 임의로 뽑은 소년 5명과 소녀 5명"과 같은 대표성과 연관된 무작위 방법을 제시한다. 다른 제시된 방법 중의 세 가지 — 문항 (a)에서 석호의 무작위 방법, 문항 (d)의 철민의 친구 선택하기, 그리고 문항 (e)에서 자원자들을 위한 수미의 노점 — 에 대하여 적절한 결과 및 통계적 정당화가 주어진다. 그림 2.5에서 차를 사는 선다형 과제에 대하여, 학생들은 900가지 경우에 관한 보고서 사용의 적절한 선택을 한다. 그림 2.8의 기사에 설명된 마리화나 합법화에 관한 자발적 여론조사를 평가하기에 관하여, 라디오 청취자들의 종류 또는 방송국에 전화를 걸 만큼의 적극성을 가진 사람들같이 중심이 되는 주제들에 응답들은 초점을 맞춘다. 그림 2.7에서 미국의 학교 학생들의 총에 대한 접근성에 관한 기사에 대하여, 학생들은 미국의 다른 지역에 관한 추가 질문의 도움만으로 그 표본의 비대표성을 인식한다. 그렇지만 일반적으로 더 친숙한 상황에서, 학생들은 5단계에서 표본추출 주제들을 다루는데 성공적이다.

이 단계에서 그래프 그리기에 관하여, 학생들은 그림 3.12, 3.13 그리고 3.14의 그래프처럼, 심장마비와 차 사용의 연관성에 관한 그림 3.16의 기사의 주장에 대하여 적절한 표현을 스케치한다. 이것은 동시에 두 변수를 처리하는 능력을 나타내며 그에 상응하는 증가를 보여준다. 합이 128.8%가 되는 그림 3.18의 원그래프의 이상한 특징에 관하여 설명하는 과제에 대하여, 학생들은 그런 일치하지 않음 또는 그것이 나타내는 백분율과 비교하여 그래프의 부분들의 모양에 초점을 맞춘다.

이 단계에서, 대푯값의 아이디어에 대하여, 작은 자료 집합의 중앙값과 평균을 발견할 능력이 관찰된다.

매년, 윤아는 오디션에서 뛰어나게 잘 하는 5명의 젊은 배우를 드라마 팀을 위하여 선발한다. 불행히도, 그런 아이들 대부분은 다른 나머지보다 더 나은 것이 없는 것으로 판명된다. 윤아가 처음에 생각한 것만큼 그들이 뛰어나지 못하다고 윤아가 대체로 발견한 것에 대하여 어떻게 생각하는가?

□(a) 새로운 재능을 찾으려는 윤아의 열망 때문에, 윤아는 오디션에서 본 연기를 과장해서 보았을 수 있다.

□(b) 그 연기자들은 평소에 했던 것보다 오디션에서 더 좋은 연기를 단지 했었을 것이다.

□(c) 그 연기자들은 일관되게 뛰어난 연기를 하려는 노력을 하지 않고 자신의 재능만 믿었을 것이다.

□(d) 오디션에서 아주 잘했던 연기자들은 다른 사람들이 질투하는 것을 알고서 자신의 노력을 게을리 했을 것이다.

□(e) 아주 잘 했던 연기자들은 다른 곳에 흥미를 가진 학생들일 수 있고, 그래서 그들은 오디션 후에 자신의 에너지를 연기에 몰입하지 않았다.

그림 8.2 평균으로 회귀에 관한 선다형 질문

우연과 관련하여, 학교 교사가 여자일 확률과 어떤 여자가 학교 교사일 확률에 대한 순서화된 추측(그림 5.14 참고)을 학생들이 적절히 제시하고 그림 5.18에 제시된 흡연과 주름에 관한 조건부 문장에 대하여 "만일 …… 이면 ……"이라는 문장을 적절히 제시하면서 조건부 언어 사용에 대하여 견고한 인식을 한다. 그러나 그림 5.12의 스포츠 시험의 문맥에서 제시된 여러 번의 동전 던지기에 대하여, 학생들은 양적이기 보다 질적인 합리적 추측을 제시한다. 그림 5.15에서 보았듯이 신문 머리기사에서 나온 확률 문장들을 다루기에 대하여, 학생들은 앞에서와 비슷하게 비율을 사용할 수 있지만 적절하게 승리 확률의 방향을 정하지 못한다.

이 단계에서 추론 기술에 변화의 증거가 거의 없다. 그림 8.2[14]에 제시된 선다형 문항에 대하여 학생들은 평균으로 회귀를 이해함에 따라 (b)를 선택한다.

변이를 인식함은 5단계에서 두 가지 형태의 과제에서 나타난다. 50-50 회전판을 반복해서 돌린 결과를 예측할 때, 학생들은 성공 횟수를 제안하거나 "절반에 가까울 것이다"라는 말을 할 때 "대략" 또는 "아마도"와 같은 단어를 자연스럽게 사용한다. 또한 그림 3.16의 소형배에 관한 죽음의 보고서에서 막대그래프의 이상한 특징들을 설명할 때, 학생들은 시간에 따른 자료의 증가 또는 변화에 초점을 맞추거나 그래프의 시각적 모양에서 변이를 정확하게 인식한다.

8.9 통계적 소양의 6단계 – 비판적이고 수학적

앞에서 주목하였듯이, 특히 우연 또는 대중매체 문맥에서 복잡한 수학적 기술들이 6단계에 나타나는 많은 과제에 대한 성공과 연관된다. 마찬가지로, 예측할 때 불확실함에 대한 필요성과 과제들의 언어의 애매한 양상에 대한 민감함이 성공과 연관되는 것 같다.

표본추출과 관련하여, 학생들은 그림 2.4의 과제의 문항 (b)에서 학교를 조사하자는 준수의 방법에서 "충분히 많은 사람이 있지 않고 선택적으로 뽑혔다"처럼 두 가지 결점을 찾았다. 또한 학생들은 아무 도움 없이 그림 2.7의 기사에서 시카고에서 얻은 표본의 비대표적 특징을 찾아낸다. 행진을 이끌 아이들을 뽑는 두 가지 방법을 질문 받았을 때, 학생들은 두 가지 다른 무작위 방법 또는 무작위 및 대표성을 가진 방법의 결합을 제안한다.

그래프 그리기를 할 때, 학생들은 그림 3.20과 3.21의 점 쌓기 그림에 대하여 단지 자료 읽기보다 문맥을 포함한 두 개의 요약문을 만들 수 있다. 그 모델에 대한 용어는 점 쌓기 그림과 관련하여 인식되어지며, 점 쌓기 그림은 학교에서 정규 수업과 연관된다. 그림 3.16에서 소형 배에 관련된 죽음에 관한 막대그래프의 오류는 찾아질 수 있으며 그림 3.17의 복잡한 그림그래프와 연관된 비율 계산이 정확하게 완수되어진다.

이 단계에서 학생들은 평균을 계산할 때 특이점을 고려하며 그림 4.5의 신문기사의 문맥에서 주택 가격과 관련하여 중앙값을 적절한 측도로 제안한다.

양적 논증이 통계적 소양의 최고 단계에서 우연 과제에 대한 응답의 초점이다. 하나의 주사위에 대한 결과를 포함한 그림 5.6과 모자에서 이름을 꺼내기에 관한 그림 5.7에 제시된 질문처럼 간단한 질문에 대하여, 학생들은 "같은" 또는 "더 많은" 확률이라는 질적 설명보다 수치적 설명을 제시한다. 그림 8.3[15]에 제시된 고전적인 물고기에 표식을 붙이기에 대하여, 이 단계의 학생들은 "2000"이라는 해답을 얻기 위하여 비례적 논증을 사용한다. 그림 5.15에서 확률을 설명하기에 관한, 대중매체에서 나온 질문에 대하여 학생들은 다시 비례적 논증을 사용하고 그 결과를 해석하기 위한 정확한 방향을 제시한다. 그림 5.12의 크리켓 경기를 시작할 때 동전 던지기에 관련된 기사에 대하여, 독립성이 인식되어지고 정확하게 계산되어진다. 또한 학생들은 무작위 용어에 대한 통합된 설명을 제시한다.

이 단계의 추론적 사고에서 섬세함을 나타낸다. 예를 들어 그림 6.2의 학교에 어떻게 아이들이 등교하는지에 관한 그림그래프에 대한 예측은 불확실함에 관한 표현을 포함한다. 문항 (b)에서 차로 등교한 새로운 아이가 소년인지 소녀인지를 예측할 때, 전형적인 응답은 "아마 소녀일 것이다. 더 많은 소녀들이 차를 가지고 있다"와 같다. 기차가 빈 줄로 되어 있는 것에 관한 문항 (c)에 대하여, "너는 그

어떤 농부가 그의 호수에 물고기가 얼마나 많은지 알고 싶어 한다. 그는 물고기를 200마리 잡아서 그 각각에 표식을 붙였다. 그는 그 표식이 붙은 물고기들을 호수에 돌려놓았고 다른 물고기들과 잘 섞이도록 하였다. 그 다음 날에, 그는 임의 추출 방식으로 물고기 250마리를 잡았는데, 그 중에 25마리가 표식이 붙어 있었다. 그 호수에 몇 마리의 물고기가 있는지 추정하여라.

그림 8.3 비례적 논증과 관련한 질문

것으로 학교에 갈 수 있다"와 같이, 다양한 확률을 나타내기 위하여 "할 수 있다" 또는 "일 것이다"와 같은 단어가 표현에서 사용된다. 문항 (d)에서 두호가 내일 어떻게 학교에 갈지를 예측할 때, 그림그래프의 자료를 고려함과 함께 불확실함이 다시 포함된다. 그림 3.6에 제시된 심장마비와 차 사용에 관한 신문기사와 6.6절의 비판적 질문하기에 대한 논의와 관련하여 6단계의 학생들은 원인—결과 관련성에 관한 뛰어난 질문을 제시한다.

최고 단계에서 나타나는 수학적/통계적 기술은 비와 적절한 부분—전체 해석과 연관된 비례적 논증, 가격 계산에 비율을 사용하는 능력, 독립성에 대한 이해와 확률 계산에 대한 그 함의, 확률로서 우연에 대한 전반적 양적 관점, 그리고 "최빈값"과 같은 용어에 대한 기억을 포함한다. 이것은 언어에서 세밀한 것을 설명하는 능력과 가장 높은 수준의 수행을 산출하는 문맥과 결합된다.

8.10 전반적 관찰과 통계적 소양의 요약

이전의 여섯 절에서 제시된 통계적 소양 이해의 모델은 전통적인 자료 및 우연 교육과정 외에 많은 요소의 상호작용을 포함한다. 성공을 얻기 위하여 필요한 기초적 수학적 기술과 함께 과제가 제시된 문맥을 인식하는 것이 중요하다. 교육과정의 다른 주제들을 공부하면서 변이에 대한 이해를 얻을 수 있지만, 변이의 이해와 관련된 계속적 발전을 보여주는 모델의 처음 다섯 단계에 걸쳐서 그것이 강조되어진다.

여섯 단계가 문맥의 인식의 결여, 문맥의 인정, 그리고 문맥과의 비판적 상호작용까지 쌍으로 관련되어 있는 것 같지만, 각 단계들은 교실에서 학생들의 행동과 결과를 예측하기에 유용할 수 있는 학생들의 능력과 관련한 과제의 난이도의 진전을 보여준다. 1단계부터 2단계까지, 학생들이 특이한 아이디어 및 단일한 관련 요소들 이상에 덜 초점을 맞추는 경향이 있다. 3단계에서 4단계로 옮기면, 더 많은 일관성이 과제에 대한 수행에서 관찰된다. 5단계부터 6단계까지, 양적 논증의 더 많은 증거와 언어 및 문맥의 세밀한 점에 대한 인식이 있다. 모든 학생들이 그런 단계들을 통하여 발전할 것이라는 가설에 대한 근거가 없지만, 교실에서 무엇을 볼 것이고 계획할 것인지에 대하여 제안하는 이정표가 있다. 특정 주제 또는 개념과 관련하여 무엇을 기대할지에 대한 더 상세한 설명을 위하여 앞 장으로 되돌아 갈 수도 있다.

1장에 도입된 통계 소양 체계에서 1 수준이 2 수준에 앞서서 용어의 이해를 포함한다고 제시되는데, 그 용어는 문맥에서 해석된다. 하지만 여기서 설명된 학생들의 이해에 대한 모델에서 정의에 관한 능숙함이 낮은 단계보다 상위 단계에서 나타난다. 임의 및 변이와 같은 복잡한 개념의 이해는 발달에 시간이 걸리고 다양한 문맥에서 그것들을 적용하면서 도움을 얻을 수 있다. 또한 과제 형태에 관하여, 선다형 에서 정의를 찾기보다 정의를 만드는 것이 더 어렵다. 칠판에 형식적 정의를 쓰는 것이 칠판에서 재빨리 채택되고 문맥에서 적절히 적용될 것이라고 보장되지 못하는 것을 교사들이 깨닫는 것이 중요하다. 그러나 통계 소양의 중간 두 단계부터 최상위 두 단계까지의 전이는 통계 소양 체계의 2수준 및 3수준과 밀접하게 관련되는 것 같다. 문맥에서 비판적 질문하기는 문맥이 이해되기까지 시작될 수 없는 것 같다.

통계 소양의 구성이 발전함에 따라 나타나는 그 상호작용의 시각화 시도에 대하여, 세 가지 상호작용하는 요소들의 그림이 출현한다. 비판적 질문하기가 더 요구되면서 문맥을 잘 이해하는 능력이 증가하면서, 그리고 통계적 논증을 돕는 일반적 수학 발달과 함께 그 두꺼운 요소들은 자료 및 우연 교육과정에 한정된 주제들의 구조적 발전과 연관된다. 평가의 관점으로부터, 학생들에게 완성하도록 요구하는 과제들에서 제시되는 도움이 감소함과 관련된 가벼운 요소가 있다.

8.11

교실로 돌아가기

1장 처음에 제시된 "생선을 엄청 먹는 사람을 조심하라"는 신문 기사[16]는 통계 소양의 성장 및 목표의 논의를 종결하기 위한 좋은 예이다. 통계적으로 소양 있는 독자의 생각에서 나와야 하는 많은 질문들이 연구의 후원자와의 관련성에 대한 흥미로부터 표본 크기 및 연구 방법에 관한 관심까지 걸쳐 있으면서 1.1절에서 제시되었다. 그 기사는 이 책을 뒷받침하는 전제들을 복습할 기회를 제공하고 이 장에 제시된 통계적 소양의 발달 단계들을 설명한다. 교실 과제에 대한 기초로서, "생선을 엄청 먹는 사람"에 관한 기사는 그 뒤에 있는 연구에 관한 일반적 질문을 시작하도록 하거나 실제 보고서에서 얻은 부가된 정보와 함께 그 연구에 대한 철저한 조사를 시작하도록 할 수 있다.[17] 일반적 질문들이 좋은 시작점이지만, 더 많은 정보를 이용할 수 있을 때 이 절에서 그 가능성을 탐구한다. 흥미를 가질 수 있다면, 학교 교육과정에서, 학교 기반의 흥미의 확장으로서 통계적 소양을 필요로 할 때, 그리고 통계적 소양 구조와 연관된 통계적 사고의 단계들을 설명할 때 동기 유발적 과제는 하나의 출발이 된다.

그런 논의의 초점은 그 기사의 두 번째 문장의 처음 부분인 "캔에 들어 있는 참치, 정어리, 연어, 고등어, 청어를 즐겨 먹는 사람의 열 명 중에 일곱은 야망이 크다고 인정한다"에 있다. 그 주장은 그림 8.4 및 8.5[18]의 수평 막대그래프에 제시된 정보에 기초한다. 그 조사는 250명, 126명의 남자와 124명의 여자, 세 가지 나이 집단, 15-30살, 31-50살, 그리고 51-60+살이라는 표본에 대하여 조사가 수행되었음이 밝혀졌다. 일주일에 세 번 이상을 나타내는 "매우 자주"를 포함하여 생선 소비의 네 범주가 있었다.

그들이 아는 대부분의 다른 사람들과 비교하여 야망이 아주 많음, 약간 많음, 보통, 적음과 같이 네 가지 범주의 야망이 있다. 이제 그림 8.4의 각 수평막대는 각 생선 먹기 범주의 100%를 나타내는 같은 길이이다. "아주 많음"은 "매우 자주" 막대의 1/3을 차지하며 "약간 더 많음"도 마찬가지이다. 그렇지만 그림 8.5의

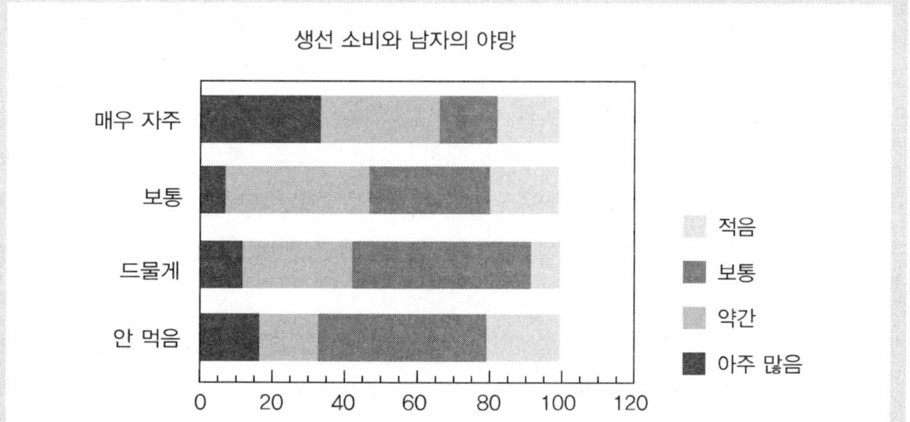

그림 8.4 생선 소비와 남자들의 야망

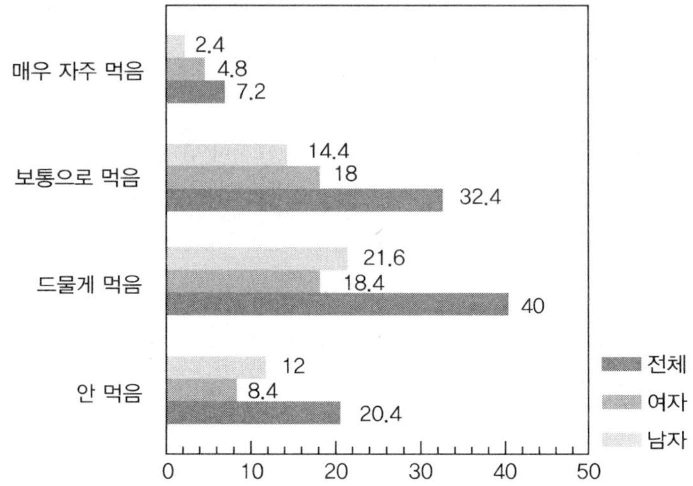

그림 8.5 전체 응답에 기초한 생선 소비의 빈도

그래프는 각 생선 먹기 범주에서 표본의 비율을 나타내며 매우 자주 먹는 남자 소비자는 2.4%임을 보여준다. 126명 중에 2.4%는 6명이므로, 그 기사의 주장은 이제 일주일에 세 번 이상 생선 통조림을 먹는 6명의 남자에 기초하고 있으며 그들 중의 4명은 동료들보다 그들의 야망이 아주 많거나 약간 많다고 생각함을 나타낸다.

학교 교육과정에서 제시된 것처럼 통계적 조사의 모든 단계는 P(야망 있는 남자 | 자주 생선 먹는 남자) = 0.7이라는 확률적 용어로 말할 수 있는 조건부적 문장에 관하여 해석 가능한 추론과 함께, 표본추출부터 자료 표현 및 요약까지 유용한 정보 속에서 관찰된다. 또한 그 기사에 대한 반응과 이 장에서 논의된 통계적 소양의 여섯 단계를 설명하는 여분의 정보를 제시하기가 가능하다.

1단계의 반응은 주장에 대한 믿음과 그와 함께 하는 인과 의미에 기초한다. "만일 아내들이 그들의 남편들이 직업에서 야망을 가지기를 원한다면, 그들은 일주일에 세 번 이상 생선을 요리해 주어야 한다"라는 말이 나올 것으로 기대할 수 있다.

2단계에서 학생들은 "잘 모르겠지만 그것이 사실일 것 같은데 왜냐하면 70%는 큰 수이고 어떤 것이든 가능하니까요"와 같이 반응할 것으로 기대할 수 있다. 이 단계에서 또 다른 가능한 시나리오는 일화적인 "크기가 하나인 표본" 이야기를 반복하는 것이다. 그런 이야기는 "시장에 출마한 어떤 남자를 아는데 그는 저의 아버지 가게에서 생선을 먹으며 거의 매일 가게에 방문한다"라는 것이다.

3단계 반응은 그 연구에 제시된 정보의 어떤 양상에 초점을 맞추는 것이지만 적절한 결론에 대하여 관련 특징들을 상기하는 것이 아니다. 어떤 요약은 "그들이 남자와 여자 둘 다에 대하여 물은 것은 잘 한 것이다. 그래프 1(그림 8.4)은 각 집단의 100%를 보여주며, 그것은 좋다. 그래프 2(그림 8.5)는 모두 더해서 100%가 되는데 그것도 좋다"와 같다. 그런 논평은 일련의 개별적 논평을 제공할 수 있지만 그들 사이에 연결 또는 모순에 대한 인식이 없다.

그 다음 단계에서 반응들은 일부 정보들 사이의 충돌을 알아보지만 그것을 해결하지는 못한다. 이제 4단계 반응들은 "왜 그들은 남자와 여자 모두에게 물었는데 남자에 대해서만 이야기하는가? 왜 두 그래프가 다른 형식으로 제시되었는가? 아마 그 회사는 우리를 속이려는 것 같다"처럼 나타난다.

그 기사에 대한 5단계의 반응들은 자료 수집과 그래프에서 보고하기에서 보이는 어려움에 관하여 "자주 생선을 먹는 사람이 아주 많은 것이 아니고(2.4%), 다른 그래프(그림 8.4)를 보면 보고할 더 큰 백분율을 얻기 위하여 '아주 많음'과 '약간 많음'의 야망 범주들을 결합한다. 이것은 많은 사람이 아니다"처럼 설명적으로 보고한다. 생선을 자주 먹는 사람 6명 중에 4명이 다른 사람들보다 더 야망이 많다고 5단계의 학생들이 계산한다면, 그들은 그 기사에서 "10명 중에 7명"이라는 것이 "틀렸다"고 보고한다.

6단계에서 반응은 4/6을 0.67로 표현하고 그 후에 반올림하여 0.7이라고 하여, 수집된 자료의 문맥에서 "10명 중에 7명"이란 보고의 잘못된 특징을 설명으로써 5단계의 반응을 확장한다. 이 단계에서 학생들은 조건부 확률로서 그 주장을 표현할 수 있고 여러 방식으로 두 그래프를 제시하는 것은 자료의 진짜 특징을 가리게 된다고 제안한다.

만일 이전의 문장들 또는 다른 자극에 대한 비슷한 반응에 기초한 교실 토의 또는 활동을 상상한다면, 학교 수준에서 쉽게 각색할 수 있는 성인에 대한 Iddo Gal의 제안이 있다. 때로는 "교실 행동의 규칙" 또는 "문제 해결의 단계"라는 교실 벽에 있는 포스터를 본다. Iddo는 매우 훌륭한 교실 포스터를 만드는 그림 8.6의 통계적 소양을 위한 "검토할 질문들"을 제안한다.[19]

대중매체 기사들의 사용을 넘어서 통계적 소양의 중요함에 관한 토의를 촉진하는 계획을 할 때, 양적 소양과 도움이 될 수 있는 수적 사고 능력까지 연결이 있다. John Allen Paulos[20]는 그의 책인 *In numeracy*와 *A Mathematican Reads*

보고된 자료를 산출하기 위하여 사용된 측도들을 신뢰할 만하거나 정확한가?

만일 표본이 사용되었다면, 충분히 큰가? 그 표본은 대상이 되는 전체 모집단에 관한 추론을 위한 합리적 기초가 될 수 있는가?

원자료(그 보고된 통계량의 기초가 됨)가 따르는 분포의 모양은 어떠한가? 특이점은 요약 통계량에 영향을 주어 실제 그림을 잘못 나타내도록 할 수 있는가?

주어진 그래프가 적절히 그려졌는가, 또는 그 척도가 자료의 경향을 왜곡되게 하는가?

주장이 의미 있게 주어졌는가? 그 주장은 자료에 의하여 뒷받침되는가? 어떤 정보가 생략되었는가?

그림 8.6 Iddo Gal에 의하여 제시된 성인의 통계적 소양을 위한 "검토할 질문들"의 예

*the Newspaper*에서 A. K. Dewdney가 *200% of Nothing*[21]에서한 것과 같이 확률적 또는 통계적 사고에서 오류를 보여주는 많은 예들을 제시한다. 그 책들 및 그와 같은 다른 책들은 수학 교육과정의 주제들을 위한 동기 유발적 이야기를 교사들이 제공하는데 유용할 수 있다. Darrell Huff의 *How to Lie with Statistics*[22]라는 고전적 책은 더 특별히 통계적이다. 세월이 흘렀지만 그것은 여전히 흥미 있는 짧은 읽을 거리이다. 더 최근에 Robert Hooke의 *How to Tell the Liars from the Statisticians*[23]는 학교의 자료 및 우연 교육과정의 거의 모든 주제들을 직접적으로 연결할 수 있는 70개 이상의 간단한 시나리오들을 제시한다. A. J. Jaffe와 Herbert Spirer의 *Misused Statistics: Straight Talk for Twisted Numbers*[24]는 학교 교육과정에 일반적으로 적합되고 많은 잘 문서화된 예들을 제공하는 장들에서 더 구조적인 접근을 취한다. 더 일반적으로 Cynthia Crossen의 *Tainted Truth: The Manipulation of Fact in American*[25]에서 결과를 해석할 때 특정한 연구 프로그램을 누가 후원하는지를 알기와 같이 통계적으로 엄밀함을 넘어서 학생들이 고려해야 할 필요가 있는 주제의 배경이 되는 관련 문맥들에 훌륭한 사례 연구를 제공한다. Gerd Gigerenzer의 *Reckoning with Risk*[26]는 많은 흥미를 자아내는 예들과 확률적 논증을 연구한 이전의 심리학자들에 의한 일부 오개념 연구[27]를 제안한다. 모든 원천들은 저자들 같은 사람들에게 이야기 거리를 제공하는데, 그 저자들은 학교에서 자료 및 우연을 가르치는 사실 기반 및 절차 기반의 접근을 넘는 특별한 노력이 있어야 한다고 믿는다. 중학교의 거의 모든 상황에서, 통계적 탐정이 되고 우연에 대한 부적절한 해석에 의하여 속게 되지 않기 위한 깨달음과 동기 유발을 만드는 시나리오들을 통합하기가 가능하다.

8.12

후기

이 책을 쓰는 목적이 충족되었다면, 다음에는 무엇이 있어야 할까? 내 관점에서 보면, 학생들이 학교를 떠나서 사회로 진입하는 것을 준비하도록 하기 위하여 모든 학생들에게 통계적 소양을 갖추도록 할 때, 교사가 그 다음의 커다란 미개척 영역이라 할 수 있다. 우리는 이제 학생들의 출발점과 중학생 기간 동안의 잠재적 발전을 위한 좋은 아이디어를 가지고 있다. 그렇지만 우리는 교사들의 출발점을 위한 좋은 아이디어를 가지고 있지 않다. 교사들은 그들이 아는 것과 알지 못하는 것을 알고 있는가? 교사들은 그들의 학생들 — 그들의 특이하고 부분적 이해 — 이 무엇을 알고 무엇을 알지 못하는지 아는가? 교사들은 이해를 증진시킬 수 있는 소재 및 과제들을 경험하는가? 많은 경우에 나는 그런 질문에 대한 대답이 "아니오"라고 느낀다.

일부 다른 타즈매니아 연구는 수행이 발전하는 방식으로 자료 및 우연을 가르치는 것이 가능하다고 제시하였다. 그러나 초등학생들에게 프로젝트 교사가 필요하였다.[28] 많은 전문성 발달 노력이 초등 및 중학교 교사들의 자신에 대한 이해와 학생에 대한 이해를 돕기 위하여 요구된다. 또한 그들은 결과를 관찰하기 위하여 자신의 교실에서 그들 자신에 의하여 시도된 적절한 과제를 경험할 필요가 있다. 출발점이 이 책과 시중에서 구입 가능한 최근의 많은 교육과정 소재들로부터 제공된다. 필요한 것은 프로그램을 이끌고, 교사들을 격려하고 포상을 주며, 그리고 그들의 발전과 그들의 학생들의 발전을 점검할 사람들이다. 통계적 소양이 그들의 교실에서 중요하고 발전될 수 있다고 믿게 하려면 교사들에게 그들의 학생들의 결과에서 측정할 수 있는 발전이 있음을 보여주는 것만이 필요하다. 물론 이를 위하여 재원이 필요하고 양적 소양을 위한 필요성을 설교하는 사람들이 그 근거에 도움이 되어 줄 것을 희망한다.

참고문헌

1. Cockroft (1982, para. 36).
2. National Council of Teachers of Mathematics (1989, p. 5)
3. National Council of Teachers of Mathematics (1989, p. 109).
4. National Council of Teachers of Mathematics (1989, p. 105).
5. Gal (2002).
6. Wallman (1993).
7. Gal (2002).
8. Freebody & Luke (2003); Luke & Freebody (1997).
9. Gal (2002).
10. Wild & Pfannkuch (1999).
11. Watson & Callingham (2004); Watson & Moritz (1998, 1999b, 2000b, 2002c, 2003a).
12. Bond & Fox (2001); Callingham & Watson (2005).
13. 이 장에서 제시된 요약은 Watson & Callingham (2003)에 의하여 수행된 분석에 기초하고 있다. 수행된 Rasch 분석이 거기에 자세히 소개되어 있다.
14. Nisbett, Krantz, Jepson, & Kunda (1983).
15. Fischbein & Gazit (1984).
16. "Beware the pushy fish-eater" (1991).
17. Watson (1992).
18. Lewis (1991).
19. Gal (1997, 2002).
20. Paulos (1988, 1995)
21. Dewdney (1993).
22. Huff (1991).
23. Hooke (1983).
24. Jaffe & Spirer (1987).
25. Crossen (1994).
26. Gigerenzer (2002).
27. Kahneman & Tversky (1972); Tversky & Kahneman (1971, 9174, 1983).
28. Watson & Kelly (2002a, 2002c, 2002e).

더 읽을 거리

Abelson, R. P. (1995). *Statistics as principled argument.* Hillsdale, NJ: Lawrence Erlbaum Associates.

Asp, G., Dowsey, J., & Hollingsworth, H. (1994). Students' understandings of pictographs and bar graphs. In G. Bell, B. Wright, N. Leeson, & G. Geake (Eds.), *Challenges in mathematics education: Constraints on construction* (Proceedings of the 17th annual conference of the Mathematics Education Research Group of Australasia, Vol. 1, pp. 57–65). Lismore, NSW: MERGA.

Bakker, A. (2004). Reasoning about shape as a pattern in variability. *Statistics Education Research Journal, 3*(2), 64–83.

Batanero, C., & Serrano, L. (1999). The meaning of randomness for secondary school students. *Journal for Research in Mathematics Education, 30,* 558–567.

Ben-Zvi, D. (2004). Reasoning about variability in comparing distributions. *Statistics Education Research Journal, 3*(2), 42–63.

Biehl, M., & Halpern-Felsher, B. L. (2001). Adolescents' and adults' understanding of probability expressions. *Journal of Adolescent Health, 28,* 30–35.

Bright, G. W., Harvey, J. G., & Wheeler, M. M. (1981). Fair games, unfair games. In A. P. Shulte (Ed.), *Teaching Statistics and Probability 1981 Yearbook* (pp. 49–59). Reston, VA: National Council of Teachers of Mathematics.

Bruine de Bruin, W., Fischhoff, B., Millstein, S. G., & Halpern-Felsher, B. L. (2000). Verbal and numerical expressions of probability: "It's a fifty-fifty chance." *Organizational Behavior and Human Decision Processes, 81*(1), 115–131.

Callingham, R. A., & Watson, J. M. (2002). *Implications of differential item function in statistical literacy: Is gender still an issue?* Refereed paper presented at the Measurement Special Interest Group of the Australian Association for Research in Education conference, Brisbane, December, 2002. Available at: http://www.aare.edu.au/02pap/cal02034.htm

Chick, H. L., & Hunt, D. (2001). Pre-service primary teachers' judgements about the probability of everyday events. In J. Bobis, B. Perry, & M. Mitchelmore (Eds.), *Numeracy and beyond* (Proceedings of the 24th annual conference of the Mathematics Education Research Group of Australasia, Vol. 1, pp. 147–154). Sydney, NSW: MERGA.

Curcio, F. R. (2001). *Developing data-graph comprehension in grades K–8* (2nd ed.). Reston, VA: National Council of Teachers of Mathematics.

Davidson, D. (1995). The representativeness heuristic and the conjunction fallacy effect in children's decision making. *Merrill-Palmer Quarterly, 41,* 328–346.

Derry, S. J., Levin, J. R., Osana, H. P., & Jones, M. S. (1998). Developing middle-school students' statistical reasoning abilities through simulation gaming. In S. P. Lajoie (Ed.), *Reflections on statistics: Learning, teaching and assessment in grades K–12* (pp. 175–195). Mahwah, NJ: Lawrence Erlbaum Associates.

Dessart, D. J. (1995). Randomness: A connection to reality. In P. A. House (Ed.), *Connecting mathematics across the curriculum. 1995 Yearbook* (pp. 177–181). Reston, VA: National Council of Teachers of Mathematics.

Economopoulos, K., & Wright, T. (1997). *How many pockets? How many teeth? Collecting and representing data. Investigations in Number, Data, and Space.* Palo Alto, CA: Dale Seymour.

Evans, J. St. B. T., & Dusoir, A. E. (1977). Proportionality and sample size as factors in intuitive statistical judgement. *Acta Psychologica, 41,* 129–137.

Finlay, E., & Lowe, I. (1993). *Chance and data: Exploring real data.* Melbourne: Curriculum Corporation.

Fischhoff, B., & Bruine de Bruin, W. (1999). Fifty-fifty = 50%? *Journal of Behavioral Decision Making, 12,* 149–163.

Friel, S. N. (1998). Teaching statistics: What's average? In L. J. Morrow (Ed.), *The teaching and learning of algorithms in school mathematics* (pp. 208–217). Reston, VA: National Council of Teachers of Mathematics.

Gal, I. (1995). Statistical tools and statistical literacy: The case of the average. *Teaching Statistics, 17,* 97–99.

Gal, I. (1998). Assessing statistical knowledge as it relates to students' interpretation of data. In S. P. Lajoie (Ed.), *Reflections on statistics: Learning, teaching and assessment in grades K–12* (pp. 275–295). Mahwah, NJ: Lawrence Erlbaum Associates.

Gal, I. (2000). Statistical literacy: Conceptual and instructional issues. In D. Coben, J. O'Donoghue, & G. E. Fitzsimons (Eds.), *Perspectives on adults learning mathematics: Research and practice* (pp. 135–150). Dordrecht: Kluwer.

Gal, I., & Garfield, J. (1997). Curricular goals and assessment challenges. In I. Gal & J. B. Garfield (Eds.), *The assessment challenge in statistics education* (pp. 1–13). Amsterdam: IOS Press & The International Statistical Institute.

Garfield, J., & Ahlgren, A. (1988). Difficulties in learning basic concepts in probability and statistics: Implications for research. *Journal for Research in Mathematics Education, 19,* 44–63.

Garfield, J., & Chance, B. (2000). Assessment in statistics education: Issues and challenges. *Mathematical Thinking and Learning, 2*(1&2), 99–125.

Garfield, J. B., & Gal, I. (1999). Assessment and statistics education: Current challenges and directions. *International Statistics Review, 67,* 1–12.

Gould, R. (2004). Variability: One statistician's view. *Statistics Education Research Journal, 3*(2), 7–16.

Horvath, J. K., & Lehrer, R. (1998). A model-based perspective on the development of children's understanding of chance and uncertainty. In S. P. Lajoie (Ed.), *Reflections on statistics: Learning, teaching and assessment in grades K–12* (pp. 121–148). Mahwah, NJ: Lawrence Erlbaum Associates.

Jackson, S. (1989). *An introduction to sample surveys.* Melbourne: Australian Bureau of Statistics.

Jones, G. A. (Ed.). (2005). *Exploring probability in school: Challenges for teaching and learning.* New York: Springer.

Jones, G. A., Langrall, C. W., Thornton, C. A., & Mogill, A. T. (1997). A framework for assessing young children's thinking in probability. *Educational Studies in Mathematics, 32*, 101–125.

Jones, G. A., Langrall, C. W., Thornton, C. A., & Mogill, A. T. (1999). Students' probabilistic thinking in instruction. *Journal for Research in Mathematics Education, 30*, 487–519.

Jones, G. A., Thornton, C. A., Langrall, C. W., Mooney, E. S., Perry, B., & Putt, I. J. (2000). A framework for characterizing children's statistical thinking. *Mathematical Thinking and Learning, 2*, 269–307.

Joram, E., Resnick, L. B., & Gabriele, A. J. (1995). Numeracy as cultural practice: An examination of numbers in magazines for children, teenagers, and adults. *Journal for Research in Mathematics Education, 26*, 346–361.

Kerslake, D. (1974). Some children's views on probability. *Mathematics in School, 3*(4), 22.

Konold, C., & Miller, C. (1994). *ProbSim* [Computer software]. Amherst, MA: University of Massachusetts.

Konold, C., & Pollatsek, A. (2002). Data analysis as the search for signals in noisy processes. *Journal for Research in Mathematics Education, 33*, 259–289.

Konold, C., Pollatsek, A., Well, A., & Gagnon, A. (1997). Students analyzing data: Research of critical barriers. In J. B. Garfield & G. Burrill (Eds.), *Research on the role of technology in teaching and learning statistics* (pp. 151–167). Voorburg, The Netherlands: International Statistical Institute.

Kuhn, K. M. (1997). Communicating uncertainty: Framing effects on responses to vague probabilities. *Organizational Behavior and Human Decision Processes, 71*(1), 55–83.

Lajoie, S. P. (1998). Reflections on a statistics agenda for K–12. In S. P. Lajoie (Ed.), *Reflections on statistics: Learning, teaching and assessment in grades K–12* (pp. 299–316). Mahwah, NJ: Lawrence Erlbaum Associates.

Lajoie, S. P., Lavinge, N. C., Munsie, S. D., & Wilkie, T. V. (1998). Monitoring student progress in statistics. In S. P. Lajoie (Ed.), *Reflections on statistics: Learning, teaching and assessment in grades K–12* (pp. 199–231). Mahwah, NJ: Lawrence Erlbaum Associates.

Landwehr, J. M., & Watkins, A. E. (1986). *Exploring data: Quantitative literacy series.* Palo Alto, CA: Dale Seymour.

Lee, C. (Ed.). (2003). *Reasoning about variability: Proceedings of the Third International Research Forum on Statistical Reasoning, Thinking, and Literacy* [CD-ROM]. Mt. Pleasant, MI: Central Michigan University.

Lidster, S. T., Pereira-Mendoza, L., Watson, J. M., & Collis, K. F. (1995, November). *What's Fair for Grade 6?* Paper presented at the annual conference of the Australian Association for Research in Education, Hobart. Available at: http://www.aare.edu.au/95pap/lidss95306.txt

Lidster, S. T., Watson, J. M., Collis, K. F., & Pereira-Mendoza, L. (1996). The relationship of the concept of fair to the construction of probabilistic understanding. In P. C. Clarkson (Ed.), *Technology in mathematics education* (Proceedings of the 19th annual conference of the Mathematics Education Research Group of Australasia, pp. 352–359). Melbourne: MERGA.

Lovitt, C., & Lowe, I. (1993). *Chance and Data Investigations, Volumes 1 and 2.* Melbourne: Curriculum Corporation.

Makar, K., & Confry, J. (2005). "Variation-talk": Articulating meaning in statistics. *Statistics Education Research Journal, 4*(1), 27–54.

Metz, K. E. (1997). Dimensions in the assessment of students' understanding and application of chance. In I. Gal & J. B. Garfield (Eds.), *The assessment challenge in statistics education* (pp. 223–238). Amsterdam: IOS Press & The International Statistical Institute.

Metz, K. E. (1998a). Emergent ideas of chance and probability in primary-grade children. In S. P. Lajoie (Ed.), *Reflections on statistics: Learning, teaching and assessment in grades K–12* (pp. 149–174). Mahwah, NJ: Lawrence Erlbaum Associates.

Metz, K. E. (1998b). Emergent understanding and attribution of randomness: Comparative analysis of the reasoning of primary grade children and undergraduates. *Cognition and Instruction, 16*, 285–365.

Mevarech, Z. R., & Kramarsky, B. (1997). From verbal descriptions to graphic representations: Stability and change in students' alternative conceptions. *Educational Studies in Mathematics, 32*, 229–263.

Meyer, R. A., Browning, C., & Channell, D. (1995). Expanding students' conceptions of the arithmetic mean. *School Science and Mathematics, 95*, 114–117.

Mooney, E. S. (2002). A framework for characterizing middle school students' statistical thinking. *Mathematical Thinking and Learning, 4*(1), 23–63.

Moritz, J. B. (2000). Graphical representations of statistical associations by upper primary students. In J. Bana & A. Chapman (Eds.), *Mathematics education beyond 2000* (Proceedings of the 23rd annual conference of the Mathematics Education Research Group of Australasia, Vol. 2, pp. 440–447). Perth, WA: MERGA.

Moritz, J. B. (2002). Study times and test scores: What students' graphs show. *Australian Primary Mathematics Classroom, 7*(1), 24–31.

Mosteller, F., & Youtz, C. (1990). Quantifying probabilistic expressions. *Statistical Science, 5*, 2–34.

Moxley, L. M., & Sanford, A. J. (2000). Communicating quantities: A review of psycholinguistic evidence of how expressions determine perspectives. *Applied Cognitive Psychology, 14*, 237–255.

Noelting, G. (1980a). The development of proportional reasoning and the ratio concept: Part I—The determination of stages. *Educational Studies in Mathematics, 11*, 217–253.

Noelting, G. (1980b). The development of proportional reasoning and the ratio concept: Part II—Problem-structure at successive stages: Problem-solving strategies and the mechanism of adaptive restructuring. *Educational Studies in Mathematics, 11*, 331–363.

Pendlebury, C., & Robinson, F. E. (1928). *New school arithmetic.* London: G. Bell & Sons.

Petrosino, A. J., Lehrer, R., & Schauble, L. (2003). Structuring error and experimental variation as distribution in the fourth grade. *Mathematical Thinking and Learning, 5*(2&3), 131–156.

Pfannkuch, M. (2005). Thinking tools and variation. *Statistics Education Research Journal, 4*(1), 83–91.

Rangecroft, M. (1991). Graphwork—Developing a progression. Part 1—The early stages. *Teaching Statistics, 13*(2), 44–46.

Reading, C. (2004). Student description of variation while working with weather data. *Statistics Education Research Journal, 3*(2), 84–105.

Reading, C., & Pegg, J. (1995). Teaching statistics: Background and implications. In L. Grimison & J. Pegg (Eds.), *Teaching secondary school mathematics: Theory into practice* (pp. 140–163). Sydney: Harcourt-Brace.

Ritson, R. (2000). A question of choice. *Australian Primary Mathematics Classroom, 5*(3), 10–14.

Rubin, A., & Mokros, J. (1990). *Data: Kids, cats, and ads: Statistics.* Menlo Park, CA: Dale Seymour.

Russell, S. J., & Mokros, J. (1996). What do children understand about average? *Teaching Children Mathematics, 2*, 360–364.

Russell, S. J., & Mokros, J. (1996). What do children understand about average? *Teaching Children Mathematics, 2,* 360–364.

Russell, S. J., Schifter, D., & Bastable, V. (2002). *Developing mathematical ideas: Collecting, representing, and analyzing data.* Parsippany, NJ: Dale Seymour.

Shaughnessy, J. M., Ciancetta, M., & Canada, D. (2004). Types of student reasoning on sampling tasks. In M. Johnsen-Høines & A. B. Fuglestad (Eds.), *Proceedings of the 28th annual conference of the International Study Group for the Psychology of Mathematics Education* (Vol. 4, pp. 177–184). Bergen, Norway: PME.

Singer, M., Konold, C., & Rubin, A. (1996). *Between never and always: Probability. Investigations in number, data, and space.* Palo Alto, CA: Dale Seymour.

Streefland, L. (1991). *Fractions in realistic mathematics education: A paradigm of developmental research.* Dordrecht: Kluwer.

Teigen, K. H. (2001). When equal chances = good chances: Verbal probabilities and the equiprobability effect. *Organizational Behavior and Human Decision Processes, 85*(1), 77–108.

Teigen, K. H., & Brun, W. (1999). The directionality of verbal probability expressions: Effects on decisions, predictions, and probabilistic reasoning. *Organizational Behavior and Human Decision Processes, 80*(2), 155–190.

Teigen, K. H., & Brun, W. (2000). Ambiguous probabilities: When does $p = 0.3$ reflect a possibility and when does it express a doubt? *Journal of Behavioral Decision Making, 13,* 345–362.

Torok, R. (2000). Putting the variation into chance and data. *Australian Mathematics Teacher, 56*(2), 25–31.

Tufte, E. R. (1990). *Envisioning information.* Cheshire, CT: Graphics Press.

Tufte, E. R. (1997). *Visual explanations: Images and quantities, evidence and narrative.* Cheshire, CT: Graphics Press.

Wallsten, K. K., Fillenbaum, S., & Cox, J. A. (1986). Base rate effects on the interpretations of probability and frequency expressions. *Journal of Memory and Language, 25,* 571–587.

Watson, J. M. (1995a). Conditional probability: Its place in the mathematics curriculum. *Mathematics Teacher, 88,* 12–17.

Watson, J. M. (1995b). Statistical literacy: A link between mathematics and society. In A. Richards, G. Gillman, K. Milton, & J. Oliver (Eds.), *Flair: Forging links and integrating resources* (Proceedings of the 15th biennial conference of the Australian Association of Mathematics Teachers, pp. 12–28). Adelaide, SA: AAMT.

Watson, J. M. (1998). Statistical literacy: What's the chance? *Reflections, 23*(1), 6–14.

Watson, J. M. (2002a). Discussion: Statistical literacy before adulthood. *International Statistical Review, 70,* 26–30.

Watson, J. M. (2002b). Doing research in statistics: More than just data. [Keynote Address]. In B. Phillips (Ed.), *Developing a statistically literate society? Proceedings of the Sixth International Conference on Teaching Statistics, Cape Town* [CD-ROM]. Voorburg, The Netherlands: International Statistical Institute.

Watson, J. M. (2002c). Lessons from variation research I: Student understanding. In M. Goos & T. Spencer (Eds.), *Mathematics—Making waves.* (Proceedings of the 19th biennial conference of the Australian Association of Mathematics Teachers Inc., Brisbane, pp. 261–268). Adelaide, SA: AAMT.

Watson, J. M., & Kelly, B. A. (2005). The winds are variable: Student intuitions about variation. *School Science and Mathematics, 105,* 252–269.

Watson, J. M., & Moritz, J. B. (1997). Teachers' views of sampling. In N. Scott & H. Hollingsworth (Eds.), *Mathematics creating the future* (Proceedings of the 16th biennial conference of the Australian Association of Mathematics Teachers Inc., pp. 345–353). Adelaide, SA: AAMT.

Watson, J. M., & Moritz, J. B. (2002a). Developing concepts of sampling for statistical literacy. In J. Sowder & B. Schappelle (Eds.), *Lessons learned from research* (pp. 117–124). Reston, VA: National Council of Teachers of Mathematics.

Watson, J. M., & Moritz, J. B. (2002b). Quantitative literacy for pre-service teachers via the internet. *Mathematics Teacher Education and Development, 4*, 43–56.

Well, A. D., Pollatsek, A., & Boyce, S. J. (1990). Understanding the effects of sample size on the variability of the mean. *Organizational Behavior and Human Decision Processes, 47*, 289–312.

Winkler, R. L. (1990). Comment: Representing and communicating uncertainty. *Statistical Science, 5*, 26–30.

참고문헌

Amir, G. S., & Williams, J. S. (1999). Cultural influences on children's probabilistic thinking. *Journal of Mathematical Behavior, 18,* 85–107.

Aussies living for longer, ABS says. (1994, January 29). *The Mercury* (Hobart, Tasmania), p. 8.

Australia hotting up. (1997, January 11). *The Mercury* (Hobart, Tasmania), p. 11.

Australian Education Council. (1991). *A national statement on mathematics for Australian schools.* Melbourne: Author.

Australian Education Council. (1994a). *Mathematics—A curriculum profile for Australian schools.* Melbourne: Curriculum Corporation.

Australian Education Council. (1994b). *A statement on health and physical education for Australian schools.* Melbourne: Curriculum Corporation.

Barbella, P., Kepner, J., & Schaeffer, R. L. (1994). *Exploring measurements.* [Quantitative Literacy Series] Palo Alto, CA: Dale Seymour.

Batanero, C., Estepa, A., Godino, J. D., & Green, D. R. (1996). Intuitive strategies and preconceptions about association in contingency tables. *Journal for Research in Mathematics Education, 27,* 151–169.

Batanero, C., Serrano, L., & Garfield, J. B. (1996). Heuristics and biases in secondary school students' reasoning about probability. In L. Puig & A. Gutiérres (Eds.), *Proceedings of the 20th annual conference of the International Group for the Psychology of Mathematics Education* (Vol. 2, pp. 43–50). Valencia, Spain: PME.

Beer gets blame for violent crime rate. (1994, August 23). *The Mercury* (Hobart, Tasmania), p. 8.

Beichner, R. J. (1994). Testing student interpretation of kinematics graphs. *American Journal of Physics, 62,* 750–762.

Bereska, C., Bolster, C. H., Bolster, L. C., & Scheaffer, R. (1998). *Exploring statistics in the elementary grades. Book One (K–6).* White Plains, NY: Dale Seymour.

Bereska, C., Bolster, C. H., Bolster, L. C., & Scheaffer, R. (1999). *Exploring statistics in the elementary grades. Book Two (grades 4–8).* White Plains, NY: Dale Seymour.

Bernstein, P. L. (1996). *Against the gods: The remarkable story of risk.* New York: Wiley.

Beware the pushy fish-eater. (1991, May 7). *The Mercury* (Hobart, Tasmania).

Biggs, J. B. (1992). Modes of learning, forms of knowing, and ways of schooling. In A. Demetriou, M. Shayer, & A. Efklides (Eds.), *Neo-Piagetian theories of cognitive development: Implications and applications for education* (pp. 31–51). London: Routledge.

Biggs, J. B., & Collis, K. F. (1982). *Evaluating the quality of learning: The SOLO taxonomy.* New York: Academic Press.

Biggs, J. B., & Collis, K. F. (1991). Multimodal learning and the quality of intelligent behavior. In H. A. H. Rowe (Ed.), *Intelligence: Reconceptualization and measurement* (pp. 57–76). Hillsdale, NJ: Lawrence Erlbaum Associates.

Bond, T. G., & Fox, C. M. (2001). *Applying the Rasch Model: Fundamental measurement in the human sciences.* Mahwah, NJ: Lawrence Erlbaum Associates.

Borovcnik, M., & Bentz, H. J. (1991). Empirical research in understanding probability. In R. Kapadia & M. Borovcnik (Eds.), *Chance encounters: Probability in education* (pp. 73–105). Dordrecht: Kluwer.

Brasell, H. M., & Rowe, M. B. (1993). Graphing skills among high school physics students. *School Science and Mathematics, 93*(2), 63–70.

Bright, G. W., & Friel, S. N. (1998). Graphical representations: Helping students interpret data. In S. P. Lajoie (Ed.), *Reflections on statistics: Learning, teaching, and assessment in grades K–12* (pp. 63–88). Mahwah, NJ: Lawrence Erlbaum Associates.

Bryant, P. E., & Somerville, S. C. (1986). The spatial demands of graphs. *British Journal of Psychology, 77,* 187–197.

Burrill, G., & Romberg, T. A. (1998). Statistics and probability for the middle grades: Examples from *Mathematics in Context.* In S. P. Lajoie (Ed.), *Reflections on statistics: Learning, teaching and assessment in grades K–12* (pp. 33–59). Mahwah, NJ: Lawrence Erlbaum Associates.

Cai, J. (1995). Beyond the computational algorithm: Students' understanding of the arithmetic average concept. In L. Meira & D. Carraher (Eds.), *Proceedings of the 19th Psychology of Mathematics Education Conference* (Vol. 3, pp. 144–151). São Paulo, Brazil: PME Program Committee.

Cai, J. (1998). Exploring students' conceptual understanding of the averaging algorithm. *School Science and Mathematics, 98,* 93–98.

Callingham, R., & Watson, J. M. (2005). Measuring statistical literacy. *Journal of Applied Measurement, 6*(1), 19–47.

Cañizares, M. J., & Batanero, C. (1998, June). *A study on the stability of equiprobability bias in 10–14 year-old children.* Poster paper presented at the Fifth International Conference on Teaching Statistics, Singapore.

Capel, A. D. (1885). *Catch questions in arithmetic & mensuration and how to solve them.* London: Joseph Hughes.

Carpenter, T. P., & Moser, J. M. (1984). The acquisition of addition and subtraction concepts in grades one through three. *Journal for Research in Mathematics Education, 15,* 179–202.

Case, R. (1988). Neo-Piagetian theory: Retrospect and prospect. In A. Demetriou (Ed.), *The neo-Piagetian theories of cognitive development: Toward an Integration* (pp. 267–285). Amsterdam: Elsevier.

Cats get bad press: Survey. (1994, June 30). *The Mercury* (Hobart, Tasmania), p. 9.

Chick, H. L., & Watson, J. M. (2001). Data representation and interpretation by primary school students working in groups. *Mathematics Education Research Journal, 13,* 91–111.

Chick, H. L., & Watson, J. M. (2002). Collaborative influences on emergent statistical thinking—A case study. *Journal of Mathematical Behavior, 21,* 371–400.

Cockcroft, W. H. (1982). *Mathematics counts: Report of the committee of inquiry into the teaching of mathematics in schools.* London: HMSO.

Corwin, R. B., & Friel, S. N. (1990). *Statistics: Prediction and sampling: A unit of study for grades 5–6.* [Used numbers: Real data in the classroom] Palo Alto, CA: Dale Seymour.

Corwin, R. B., & Russell, S. J. (1990). *Measuring: From paces to feet: A unit of study for grades 3–4.* [Used numbers: Real data in the classroom] Palo Alto, CA: Dale Seymour.

Crawford, W. (1991, June 11). Family car is killing us, says Tasmanian researcher. *The Mercury* (Hobart, Tasmania), p. 2.

Crossen, C. (1994). *Tainted truth: The manipulation of fact in America.* New York: Touchstone.

Curcio, F. R. (1987). Comprehension of mathematical relationships expressed in graphs. *Journal for Research in Mathematics Education, 18,* 382–393.

Curcio, F. R. (1989). *Developing graph comprehension.* Reston, VA: National Council of Teachers of Mathematics.

De Cesare, J. (1996, May 14). $5.6m bill. *The Mercury* (Hobart, Tasmania), p. 1.

Decriminalise drug use: poll. (1992, September 26). *The Mercury* (Hobart, Tasmania), p. 3.

Delbridge, A., & Bernard, J. R. L. (1998). *The Macquarie concise dictionary* (3rd ed., rev.). Sydney: The Macquarie Library, Pty. Ltd.

Department for Education (England & Wales). (1995). *Mathematics in the national curriculum.* London: Author.

Department of Education Tasmania. (2002). *Essential learnings framework 1.* Hobart: Author.

Dewdney, A. K. (1993). *200% of nothing: An eye-opening tour through the twists and turns of math abuse and innumeracy.* New York: Wiley.

Doerr, H. M., & English, L. D. (2003). A modeling perspective on students' mathematical reasoning about data. *Journal for Research in Mathematics, 34,* 110–136.

Dossey, J. A. (1997). National indicators of quantitative literacy. In L. A. Steen (Ed.), *Why numbers count: Quantitative literacy for tomorrow's America* (pp. 45–59). New York: College Entrance Examination Board.

Dossey, J. A., Giordano, F. R., McCrone, S., & Weir, M. D. (2002). *Mathematics methods and modeling for today's mathematics classroom: A contemporary approach to teaching grades 7–12.* Pacific Grove, CA: Brooks/Cole.

Dunkels, A. (1988). EDA in the primary classroom—Graphing and concept formation combined. In R. Davidson & J. Swift (Eds.), *Proceedings of the Second International Conference on Teaching Statistics* (pp. 61–66). Victoria, BC: The Organizing Committee, ICOTS2.

Education Queensland. (2000). *New Basics Project technical paper.* Retrieved 11 January 2002 from http://education.qld.gov.au/corporate/newbasics/html/library.html

Ernest, P. (1984). Introducing the concept of probability. *Mathematics Teacher, 77,* 524–525.

Estepa, A., Batanero, C., & Sanchez, F. T. (1999). Students' intuitive strategies in judging association when comparing two samples. *Hiroshima Journal of Mathematics Education, 7,* 17–30.

Falk, R. (1983a). Experimental models for resolving probabilistic ambiguities. In R. Hershkowitz (Ed.), *Proceedings of the annual conference of the International Group for the Psychology of Mathematics Education* (pp. 319–325). Rehovot, Israel: Weizmann Institute of Science.

Falk, R. (1983b). Probabilistic reasoning as an extension of commonsense thinking. In M. Zweng, T. Green, J. Kilpatrick, H. Pollak, & M. Suydam (Eds.), *Proceedings of the Fourth International Congress on Mathematical Education* (pp. 190–195). Boston: Birkhäuser.

Farouque, F. (1994, July 27). Cancer deaths on rise, but heart still the top killer. *The Age* (Melbourne, Victoria), p. 4.

Fathom [Computer software]. (2002). Emeryville, CA: Key Curriculum Press.

Fenton, P., & Watson, J. (2001). Triangular numbers: Fact or fiction? *Australian Primary Mathematics Classroom, 6*(1), 10–14.

Fischbein, E. (1975). *The intuitive sources of probabilistic thinking in children.* Dordrecht: D. Reidel.

Fischbein, E., & Gazit, A. (1984). Does the teaching of probability improve probabilistic intuitions? An exploratory research study. *Educational Studies in Mathematics, 15,* 1–24.

Fischbein, E., Nello, M. S., & Marino, M. S. (1991). Factors affecting probability judgements in children and adolescents. *Educational Studies in Mathematics, 22,* 523–549.

Fischbein, E., & Schnarch, D. (1997). The evolution with age of probabilistic, intuitively based misconceptions. *Journal for Research in Mathematical Education, 28,* 96–105.

Fong, G. T., Krantz, D. H., & Nisbett, R. E. (1986). The effects of statistical training on thinking about everyday problems. *Cognitive Psychology, 18,* 253–292.

Freebody, P., & Luke, A. (2003). Literacy as engaging with new forms of life: The 'four roles' model. In G. Bull & M. Anstey (Eds.), *The literacy lexicon* (2nd ed., pp. 51–65). Frenchs Forest, NSW: Prentice Hall, Pearson Education Australia.

Friel, S. N., & Bright, G. W. (1998). Teach-Stat: A model for professional development in data analysis and statistics for teachers K–6. In S. P. Lajoie (Ed.), *Reflections on statistics: Learning, teaching, and assessment in grades K–12* (pp. 89–117). Mahwah, NJ: Lawrence Erlbaum Associates.

Friel, S. N., Bright, G. W., & Curcio, F. R. (1997). Understanding students' understanding of graphs. *Mathematics Teaching in the Middle School, 3,* 224–227.

Friel, S. N., Curcio, F. R., & Bright, G. W. (2001). Making sense of graphs: Critical factors influencing comprehension and instructional implications. *Journal for Research in Mathematics Education, 32,* 124–158.

Friel, S., & Joyner, J. (Eds.). (1997). *Teach-Stat for teachers: Professional development manual.* Palo Alto, CA: Dale Seymour.

Friel, S. N., Mokros, J. R., & Russell, S. J. (1992). *Statistics: Middles, means, and in-betweens: A unit of study for grades 5–6.* [Used numbers: Real data in the classroom] Palo Alto, CA: Dale Seymour.

Gal, I. (1997). On developing statistically literate adults. In G. E. FitzSimons (Ed.), *Adults returning to study mathematics: Papers from Working Group 18: Eighth International Congress on Mathematical Education* (pp. 49–53). Adelaide: Australian Association of Mathematics Teachers, Inc.

Gal, I. (2002). Adults' statistical literacy: Meanings, components, responsibilities. *International Statistical Review, 70,* 1–51.

Gal, I., Rothschild, K., & Wagner, D. A. (1989, April). *Which group is better?: The development of statistical reasoning in elementary school children.* Paper presented at the meeting of the Society for Research in Child Development, Kansas City, MO.

Gal, I., Rothschild, K., & Wagner, D. A. (1990, April). *Statistical concepts and statistical reasoning in school children: Convergence or divergence?* Paper presented at the meeting of the American Educational Research Association, Boston.

Gal, I., & Wagner, D. A. (1992). *Project STARC: Statistical reasoning in the classroom* (Annual Report No. 2). Philadelphia, PA: University of Pennsylvania, Literacy Research Center.

Garfield, J., & delMas, R. (1991). Students' conceptions of probability. In D. Vere-Jones (Ed.), *Proceedings of the Third International Conference on Teaching Statistics. Vol. 1. School and general issues* (pp. 340–349). Voorburg, The Netherlands: International Statistical Institute.

Garfield, J., & Gal, I. (1999). Teaching and assessing statistical reasoning. In L. V. Stiff & F. R. Curcio (Eds.), *Developing mathematical reasoning in grades K–12 (1999 Yearbook)* (pp. 207–219). Reston, VA: National Council of Teachers of Mathematics.

Gigerenzer, G. (2002). *Reckoning with risk: Learning to live with uncertainty.* London: Penguin.

Gigerenzer, G., & Hoffrage, U. (1995). How to improve Bayesian reasoning without instruction: Frequency formats. *Psychological Review, 102,* 684–704.

Gnanadeskin, M., Scheaffer, R. L., & Swift, J. (1987). *The art and techniques of simulation.* [Quantitative Literacy Series] Palo Alto, CA: Dale Seymour.

Golf most popular sport. (1995, June 21). *The Mercury* (Hobart, Tasmania), p. 63.

Goodchild, S. (1988). School pupils' understanding of average. *Teaching Statistics, 10,* 77–81.

Green, D. (1983a). Shaking a six. *Mathematics in Schools, 12*(5), 29–32.

Green, D. R. (1983b). A survey of probability concepts in 3000 pupils aged 11–16 years. In D. R. Grey, P. Holmes, V. Barnett, & G. M. Constable (Eds.), *Proceedings of the First International Conference on Teaching Statistics* (Vol. 2, pp. 766–783). Sheffield, England: Teaching Statistics Trust.

Green, D. R. (1984). Talking of probability . . . *Bulletin of the Institute of Mathematics and its Applications, 20*(9/10), 145–149.

Green, D. R. (1986). Children's understanding of randomness: Report of a survey of 1600 children aged 7–11 years. In R. Davidson & J. Swift (Eds.), *Proceedings of the Second International Conference on Teaching Statistics* (pp. 287–291). Victoria, BC: The Organizing Committee, ICOTS2.

Green, D. (1991). A longitudinal study of pupils' probability concepts. In D. Vere-Jones (Ed.), *Proceedings of the Third International Conference on Teaching Statistics. Vol. 1. School and general issues* (pp. 320–328). Voorburg, The Netherlands: International Statistical Institute.

Green, D. (1993). Data analysis: What research do we need? In L. Pereira-Mendoza (Ed.), *Introducing data analysis in the schools: Who should teach it?* (pp. 219–239). Voorburg, The Netherlands: International Statistical Institute.

Haley, M. (2000, March 30). Boaties' safety failure. *The Mercury* (Hobart, Tasmania), p. 7.

Hardiman, P. T., Well, A. D., & Pollatsek, A. (1984). Usefulness of a balance model in understanding the mean. *Journal of Educational Psychology, 76*(5), 792–801.

Hart, K. M. (Ed.). (1981). *Children's understanding of mathematics: 11–16.* London: John Murray.

Hart, W. L. (1953). *College algebra* (4th ed.). Boston: D.C. Heath.

Hawkins, A. S., & Kapadia, R. (1984). Children's conception of probability—A psychological and pedagogical review. *Educational Studies in Mathematics, 15,* 349–377.

Holmes, P. (1980). *Teaching statistics 11–16.* Slough, UK: Schools Council and Foulsham Educational.

Holmes, P. (1986). A statistics course for all students aged 11–16. In R. Davidson & J. Swift (Eds.), *Proceedings of the Second International Conference on Teaching Statistics* (pp. 194–196). Victoria, BC: The Organizing Committee, ICOTS2.

Hooke, R. (1983). *How to tell the liars from the statisticians.* New York: Marcel Dekker.

Huff, D. (1991). *How to lie with statistics.* London: Penguin. (Original work published 1954)

Jacobs, V. R. (1997, March). *Children's understanding of sampling in surveys.* Paper presented at the annual meeting of the American Educational Research Association, Chicago.

Jacobs, V. R. (1999). How do students think about statistical sampling before instruction? *Mathematics in the Middle School, 5*(4), 240–263.

Jaffe, A. J., & Spirer, H. F. (1987). *Misused statistics: Straight talk for twisted numbers.* New York: Marcel Dekker.

Jones, A. (Ed.). (1996). *Chambers Dictionary of Quotations.* New York: Larousse Kingfisher Chambers, Inc.

Kahneman, D., & Tversky, A. (1972). Subjective Probability: A judgement of representativeness. *Cognitive Psychology, 3,* 430–454.

Kelly, B. A., & Watson, J. M. (2002). Variation in a chance sampling setting: The lollies task. In B. Barton, K. C. Irwin, M. Pfannkuch, & M. O. J. Thomas (Eds.), *Mathematics education in the South Pacific* (Proceedings of the 26th annual conference of the Mathematics Education Research Group of Australasia, Vol. 2, pp. 366–373). Sydney, NSW: MERGA.

Kilpatrick, J., Martin, W. G., & Schifter, D. (Eds.). (2003). *A research companion to Principles and Standards for School Mathematics.* Reston, VA: National Council of Teachers of Mathematics.

Kirkby, D., & Short, G. (1991). *Maths investigations through games: Book 2.* Melbourne: Longman Cheshire.

Konold, C. (1989). Informal conceptions of probability. *Cognition and Instruction, 6,* 59–98.

Konold, C., & Garfield, J. (1992). *Statistical reasoning assessment: Part 1. Intuitive Thinking.* Amherst, MA: Scientific Reasoning Research Institute, University of Massachusetts.

Konold, C., & Higgins, T. L. (2002). Working with data: Highlights related to research. In S. J. Russell, D. Schifter, & V. Bastable (Eds.), *Developing mathematical ideas: Collecting, representing, and analyzing data* (pp. 165–201). Parsippany, NJ: Dale Seymour.

Konold, C., & Higgins, T. L. (2003). Reasoning about data. In J. Kilpatrick, W. G. Martin, & D. Schifter (Eds.), *A research companion to Principles and Standards for School Mathematics* (pp. 193–215). Reston, VA: National Council of Teachers of Mathematics.

Konold, C., & Miller, C. D. (2005). *Tinkerplots: Dynamic data exploration* [Computer software]. Emeryville, CA: Key Curriculum Press.

Konold, C., Pollatsek, A., Well, A., Lohmeier, J., & Lipson, A. (1993). Inconsistencies in students' reasoning about probability. *Journal for Research in Mathematics Education, 24,* 392–414.

Konold, C., Robinson, A., Khalil, K., Pollatsek, A., Well, A., Wing, R., & Mayr, S. (2002). Students' use of modal clumps to summarize data. In B. Phillips (Ed.), *Developing a statistically literate society? Proceedings of the Sixth International Conference on Teaching Statistics, Cape Town* [CD-ROM]. Voorburg, The Netherlands: International Statistical Institute.

Landwehr, J. M., Swift, J., & Watkins, A. E. (1987). *Exploring surveys and information from samples.* Palo Alto, CA: Dale Seymour.

Lappan, G., Fey, J. T., Fitzgerald, W. M., Friel, S. N., & Phillips, E. D. (1997a). *Comparing and scaling: Ratio, proportion, and percent.* Palo Alto, CA: Dale Seymour.

Lappan, G., Fey, J. T., Fitzgerald, W. M., Friel, S. N., & Phillips, E. D. (1997b). *Data around us: Number sense.* [Teacher's edition]. Menlo Park, CA: Dale Seymour.

Lappan, G., Fey, J. T., Fitzgerald, W. M., Friel, S. N., & Phillips, E. D. (1997c). *Samples and populations: Data and statistics.* [Teacher's edition]. Menlo Park, CA: Dale Seymour.

Lappan, G., Fey, J. T., Fitzgerald, W. M., Friel, S. N., & Phillips, E. D. (1997d). *What do you expect? Probability and expected value.* [Teacher's edition]. Menlo Park, CA: Dale Seymour.

Lappan, G., Fey, J. T., Fitzgerald, W. M., Friel, S. N., & Phillips, E. D. (1998a). *Clever counting: Combinatorics.* [Teacher's edition]. Menlo Park, CA: Dale Seymour.

Lappan, G., Fey, J. T., Fitzgerald, W. M., Friel, S. N., & Phillips, E. D. (1998b). *Data about us: Statistics.* [Teacher's edition]. Menlo Park, CA: Dale Seymour.

Lappan, G., Fey, J. T., Fitzgerald, W. M., Friel, S. N., & Phillips, E. D. (1998c). *How likely is it? Probability.* [Teacher's edition]. Menlo Park, CA: Dale Seymour.

Lappan, G., Fey, J. T., Fitzgerald, W. M., Friel, S. N., & Phillips, E. D. (1998d). *Samples and populations: Data and statistics.* [Teacher's edition]. Menlo Park, CA: Dale Seymour.

Lecoutre, M.-P. (1992). Cognitive models and problem spaces in "purely random" situations. *Educational Studies in Mathematics, 23,* 557–568.

Lehrer, R., & Romberg, T. (1996). Exploring children's data modeling. *Cognition and Instruction, 14*(1), 69–108.

Lehrer, R., & Schauble, L. (2000). Modeling in mathematics and science. In R. Glaser (Ed.), *Advances in instructional psychology* (Vol. 5, pp. 101–159). Mahwah, NJ: Lawrence Erlbaum Associates.

Leinhardt, G., Zaslavsky, O., & Stein, M. K. (1990). Functions, graphs and graphing: Tasks, learning and teaching. *Review of Educational Research, 60*(1), 1–64.

Leon, M. R., & Zawojewski, J. S. (1991). Use of the arithmetic mean: An investigation of four properties, issues and preliminary results. In D. Vere-Jones (Ed.), *Proceedings of the Third International Conference on Teaching Statistics: Vol. 1. School and general issues* (pp. 302–306). Voorburg, The Netherlands: International Statistical Institute.

Let someone else drive, bridge commuters told. (1994, February 27). *The Mercury* (Hobart, Tasmania), p. 3.

Lewis, D. (1991). *Survey characteristics of oily fish consumers at different levels of consumption frequency* (Report prepared for John West Fish and Wearne Public Relations). London: Author.

Li, J., & Pereira-Mendoza, L. (2002). Misconceptions in probability. In B. Phillips (Ed.), *Developing a statistically literate society? Proceedings of the Sixth International Conference on Teaching Statistics, Cape Town* [CD-ROM]. Voorburg, The Netherlands: International Statistical Institute.

Lokan, J., Ford, P., & Greenwood, L. (1996). *Maths and science on the line: Australian junior secondary students' performance in the Third International Mathematics and Science Study.* Melbourne: Australian Council for Educational Research.

The longer your overseas call, the cheaper the rate. (1993, July 22). *The Mercury* (Hobart, Tasmania), p. 17.

Lovitt, C., & Lowe, I. (1993). "What's in the bag?" In *Chance and data investigations* (Vol. 2, pp. 400–407). Melbourne: Curriculum Corporation.

Luke, A., & Freebody, P. (1997). Shaping the social practices of reading. In S. Musprati, A. Luke, & P. Freebody (Eds.), *Constructing critical literacies: Teaching and learning textual practice* (pp. 185–225). St. Leonards, NSW: Allen & Unwin.

Madison, B. L. (2002). Educating for numeracy: A challenging responsibility. *Notices of the American Mathematical Society,* February, 2000, p. 181. Available at http://www.ams.org/notices/200202/commentary.pdf

Madison, B. L., & Steen, L. A. (2003). *Quantitative literacy: Why numeracy matters for schools and colleges.* Princeton, NJ: The National Council on Education and the Disciplines.

Maher, C. (1998). Is this game fair? The emergence of statistical reasoning in young children. In L. Pereira-Mendoza, L. S. Kea, T. W. Kee, & W. Wong (Eds.), *Statistical education—Expanding the network. Proceedings of the Fifth International Conference on Teaching of Statistics* (Vol. 1, pp. 53–59). Voorburg, The Netherlands: International Statistical Institute.

Malone, J., & Miller, D. (1993). Communicating mathematical terms in writing: Some influential variables. In M. Stephens, A. Waywood, D. Clarke, & J. Izard (Eds.), *Communicating mathematics: Perspectives from classroom practice and current research* (pp. 177–190). Melbourne: Australian Council for Educational Research.

Mann, R., Harmoni, R., & Power, C. (1989). Adolescent decision making: The development of competence. *Journal of Adolescence, 12,* 56–69.

McLennan, W. (1997). *Aspects of literacy: Assessed skill levels Australia 1996.* Canberra: Commonwealth of Australia.

Megalogenis, G. (1990, May 7). Hobart defies homes trend. *The Mercury* (Hobart, Tasmania), p. 3.

Meletiou-Mavrotheris, M., & Lee, C. (2002). Teaching students the stochastic nature of statistical concepts in an introductory statistics course. *Statistics Education Research Journal, 1*(2), 22–37.

Metz, K. E. (1999). Why sampling works or why it can't: Ideas of young children engaged in research of their own design. In F. Hitt & M. Santos (Eds.), *Proceedings of the 21st annual meet-*

ing of the North American Chapter of the International Group for the Psychology of Mathematics Education (Vol. 2, pp. 492–499). Cuernavaca, Mexico: PME.

Mevarech, Z. (1983). A deep structure model of students' statistical misconceptions. *Educational Studies in Mathematics, 14,* 415–429.

Miller, L. D. (1993). Making the connection with language. *Arithmetic Teacher, 40,* 311–316.

Ministry of Education. (1992). *Mathematics in the New Zealand curriculum.* Wellington, NZ: Author.

Mokros, J., & Russell, S. J. (1995). Children's concepts of average and representativeness. *Journal for Research in Mathematics Education, 26,* 20–39.

Moore, D. S. (1990). Uncertainty. In L. S. Steen (Ed.), *On the shoulders of giants: New approaches to numeracy* (pp. 95–137). Washington, DC: National Academy Press.

Moore, D. S. (1991a). *Statistics: Concepts and controversies* (3rd ed.). New York: Freeman.

Moore, D. S. (1991b). Statistics for all: Why, what, and how? In D. Vere-Jones (Ed.), *Proceedings of the Third International Conference on Teaching Statistics. Vol. 1. School and general issues* (pp. 423–428). Voorburg, The Netherlands: International Statistical Institute.

Moore, D. S. (1997). New pedagogy and new content: The case of statistics. *International Statistical Review, 65,* 123–165.

Moore, D. S., & McCabe, G. P. (1993). *Introduction to the practice of statistics* (3rd ed.). New York: W.H. Freeman.

Moritz, J. B. (1998). Long odds: Longitudinal development of student understanding of odds. In C. Kanes, M. Goos, & E. Warren (Eds.), *Teaching mathematics in new times* (Proceedings of the 21st annual conference of the Mathematics Education Research Group of Australasia, Vol. 2, pp. 373–380). Gold Coast: MERGA.

Moritz, J. B. (1999). Graphing data: Relating representation and interpretation. In K. Baldwin & J. Roberts (Eds.), *Mathematics—The next millennium* (Proceedings of the 17th biennial conference of the Australian Association of Mathematics Teachers Inc., pp. 90–99). Adelaide, SA: AAMT.

Moritz, J. B., & Watson, J. M. (1997a). Graphs: Communication lines to students? In F. Biddulph & K. Carr (Eds.), *People in mathematics education* (Proceedings of the 20th annual conference of the Mathematics Education Research Group of Australasia, Vol. 2, pp. 344–351). Waikato, NZ: MERGA.

Moritz, J. B., & Watson, J. M. (1997b). Pictograph representation: Telling the story. In N. Scott & H. Hollingsworth (Eds.), *Mathematics creating the future* (Proceedings of the 16th biennial conference of the Australian Association of Mathematics Teachers Inc., pp. 222–231). Adelaide, SA: AAMT.

Moritz, J. B., & Watson, J. M. (2000). Reasoning and expressing probability in students' judgements of coin tossing. In J. Bana & A. Chapman (Eds.), *Mathematics education beyond 2000* (Proceedings of the 23rd annual conference of the Mathematics Education Research Group of Australasia, Vol. 2, pp. 448–455). Perth, WA: MERGA.

Moritz, J. B., Watson, J. M., & Collis, K. F. (1996). Odds: Chance measurement in three contexts. In P. C. Clarkson (Ed.), *Technology in mathematics education* (Proceedings of the 19th annual conference of the Mathematics Education Research Group of Australasia, pp. 390–397). Melbourne, VIC: MERGA.

Moritz, J. B., Watson, J. M., & Pereira-Mendoza, L. (1996, November). *The language of statistical understanding: An investigation in two countries.* A paper presented at the Joint ERA/AARE Conference, Singapore. Available at: http://www.aare.edu.au/96pap/morij96280.txt

National Council of Teachers of Mathematics. (1989). *Curriculum and evaluation standards for school mathematics.* Reston, VA: Author.

National Council of Teachers of Mathematics. (2000). *Principles and standards for school mathematics.* Reston, VA: Author.

Neumann, H. (1966). *Probability.* Canberra: Canberra Mathematical Association.

Newman, C. M., Obremski, T. E., & Scheaffer, R. L. (1987). *Exploring probability.* [Quantitative Literacy Series] Palo Alto, CA: Dale Seymour.

Nisbett, R. E., Krantz, D. H., Jepson, C., & Kunda, Z. (1983). The use of statistical heuristics in everyday inductive reasoning. *Psychological Review, 90,* 339–363.

O'Keefe, J. J. (1997). The human scatterplot. *Mathematics Teaching in the Middle School, 3,* 208–209.

Orr, D. B. (1995). *Fundamentals of applied statistics and surveys.* New York: Chapman & Hall.

Outhred, L., & Shaw, P. F. (1999). Visual representations in first year statistics. In J. M. Truran & K. M. Truran (Eds.), *Making the difference* (Proceedings of the 22nd annual conference of the Mathematics Education Research Group of Australasia Incorporated, pp. 411–417), Sydney: MERGA.

Palmer, C. I., & Krathwohl, W. C. (1921). *Analytic geometry with introductory chapter on the calculus.* New York: McGraw-Hill.

Paulos, J. A. (1988). *Innumeracy: Mathematical illiteracy and its consequences.* New York: Random House.

Paulos, J. A. (1995). *A mathematician reads the newspaper.* New York: Basic Books.

Pegg, J. E. (2002a). Assessment in mathematics: A developmental approach. In J. M. Royer (Ed.), *Mathematical cognition* (pp. 227–259). Greenwich, CT: Information Age Publishing.

Pegg, J. E. (2002b). Fundamental cycles of cognitive growth. In A. Cockburn & E. Nardi (Eds.), *Proceedings of the 26th Conference of the International Group for the Psychology of Mathematics Education* (Vol. 4, pp. 41–48). Norwich, UK: University of East Anglia.

Pereira-Mendoza, L. (1995). Graphing in the primary school: Algorithm versus comprehension. *Teaching Statistics, 17*(1), 2–6.

Pereira-Mendoza, L., & Mellor, J. (1991). Students' concepts of bar graphs—Some preliminary findings. In D. Vere-Jones (Ed.), *Proceedings of the Third International Conference on Teaching Statistics: Vol. 1. School and general issues* (pp. 150–157). Voorburg, The Netherlands: International Statistical Institute.

Pfeffer, C. R. (Ed.). (1989). *Suicide among youth: Perspectives on risk and prevention.* Washington, DC: American Psychiatric Press.

Plant, M., & Plant, M. (1992). *Risk takers: Alcohol, drugs, sex and youth.* London: Routledge.

Pollatsek, A., Lima, S., & Well, A. D. (1981). Concept or computation: Students' understanding of the mean. *Educational Studies in Mathematics, 12,* 191–204.

Pollatsek, A., Well, A. D., Konold, C., Hardiman, P., & Cobb, G. (1987). Understanding conditional probabilities. *Organizational Behavior and Human Decision Processes, 40,* 255–269.

Pratt, D. (2000). Making sense of the total of two dice. *Journal for Research in Mathematics Education, 31,* 602–625.

Rao, C. R. (1975). Teaching of statistics at the secondary level: An interdisciplinary approach. *International Journal of Mathematical Education in Science and Technology, 6,* 151–162.

Reading, C., & Shaughnessy, M. (2000). Student perceptions of variation in a sampling situation. In T. Nakahara & M. Koyama (Eds.), *Proceedings of the 24th annual conference of the International Group for the Psychology of Mathematics Education* (Vol. 4, pp. 89–96). Hiroshima, Japan: Hiroshima University.

Reed, S. K. (1984). Estimating answers to algebra word problems. *Journal of Experimental Psychology: Learning, Memory and Cognition, 10,* 778–790.

Rosato, D. (2002, September 15). Worried about corporate numbers? How about the charts? *The New York Times*, p. BU7.

Roscoe, B., & Kruger, T. L. (1990). AIDS: Late adolescents' knowledge and its influence on sexual behaviour. *Adolescence, 25*(97), 39–48.

Rose, M. (1994, June 27). Needle to make parents do the right thing. *The Mercury* (Hobart, Tasmania), p. 1.

Ross, J. A., & Cousins, J. B. (1993a). Enhancing secondary school students' acquisition of correlational reasoning skills. *Research in Science and Technological Education, 11*, 191–205.

Ross, J. A., & Cousins, J. B. (1993b). Patterns of student growth in reasoning about correlational problems. *Journal of Educational Psychology, 85*, 49–65.

Roth, W. M., & McGinn, M. K. (1997). Graphing: Cognitive ability or practice? *Science Education, 81*(1), 91–106.

Rubin, A. (2005, Spring). Math that matters: The case for replacing the algebra/calculus track with data literacy—a critical skill for modern life. *Threshold: Exploring the Future of Education*, pp. 22–25, 31.

Rubin, A., Bruce, B., & Tenney, Y. (1991). Learning about sampling: Trouble at the core of statistics. In D. Vere-Jones (Ed.), *Proceedings of the Third International Conference on Teaching Statistics: Vol. 1. School and general issues* (pp. 314–319). Voorburg, The Netherlands: International Statistical Institute.

Russell, S. J., & Corwin, R. B. (1989). *The shape of the data: A unit of study for grades 4–6.* [Used numbers: Real data in the classroom] Palo Alto, CA: Dale Seymour.

Russell, S. J., & Corwin, R. B. (1990). *Sorting: Groups and graphs: A unit of study for grades 2–3.* [Used numbers: Real data in the classroom] Palo Alto, CA: Dale Seymour.

Salsburg, D. (2001). *The lady tasting tea: How statistics revolutionized science in the twentieth century.* New York: Henry Holt.

Scheaffer, R. L. (2003). Statistics and quantitative literacy. In B. L. Madison & L. A. Steen (Eds.), *Quantitative literacy: Why numeracy matters for schools and colleges* (pp. 145–152). Princeton, NJ: The National Council on Education and the Disciplines.

Scheaffer, R. L., Watkins, A. E., & Landwehr, J. M. (1998). What every high-school graduate should know about statistics. In S. P. Lajoie (Ed.), *Reflections on statistics: Learning, teaching and assessment in grades K–12* (pp. 3–31). Mahwah, NJ: Lawrence Erlbaum Associates.

Schoolgirls are smokers, drinkers. (1994, December 1). *The Mercury* (Hobart, Tasmania), p. 11.

Schwartz, D. L., & Goldman, S. R. (1996). Why people are not like marbles in an urn: An effect of context on statistical reasoning. *Applied Cognitive Psychology, 10*, S99–S112.

Schwartz, D. L., Goldman, S. R., Vye, N. J., Barron, B. J., & The Cognition and Technology Group at Vanderbilt. (1998). Aligning everyday and mathematical reasoning: The case of sampling assumptions. In S. P. Lajoie (Ed.), *Reflections on statistics: Learning, teaching and assessment in grades K–12* (pp. 233–273). Mahwah, NJ: Lawrence Erlbaum Associates.

Scott, J. (1997, July 12–13). Bands must learn the art of business. *The Weekend Australian*, p. 2.

Shaughnessy, J. M. (1992). Research in probability and statistics: Reflections and directions. In D. A. Grouws (Ed.), *Handbook of research on mathematics teaching and learning* (pp. 465–494). New York: National Council of Teachers of Mathematics & Macmillan.

Shaughnessy, J. M. (1997). Missed opportunities in research on the teaching and learning of data and chance. In F. Biddulph & K. Carr (Eds.), *People in mathematics education* (Proceedings of the 20th annual conference of the Mathematics Education Research Group of Australasia, Vol. 1, pp. 6–22), Waikato, NZ: MERGA.

Shaughnessy, J. M. (2003). Research on students' understandings of probability. In J. Kilpatrick, W. G. Martin, & D. Schifter (Eds.), *A research companion to Principles and Standards for*

School Mathematics (pp. 216–226). Reston, VA: National Council of Teachers of Mathematics.

Shaughnessy, J. M., Canada, D., & Ciancetta, M. (2003). Middle school students' thinking about variability in repeated trials: A cross-task comparison. In N. A. Pateman, B. J. Dougherty, & J. T. Zilliox (Eds.), *Proceedings of the 27th annual conference of the International Group for the Psychology of Mathematics Education held jointly with the 25th conference of PME-NA* (Vol. 4, pp. 159–165). Honolulu, HI: Center for Research and Development Group, University of Hawaii.

Shaughnessy, M., & Ciancetta, M. (2002). Students' understanding of variability in a probability environment. In B. Phillips (Ed.), *Developing a statistically literate society? Proceedings of the Sixth International Conference on Teaching Statistics, Cape Town* [CD-ROM]. Voorburg, The Netherlands: International Statistical Institute.

Shaughnessy, J. M., Watson, J., Moritz, J., & Reading, C. (1999, April). School mathematics students' acknowledgment of statistical variation. In C. Maher (Chair), *There's more to life than centers.* Presession Research Symposium, 77th Annual National Council of Teachers of Mathematics Conference, San Francisco, CA.

Shaughnessy, J. M., & Zawojewski, J. S. (1999). Secondary students' performance on data and chance in the 1996 NAEP. *The Mathematics Teacher, 92,* 713–718.

Skalicky, J. (2005). Assessing multiple objectives with a single task in statistics. In P. Clarkson, A. Downton, D. Gronn, M. Horne, A. McDonough, R. Pierce, & A. Roche (Eds.), *Building connections: Theory, research and practice* (Proceedings of the 28th annual conference of the Mathematics Education Research Group of Australasia, Melbourne, pp. 688–695). Sydney: MERGA.

Speiser, B., & Walter, C. (1998). Two dice, two sample spaces. In L. Pereira-Mendoza, L. S. Kea, T. W. Kee, & W. Wong (Eds.), *Statistical education—Expanding the network. Proceedings of the Fifth International Conference on the Teaching of Statistics* (Vol. 1, pp. 61–66). Voorburg, The Netherlands: International Statistical Institute.

Spending a penny in supermarkets. (1996, October 2). *The Mercury* (Hobart, Tasmania), p. 5.

Statistics Canada and Organisation for Economic Cooperation and Development (OECD). (1996). *Literacy, economy, and society: First results from the International Adult Literacy Survey.* Ottawa: Author.

Steen, L. A. (Ed.). (1990). *On the shoulders of giants: New approaches to numeracy.* Washington, DC: National Academy Press.

Steen, L. A. (Ed.). (1997). *Why numbers count: Quantitative literacy for tomorrow's America.* New York: College Entrance Examination Board.

Steen, L. A. (Ed.). (2001). *Mathematics and democracy: The case for quantitative literacy.* Washington, DC: Woodrow Wilson National Fellowship Foundation.

Steen, L. A. (2002). Quantitative literacy: Why numeracy matters for schools and colleges. *Focus, Newsletter of the Mathematical Association of America/MAA Online.* Vol. 22, No. 2, pp. 8–9. Available at http://www.maa.org/features/OL.html

Steinle, V., Stacey, K., & Chambers, D. (2002). *Teaching and learning about decimals. Version 2.1* [CD-ROM]. Melbourne: University of Melbourne.

Stone, A., & Russell, S. J. (1990). *Counting: Ourselves and our families: A unit of study for grades K–1.* [Used numbers: Real data in the classroom] Palo Alto, CA: Dale Seymour.

Strauss, S., & Bichler, E. (1988). The development of children's concept of the arithmetic average. *Journal for Research in Mathematics Education, 19,* 64–80.

Tarr, J. E. (2002). Confounding effects of the phrase "50-50 chance" in making conditional probability judgments. *Focus on Learning Problems in Mathematics, 24*(4), 35–53.

Tarr, J. E., & Jones, G. A. (1997). A framework for assessing middle school students' thinking in conditional probability and independence. *Mathematics Education Research Journal, 9,* 39–59.

That's life. (1993, July 21). *The Mercury* (Hobart, Tasmania), p. 17.

Thin thighs don't come in jars. (1995, March 22). *The Mercury* (Hobart, Tasmania), p. 16.

Thompson, C. J. (1991). The role of statistics in achieving numeracy for all. In D. Vere-Jones (Ed.), *Proceedings of the Third International Conference on Teaching Statistics. Vol. 1. School and general issues* (pp. 429–432). Voorburg, The Netherlands: International Statistical Institute.

Torok, R., & Watson, J. (2000). Development of the concept of statistical variation: An exploratory study. *Mathematics Education Research Journal, 12,* 147–169.

Truran, J. (1985). Children's understanding of symmetry. *Teaching Statistics,* 7(3), 69–74.

Truran, K. (1995). Animism: A view of probability behaviour. In B. Atweh & S. Flavel (Eds.), *Galtha* (Proceedings of the 18th annual conference of the Mathematics Education Research Group of Australasia, pp. 537–542). Darwin, NT: MERGA.

Tufte, E. R. (1983). *The visual display of quantitative information.* Cheshire, CT: Graphics Press.

Tversky, A., & Kahneman, D. (1971). Belief in the law of small numbers. *Psychological Bulletin, 76*(2), 105–110.

Tversky, A., & Kahneman, D. (1974). Judgement under uncertainty: Heuristics and biases. *Science, 185,* 1124–1131.

Tversky, A., & Kahneman, D. (1980). Causal schemas in judgements under uncertainty. In M. Fishbein (Ed.), *Progress in social psychology* (Vol. 1, pp. 49–72). Hillsdale, NJ: Lawrence Erlbaum Associates.

Tversky, A., & Kahneman, D. (1983). Extensional versus intuitive reasoning: The conjunction fallacy in probability judgement. *Psychological Review, 90,* 293–315.

Utts, J. M. (1999). *Seeing through statistics.* (2nd ed.). Pacific Grove, CA: Duxbury Press.

Varga, T. (1983). Statistics in the curriculum for everybody—How young children and how their teachers react. In D. R. Grey, P. Holmes, V. Barnett, & G. M. Constable (Eds.), *Proceedings of the First International Conference on the Teaching Statistics* (Vol. 2, pp. 71–80). Sheffield, UK: Teaching Statistics Trust.

Vidakovic, D., Berenson, S., & Brandsma, J. (1998). Children's intuition of probabilistic concepts emerging from fair play. In L. Pereira-Mendoza, L. S. Kea, T. W. Kee, & W. Wong (Eds.), *Statistical education—Expanding the network. Proceedings of the Fifth International Conference on the Teaching of Statistics* (Vol. 1, pp. 67–73). Voorburg, The Netherlands: International Statistical Institute.

Wagner, D. A., & Gal, I. (1991). *Project STARC: Acquisition of statistical reasoning in children* (Annual Report No. 1). Philadelphia, PA: University of Pennsylvania, Literacy Research Center.

Wainer, H., & Velleman, P. F. (2001). Statistical graphics: Mapping the pathways of science. *Annual Review of Psychology, 52,* 305–335.

Walker, H. M. (1931). Mathematics and statistics. In W. D. Reeve (Ed.), *National Council of Teachers of Mathematics, The sixth yearbook: Mathematics in modern life* (pp. 111–135). New York: Teachers' College, Columbia University.

Wallman, K. K. (1993). Enhancing statistical literacy: Enriching our society. *Journal of the American Statistical Association, 88,* No. 421, 1–8.

Watson, J. M. (1978). A current event for the mathematics classroom. *Mathematics Teacher, 71,* 658–663.

Watson, J. M. (1980). A resource for teaching conditional probability. *Australian Mathematics Teacher, 36*(3), 21–23.

Watson, J. M. (1991). Building probability models in a differential equations course. *International Journal of Mathematical Education in Science and Technology, 22*, 507–517.

Watson, J. M. (1992). Fishy statistics. *Teaching Statistics, 14*(3), 17–21.

Watson, J. M. (1993). Introducing the language of probability through the media. In M. Stephens, A. Wayward, D. Clarke, & J. Izard (Eds.), *Communicating mathematics—Perspectives from current research and classroom practice in Australia* (pp. 119–139). Melbourne: Australian Council for Educational Research.

Watson, J. M. (1994a). Instruments to assess statistical concepts in the school curriculum. In National Organizing Committee (Ed.), *Proceedings of the Fourth International Conference on Teaching Statistics* (Vol. 1, pp. 73–80). Rabat, Morocco: National Institute of Statistics and Applied Economics.

Watson, J. (1994b). *Maths works: Teaching and learning chance and data* (assisted by W. Ransley). Adelaide, SA: Australian Association of Mathematics Teachers.

Watson, J. M. (1996). Reflections on videoconferencing and hypertext as media for professional development. In R. Zevenbergen (Ed.), *Mathematics education in changing times: Reactive or proactive* (pp. 165–176). Melbourne, VIC: Mathematics Education Lecturers' Association.

Watson, J. M. (1997a). Assessing statistical literacy using the media. In I. Gal & J. B. Garfield (Eds.), *The assessment challenge in statistics education* (pp. 107–121). Amsterdam: IOS Press & The International Statistical Institute.

Watson, J. M. (1997b). Chance and data for luddites. *Australian Mathematics Teacher, 53*(3), 24–29.

Watson, J. M. (1998a). Assessment of statistical understanding in a media context. In L. Pereira-Mendoza, L. S. Kea, T. W. Kee, & W. Wong (Eds.), *Statistical education—Expanding the network. Proceedings of the Fifth International Conference on Teaching Statistics* (Vol. 2, pp. 793–799). Voorburg, The Netherlands: International Statistical Institute.

Watson, J. M. (1998b). Numeracy benchmarks for years 3 and 5: What about chance and data? In C. Kanes, M. Goos, & E. Warren (Eds.), *Teaching mathematics in new times* (Proceedings of the 21st annual conference of the Mathematics Education Research Group of Australasia, Vol. 2, pp. 669–676). Brisbane, QLD: MERGA.

Watson, J. M. (1998c). Professional development for teachers of probability and statistics: Into an era of technology. *International Statistical Review, 66*, 271–289.

Watson, J. M. (1998d). Professional development of teachers using CD-ROM technology. In L. Pereira-Mendoza, L. S. Kea, T. W. Kee, & W. Wong (Eds.), *Statistical education—Expanding the network. Proceedings of the Fifth International Conference on Teaching Statistics* (Vol. 2, pp. 921–927). Voorburg, The Netherlands: International Statistical Institute.

Watson, J. M. (1998e). The role of statistical literacy in decisions about risk: Where to start. *For the Learning of Mathematics, 18*(3), 25–27.

Watson, J. M. (1999). The media, technology and statistical literacy for all. In Z. Usiskin (Ed.), *Developments in school mathematics education around the world. Volume 4* (pp. 308–322). Reston, VA: National Council of Teachers of Mathematics.

Watson, J. M. (2000a). Preservice mathematics teachers' understanding of sampling: Intuition or mathematics. *Mathematics Teacher Education and Development, 2*, 121–135.

Watson, J. M. (2000b). Statistics in context. *Mathematics Teacher, 93*, 54–58.

Watson, J. M. (2001). Longitudinal development of inferential reasoning by school students. *Educational Studies in Mathematics, 47*, 337–372.

Watson, J. M. (2002a). Creating cognitive conflict in a controlled research setting: Sampling. In B. Phillips (Ed.), *Developing a statistically literate society? Proceedings of the Sixth International*

Conference on Teaching Statistics, Cape Town [CD-ROM]. Voorburg, The Netherlands: International Statistical Institute.

Watson, J. M. (2002b). Inferential reasoning and the influence of cognitive conflict. *Educational Studies in Mathematics, 51,* 225–256.

Watson, J. M. (2002c). Lessons from variation research II: For the classroom. In M. Goos & T. Spencer (Eds.), *Mathematics—Making waves* (Proceedings of the 19th biennial conference of the Australian Association of Mathematics Teachers Inc., Brisbane, pp. 424–432). Adelaide, SA: AAMT.

Watson, J. M. (2002d). When $2 + 2 \neq 4$ and $6 + 6 \neq 12$ in data and chance. *New England Mathematics Journal, 34*(2), 56–68.

Watson, J. M. (2004a). Developing reasoning about samples. In J. Garfield & D. Ben-Zvi (Eds.), *The challenge of developing statistical literacy, reasoning, and thinking* (pp. 277–294). Dordrecht: Kluwer.

Watson, J. M. (2004b). *The role of cognitive conflict in developing students' understanding of average.* Manuscript submitted for publication.

Watson, J. M. (2005). The probabilistic reasoning of middle school students. In G. A. Jones (Ed.), *Exploring probability in school: Challenges for teaching and learning* (pp. 145–169). New York: Springer.

Watson, J. M., & Baxter, J. P. (1997). Learning the unlikely at distance as an information technology enterprise: Development and research. In J. B. Garfield & G. Burrill (Eds.), *Research on the role of technology in teaching and learning statistics* (pp. 285–299). Voorburg, The Netherlands: International Statistical Institute.

Watson, J. M., Baxter, J. P., Olssen, K. H., & Lovitt, C. (1996). Professional development at distance as an information technology enterprise. *Asia Pacific Journal of Teacher Education, 24,* 139–146.

Watson, J. M., & Callingham, R. A. (1997). Data cards: An introduction to higher order processes in data handling. *Teaching Statistics, 19,* 12–16.

Watson, J. M., & Callingham, R. A. (2003). Statistical literacy: A complex hierarchical construct. *Statistics Education Research Journal, 2*(2), 3–46.

Watson, J. M., & Callingham, R. A. (2004, June). *Statistical literacy: From idiosyncratic to critical thinking.* Paper presented at the International Association for Statistical Education Roundtable, "Curricular Development in Statistics Education," Lund, Sweden.

Watson, J. M., & Caney, A. (2005). Student understanding of the concept of random. *Focus on Learning Problems in Mathematics, 27*(4), 1–42.

Watson, J. M., & Chick, H. L. (2001a). Does help help?: Collaboration during mathematical problem solving. *Hiroshima Journal of Mathematics Education, 9,* 33–73.

Watson, J. M., & Chick, H. L. (2001b). Factors influencing the outcomes of collaborative mathematics problem solving—An introduction. *Mathematical Thinking and Learning, 3*(2&3), 125–173.

Watson, J. M., & Chick, H. L. (2004). What is unusual? The case of a media graph. In M. Johnsen-Høines & A. B. Fuglestad (Eds.), *Proceedings of the 28th annual conference of the International Group for the Psychology of Mathematics Education* (Vol. 2, pp. 207–214), Bergen, Norway: PME.

Watson, J. M., & Chick, H. L. (2005). Collaborative statistical investigations in diverse settings. *International Journal of Mathematical Education in Science and Technology, 36,* 573–600.

Watson, J. M., & Collis, K. F. (1994). Multimodal functioning in understanding chance and data concepts. In J. P. da Ponte & J. F. Matos (Eds.), *Proceedings of the 18th annual conference of the International Group for the Psychology of Mathematics Education* (Vol. 4, pp. 369–376). Lisbon: PME.

Watson, J. M., Collis, K. F., Callingham, R. A., & Moritz, J. B. (1995). A model for assessing higher order thinking in statistics. *Educational Research and Evaluation, 1,* 247–275.

Watson, J. M., Collis, K. F., & Moritz, J. B. (1994). Assessing statistical understanding in Grades 3, 6 and 9 using a short answer questionnaire. In G. Bell, B. Wright, N. Leeson, & G. Geake (Eds.), *Challenges in mathematics education: Constraints on construction* (Proceedings of the 17th annual conference of the Mathematics Education Research Group of Australasia, pp. 675–682). Lismore, NSW: MERGA.

Watson, J. M., Collis, K. F., & Moritz, J. B. (1995a). Children's understanding of luck. In B. Atweh & S. Flavel (Eds.), *Galtha* (Proceedings of the 18th annual conference of the Mathematics Education Research Group of Australasia, pp. 550–556). Darwin, NT: MERGA.

Watson, J. M., Collis, K. F., & Moritz, J. B. (1995b, November). *The development of concepts associated with sampling in grades 3, 5, 7 and 9.* A paper presented at the annual conference of the Australian Association for Research in Education, Hobart, Tasmania. Available at: http://www.aare.edu.au/95pap/watsj95475.txt

Watson, J. M., Collis, K. F., & Moritz, J. B. (1997). The development of chance measurement. *Mathematics Education Research Journal, 9,* 60–82.

Watson, J. M., & Kelly, B. A. (2002a). Can grade 3 students learn about variation? In B. Phillips (Ed.), *Developing a statistically literate society? Proceedings of the Sixth International Conference on Teaching Statistics, Cape Town* [CD-ROM]. Voorburg, The Netherlands: International Statistical Institute.

Watson, J. M., & Kelly, B. A. (2002b). Emerging concepts in chance and data. *Australian Journal of Early Childhood, 27*(4), 24–28.

Watson, J. M., & Kelly, B. A. (2002c). Grade 5 students' appreciation of variation. In A. Cockburn & E. Nardi (Eds.), *Proceedings of the 26th annual conference of the International Group for the Psychology of Mathematics Education* (Vol. 4, pp. 385–392). Norwich, UK: University of East Anglia.

Watson, J. M., & Kelly, B. A. (2002d, December). *School students' understanding of stacked dot (line) plots.* Refereed paper presented at the Australian Association for Research in Education conference, Brisbane. Available at: http://www.aare.edu.au/02pap/wat02243.htm

Watson, J. M., & Kelly, B. A. (2002e). Variation as part of chance and data in grades 7 and 9. In B. Barton, K. C. Irwin, M. Pfannkuch, & M. O. J. Thomas (Eds.), *Mathematics education in the South Pacific* (Proceedings of the 26th annual conference of the Mathematics Education Research Group of Australasia, Vol. 2, pp. 682–289). Sydney: MERGA.

Watson, J. M., & Kelly, B. A. (2003a). Developing intuitions about variation: The weather. In C. Lee (Ed.), *Reasoning about variability: Proceedings of the Third International Research Forum on Statistical Reasoning, Thinking, and Literacy* [CD-ROM]. Mt. Pleasant, MI: Central Michigan University.

Watson, J. M., & Kelly, B. A. (2003b). Inference from a pictograph: Statistical literacy in action. In L. Bragg, C. Campbell, G. Herbert, & J. Mousley (Eds.), *Mathematics education research: Innovation, networking, opportunity* (Proceedings of the 26th annual conference of the Mathematics Education Research Group of Australasia, Geelong, pp. 720–727). Sydney, NSW: MERGA.

Watson, J. M., & Kelly, B. A. (2003c). Predicting dice outcomes: The dilemma of expectation versus variation. In L. Bragg, C. Campbell, G. Herbert, & J. Mousley (Eds.), *Mathematics education research: Innovation, networking, opportunity* (Proceedings of the 26th annual conference of the Mathematics Education Research Group of Australasia, Geelong, pp. 728–735). Sydney, NSW: MERGA.

Watson, J. M., & Kelly, B. A. (2003d). The vocabulary of statistical literacy. In *Educational research, risks, & dilemmas: Proceedings of the joint conferences of the New Zealand Association for Re-*

search in Education and the Australian Association for Research in Education [CD-ROM]. Auckland, New Zealand, December, 2003. Available at: http://www.aare.edu.au/03pap/alpha.htm

Watson, J. M., & Kelly, B. A. (2004a). Expectation versus variation: Students' decision making in a chance environment. *Canadian Journal of Science, Mathematics and Technology Education, 4*, 371–396.

Watson, J. M., & Kelly, B. A. (2004b). *Longitudinal development of student understanding of outcomes involving two or more dice.* Manuscript submitted for publication.

Watson, J. M., & Kelly, B. A. (2004c). Statistical variation in a chance setting: A two-year study. *Educational Studies in Mathematics, 57*, 121–144.

Watson, J. M., & Kelly, B. A. (2005). Cognition and instruction: Reasoning about bias in sampling. *Mathematics Education Research Journal, 17*(1), 24–57.

Watson, J. M., & Kelly, B. A. (in press). Expectation versus variation: Decision making in a sampling environment. *Canadian Journal of Science, Mathematics and Technology Eduaction.*

Watson, J. M., Kelly, B. A., Callingham, R. A., & Shaughnessy, J. M. (2003). The measurement of school students' understanding of statistical variation. *International Journal of Mathematical Education in Science and Technology, 34*, 1–29.

Watson, J. M., & Moritz, J. B. (1998). Longitudinal development of chance measurement. *Mathematics Education Research Journal, 10*(2), 103–127.

Watson, J. M., & Moritz, J. B. (1999a). The beginning of statistical inference: Comparing two data sets. *Educational Studies in Mathematics, 37*, 145–168.

Watson, J. M., & Moritz, J. B. (1999b). The development of the concept of average. *Focus on Learning Problems in Mathematics, 21*(4), 15–39.

Watson, J. M., & Moritz, J. B. (1999c). Interpreting and predicting from bar graphs. *Australian Journal of Early Childhood, 24*(2), 22–27.

Watson, J. M., & Moritz, J. B. (2000a). Developing concepts of sampling. *Journal for Research in Mathematics Education, 31*, 44–70.

Watson, J. M., & Moritz, J. B. (2000b). Development of understanding of sampling for statistical literacy. *Journal of Mathematical Behavior, 19*, 109–136.

Watson, J. M., & Moritz, J. B. (2000c). The longitudinal development of understanding of average. *Mathematical Thinking and Learning, 2*(1&2), 11–50.

Watson, J. M., & Moritz, J. B. (2001a). Development of reasoning associated with pictographs: Representing, interpreting, and predicting. *Educational Studies in Mathematics, 48*, 47–81.

Watson, J. M., & Moritz, J. B. (2001b). The role of cognitive conflict in developing students' understanding of chance measurement. In J. Bobis, B. Perry, & M. Mitchelmore (Eds.), *Numeracy and beyond* (Proceedings of the 24th annual conference of the Mathematics Education Research Group of Australasia, Vol. 2, pp. 523–530). Sydney, NSW: MERGA.

Watson, J. M., & Moritz, J. B. (2002). School students' reasoning about conjunction and conditional events. *International Journal of Mathematical Education in Science and Technology, 33*, 59–84.

Watson, J. M., & Moritz, J. B. (2003a). The development of comprehension of chance language: Evaluation and interpretation. *School Science and Mathematics, 103*, 65–80.

Watson, J. M., & Moritz, J. B. (2003b). Fairness of dice: A longitudinal study of students' beliefs and strategies for making judgments. *Journal for Research in Mathematics Education, 34*, 270–304.

Watson, J. M., Moritz, J. B., & Pereira-Mendoza, L. (1998). Interpreting a graph in a social context. *The Mathematics Educator, 3*(1), 61–71.

Watson, J. M., & Pereira-Mendoza, L. (1996). Reading and predicting from bar graphs. *Australian Journal of Language and Literacy, 19*, 244–258.

Watson, J. M., & Shaughnessy, J. M. (2004). Proportional reasoning: Lessons from research in data and chance. *Mathematics Teaching in the Middle School, 10,* 104–109.

Webb, R., O'Meara, M., & Brown, B. (1993, January 28). Coles Myer accelerates retail purge. *The Australian Financial Review,* p. 1.

Wells, H. G. (1994). *World brain.* London: Adamantine Press. (Original work published 1938)

Wild, C. J., & Pfannkuch, M. (1999). Statistical thinking in empirical enquiry. *International Statistical Review, 67,* 223–265.

Wrinkles ultimate smoking deterrent. (1991, May 16). *The Mercury* (Hobart, Tasmania), p. 1.

Zawojewski, J. S., & Shaughnessy, J. M. (2000). Data and chance. In E. A. Silver & P. A. Kenney (Eds.), *Results from the seventh mathematics assessment of the National Assessment of Educational Progress* (pp. 235–268). Reston, VA: National Council of Teachers of Mathematics.

찾아보기

ㄱ

ㄷ

ㅁ

ㅂ

Statistical Literacy at School: Growth and Goals

학교에서 어떤 통계를 배워야 하지?

통계적 소양의 성장과 목표

지은이 제인 M. 왓슨
옮긴이 박영희
펴낸이 박문규
펴낸곳 경문사
펴낸날 2013년 12월 1일 1판 1쇄
등 록 1979년 11월 9일 제 313-1979-23호
주 소 121-818, 서울특별시 마포구 와우산로 174
전 화 (02)332-2004 팩스 (02)336-5193
이메일 kyungmoon@kyungmoon.com

값 22,000원

ISBN 978-89-6105-628-1

★ 경문사 홈페이지에 오시면 즐거운 일이 생깁니다.
http://www.kyungmoon.com

한국과학기술출판협회 회원사